Social Media Marketing im B2B

Social Media Marketing im B2B

Felix Beilharz

Beijing · Cambridge · Farnham · Köln · Sebastopol · Tokyo

Felix Beilharz

Lektorat: Susanne Gerbert, Köln
Fachliche Unterstützung: Thomas Schwenke, Berlin
Korrektorat: Eike Nitz, Köln
Umschlaggestaltung: Michael Oreal, Köln
Produktion: Andrea Miß, Köln
Satz: Tung Huynh, Reemers Publishing Services GmbH, Krefeld; www.reemers.de
Druck und buchbinderische Verarbeitung: Digital Print Group O. Schimek GmbH

Bibliografische Information Der Deutschen Nationalbibliothek
Die Deutsche Nationalbibliothek verzeichnet diese Publikation in der
Deutschen Nationalbibliografie; detaillierte bibliografische Daten
sind im Internet über *http://dnb.ddb.de* abrufbar.

ISBN 978-3-95561-558-1

1. Auflage 2014
1. korrigierter Nachdruck

Copyright © 2014 O'Reilly Verlag GmbH & Co. KG
c/o dpunkt.verlag GmbH
Wieblinger Weg 17
D-69123 Heidelberg
Alle Rechte vorbehalten

Inhalt

Vorwort

Vor ca. vier Jahren habe ich mein erstes Buch über Social-Media-Marketing geschrieben. Damals steckte das Thema noch in den Kinderschuhen. Viele Unternehmen waren gerade dabei, sich im Social Web zu orientieren. Heute gehört das »Web 2.0« für viele Unternehmen zum Alltag.

Allerdings nur, wenn wir von B2C-Unternehmen sprechen. Im B2B-Sektor sieht die Sache noch ganz anders aus: Kaum ein Unternehmen weiß, wie es sich im Social Web positionieren kann, ob sich das Ganze überhaupt lohnt und was es überhaupt bringt. Neidisch schaut man dann gern auf die Kampagnen der großen Markenartikler, die mit ihren Viralvideos Millionen von Aufrufen erzielen. So ein Video kann an einem Tag mehr Menschen erreichen als ein B2B-Unternehmen in der gesamten Unternehmensgeschichte.

Heißt das, dass sich Social-Media-Marketing im B2B-Sektor nicht lohnt? Nein, absolut nicht. In den letzten Jahren habe ich, grob überschlagen, etwa 5.000 Menschen in meinen Seminaren und Vorträgen gehabt und mit mehreren Dutzend Unternehmen in Beratungsprojekten zusammengearbeitet. Aus diesen Erfahrungen weiß ich: Das Thema Social Media im B2B-Marketing ist »heiß«! Viele Marketingverantwortliche scharren mit den Hufen und möchten so schnell wie möglich ins Social Web einsteigen. Doch es fehlt an Wissen, Konzepten und Ideen (und manchmal auch an einem Quäntchen Mut).

Umso überraschender finde ich, dass es bisher kein Buch auf dem deutschen Buchmarkt gibt, das sich explizit an B2B-Unternehmen richtet. Von ein paar wissenschaftlichen Veröffentlichungen abgesehen, hat niemand das Thema bisher strukturiert aufbereitet, von Praxisnähe ganz zu schweigen.

Umso mehr freut es mich, dass ich den O'Reilly-Verlag für dieses Buchprojekt gewinnen konnte. In den vergangenen Monaten habe ich viele Unternehmen analysiert, Interviews geführt, Studien gewälzt und in Gesprächen mit Marketingleitern aus zahlreichen B2B-Unternehmen Erkenntnisse gesammelt. Die Ergebnisse von all dem finden Sie in diesem Buch.

Das Buch soll Ihnen nach einer kurzen Einführung in die Welt der Social Media zeigen, was Sie als B2B-Unternehmer im Social Web so alles »anstellen« können. Sie erhalten Praxisbeispiele, die Ihnen als Inspiration dienen können, Checklisten, die Ihnen die Arbeit erleichtern, und Tipps, die Ihren Erfolg steigern. Das Buch orientiert sich an einem Social-Media-Strategieprozess, den Sie mehr oder weniger adaptiert für Ihr eigenes Social-Media-Konzept verwenden können. Nach dem Lesen dieses Buchs haben Sie einen Leitfaden an der Hand, mit dem Sie Social Media für Ihr Marketing nutzen können.

Damit Sie auch bis zur nächsten Auflage mit aktuellem Content versorgt sind, stelle ich Ihnen auf *www.b2b-marketing-blog.de* weitere Inhalte zum Buch bereit. Dort finden Sie regelmäßig aktuelle Studien, weitere Interviews und Fallbeispiele sowie Tipps und Tricks für den Alltag im Social Web. Als Leser dieses Buches haben Sie mit dem Kennwort »B2BMarketingBuch« auch zu den Bereichen Zugang, die nicht öffentlich zugänglich sind.

Ich würde mich freuen, von Ihren Erfahrungen im Social Web zu hören. Schreiben Sie mir gerne per Mail, Tweet, Post, Pin, Kommentar oder Rauchzeichen, was Sie so erlebt haben.

Ich wünsche Ihnen viel Spaß beim Lesen und viel Erfolg im Social Web!

Felix Beilharz

KAPITEL 1
Social-Media-Marketing

In diesem Kapitel:
- Grundlagen und Besonderheiten des Social-Media-Marketing
- Entwicklung des Social Web
- Social Media im B2C-Sektor

Zu Beginn dieses Buches werfen wir einen kurzen Blick auf die Definitionen, die Sie im Laufe der nächsten Lesestunden begleiten werden. Manche haben Sie vielleicht schon gehört oder gelesen, andere nicht. Die wichtigsten Begriffe und Schlagworte erklärt dieses Kapitel, auch damit wir im Folgenden über dasselbe sprechen. Danach setzen wir uns mit den wichtigsten Prinzipien des Social Web auseinander.

Social Media – ein Definitionsversuch?

Unter den »Social Media« versteht man, Sie haben es geahnt, die sozialen Medien. Darunter fallen im Prinzip alle Plattformen, die es Nutzern erlauben, Inhalte selbst zu erstellen und sich untereinander auszutauschen. Diese schwammige Definition zeigt schon, wie ungenau der Begriff definiert ist. Sind SMS denn Social Media? Immerhin dienen sie dem gegenseitigen Austausch. Ist Amazon eine Social-Media-Plattform? Schließlich besteht ein großer Teil des Contents aus nutzergenerierten Inhalten (Rezensionen, Forenbeiträge, Kommentare etc.). Eine exakte Definition, die über die oben genannte hinausgeht und wirklich vollumfassend funktioniert, habe ich bis heute nicht gefunden.

Für Ihre tägliche Arbeit ist das jedoch gar nicht entscheidend. Solange Nutzer etwas beitragen und sich austauschen können (und die Kommunikation über ein reines Zweiergespräch wie beim Telefon hinausgeht), fällt es in den Bereich Social Media.

Noch eine Definition – dieses Mal aus einer anderen Perspektive

Häufig wird der Begriff auch über die verwendeten Plattformen definiert. Schließlich weisen die meisten Plattformen große Gemeinsamkeiten auf. Zu den weitverbreiteten Arten von Social-Media-Plattformen, die auch für Ihre Arbeit eine Relevanz haben können, zählen folgende:

- Social Networks (Facebook, Google+, LinkedIn, XING etc.)
- Blog-Plattformen (WordPress, Blogger, Blog.de etc.) und Blogs
- Microblogs (Twitter, Tumblr etc.)
- Content-Sharing-Plattformen (YouTube, Flickr, Pinterest, Instagram etc.)
- Foren (chefkoch.de, motor-talk.de, hifi-forum.de etc.)
- Location-based Services (Foursquare etc.)
- Bewertungsplattformen (yelp.de, kununu.com, gute-banken. de etc.)
- Wikis (vor allem Wikipedia)
- Social Bookmarking (reddit.com, delicious.com, mister-wong. de etc.)
- Sonstige Dienste (z. B. virtuelle Welten wie Second Life, Social Games, Podcasts etc.)

Die Abgrenzung zwischen den einzelnen Netzwerken fällt oft schwer. So ist Instagram eigentlich eine App für Content-Sharing, wird aber oft auch als Microblog oder Social Network angesehen. XING ist ein Social Network, hat aber auch Elemente eines Mikroblogs. Google+ ist ebenfalls ein Social Network, aber durch Google+ Local auch eine Bewertungsplattform. Und Social Networks dienen per se auch zum Teilen von Inhalten, zum Austausch in Gruppen oder zum »Einchecken« (z. B. über »Facebook Places«) – sie vereinen also die Vorteile und Funktionen vieler anderer Plattformtypen in sich. Insofern ist es für Ihre tägliche Arbeit weniger entscheidend, ein Microblog von einem Videoblog unterscheiden zu können, als vielmehr zu wissen, wie Sie die sozialen Netzwerke bedienen und erfolgreich einsetzen. Und das erfahren Sie in diesem Buch.

Zurück zur Frage, was Social-Media-Marketing ist. Nun, die Antwort ist: Marketing in den Social Media. So einfach ist das. Es geht also darum, mithilfe von Facebook, XING und Co. Kunden und andere Zielgruppen anzusprechen, sie an das Unternehmen zu binden, Marken zu stärken, Bekanntheit zu erzielen oder Kontakte zu knüpfen. Wenn es um Marketing geht, helfen natürlich Grundkenntnisse im Marketing weiter. Die haben Sie wahrscheinlich schon durch Ihre Ausbildung und/oder Ihre bisherige Tätigkeit. Doch in mancherlei Hinsicht unterscheiden sich die Prinzipien und Vorgehensweisen im Social Web von denen im traditionellen Marketing. Dazu später mehr.

Zuerst einmal klären wir noch einige wichtige Begriffe, die Ihnen im Laufe des Buches und in den Social Media häufiger begegnen werden.

Plussen, Sharen, Voten – wie bitte?

Die grundlegenden Funktionen in den Social Media sind meist relativ selbsterklärend. In allen Diensten können Nutzer eigene *Inhalte erstellen*. Dabei spricht man neudeutsch von *User-generated Content* (oder kurz *UGC*). Wenn also jemand einen Blogbeitrag schreibt, eine Präsentation bei Slideshare hochlädt oder einen Facebook-Post schreibt, hat er UGC erstellt (und damit nicht nur sich und seinem Freundeskreis einen Gefallen getan, sondern auch dem jeweiligen Netzwerk, das in der Regel von Werbeeinblendungen zwischen diesen Inhalten lebt).

Das zweite Wesensmerkmal der Social Media ist die Möglichkeit, auf diese Inhalte zu reagieren. Hierfür verfügen die meisten Dienste über bestimmte Arten von *Abstimmungs- (bzw. Voting-)Mechanismen*. Bei Facebook ist das der »Like«-Button, bei Google+ das »+1«. YouTube lässt Nutzer mit Daumen hoch und Daumen runter abstimmen, bei Foursquare vergeben die Nutzer Herzen. Auch in vielen Foren kann man Nutzer mit einem Daumen oder einer ähnlichen Zustimmungsbekundung beglücken.

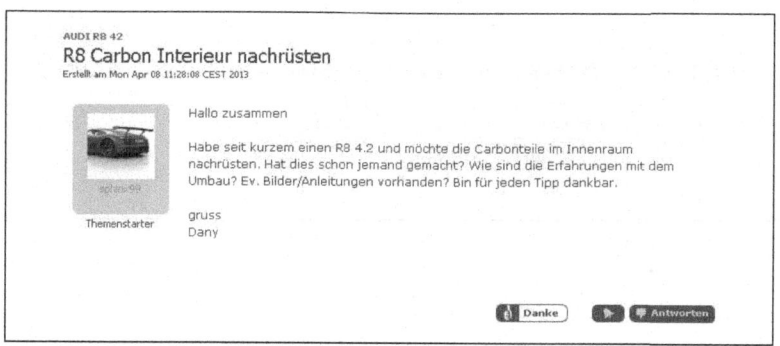

◀ Abbildung 1-1
Forenbeitrag mit »Danke«-Funktion

Dazu kommt in der Regel eine Funktion zum *Weiterleiten* des Beitrags an die eigenen Freunde und Bekannten. Auch hierfür haben sich die meisten sozialen Medien eine eigene Funktion ausgedacht: Bekannt sind der Share-Button bei Facebook und die ReTweet-Funktion bei Twitter. Woanders heißen die Buttons »Pin it« (Pinterest), »Share« (Slideshare) oder »Empfehlen« (XING).

Damit mehr Interaktion stattfindet, lassen die meisten Social Media auch *Kommentare* unter den Beiträgen anderer Nutzer zu. Bei Foren ist das bereits im grundsätzlichen Funktionsprinzip verankert (ein Forum ohne Kommentare verliert seinen Sinn), bei Facebook und Google+ machen Kommentare ebenfalls einen großen Teil der Inhalte aus. Eine Ausnahme stellt hier übrigens Tumblr dar, dort gibt es keine Kommentarfunktion.

Abbildung 1-2 ▶
Bei Slideshare können Accounts mit dem »Follow«-Button abonniert werden.

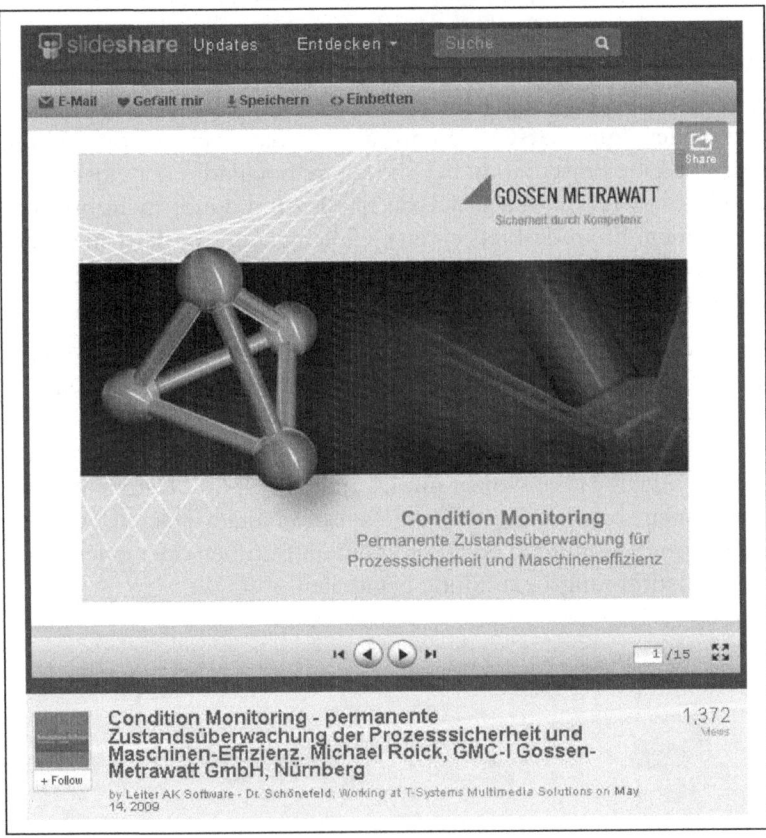

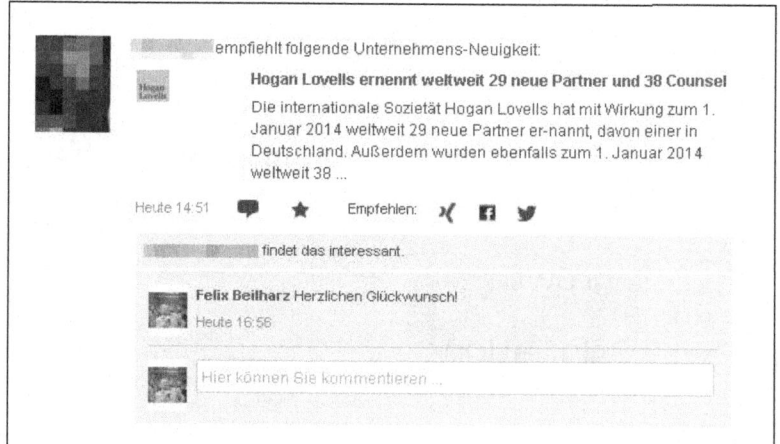

◀ **Abbildung 1-3**
XING-Postings lassen sich kommentieren, favorisieren und weiterleiten.

Und schließlich bieten die meisten Social Media eine Form der Vernetzungs- oder Abonnementfunktion an. Bei XING stellt man Kontaktanfragen, ebenso bei LinkedIn oder Foursquare. Durch die Annahme der Anfrage entsteht eine gegenseitige Verknüpfung. Inhalte, die nur mit direkten Kontakten gesharet, also geteilt werden, sind erst nach einer solchen angenommenen Anfrage für den anderen sichtbar.

Der von Facebook geprägte Begriff »Freunde« wurde ausgiebig kritisiert, hat sich aber für diese Funktion etabliert (ebenso wie man mittlerweile in vielen Netzwerken von »liken« spricht, wenn eine Form der Zustimmungsbekundung gemeint ist). Gesellschaftlich hat das zu einer ganz neuen Kategorie von Bekanntschaften geführt, der der »Facebook-Freunde«. Wenn Sie sich mit Facebook beschäftigen, werden Sie schnell merken, was damit gemeint ist ...

Nicht alle Dienste basieren auf diesen gegenseitigen Verknüpfungen. Im Gegenteil, die Mehrheit der Netzwerke heutzutage erlaubt auch einseitige Kontakte. So kann man bei Twitter, Pinterest oder Google+ jemandem folgen, ohne dass er zurückfolgen muss. Google+ versucht, sich mit dem Konzept der Kreise von den erzwungenen Freundschaften bei Facebook abzugrenzen. (Die mittlerweile bei Facebook eingeführten Abonnements kamen erst nach dem Start von Google+ hinzu.) Findet man jemanden interessant, legt man ihn in einen seiner Kreise. Dadurch entsteht jedoch für den anderen keinerlei Verpflichtung. Auf der Blogplattform Wordpress.com lassen sich einzelne Blogs ebenfalls durch einen Klick auf »Follow« abonnieren (und natürlich weiterleiten mit »Reblog«), kommentieren und liken.

Abbildung 1-4 ▶
WordPress-Beitrag mit Weiterlei-
tungs-, Kommentar- und Like-
Funktion

Teilweise eröffnen die Social Media auch beide Möglichkeiten. Bei Facebook können Privatpersonen entweder als Freund angefragt oder nur abonniert werden. Für Facebook-Seiten besteht dagegen gar keine Möglichkeit der gegenseitigen Anfrage – man liket oder liket nicht.

Facebook: Profil vs. Seite

Bei Facebook gibt es grundsätzlich zwei Arten von Auftritten: Profile und Seiten.

Profile sind für die private Nutzung »echter« Menschen gemacht, also für ganz normale Nutzer. Sie können Freundschaften eingehen, Beiträge schreiben oder liken und sich in Gruppen austauschen.

Eine Seite dagegen sollte jemand anlegen, dem es nicht um die private Nutzung geht: Unternehmen, öffentliche Einrichtungen, Personen des öffentlichen Lebens. Auch für Produkte, Orte und viele andere Dinge existieren eigene Seitentypen. Im Gegensatz zu privaten

Profilen haben Seiten keine Freunde, sondern Fans. Diese Bezeichnung ist nicht mehr korrekt (früher trug der Like-Button die Bezeichnung »Fan werden«, daher die Begriffe Fans und Fanseiten), hat sich aber bis heute gehalten. Für diese Fan- bzw. Unternehmensseiten gibt es eine ganze Reihe von marketingrelevanten Funktionen: Apps, Plugins für Websites, Statistiken, Anzeigenwerbung und Vieles mehr.

Für Ihr Unternehmen sollten Sie daher unbedingt von Anfang an eine Seite anlegen, kein Profil. Worauf Sie dabei im Einzelnen achten müssen, erfahren Sie im Facebook-Kapitel.

In Foren gibt es eine solche Funktion in der Regel nicht. Dort sind die Nutzer schon durch die bloße Mitgliedschaft im Forum miteinander vernetzt.

Eine gegen- oder einseitige Verknüpfung führt dazu, dass die Inhalte des anderen in Ihrem *Newsfeed* dargestellt werden.

Der Newsfeed stellt meist die Startseite eines sozialen Mediums im eingeloggten Zustand dar. Alles, was im eigenen Netzwerk passiert, wird mehr oder weniger stark gefiltert hier dargestellt. Laut Studien verbringen Nutzer auch die meiste Zeit, die sie in Social Networks verweilen, in ihrem Newsfeed (und weniger in Gruppen, auf Seiten oder in sonstigen Bereichen). Die eigenen Beiträge werden meist über ein Posting-Feld im oberen Bereich des Newsfeeds geschrieben. Einige Social Networks blenden im Newsfeed auch Werbung ein.

In Beiträgen tauchen häufig Schlagworte auf, die mit einer voranstehenden Raute versehen sind. Dabei handelt es sich um sogenannte Hashtags (zusammengesetzt aus dem englischen »Tag« für Schlagwort und »Hash« für das Rautenzeichen). In Netzwerken, die Hashtags zulassen, wird beim Voranstellen einer Raute aus einem normalen Wort ein anklickbarer Link, der zu einer Liste mit allen Beiträgen führt, die ebenfalls dieses Wort enthalten. Durch Hashtags können also weitere Beiträge zu einem Thema gefunden und Gespräche besser nachvollzogen werden. Welche Möglichkeiten Hashtags für das Marketing bieten, wird an späterer Stelle in diesem Buch ausführlicher behandelt. Hashtags waren ursprünglich eine Funktion von Twitter, funktionieren heute aber auch in anderen Netzwerken wie Facebook, Google+, Instagram oder Pinterest.

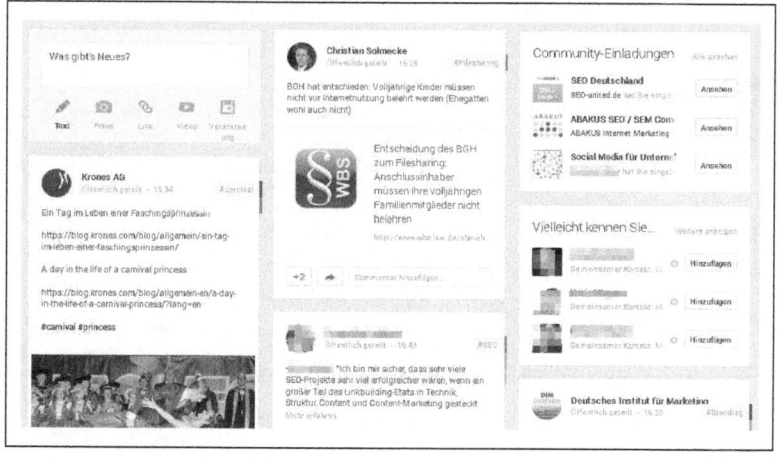

◀ Abbildung 1-5
Newsfeed bei Google+

Bekannte Hashtag-Beispiele

Bekannte Beispiele für Hashtags sind #Aufschrei (zur Sexismus-Debatte 2013) oder #Neuland (nach der Aussage der Bundeskanzlerin zur Internetüberwachung). Viele TV-Sendungen blenden mittlerweile Hashtags ein, um Zuschauer zur Diskussion in den Sozialen Netzwerken anzuregen (z. B. amerikanische Serien wie Family Guy (#FamilyGuy) oder American Dad (#AmericanDad), aber auch deutsche Sendungen wie Berlin direkt (#berlindirekt) oder log in (#ZDFlogin).

Abbildung 1-6 ▶
Hashtag-Liste bei Twitter

Ein weiterer Begriff, der Ihnen bei der Arbeit mit Social Media immer wieder mal begegnen wird, ist *RSS* bzw. *RSS-Feed*. Hinter dieser kompliziert anmutenden Abkürzung verbirgt sich eine Technologie zum Abonnieren von Inhalten (z. B. Blogbeiträgen, Podcasts, Forenbeiträgen etc.). RSS steht dabei einfach nur für »Really Simple Syndication«, also »Ganz einfache Verbreitung« (ja, da hat sich jemand einen Spaß erlaubt ...). Programme wie eben Blog- oder Forensoftware, die Abonnements (RSS-Feeds) anbieten, erstellen dafür eine spezielle URL (häufig in der Form www.domain.de/feed), die mit geeigneten Programmen abonniert werden kann. Sobald dann ein neuer Beitrag veröffentlicht wird, erhält der Abonnent diesen Beitrag ganz oder als Auszug in sein gewähltes Programm zugeschickt. Der Vorteil liegt darin, dass man eben nicht mehr ein Dutzend Blogs eigens ansurfen muss, um zu sehen, was es Neues gibt, sondern sich zentral an einer einzigen Stelle über alles auf dem Laufenden halten kann.

Ein beliebtes RSS-Abonnementprogramm (auch RSS-Reader genannt) ist zum Beispiel Feedly (feedly.com). Feedly ist kostenlos und sehr einfach zu benutzen, was dem Dienst als Nachfolger des weit verbreiteten, aber eingestellten Google Reader einen hohen Zulauf beschert hat.

▼ **Abbildung 1-7**
Mit Feedly abonnierte Foren

Grundlagen und Besonderheiten des Social-Media-Marketing

Social-Media-Marketing unterscheidet sich in einigen Belangen stark vom »traditionellen« Marketing – es lassen sich jedoch auch viele Gemeinsamkeiten erkennen. Social Media erfinden das Marketing nicht grundsätzlich neu, sondern ergänzen es, fügen neue Möglichkeiten hinzu und ändern einige der althergebrachten Regeln. Viele Experten sind anderer Meinung – sie postulieren, Social Media würden nicht nur das Marketing ändern, sondern die gesamte Art und Weise, auf die Unternehmen funktionieren. Dieser Streit muss hier nicht entschieden werden. Um Social Media erfolgreich zu nutzen, reicht es aus, zu verstehen, was die Kommunikation über diese Kanäle ausmacht und welche Besonderheiten sich dabei ergeben.

Interaktion / 2-Wege-Kommunikation

Die wahrscheinlich herausragendste Eigenschaft des Social-Media-Marketing, die auch gleich den größten Unterschied zum »Marketing 1.0« ausmacht, ist die Interaktion als zentrales Element der Maßnahmen. Social Media bewirken einen Wechsel von einer unternehmensgesteuerten, recht einseitigen Kommunikation hin zu einem ständigen Dialog mit den Zielgruppen. Natürlich gab es immer schon Marketingkanäle, die einen Dialog oder zumindest eine Reaktion des Kunden zum Ziel hatten (insbesondere die Instrumente des Direktmarketing), im Social-Media-Marketing steht diese Interaktion jedoch im Mittelpunkt.

Um das besser zu verstehen, lohnt sich ein kleiner Blick zurück in die letzten Jahrzehnte. Wie sah die Kommunikation mit Kunden und anderen Zielgruppen meist aus?

Unternehmen nutzen Massenmedien irgendeiner Art, um ihre Botschaften an die Verbraucher zu senden. Dabei können zum Beispiel TV- und Radiospots, Printanzeigen, Broschüren und Flyer, Plakate oder andere Medien zum Einsatz kommen. Auch direktere Maßnahmen wie Mailings, Veranstaltungen und Telefonmarketing wurden genutzt.

All diese Methoden haben auch heute noch ihren Platz, die Social Media werden sie nicht hinfällig werden lassen. Doch was ist allen gemeinsam? Sie stellen überwiegend eine Ein-Weg-Kommunikation dar. Das Unternehmen verfasst Botschaften und der Kunde liest. Große Möglichkeiten, ein Gespräch zu beginnen, hat der

Kunde meist nicht. Ihm steht vielleicht eine Hotline zur Verfügung oder er kann eine Beschwerde per Brief oder E-Mail an das Unternehmen richten.

Gleichzeitig ist auch sein Einfluss auf die Marken-/Marketingwirkung des Unternehmens beschränkt. Wenn ihm eine Kampagne gefällt, erzählt er seinen Freunden, Kollegen oder Verwandten davon. Am Stammtisch, im Sportverein oder beim Mittagessen im Büro unterhält er sich über die Vorzüge der Produkte oder berichtet von seinen schlechten Erfahrungen. Alles in allem bleibt sein Einflussbereich klein. In den Marketing-Lehrbüchern ist immer wieder zu lesen: Der zufriedene Kunde erzählt vier Personen von seinen Erfahrungen, der unzufriedene sieben (oder ähnliche Größenverhältnisse).

Und was ändert sich durch Social Media? Nun, über die sozialen Medien besteht zum ersten Mal ein direkter, öffentlich einsehbarer Rückkanal zum Unternehmen. Das Unternehmen schreibt einen Facebook-Beitrag, der Kunde kann ihn kommentieren oder zumindest liken. Er kann eine Frage unter ein YouTube-Video posten oder einen Kommentar zu einem Blogbeitrag. Er kann sogar ein eigenes Blog betreiben, das in manchen Fällen die Reichweite von Unternehmensblogs um ein Vielfaches übertrifft.

Unternehmen begeben sich im Social Web also in ein Gebiet, in dem Interaktion und Kommunikation von allen Seiten und ohne große Steuerung stattfinden.

Wenn der Kunde heutzutage mit einem Produkt zufrieden ist, ihm eine Werbekampagne gefällt oder er ein Unternehmen gut findet, postet er einfach einen entsprechenden Link auf Facebook. Er verschickt einen Tweet. Er schaltet sich in eine Diskussion auf XING ein. Der Clou daran: Er muss seinen Bekannten gar nicht mehr einzeln davon berichten, sondern sie erfahren über die sozialen Netzwerke automatisch von seinen Aktivitäten. Sein Kommentar auf der Facebook-Unternehmensseite, sein Retweet des Unternehmens-Tweets, all das taucht (mehr oder minder zuverlässig) im Newsfeed der Freunde und Bekannten auf. So entsteht eine Reichweite, die eben nicht mehr vier oder sieben Personen umfasst, sondern schnell mehrere Hundert oder Tausend.

Und das erklärt dann auch, warum Interaktion im Social Web so wichtig ist: Weil jede Interaktion Reichweite produziert. Wenn es einem Unternehmen gelingt, viele Menschen zum Liken, Kommentieren, Tweeten, Plussen oder zu anderem Teilnehmen zu bewegen, breitet sich ein Inhalt nahezu von selbst aus.

Abbildung 1-8 ▶
Neues Kommunikationsparadigma
dank Social Media

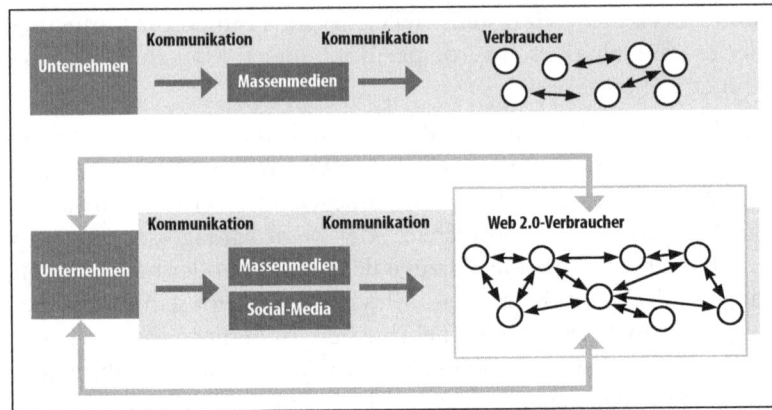

Unternehmen tun also gut daran, sich auf die Interaktion mit den Kunden einzulassen, ja sie sogar zu forcieren. Der Wert solcher Interaktion ist vielfältig. Sie schafft Vertrauen und Vertrautheit, gibt Einblicke in die Denk- und Entscheidungsprozesse sowie Vorlieben und Abneigungen der Kunden und nicht zuletzt sorgt sie für eine kostengünstige und sehr effektive Reichweite.

Push- vs. Pull-Kommunikation

Natürlich spielt auch im Social Web »Push«-Kommunikation eine wichtige Rolle. Nicht jeder Beitrag muss zwingend Interaktionen hervorrufen. Ein angesehenes YouTube-Video oder ein gelesener Blogbeitrag entfaltet beim Betrachter ebenfalls Wirkung, auch wenn dieser weder einen Daumen hoch noch einen Kommentar vergeben hat.

Wie so oft gilt auch im Social Web: Die Mischung macht's! Behalten Sie einfach die Interaktion als zentralen Bestandteil der Social-Media-Kommunikation im Kopf, alles andere ergibt sich beim Lesen dieses Buches.

Geringe Hürden

Ebenfalls relativ neu sind die extrem geringen Einstiegshürden der Social-Media-Kommunikation. Einen TV-Spot zu produzieren und zu senden ist teuer, dauert lange und ist recht aufwendig. Eine Unternehmenszeitschrift herauszubringen, schlägt ebenfalls massiv zu Buche.

Eine XING-Gruppe einzurichten, ist dagegen sehr schnell erledigt. Die Einstiegshürde fällt sehr gering aus. Gleiches gilt für das Einrichten einer Facebook-Seite, eines YouTube-Channels oder sogar eines Corporate-Blogs.

Doch nicht nur für Sie sind die Hürden gering. Auch für alle anderen Marktteilnehmer geht der Einstieg in's Social Web schnell und einfach. So kann ein »ganz normaler« Kunde mit wenigen Klicks einen Twitter-Account einrichten und fortan aktiv am Geschehen teilnehmen. Er kann kostenlos und ohne Programmierkenntnisse ein Blog erstellen und die ganze Welt an seinen Gedanken und Gefühlen teilhaben lassen. Er kann Sie und Ihre Produkte in seinem Blog in Grund und Boden schreien oder sie in den höchsten Tönen loben.

Diese geringen Hürden sind Fluch und Segen gleichermaßen. Segen deshalb, weil es für Unternehmen und Kunden einfacher als je zuvor ist, miteinander in's Gespräch zu kommen. Sogar politische Dimensionen kann dieser Prozess einnehmen, wie man zum Beispiel im sogenannten »Arabischen Frühling« oder auch während der letzten zwei US-Präsidentschaftswahlen sehen konnte.

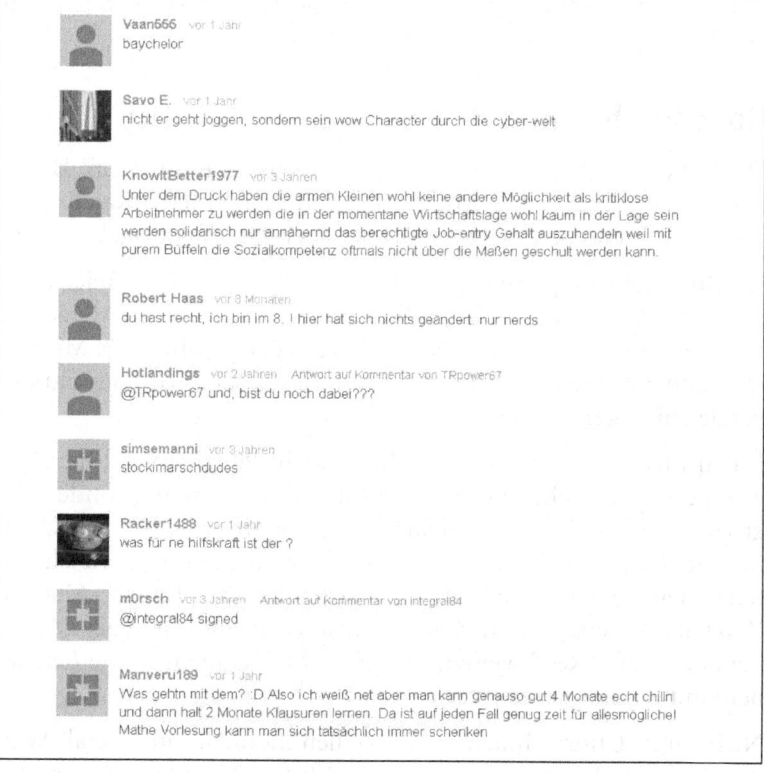

◀ **Abbildung 1-9**
Kommentare unter einem You-Tube-Video

Der Fluch kann darin liegen, dass die geringen Einstiegshürden auch einen Mangel an Qualitätskontrolle mit sich bringen können. Jeder kann im Prinzip schreiben, was er möchte. Genau das schreckt viele Menschen noch ab – wenn sie in die Timelines ihrer Bekannten schauen, fällt ihnen auf, dass 90 % der Tweets bzw. Postings relativ sinnfreie Inhalte haben. Auch bei YouTube besteht ein großer Prozentsatz der Videos aus kurzen Handyclips, verwackelten Konzertmitschnitten oder sonstigen Unsinnigkeiten. Für Kommentare gilt das umso mehr. Abbildung 1-9 zeigt einen Ausschnitt aus den Kommentaren zu einem Video, das das Porträt eines Maschinenbau-Studenten an der RWTH Aachen enthält. Gesendet wurde dieser Beitrag in der WDR-Lokalzeit. Sowohl Inhalt als auch Platzierung deuten eigentlich auf ein gehobeneres Publikum hin, was sich in den Kommentaren jedoch nicht widerspiegelt.

Auch das ist aber nichts Neues. Die Kommunikation ist nicht »schlechter« als früher oder sonstwie minderwertig. Wir bekommen solche Äußerungen nur erstmals öffentlich und ungefiltert zu sehen. Weiter unten werden wir uns diesen Aspekt noch genauer ansehen.

Hohe Reichweiten

Die hohen Reichweiten wurden bereits kurz angesprochen. Da sie jedoch ein wesentliches Merkmal vieler Social-Media-Kanäle darstellen, lohnt es sich, noch einmal genauer darauf einzugehen.

Das Internet bringt grundsätzlich eine hohe potenzielle Reichweite mit sich. Dank Website und Blog können Unternehmen Menschen weltweit ansprechen, Tag und Nacht, das ganze Jahr über. Mit keinem anderen Medium war oder ist das in diesem Ausmaß und mit vergleichbar geringem Aufwand möglich.

Social Media ergänzen diesen Effekt noch. Plötzlich sind die Zielgruppen nicht mehr im gesamten Internet »verstreut«, sondern zu großen Teilen relativ zentral auf wenigen Plattformen zu erreichen. Mit einer Facebook-Seite können Unternehmen enorme Reichweiten erzielen. Gleiches gilt für die meisten anderen Kanäle. Manche YouTube-Videos weisen Zuschauerzahlen in mehrstelliger Millionenhöhe auf – Reichweiten, die selbst Massenmedien wie Fernsehen und Radio nur selten erreichen.

Nicht nur Unternehmen und Medien können im Social Web extrem hohe Reichweiten erzielen, auch für Privatpersonen ist das plötzlich möglich. Ein gutes Beispiel hierfür ist ein Blogbeitrag von Dominik Schwarz. Dominik wollte von Köln nach Zürich umziehen, was zu Problemen mit seinem Telefonanbieter führte, der Deutschen Telekom. Es begann ein monatelanges Hin und Her mit falschen Rechnungen, fehlgeschlagener Kündigung, ausbleibenden Antworten und so weiter. Insgesamt sieben Support-Mitarbeiter waren per Brief, Telefon und Twitter am Prozess beteiligt.

Irgendwann wurde es Dominik zu bunt. Er trug den gesamten Verlauf zusammen und erstellte daraus einen langen Blogbeitrag in Form eines offenen Briefes an die Telekom. »Hey Telekom. Wir schreiben uns jetzt schon bald 6 Monate. Lass mich dieses Jubiläum nutzen, die schönsten Szenen unserer Briefreundschaft Revue passieren zu lassen ...«, gefolgt von einer Auflistung aller Nachrichten und Anrufe, endend mit »dein alter Brieffreund Dominik«. Also genau die Art von Inhalt, die im Social Web schnell für Furore sorgt.

◄ **Abbildung 1-10**
Umfangreicher Blogbeitrag (hier Auszug) zu Problemen mit der Deutschen Telekom

So auch in diesem Fall: In Windeseile machte der Beitrag via Facebook die Runde, hatte innerhalb weniger Tage mehr als 10.000 Likes und viele tausend Leser. Schnell sprangen große Medien darauf an: Stern.de, Bildblog.de und Zeit.de gehörten zu den Ersten, die das Thema aufgriffen. Ich selbst habe es mir nicht nehmen lassen, auf Handelsblatt.com und Wiwo.de darüber zu schreiben.

Das Ergebnis dieser Aktion? Ca. 500.000 Leser, mehr als 50.000 Facebook-Likes und Shares, über 800 Kommentare im Blog – und ein schnelles Einlenken der Telekom.

Diese Art von Reichweite einer einzelnen Person ohne besonderen Prominentenstatus war in den Zeiten vor den Social Media undenkbar. Heute handelt es sich dabei um ein allgegenwärtiges Phänomen.

Vielfalt der Kanäle

Die Social-Media-Kanäle bringen die Herausforderung mit sich, dass es neben den großen Massenplattformen viele kleine Kanäle, Netzwerke und Anwendungen gibt, die sich in ihren Nutzergruppen mehr oder weniger stark überschneiden. All diese Plattformen weisen unterschiedliche Funktionsweisen, Eigenschaften und Chancen, aber auch Tücken auf.

Für Unternehmen stellt das eine nicht zu überschätzende Herausforderung dar. Produzierte man früher einen TV-Spot, wurde dieser im Fernsehen ausgestrahlt. Zwar existieren auch im Fernsehen unzählige verschiedene Sender; diese funktionieren jedoch alle nach dem gleichen Prinzip. Der Spot wurde auf allen Sendern unverändert ausgestrahlt.

Für Unternehmen kann es heute jedoch notwendig werden, sich auf mehreren Social-Media-Plattformen gleichzeitig zu engagieren. Was aber im einen Kanal gut läuft, muss im zweiten noch lange nicht funktionieren. Ein Blogbeitrag kann zum Beispiel nahezu unbegrenzt lang sein, ein Tweet dagegen nur 140 Zeichen. Bei Facebook können die Beiträge technisch gesehen zwar ebenfalls lang ausfallen – wirklich gelesen werden solche Aufsätze aber meist nicht. Bei Facebook kann es nötig sein, Beiträge gegen Bezahlung hervorzuheben, bei Google+ dagegen existiert diese Möglichkeit derzeit noch nicht. Dafür gibt es hier die Option, eine lokale Unternehmensseite mit der Google+-Seite zu verschmelzen. Und so weiter.

Die Plattformen unterscheiden sich bezüglich Nutzern, Funktionen und der richtigen Nutzung. Damit müssen Sie umzugehen lernen.

Große Kundennähe

Social Media bieten auch die Chance, eine bisher nie dagewesene Kundennähe zu erreichen. Sie als Unternehmen sind live dabei, wenn sich Ihre Kunden und Nutzer über Ihre Produkte austauschen. Erstmals haben Sie die Chance, direkt (per Nachfragen) und indirekt (per Auswertung von Statistiken) herauszufinden, was ihre Zielgruppen wirklich interessiert – ohne eine große Marktforschung oder umfangreiche Kampagnen durchführen zu müssen. Ein Blick in Ihre YouTube-Analytics zeigt Ihnen, welches Video bis zu welcher Stelle angesehen wurde. Die Facebook Insights zeigen Ihnen, welche Ihrer Beiträge zu Interaktionen und welche zum Ausblenden geführt haben. Sie können Kunden in Foren beobachten, während sie Fragen stellen oder von ihren Erfahrungen berichten. Sie können sich auch direkt in diese Gespräche einschalten.

Im Marketing gilt das Motto: »Da sein, wo die Kunden sind«. Genau das ist mit Social Media möglich und sollte auch Ihr Ziel sein.

Keine Qualitätskontrollen / Filter

Oben haben wir die niedrigen Einstiegshürden angesprochen. Jeder kann mitmachen, was grundsätzlich positiv zu bewerten ist. Gleichzeitig bedeutet das aber auch, dass ein Teil der Diskussionen häufig auf einem recht niedrigen Niveau abläuft. Viele B2B-Unternehmen sind anfangs enttäuscht, wenn sie im Rahmen einer Erstanalyse die Erwähnungen ihrer Marken und Produkte überprüfen und herausfinden, dass statt der erhofften fachlichen Diskussionen »nur« kurze Statements zu finden sind, wenn überhaupt.

Auch Antworten auf Postings und Beiträge fallen nicht immer so hochwertig aus, wie man es als Social-Media-Manager gern hätte. Im B2C-Sektor tritt dieses Phänomen regelmäßig auf, ein Beispiel dafür zeigt ein Weihnachtsposting von Knorr. Statt Diskussionen über Rezepte, Gerichte oder Traditionen kamen überwiegen Spaßantworten oder sogar direkte Kritik an Knorr.

Im B2B-Umfeld ist dieses Problem weniger stark ausgeprägt, aber ebenfalls vorhanden. Jeder kann mitschreiben, häufig anonym und ohne Qualitätskontrollen. Entsprechend fallen häufig Antworten und Diskussionen aus. Unsinnige Antworten, wenig qualifizierte Kommentare und sogar Aktivitäten von Trollen (siehe Kasten) sind oft die Folge. Der Softwarekonzern SAP erfuhr dies bei Facebook eindrücklich: Über einen Zeitraum von ca. zwei Wochen postete eine andere Facebook-Seite den gleichen kritischen Kommentar unter fast jeden SAP-Beitrag.

Abbildung 1-11 ▶
Knorr erhält andere Antworten als wahrscheinlich erhofft.

Kapitel 1: Social-Media-Marketing

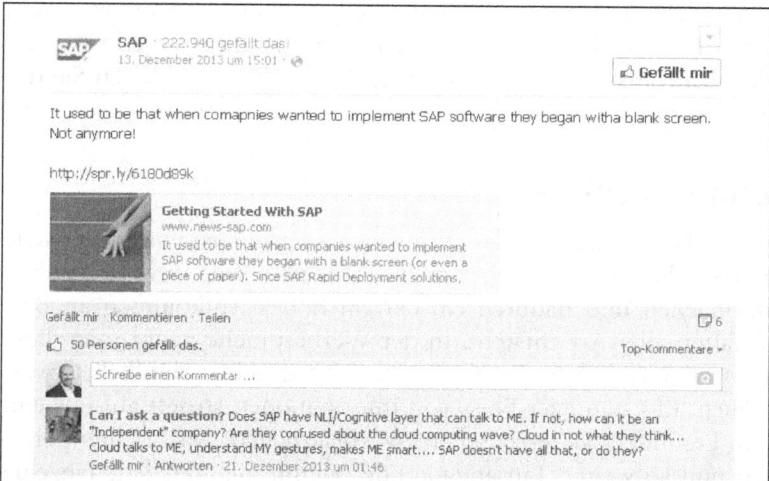

Hier hätte SAP längst einschreiten sollen, da es sich dabei zweifellos um Spam handelt. Kritik ist wichtig und gewollt, SAP kann darauf reagieren. Was hier passiert ist, lässt sich jedoch problemlos in die Kategorie »Trolling« einordnen. Vielleicht war der Nutzer aber auch nur sauer, dass SAP auf den ersten Kommentar nicht geantwortet hatte ...

Trolle

Der eigentümliche Begriff »Troll« hat sich für Social-Media-Nutzer eingebürgert, die mit beeindruckender Beständigkeit nörgeln, kritisieren oder stören, ohne dabei konstruktive Absichten zu verfolgen. Häufig bedienen sie sich auch eines beleidigenden oder aggressiven Tons. Vernünftige Gespräche sind mit ihnen nicht möglich, auf Vorschläge und sogar auf das Einlenken der Kritisierten reagieren sie nicht (oder negativ).

Zum Umgang mit diesen Trollen wird meist die Regel »Don't feed the trolls« herangezogen – also die Trolle mit Missachtung zu strafen und sie nicht durch Aufmerksamkeit noch zu bestärken. In besonders penetranten Fällen ist es auch legitim, einen Troll an das Social Network zu melden oder selbst zu sperren/blockieren.

Lassen Sie sich von diesen Erkenntnissen aber nicht entmutigen. Schrauben Sie Ihre Erwartungen an die Qualität mancher Social-Media-Diskussionen etwas herunter. Es finden im Social Web durchaus fachliche Gespräche statt – in Foren sowie XING- und

LinkedIn-Gruppen, manchmal auch in Blogkommentaren und sogar bei Facebook. Ein Teil der Kommunikation ist jedoch oberflächlich, unsachlich oder wenig zielführend – kalkulieren Sie das einfach ein.

Lautes »Rauschen«

Im Social Web kann jeder mitmachen – das haben wir mittlerweile festgestellt. Das führt aber auch dazu, dass sehr viele tatsächlich mitmachen und dadurch ein extrem hohes Aufkommen an Botschaften aller Art entsteht. In der Werbesprache nennt man diese Informationsdichte »Rauschen«. Das ist durchaus bildlich zu verstehen. Ein ständiger Fluss von Informationen strömt auf uns ein, von Freunden, anderen Seiten, Werbeanzeigen, Nachrichtenportalen und so weiter. Ein andauerndes Gemurmel, das jede einzelne Botschaft weniger gut hörbar macht.

Im Social Web fällt dieses Rauschen (das es im Alltag durch den ständig steigenden Werbedruck ebenso gibt) überdurchschnittlich stark aus. Wenn ein Facebook-Nutzer zum Beispiel 500 Freunde und 200 Seiten geliket hat, entstehen dadurch Hunderte, wenn nicht gar Tausende von Informationseinheiten pro Tag: Beiträge der Freunde und Seiten, Kommentare, Antworten, Likes etc. Dazu kommen zahlreiche Werbebotschaften, die gegen Bezahlung in die Aufmerksamkeit des Nutzers gepresst werden. Und das ist nur Facebook – dazu kommen Twitter und Google+ (und vielleicht noch weitere genutzte Kanäle) und die gewohnten Alltagsmedien wie E-Mail oder SMS.

Sie als Unternehmen haben die Herausforderung, aus diesem Rauschen herauszustechen, damit Sie überhaupt noch wahrgenommen werden. Das gelingt Ihnen vor allem durch richtig gute Inhalte (Stichwort Content-Marketing) und gezielte Ansprache der richtigen Nutzer. Dabei hilft Ihnen dieses Buch weiter.

Verlust der Markenmacht

Einer der ersten Effekte, den Unternehmen durch die zunehmende Verbreitung der Social Media bemerkten, war der Verlust über die Markenhoheit. Wenn plötzlich Menschen im großen Stil über Marken sprechen und dabei einen Einfluss und eine Reichweite gewinnen, die die des Unternehmens übersteigen kann, hat das gravierende Auswirkungen auf die Wirkung und das Image einer Marke, ja eines ganzen Unternehmens.

Ohnehin gilt ja der Grundsatz, dass nicht die Botschaft, sondern die Wirkung beim Empfänger entscheidet. Wenn sich ein Unternehmen nun als modern und innovativ positionieren möchte, ein Kunde aber über Social-Media-Kontakte ständig mit Beschwerden über veraltete Produkte, umständliche Bestellwege und lange Lieferzeiten konfrontiert wird, ist relativ klar, welches Image sich beim Empfänger einprägen wird. Dieser Effekt wird noch verstärkt, wenn die Wettbewerber gleichzeitig positiver besprochen werden.

Über die Social Media geben Sie also einen Teil Ihrer Markenmacht in die Hände der Kunden ab. Das passiert aber bereits jetzt, ob Sie es möchten oder nicht. Sie haben allenfalls die Möglichkeit, darauf zu reagieren, sich in die Gespräche einzubringen und »Futter« für weitere Gespräche zu liefern. Darüber gelingt Ihnen dann wiederum, Ihre Marke in die richtigen Bahnen zu lenken.

»Freiwilligkeit«

Schließlich sei noch ein wichtiger Faktor erwähnt, der Social Media so besonders macht. Von wenigen Ausnahmen abgesehen, erhalten die Nutzer Ihre Botschaften »freiwillig«, weil sie sie abonniert oder gezielt angeklickt haben.

Klassische Werbung sieht dagegen anders aus: Wir sehen fern und werden von Werbeclips unterbrochen. Wir lesen eine (Fach-)Zeitung, aus der uns beim Öffnen Werbebeilagen entgegenfallen. Wir werden von Telefonverkäufern angerufen, weil wir auf einer Messe einmal eine Visitenkarte in eine Box geworfen haben. Sie finden sicher genügend weitere Beispiele, wenn Sie gezielt darauf achten, wie sehr klassische Werbung Sie eigentlich in Ihren Abläufen stört.

Warum aber sehen Sie einen Facebook-Post? Warum erhalten Sie eine Benachrichtigung von XING über einen neuen Gruppenbeitrag? Warum lesen Sie einen Blogbeitrag? In aller Regel, weil Sie sich aktiv dafür entschieden haben. Sie haben die Fanpage abonniert, sich in der Gruppe angemeldet und den Link zum Blogbeitrag angeklickt. Die meisten Kontakte, die Sie im Social Web mit Kunden und anderen Personen haben, basieren auf Freiwilligkeit.

Das hat natürlich interessante Auswirkungen auf das Image und die Marke. Eine Botschaft, die ich bekomme, weil ich sie bekommen *will*, werde ich eher lesen, positiver beurteilen und sie eher weiterreichen.

Und wenn mir das Ganze zu viel wird? Dann bestelle ich die Botschaften einfach wieder ab. Ent-Liken, Ent-Followen, Blockieren, Ausblenden, all das ist so einfach, wie den Telefonhörer aufzulegen, wenn mir der Telefonverkäufer lästig wird.

Für Sie heißt das: Die Kontakte, die Sie im Social Web um sich scharen, machen freiwillig mit. Sie geben Ihnen einen Vertrauensvorschuss, laden Sie sozusagen in ihre persönliche Sphäre ein. Darin liegt eine große Chance für Sie als Unternehmen, aber auch eine Verantwortung.

Stellen Sie sich Facebook als das private Wohnzimmer und LinkedIn als den eigenen Büroraum vor. Wen würden Sie dort eher hineinlassen? Den schreienden Hardseller, der Ihnen ständig das nächste Angebot um die Ohren haut, oder den Bekannten, der Sie mit interessanten und wertvollen Informationen, unterhaltsamen Stories und nützlichen Erfahrungen (und vielleicht sogar mal dem einen oder anderen Witz) unterhält? Wem würden Sie eher Zutritt geben? Und von wem nehmen Sie auch eher gerne mal eine Produktempfehlung oder eine Einladung zu einer Veranstaltung an?

Die Wohnzimmer-/Bürometapher zeigt, welche Auswirkungen das Prinzip der Freiwilligkeit im Social Web hat. Denken Sie immer daran, wenn Sie Inhalte für Ihre Kanäle erstellen.

Entwicklung des Social Web

Um zu verstehen, wo die Social Media aktuell stehen und wo sie sich in den nächsten Jahren hinentwickeln werden, werfen wir einen kurzen Blick auf die Entstehung und Entwicklung der sozialen Medien.

Die Urzeit – Web 1.0

Die erste Phase des Internet, heute auch »Web 1.0« genannt, war zwar nicht wüst und leer, aber doch relativ eindimensional. Überwiegend herrschten hier Websites und Portale vor, auf denen man sich informieren konnte. Allerdings wurde auch hier bereits kommuniziert, überwiegend per E-Mail und in Foren, Usegroups (eine spezielle Art von Foren) und speziellen Chats. Foren und Chats gehören damit zum Urgestein der Social Media und waren schon lange da, bevor irgendjemand überhaupt an Social Networks dachte. Genau genommen, gehen diese Foren schon zurück in Vor-WWW-Zeiten.

Blogs entstehen

Das Wort »Weblog« wurde 1997 erfunden, Vorläufer der modernen Blogs gab es schon einige Jahre vorher. Zwei Jahre später ging mit *Blogger* die erste kommerzielle Blogplattform an den Start. Von nun an hatte prinzipiell jeder die Möglichkeit, sich und seine Gedanken im Internet darzustellen. Trotzdem waren solche Blogs noch immer die Ausnahme.

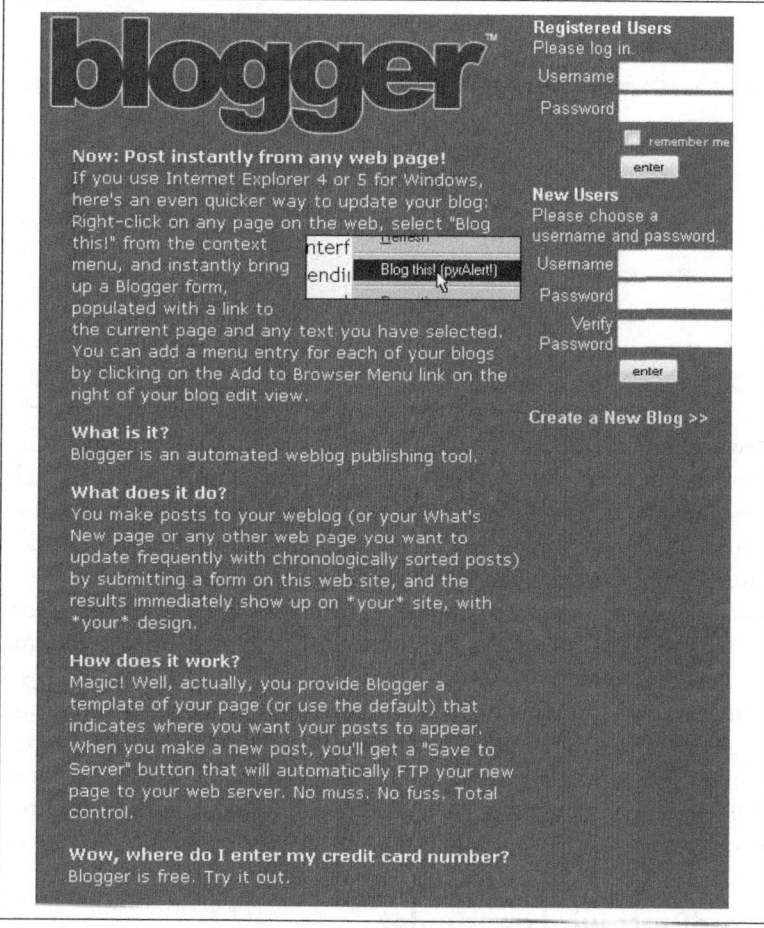

◀ Abbildung 1-13
Startseite von Blogger.com im Jahre 1999

2001 wurde die nächste große Social-Media-Plattform gegründet: Wikipedia. Jeder, der sich dazu berufen fühlte, konnte nun am Wissen der Menschheit mitarbeiten.

Social Networking startet seinen Siegeszug

So richtig los ging es mit den Social Media dann 2003, als die ersten modernen Social-Networking-Plattformen auf den Markt drängten. Zu den Veteranen gehören LinkedIn und Myspace. Diese beiden Beispiele zeigen auch, wie unterschiedlich sich solche Plattformen entwickeln können: Die eine wächst und gedeiht, die andere kämpft seit Jahren mit dem virtuellen Tod.

Abbildung 1-14 ▶
Startseite von MySpace kurz nach
der Gründung

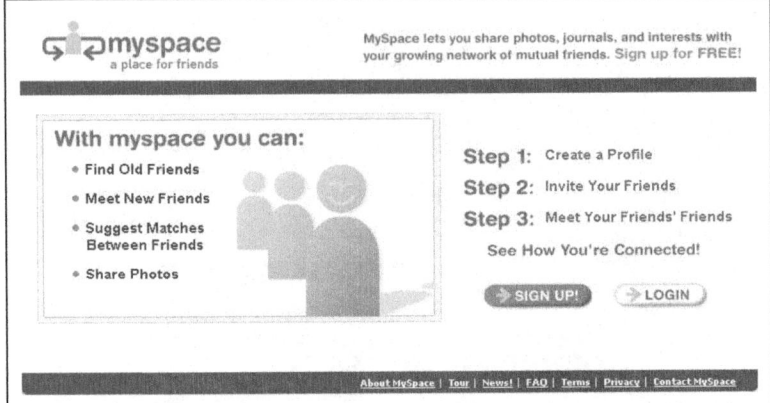

Etwa zeitgleich tauchten auch die ersten Social-Bookmarking-Plattformen auf. Mit diesen Diensten lassen sich Websites als digitale Lesezeichen online abspeichern. Auf Wunsch können die Bookmarks auch öffentlich gemacht werden. Dadurch ergeben sich interessante Erkenntnisse, zum Beispiel Vorschläge für neue Websites, die Personen mit ähnlichen Bookmarks abgespeichert haben. In Deutschland allerdings konnten sich die Social Bookmarks nie so richtig durchsetzen, in den letzten Jahren sind sie, nachdem sie einen kurzen Hype als Instrument der Suchmaschinenoptimierung erlebt hatten, wieder mehr oder weniger in der Versenkung verschwunden. In den USA sieht die Lage anders aus, dort gehören *delicious.com* oder *reddit.com* zu den am stärksten frequentierten Websites.

WordPress wird gegründet

Im gleichen Jahr wie LinkedIn und die Social Bookmarks ging auch ein weiterer, heute sehr beliebter Dienst online: WordPress. Die Plattform entwickelte sich schnell zur meistgenutzten Blogsoftware, sowohl als gehostete Version auf WordPress.com als auch als downloadbare Software zum Selbsthosten auf WordPress.org. Im

Laufe der Jahre entwickelte sich WordPress von einer reinen Blogsoftware hin zu einem vollwertigen Content-Management-System, so dass heute ein großer Teil der Websites weltweit WordPress als CMS verwendet.

2003 wurde übrigens auch der Begriff »Web 2.0« geprägt. Spätestens seitdem befinden wir uns also offiziell im Zeitalter der Social Media.

Facebook verändert alles

Ein Jahr später, 2004, startete von der Öffentlichkeit weitgehend unbemerkt eine Plattform, die die Welt nachhaltig verändern sollte. Facebook wurde als kleines Studentennetzwerk exklusiv für Harvard-Studenten gegründet. Bereits ein Jahr zuvor hatte Mark Zuckerberg ein Netzwerk gegründet, bei dem es darum ging, Studentinnen nach ihrem Aussehen zu bewerten (daher auch der Name des Vorläufers, »Facemash«, woraus später »(The) Facebook« wurde), was von der Universitätsleitung schnell unterbunden wurde. Also gründeten Mark Zuckerberg und seine Partner das Ganze neu, dieses Mal als Social Network. Schrittweise wurde das Netzwerk dann für alle Studenten und schließlich für die gesamte Bevölkerung geöffnet. Damit begann ein beispielloser Siegeszug, an dessen Ende wir heute sitzen und uns überlegen, wie wir unsere Kunden dazu bringen, unsere Inhalte zu sharen ... nicht schlecht für ein ehemaliges Studentennetzwerk!

StudiVZ kommt und geht

In Deutschland erlebten wir währenddessen den Aufstieg und Fall eines Facebook-Klons: StudiVZ war so sehr von Facebook abgekupfert, dass teilweise sogar Fehlermeldungen mit Facebook-Code erschienen, wenn eine Funktion nicht einwandfrei arbeitete. Trotzdem konnte StudiVZ zwischen 2005 und 2011 einige Millionen Nutzer sammeln, weit über die eigentliche Zielgruppe Studenten hinausgehend. Die Aufteilung in StudiVZ, SchuelerVZ und MeinVZ gelang dagegen nur mäßig. Und schließlich konnte die VZ-Gruppe dem übermächtigen Konkurrenten Facebook nichts entgegensetzen, die Nutzer wanderten nach und nach zu Facebook ab. Zwar verfügen immer noch Millionen von Menschen über einen Account in einem der drei Netzwerke – aktiv genutzt werden diese aber kaum noch. In den allermeisten Marketingplänen deutscher Unternehmen kommen StudiVZ & Co. daher auch nicht mehr vor.

Die letzten großen Drei

2005 bzw. 2006 erschienen YouTube und Twitter am Markt. Bereits ein Jahr nach der Gründung konnten sich die YouTube-Gründer über einen 1,3-Milliarden-Euro-Scheck von Google freuen. Twitter arbeitete die nächsten Jahre auf den großen Börsengang 2013 hin.

Damit waren 2011 fast alle heute bekannten großen Player am Markt vertreten. Kaum jemand hatte aber mit einem weiteren Social Network von Google gerechnet. Der Suchmaschinenkonzern war bereits mit einigen sozialen Versuchsballons gescheitert. Trotzdem wagte Google 2011 mit Google+ einen neuen Versuch. Zu Beginn war die Anmeldung nur auf Einladung möglich, was zu einem gesteigerten Interesse sowohl der Medien als auch der Nutzer führte. In den folgenden Jahren kämpfte Google allerdings stark mit mangelhafter Nutzung der Plattform, was Google+ den spöttischen Beinamen »Geisterstadt« einbrachte.

Google+ ist die Zukunft – oder?

Allerdings ist das noch nicht das Ende der Geschichte. Google arbeitet beständig daran, Google+ in seine bestehenden Dienste zu integrieren. Und hier besteht der große Vorteil gegenüber Facebook. Facebook ist ein reines Social Network. Google ist eine Suchmaschine-Videoplattform-E-Mail-Provider-Navigationssoftware-Softwareanbieter-Betriebssystemherausgeber-Handyhersteller-Werbeplattform-Riesenmaschine. Und auf dieses Kapital kann Google aufbauen. So sind mittlerweile zum Beispiel App-Bewertungen im Google-Play-Store nur noch mit Google+-Konto möglich. Gleiches gilt für Kommentare auf YouTube. Unternehmen bekommen für alle Filialen automatisch eine bei Google auffindbare Google+-Local-Präsenz. Diese können sie entweder übernehmen oder sie unausgefüllt und hässlich im Netz herumliegen lassen. Da wird die Wahl doch eng.

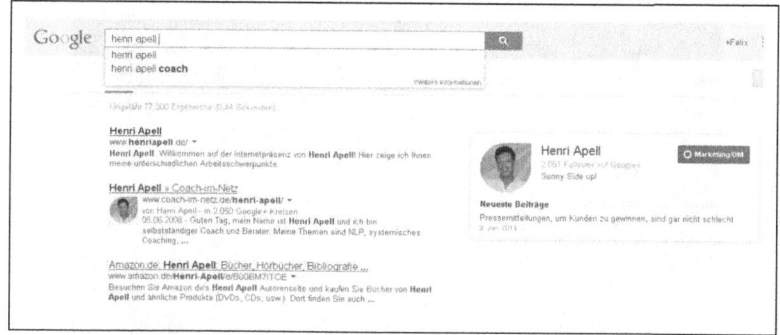

◀ Abbildung 1-15
Integration von Google+-Profilen in die Google-Suche bei Personensuchen

Google+ sollte man sich also nicht zu früh abschreiben, Google hat mit der Plattform noch einiges vor. Nicht zuletzt die immer stärkere Einbindung in die Suchmaschine (und das AdWords-Anzeigensystem) zeigt, wohin der Weg führen soll.

Die mobile Revolution

Der letzte große Trend der jüngeren Vergangenheit liegt eindeutig in der mobilen Nutzung (nicht nur) der Social Media, also mit dem Zugriff via Smartphone oder Tablet. Bis zu 70 % der User nutzen Facebook mobil, 20 % sogar ausschließlich. Bei Twitter sehen die Zahlen ähnlich aus. Unternehmen müssen sich also auch zukünftig damit beschäftigen, mobile Nutzer adäquat anzusprechen und passende Inhalte auszuliefern. Die Social Networks sind darauf dank Apps und mobilen Versionen schon lange vorbereitet.

Status Quo und Zukunft

Nach diesem kleinen Abriss zur Geschichte des Social Web stellt sich die Frage, wie die aktuelle Lage der Social Media aussieht. Da Zahlen bei diesem Thema immer schnell veralten und schon bei Drucklegung wieder überholt wären, erspare ich Ihnen hier längere Ausführungen zu Nutzerzahlen und sonstigen Daten.

Tipp   Aktuelle Statistiken zu den Social-Media-Kanälen erhalten Sie unter www.socialmediastatistik.de.

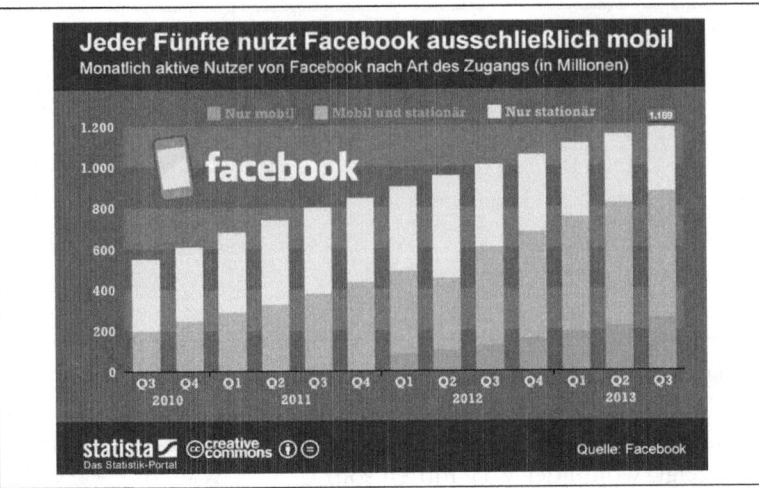

Auch ohne Zahlen lassen sich aber einige allgemeine Erkenntnisse ableiten, die sich so schnell nicht ändern bzw. sogar noch verstärken werden.

- Social Media sind zum Alltag vieler Menschen geworden. Egal, ob beruflich oder privat – einen großen Teil der Onlinezeit verbringen Menschen im Social Web.

- Social Media haben sich zur meistgenutzten Onlineanwendung entwickelt. Bereits vor Jahren haben sie Pornographie als meistgenutzten Content verdrängt.

- Social Media dringen in immer mehr Bereiche des Lebens ein. Shopping, Bildung und Lernen, (Zusammen-)Arbeit, Politik, Fernsehen, kaum ein Gebiet wird künftig nicht »social«.

- Mit zunehmender Verbreitung von Smartphones und schneller Internetanbindung wurde die Nutzung überwiegend mobil. Auch zukünftig werden Menschen Social Media immer mehr von unterwegs und auf mobilen Endgeräten nutzen.

- Social Media sorgen dafür, dass Kommunikation immer mehr in Echtzeit abläuft. Nachrichten sind nur Minuten nach dem Ereignis für alle Menschen weltweit aufrufbar. Häufig kommt der erste Impuls dabei gar nicht von großen Medien, sondern von Nutzern.

- Kanäle kommen und gehen. Auch künftig werden etablierte Plattformen verschwinden, während neue aus dem Nichts auftauchen. Bereits jetzt stehen die Social-Media-Plattformen von Morgen in den Startlöchern.

- Wenn all das stimmt, wird Social-Media-Marketing künftig für Unternehmen ein immer wichtigeres, aber auch komplexeres Aufgabenfeld, das einer Professionalisierung und Priorisierung im Unternehmen dringend bedarf.

Social Media im B2C-Sektor

Die allermeisten Fallbeispiele, die man in Blogs, Büchern und Zeitschriften über Social Media nachlesen kann, stammen aus dem B2C- (Business-to-Consumer-)Bereich. Naturgemäß fallen Kampagnen aus diesem Bereich eher auf, da sie eine größere Zielgruppe ansprechen und eher das Interesse der Medien finden. Auch in diesem Buch werden Sie zur Veranschaulichung und als Inspirationsquelle einige Beispiele aus dem Endkundensektor finden. Lassen Sie sich davon nicht abschrecken, sondern stellen Sie sich immer folgende Fragen: »Warum hat diese Aktion/Kampagne funktioniert? Welche Prinzipien und Wirkmechanismen stecken dahinter? Was kann ich für mein Unternehmen davon ebenfalls umsetzen?« Wenn Sie sich diese Fragen gewissenhaft stellen, werden Sie unzählige Ideen und Ansatzpunkte in bekannten Beispielen finden, die sich auch im B2B-Sektor umsetzen lassen.

Was Social-Media-Marketing im B2C-Sektor auszeichnet

Social-Media-Marketing mit Endkunden als Zielgruppe ist häufig *geprägt von einem hohen Unterhaltungsgrad*. Hier liegt auch schon einer der größten Vorteile, den die B2C-Marketer Ihnen gegenüber haben: Lustiges, Kurioses, Unterhaltsames funktioniert einfach gut. Im B2B-Sektor ist oft mehr Seriosität oder Ernsthaftigkeit gefragt – wobei ich diese Behauptung im Laufe des Buches einige Male in Frage stellen werde ...

Im B2C-Sektor arbeiten Unternehmen darüber hinaus häufig mit *Sonderangeboten und Rabatten*. Häufig werden zum Beispiel bestimmte Angebote für Facebook-Fans geschnürt oder sogar spezielle Produkte für Social-Media-Follower erstellt. Im B2B-Bereich dürfte das nur selten funktionieren, vor allem, wenn es sich um höherpreisige und beratungsintensive Produkte oder Dienstleistungen handelt.

Abbildung 1-17 ▶
1&1 bewirbt ein Sonderangebot
mit Facebook-Anzeigen.

Auch die *verwendeten Kanäle* unterscheiden sich teilweise. Die »üblichen« Social-Media-Kanäle wie Facebook, Twitter und YouTube werden von fast allen B2C-Unternehmen genutzt. Auch kleinere Plattformen wie Pinterest, Foursquare und Instagram kommen immer häufiger zum Einsatz. Im B2B-Sektor spielen diese Netzwerke ebenfalls eine Rolle, wenngleich viele Unternehmen sich nur zögerlich für ihren Einsatz entscheiden können. Stattdessen stehen Business-Plattformen wie XING und LinkedIn, Fachforen, Slideshare oder das Corporate-Blog im Vordergrund. Allerdings verschwimmen die Grenzen hier immer stärker: B2B-Unternehmen werden zukünftig in vielen Fällen auch Facebook ganz selbstverständlich nutzen, während B2C-Unternehmen bereits heute XING & Co. zum Beispiel zur Mitarbeitergewinnung einsetzen.

In den USA sieht die Verteilung ähnlich aus, auch wenn dort schon ein Großteil der B2B-Unternehmen Plattformen wie Facebook und Twitter einsetzt.

◀ Abbildung 1-18
Auf der Facebook-Seite von Leitz kann man Ordner, Ringbücher usw. mit seinen Facebook-Freunden darauf kaufen.

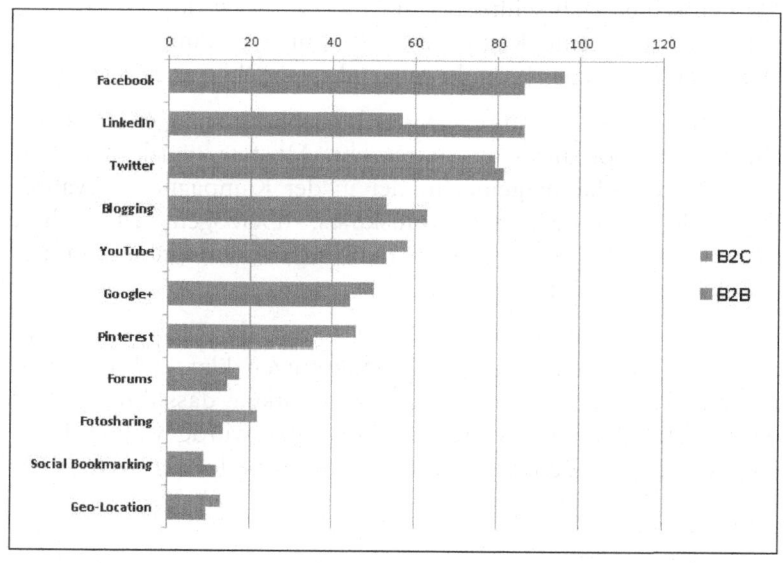

◀ Abbildung 1-19
Social-Media-Kanäle bei B2B- und B2C-Unternehmen (Quelle: Social-Media-Marketing Industry Report 2013)

Beispiele für erfolgreiche B2C-Kampagnen

Schauen wir uns einfach mal ein paar erfolgreiche B2C-Kampagnen an und untersuchen, was diese Kampagnen ausmacht. Vielleicht entdecken Sie dabei bereits einige Punkte, die auch bei Ihnen umsetzbar wären.

Drei bekannte Beispiele

Zuerst werden wir uns drei relativ bekannte Beispiele ansehen. Diese haben Sie vielleicht schon einmal in einem Buch oder Blog entdeckt. Da es sich aber um extrem erfolgreiche Kampagnen handelt, lohnt es sich, noch einmal genau hinzuschauen. Zu jedem Beispiel habe ich die Faktoren aufgelistet, die diese Kampagnen so erfolgreich gemacht haben. Das hilft Ihnen später beim Erarbeiten eigener Kampagnenideen.

Procter & Gamble: »The Man Your Man Could Smell Like« Eine der reichweitenstärksten Kampagnen aller Zeiten war die »The Man Your Man Could Smell Like«-Kampagne von Procter & Gamble für die Marke Old Spice. Old Spice kämpfte seit längerer Zeit mit sinkenden Absatzzahlen, da die Marke von jüngeren Kunden einfach nicht gekauft wurde. Marktforschungen zeigten, dass sie als eher »altbacken« und »verstaubt« eingestuft wurde. So stellte sich für P&G die Frage, ob die Marke eingestellt oder noch einmal »wiederbelebt« werden sollte.

Man entschied sich schließlich für die zweite Option und dachte sich eine ausgefeilte Kampagne aus. Mit der Kampagne wurde gleichzeitig ein neues Produkt gelaunct, ein Old-Spice-Duschgel.

Als Testimonial der Kampagne wurde Isaiah Mustafa, ein beliebter ehemaliger Footballspieler ausgesucht. Mustafa wurde als »Old Spice Man« bekannt gemacht, der in der Kampagne als wahrer Superheld dargestellt wird: muskulös, überzogen selbstsicher, extrem männlich, sexy. Zwar sehr von sich überzeugt, aber immer charmant und witzig.

Die Kampagne begann mit einem TV-Spot, der Mustafa als Old Spice Man vorstellt und den Produktnutzen klarmacht (Frauen können mit dem Kauf des Duschgels bewirken, dass ihre Männer wie »echte Männer« riechen). Dieser Spot wurde während der Superbowl-Pause gezeigt, dem teuersten Werbeslot der Welt.

◀ **Abbildung 1-20**
YouTube-Video mit dem
Old Spice Man

So weit, so gut: eine klassische Werbekampagne, teuer und effektiv. Was die Kampagne so besonders machte, ist das, was danach folgte. Per Twitter forderte der Old Spice Man die Follower dazu auf, ihm Fragen zu stellen. Diese Fragen wurden innerhalb kürzester Zeit vom Old Spice Man auf YouTube beantwortet. Über 180 Videoantworten kamen so zustande, kurze Clips von meist unter einer Minute Dauer, die den Stil des ersten Videos fortführten.

◀ **Abbildung 1-21**
Videoantwort an Ashton Kutcher

Unter den Fragen, die der Old Spice Man beantwortete, waren solche von ganz normalen Nutzern, aber auch von Stars wie Alyssa Milano, Christina Applegate, Demi Moore und Ellen DeGeneres. Sogar

Unternehmen wie Starbucks und Gilette und Medien wie die Huffington Post beteiligten sich daran. Diese Interaktionen mit bekannten und weniger bekannten Nutzern sorgten für eine extrem hohe Reichweite. Die Videoantworten wurden zwischen 100.000 und 7,5 Millionen Mal angesehen und erhielten meist mehrere hundert Kommentare. Der gesamte Old-Spice-Kanal weist die sagenhafte Zahl von 245 Millionen Videoaufrufen und 380.000 Abonnenten auf.

Kampagnen-Erfolgsfaktoren

- Lustiger Inhalt
- Hochwertige Gestaltung der gesamten Kampagne
- Seeding in Massenmedien
- Kombination verschiedener sozialer Medien

- Einbeziehung von Nutzern
- Persönliche Antwort auf Nutzerbeiträge
- Ständige Follow-ups mit neuen Ideen unter Beibehaltung der »Kampagnen-DNA«

Blendtec: »Will ItBlend« Eine ähnlich bekannte und reichweitenstarke Kampagne ist die »Will It Blend«-Idee des US-Küchengeräteherstellers Blendtec. Wie bei Old Spice findet der Großteil der Kampagne auf YouTube statt.

Um zu zeigen, wie kraftvoll die Küchenmixer des Herstellers arbeiten, steckt der Gründer und Geschäftsführer des Unternehmens, Tom Dickson, regelmäßig mehr oder weniger ausgefallene Alltagsgegenstände in den Mixer. Das Ganze findet in einem Retro-Labor statt, der mixende Geschäftsführer trägt Laborkittel und Schutzbrille. Unter der Leitfrage »Will it blend?« (auf deutsch etwa »Lässt es sich mixen?«) werden nun Apple-Produkte, Zirkonia-Diamanten, Golfbälle, Feuerzeuge oder Kameras gemixt. Manche Videos, zum Beispiel zum iPhone, zum iPad oder auch zu im Dunkeln leuchtenden Knicklichtern, erreichen dabei Aufrufe in zweistelliger Millionenhöhe. Blendtec lässt über Twitter, YouTube und Facebook Nutzer darüber abstimmen, welche Gegenstände als nächstes gemixt werden sollen (am häufigsten werden dabei ein Brecheisen und ein anderer Mixer nachgefragt; beides wurde bisher nur im Ansatz probiert, da die Erfolgsaussichten gering sind).

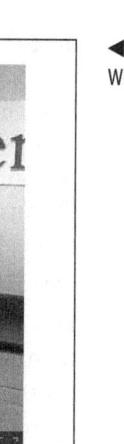

Will It Blend? - iPad

Blendtec · 136 Videos

▶ Abonnieren 691.166

16.588.394

👍 53.163 👎 10.832

Insgesamt erzielte Blendtec mit dieser Kampagne, zu der mittlerweile über 130 Videos gehören, mehr als 230 Millionen Aufrufe. Für ein mittelständisches Unternehmen ist das eine extrem hohe Zahl, vor allem, wenn man die dafür angefallenen Produktionskosten mit einbezieht. Wie hoch sie ausgefallen sind, ist zwar nicht bekannt, sie dürften aber überschaubar gewesen sein.

Viel wichtiger ist, was Blendtec damit erreicht hat. Neben der Tatsache, eine der erfolgreichsten viralen Kampagne erstellt zu haben, wurde die Firma dadurch auch unzählige Male in Massenmedien erwähnt. Der Umsatz des Unternehmens ist in den ersten drei Jahren der Kampagne um 700 % gestiegen. Spätestens daran wird klar: Das war eine erfolgreiche Idee.

Kampagnen-Erfolgsfaktoren

- Kreative Idee
- Liebevolle Umsetzung
- Authentizität durch realen Unternehmensgründer als Hauptperson
- Kuriosität durch Überzeichnung und Übertreibung

- Aufsatteln auf aktuellen Trends, die gerade ohnehin in den Medien besprochen werden (z. B. Apple-Neuerscheinungen, Justin-Bieber-CDs usw.)
- Einbeziehung der Nutzer

Deutsche Telekom AG: Telekom-hilft Eines der bekanntesten Beispiele in Deutschland sind die Social-Media-Aktivitäten der Deutschen Telekom mit ihren Servicekanälen auf Twitter und Facebook. Unter dem Namen »Telekom-hilft« beantwortet der Konzern Kundenanfragen, nimmt Anregungen und Kritik entgegen, schaltet sich in Diskussionen ein und gibt Hinweise zu Störungen oder Ausfällen. Dabei geht es explizit nicht um Verkauf, sondern rein um den Kundenservice.

Das Ganze begann mit einem kleinen Team von Mitarbeitern aus dem Kundenservice. Nach und nach wurde das Team ausgebaut, mittlerweile werden die Telekom-hilft-Kanäle von 30 Mitarbeitern betreut.

Abbildung 1-23 ▶
Die Telekom beantwortet Fragen
auf Twitter und Facebook.

Der Erfolg gibt dem Konzern recht: Fast 30.000 Twitter-Follower und 47.000 Facebook-Fans haben sich um die Plattformen versammelt. Bei Twitter hat die Telekom bereits 150.000 Tweets verfasst und dabei unzählige Kundenfragen beantwortet. Das Engagement hat nicht nur zu zahlreichen Erwähnungen in den Medien und Einladungen zu Vorträgen auf diversen Konferenzen geführt, sondern laut Dr. Winfried Ebner, Mitglied des »Social Media Council« der Telekom, vor allem zu extrem hohen Kundenzufriedenheitswerten und einem verbesserten Markenimage. Telekom-hilft gilt in der Fachwelt mittlerweile als Paradebeispiel für gelungene Kundenkommunikation im Social Web. Ich selbst bin unter anderem wegen des guten Supports über Twitter überhaupt Telekom-Kunde geworden ...

Drei weniger bekannte Beispiele

Nicht alle Kampagnen und Aktionen im B2C-Sektor haben so eine große Bekanntheit erlangt wie die genannten drei. Die folgenden drei Beispiele kennen Sie wahrscheinlich noch nicht.

Bausparkasse Schwäbisch Hall: Bausparfuchs Blog Das Thema Bausparen ist nicht gerade als besonders sexy bekannt. Gemeinhin gilt Bausparen eher als dröge und spießig. Notwendig, aber nichts, womit man Freunde beim Abendessen beeindruckt. Und so wahnsinnig viel zu erzählen gibt es über das Thema auch nicht.

Trotzdem lässt sich es sich die Bausparkasse Schwäbisch Hall nicht nehmen, ein Blog zu betreiben. Schon seit Mitte 2010 schreibt ein Journalist, unterstützt von einem kleinen Team, über verschiedene Themen rund um Social Media und Schwäbisch Hall. Wie in Blogs üblich, ist dabei (so gut wie) keine Werbung zu finden. Trotzdem steht natürlich der Fuchs als Markenbotschafter im Vordergrund.

Für Schwäbisch Hall geht es dabei in erster Linie um die Stärkung des Image. Eine Bekanntheitssteigerung ist faktisch nicht mehr möglich, 87 % der Deutschen kennen die Marke Schwäbisch Hall. Der Bausparfuchs ist mit 92 % übrigens noch bekannter. Es geht hier also nicht darum, die Bekanntheit zu steigern, sondern darum, die Marke mit Sympathie aufzuladen und immer wieder in das Bewusstsein der Zielgruppen zu bringen.

Abbildung 1-24 ▶
Schwäbisch Hall stellt den Bausparfuchs in den Vordergrund.

Das Blog wird begleitet von einer Facebook-Seite (ca. 25.000 Fans), einem Twitter-Kanal (ca. 1.200 Follower), einem Google+-Account (ca. 300 Follower) und einem YouTube-Channel (62 Abonnenten). Die Blogbeiträge sind inzwischen weit über 1.200 Mal bei Facebook gesharet und in über 660 Tweets erwähnt worden.

Interessant dabei ist, dass Schwäbisch Hall als Unternehmen gar keine eigenen Social-Media-Auftritte pflegt. Der Fuchs »übernimmt« die gesamte Arbeit auf allen Kanälen.

Kampagnen-Erfolgsfaktoren

- Nutzung des extrem bekannten Maskottchens als Sympathieträger
- Hohe Themenrelevanz
- Einbeziehung von Multiplikatoren durch Interviews und Gastbeiträge

- Hoher Mehrwert
- Inhalte statt Werbung
- Reichweite durch Verknüpfung mit Social Networks

Radiojanst: Danke-Flashmob Eine sehr schöne Idee hat sich die schwedische Behörde für öffentlich-rechtlichen Rundfunk ausgedacht. In Schweden existiert, ähnlich wie in Deutschland, eine TV-Abgabe.

Statt wie die deutsche GEZ aber mit erhobenem Zeigefinger und Schüren von Angst vor Bestrafung zur Gebührenbezahlung zu mahnen, versuchen es die Macher dieser Kampagne mit einer anderen Herangehensweise.

Im Vorfeld der Kampagne wurden Menschen ermittelt, die regelmäßig ihre Gebühren bezahlten. Diese wurden dann von einem Freund bzw. einer Freundin unter einem Vorwand an einen öffentlichen Platz in Stockholm gelockt (z. B. in ein Einkaufszentrum, ein Kino oder einen Bahnhof). Dort erwartete den fleißigen Gebührenzahler eine »kleine« Überraschung: Erst kam ein Passant auf ihn zu, fragte ihn nach seinem Namen und begann dann, ein Lied anzustimmen (»Danke, dass du deine Fernsehgebühren bezahlst ...«). Nach und nach kamen weitere Sänger hinzu, bis schließlich ein Chor aus 640 Sängern und Sängerinnen das Dankeslied schmetterte. Dafür wurde ein Gospelchor engagiert, der damit gleichzeitig einen Rekord aufstellte. Die Videos wurden anschließend auf YouTube gestellt.

◀ **Abbildung 1-25**
Flashmob mit Gospelchor im Einkaufszentrum

Da es verschiedene Fassungen der Videos gibt, ist eine genaue Zahl der Abrufe schwer zu ermitteln. Insgesamt dürften sich die Aufrufe aber auf ca. eine Million belaufen. Besonders stark dürfte der Image-Effekt ausfallen. Die Videos vermitteln ein sehr freundliches Bild und eine emotionale Stimmung und dürften die Einstellung vieler Schweden zu den Abgaben positiv beeinflusst haben.

Volksbank Bühl Regionale Banken (Volksbanken und Sparkassen) tun sich nach wie vor relativ schwer mit Social Media. Das verwundert etwas, denn Banking ist, wie Social Media, ein »People Business«. Die Banken sind auch von jeher stark, was Content-Produktion und Kundenbindung angeht (seien es Veranstaltungen für Firmen- oder Privatkunden, Magazine für Kinder, Jugendreisen für die Älteren oder Ausstellungen und Vernissagen zu diversen Themen). Allerdings kämpfen die Geldhäuser mit sehr konservativen Prozessen und Strukturen sowie oft mit eingefahrenen Denkweisen, was erfolgreiches Social-Media-Marketing relativ schwierig macht.

Abbildung 1-26 ▶
Facebook-Auftritt der Volksbank Bühl

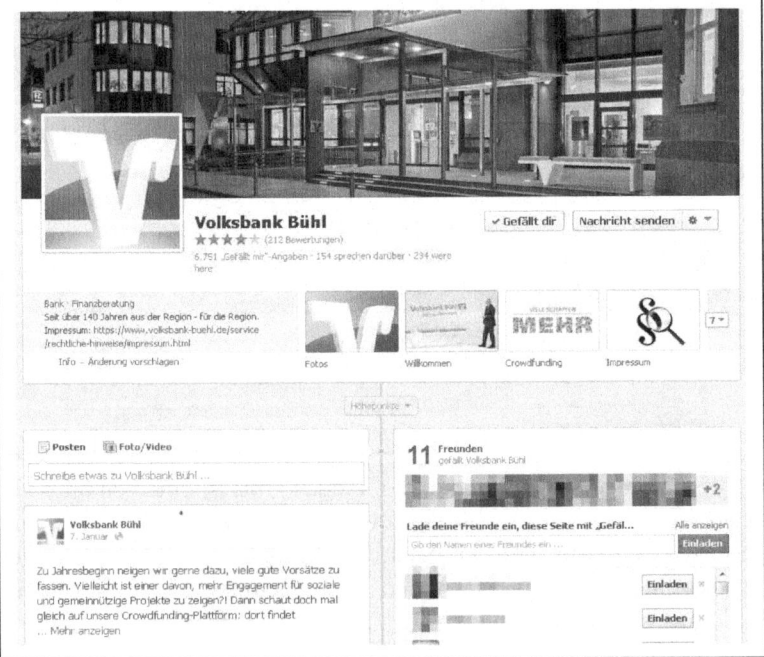

Eine Vorreiterrolle unter den Volksbanken nimmt die Volksbank Bühl ein. Franz Sebastian Welter, einst einer meiner ersten Seminarteilnehmer im Volksbankensektor und heute Bereichsdirektor Unternehmensentwicklung, hat das Thema dort stark vorangetrieben und strategisch im Unternehmen verankert.

Die Bank kann bei Facebook auf knapp 7.000 Fans und bei Twitter auf ca. 1.600 Follower stolz sein. Das klingt erst einmal nicht nach großen Zahlen, aber im Vergleich zur Volksbankenwelt insgesamt steht Bühl sehr gut da. Selbst die größte deutsche Volksbank in Berlin liegt mit knapp 5.000 Fans und 1.000 Followern deutlich dahinter.

Wichtiger als die reinen Zahlen ist aber, was eigentlich aus dieser Arbeit entsteht. Mit der »InnovationsWerkstatt« ist aus dem Social-Media-Engagement ein ganz neuer Geschäftsbereich erwachsen. Dort bieten die Experten der Bank unter anderem Vorträge und Workshops zu Social Media im Bankensektor sowie verschiedene Beratungsleistungen an. Innerhalb der Bankenwelt besteht großes Interesse an der Expertise der Volksbank Bühl, was auch entsprechende Zahlungsbereitschaft mit sich bringt.

Und schließlich entstehen aus den Aktivitäten auch immer wieder neue kundenbindende und -gewinnende Ideen, zum Beispiel eine Crowdfunding-Plattform, die regionale Projekte nach Abstimmung der Teilnehmer finanziert.

KAPITEL 2
Social-Media-Marketing im B2B

In diesem Kapitel:

- Social Media – relevant für den B2B-Sektor?
- Fünf Gründe, warum sich Social Media für B2B-Unternehmen eignen
- Unterschiede zwischen B2B- und B2C-Marketing
- Social Media in der B2B-Marketingstrategie
- Social Media – Inbound- oder Outbound-Marketing?
- Einordnung von Social Media im Onlinemarketing

Social Media – relevant für den B2B-Sektor?

Wenn man an Social-Media-Kampagnen denkt, fallen einem überwiegend oder ausschließlich Aktionen aus dem B2C-Sektor ein. Egal, ob Ron Hammer (Hornbach), Will it blend (Blendtec), Paul Potts (Deutsche Telekom) oder die TippExperience (TippEx) – in aller Regel geht es um Produkte für den Endverbraucher, um Konsumgüter. Einige Beispiele aus dem B2C-Bereich haben wir im letzten Kapitel ja schon analysiert.

Diese Firmen haben, wie eingangs bereits erwähnt, den großen Vorteil, eine enorme Reichweite nutzen zu können. Die potenzielle Zielgruppe einer Deutschen Bahn, einer Deutschen Telekom oder eines Daimler-Konzerns ist nun mal flächendeckend in der allgemeinen Öffentlichkeit vertreten.

Ein Unternehmen des B2B-Sektors hat dagegen naturgemäß meist eine recht eingeschränkte Zielgruppe. Im Extremfall kann sie sich auf ein paar Dutzend Unternehmen beschränken. Aber selbst breiter aufgestellte B2B-Unternehmen richten ihre Leistungen oft auf nur wenige tausend Kunden aus. Da stellt sich die Frage, ob Social Media im B2B-Sektor überhaupt sinnvoll sind.

Diese Frage kann nicht pauschal beantwortet werden. Dafür ist die Vielfalt im B2B-Sektor (ebenso wie im Endverbrauchermarkt) zu groß. Ein allgemeines Ja oder Nein würde dieser Vielfalt nicht gerecht.

Stattdessen stelle ich im Folgenden einige Kriterien auf, die als Orientierung bei der individuellen Entscheidung für oder gegen den Einsatz von Social Media in Ihrem Unternehmen dienen können.

Lassen sich die Ziele mit Social Media erreichen?

Über das Thema Ziele werden wir im Rahmen der Strategieentwicklung noch ausführlicher sprechen. Aber bereits bei der Entscheidung für oder gegen den Einsatz kommt den Zielen eine große Bedeutung zu. Was möchten Sie mit Social Media Marketing erreichen? Lassen sich diese Ziele überhaupt mit Social Media erreichen?

Wenn Ihr primäres Ziel beispielsweise ein erhöhter Verkauf einer sehr spezialisierten Maschine ist, wird ein gezieltes Mailing an die Entscheider höchstwahrscheinlich einen größeren Erfolg bringen. Liegt Ihr Ziel dagegen in einer engeren Bindung Ihrer Kunden an Ihr Unternehmen, können Social-Media-Maßnahmen sehr gut funktionieren.

Sind die Zielgruppen ausreichend groß?

Darüber hinaus sollte die Zielgruppe, die Sie mit Social-Media-Marketing erreichen wollen, ausreichend groß sein, um den Aufwand zu rechtfertigen. Angenommen, Sie stellen Zubehörteile für Abklingbecken in Atomkraftwerken her. Weltweit existieren ca. 430 Atomkraftwerke, in Deutschland nur acht. Ihre Zielgruppe ist also von vornherein sehr begrenzt. Auch hier dürfte direkter Kundenkontakt mit Vertriebsbesuchen, Mailings und Messekontakten erfolgversprechender sein.

Dabei handelt es sich allerdings nicht um in Stein gemeißelte Größen. Sie entscheiden, ob Ihre Zielgruppe ausreichend groß ist, damit sich Ihr Social-Media-Engagement lohnt. Zumal Sie als Zielgruppe nicht nur (aktuelle oder potenzielle) Kunden sehen sollten, sondern auch alle anderen Stakeholder (zum Beispiel Investoren, Bewerber, die Presse, Branchenverbände usw.). Da sieht das Bild dann schnell anders aus.

Hier kommen aber wieder die Ziele ins Spiel. Wenn Ihr primäres Ziel darin besteht, das Image Ihres Unternehmens zu verbessern, können sich Social Media sehr wohl gut eignen, selbst wenn die Zielgruppe kleiner als im B2C-Markt ausfällt. Doch dazu im nächsten Punkt mehr.

Nutzen die Zielgruppen Social Media?

Die Zielgruppen müssen Social Media nutzen, damit sich der Einsatz für Sie lohnt – logisch. Mit zunehmender Verbreitung der sozialen Medien tritt dieser Aspekt immer weiter in den Hintergrund. Derzeit kann es jedoch passieren, dass Ihre Entscheider nur spärlich im Social Web vertreten sind. Der »typische« Gründer eines deutschen Familienunternehmens, Generation 60+ und »von der alten Schule«, wird nur selten bei Twitter oder XING anzutreffen sein. Besteht Ihre Zielgruppe überwiegend aus diesem Personenkreis, werden Sie sich mit reinen Social-Media-Kampagnen zunächst einmal schwer tun.

Richten Sie in so einem Fall jedoch den Blick ein paar Jahre voraus. Wie wird es in der nachrückenden Generation aussehen? Findet in den nächsten Jahren ein Wechsel in den Geschäftsführungen statt, bei dem jüngere, »digitalere« Führungskräfte vermehrt Entscheidungen treffen? Sie werden es gemerkt haben: Das sind rhetorische Fragen. Es lohnt sich daher, einige Jahre weiterzudenken – das verändert den Blickwinkel auf Sinn und Unsinn des Social-Media-Einsatzes schnell.

Natürlich lohnt sich auch im B2B-Marketing ein Blick auf die gesamten Nutzerzahlen der Social Media. Schließlich sind auch Entscheider in Unternehmen Menschen und damit zumindest teilweise von diesen Nutzerzahlen erfasst. Ob sie die Kanäle nun beruflich oder privat nutzen, kann später differenziert werden.

Facebook ist, was die Nutzerzahlen angeht, mit großem Abstand das reichweitenstärkste Social Network. Derzeit nutzen 28 Millionen Menschen in Deutschland Facebook (Stand: Oktober 2013). Dabei handelt es sich um aktive Accounts, die sich zumindest gelegentlich einloggen – reine Karteileichen zählen hier nicht. Weltweit liegt die Zahl der aktiven Nutzer bei 1,1 Milliarden. Die Zahlen pro Land lassen sich übrigens über das Anzeigentool abrufen (www. facebook.com/advertising) – ein Luxus, den die anderen Netzwerke nicht bieten.

Dementsprechend fällt die gesicherte Datenlage auch schwächer aus. Nutzerzahlen von Twitter, Google+, LinkedIn etc. werden nur unregelmäßig veröffentlicht und basieren teilweise auf externen Hochrechnungen. Bezüglich der für Deutschland geltenden Nutzerzahlen fällt die jährlich erscheinende Studie »Soziale Netzwerke« des Branchenverbandes Bitkom am verlässlichsten aus. Der Ende

2013 erschienene, dritte Durchgang brachte für die wichtigsten Social Networks die Zahlen hervor, die Sie in Abbildung 2-1 sehen.

Abbildung 2-1 ▶
In Deutschland genutzte soziale Netzwerke (Quelle: Soziale Netzwerke 2013, Bitkom)

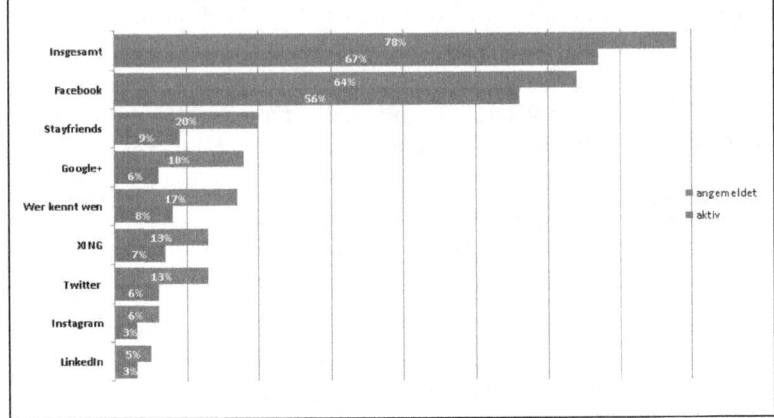

Speziell über die aktuelle Nutzung von Social-Media-Kanälen unter B2B-Entscheidern gibt es ebenfalls eine Reihe von Studien.

Eine der größten Studien kommt vom US-Marktforschungsunternehmen Forrester Research, das im vierten Quartal 2012 über 7.300 B2B-Entscheider in den USA und Europa befragt hat (»How B2B Marketers Use Social Now«). Bei der Frage nach der Wichtigkeit verschiedener Kanäle zur Recherche und Bewertung von einzukaufenden Technologien und Dienstleistungen ergab sich folgendes Bild:

- Foren: 63 Prozent
- Virtuelle Events und virtuelle Messen: 47 Prozent
- Onlinevideos: 46 Prozent
- LinkedIn: 40 Prozent
- Blogs: 36 Prozent
- Professionelle Social-Networking-Sites (ohne LinkedIn, Facebook und Twitter): 35 Prozent
- Twitter: 19 Prozent
- Facebook: 19 Prozent

Obwohl also Facebook und Twitter am unteren Ende der Liste rangieren, nutzt immerhin jeder fünfte Entscheider diese Kanäle, um sich vor einem Kauf zu informieren. Mit Blogs, YouTube und LinkedIn können Unternehmen noch höhere Erfolge erzielen.

Eine weitere Forrester-Studie untersuchte die Frage, ob B2B-Entscheider diese Kanäle privat oder beruflich nutzen (soweit hier überhaupt noch eine Trennung möglich ist). Die Untersuchung »The Social Behaviors Of Your B2B Customers« kam zu folgenden Ergebnissen:

Ein Großteil der B2B-Entscheider nutzt die sozialen Netzwerke sowohl beruflich als auch privat. Rein beruflich liegt die Nutzung von Facebook (2 %), Twitter (6 %) und Google+ (4 %) auf einem sehr geringen Niveau. So oder so kommt man jeweils auf Werte um die 40 %.

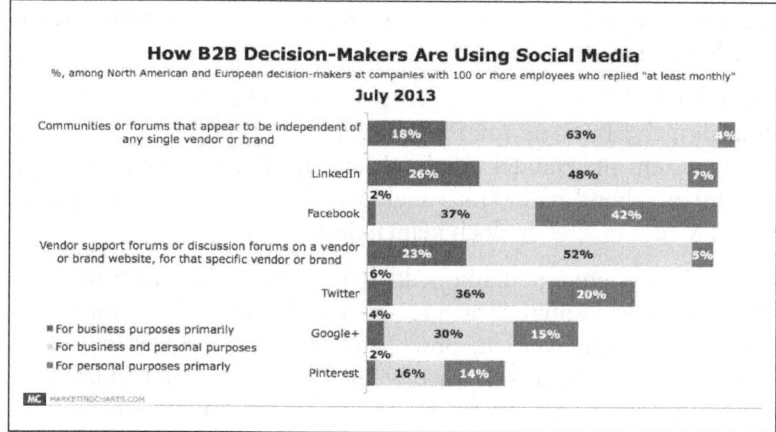

◀ **Abbildung 2-2**
Wie B2B-Entscheider Social Media nutzen (Quelle: Marketingcharts. com)

Diese Zahlen machen eines deutlich: Social Media können heute und auf absehbare Zeit nicht als alleiniges Marketinginstrument im B2B-Sektor dienen. Dafür ist die Nutzung noch auf einem zu geringen Niveau. Stattdessen sollten Sie Social Media immer als Ergänzung zu anderen Maßnahmen sehen – was Sie höchstwahrscheinlich ohnehin bereits tun.

Besonders interessante Erkenntnisse liefert auch der »Global Web Index«, in dessen Rahmen 17.000 B2B-Entscheider befragt wurden. Darunter zeigte sich unter anderem, dass B2B-Entscheider ...

- Twitter doppelt so häufig nutzen wie andere User,
- ebenfalls Social Networks stärker nutzen als der durchschnittliche Internetnutzer und
- sich von Social Media stärker in ihren Investitionsentscheidungen beeinflussen lassen als von Direktmails (15 % vs. 13 %) oder Verkaufspräsentationen (14 % vs. 11 %).

Beim Top-Management lagen Social Media mit 16 % gleichauf mit Verkaufspräsentationen, was den Einfluss auf die Kaufentscheidung angeht.

Auch die Autoren dieser Studie kommen zu dem Schluss, dass Social Media kein Ersatz für traditionellere Marketing- und Vertriebskanäle sind, sondern eine Ergänzung dazu sein sollten.

Streben Sie eine über die engere Zielgruppe hinausgehende Bekanntheit an?

Vielleicht gehören Sie zu diesen Unternehmern, die trotz enger Zielgruppe von einer breiteren Bekanntheit profitieren wollen. Ein gutes Beispiel dafür habe ich vor einiger Zeit in einem meiner Seminare kennengelernt.

Einer der Teilnehmer kam aus einem Unternehmen, das Scharniere und ähnliche Bauteile für Einbauküchen herstellt. Die Teile sind nicht einzeln im Handel erhältlich, ein Endkundenkontakt findet dementsprechend nicht statt. Viele würden hier bereits abwinken, Social Media mache da doch keinen Sinn.

Dieses Unternehmen denkt jedoch um die Ecke. Im Sinne der »Ingredient Branding«-Strategie soll die Marke beim Endkunden bekannt gemacht werden, obwohl er sie gar nicht direkt kaufen kann. Der Endkunde soll aber beim Küchenhändler explizit eine Küche verlangen, die die Scharniere dieses Unternehmens enthält. Mit dem Social-Media-Marketing (und natürlich über diverse andere Marketingkanäle) will das Unternehmen daher einen »Pull-Effekt« aufbauen; der Endkunde sorgt dabei durch seine gezielte Nachfrage für steigende Nachfrage der eigentlichen Kunden, also der Küchenhersteller.

Im Endkundengeschäft kennen Sie diese Vorgehensweise zum Beispiel von Computerchips. Die überwiegende Mehrheit der Kunden hat noch nie einen Intel-Chip bzw. eine Intel-CPU separat gekauft, achtet aber beim Computerkauf peinlich genau darauf, dass diese Chips verbaut sind. Intel förderte diesen Effekt jahrelang mit dem Slogan »Intel Inside«.

Diese über die Zielgruppe »direkte Kunden« hinausgehende Bekanntheit lohnt sich vor allem (wenn auch nicht ausschließlich) für Unternehmen, die sowohl im B2B als auch im B2C-Sektor tätig sind. Ein gutes Beispiel dafür ist der virale YouTube-Clip von Volvo Trucks, der zum Zeitpunkt der Erstellung dieses Buches gerade im Social Web die Runde macht. Um die Präzision des neu entwickelten Steuerungssystems der Volvo-Lastwagen zu demonstrieren, erstellte der Konzern einen sehr emotionalen Videoclip mit Jean-

Claude van Damme. Zwei Volvo-Trucks fahren parallel eng nebeneinander rückwärts auf einem stillgelegten Flugfeld dem Sonnenuntergang entgegen. Zwischen den Trucks steht, jeweils einen Fuß auf einem Außenspiegel, van Damme mit verschränkten Armen. Seine Stimme aus dem Off beschreibt, wie die Höhen und Tiefen in seinem Leben ihn zu dem gemacht haben, was er heute ist, während die Trucks sich langsam auseinanderbewegen. Unter den bewegenden ersten Takten von »Only Time« von Enya gleitet van Damme zwischen den fahrenden LKWs langsam in seinen berühmten Spagat.

◀ **Abbildung 2-3**
Volvo Trucks erreichte mit diesem Spot eine extrem hohe Aufmerksamkeit.

Dieser Spot ist aus mehreren Gründen genial. Erstens zeigt er, dass emotionale Ansprache im B2B-Markt hervorragend funktioniert. Zweitens bringt er die Botschaft meisterhaft auf den Punkt: Wäre das Lenkungssystem nicht so präzise, würde der Stunt einen schrecklichen Verlauf nehmen. Volvo und van Damme setzen ein enormes Vertrauen in die Technik (natürlich wurde van Damme mit einer Notfallvorrichtung gesichert, was der Dramatik des Stunts jedoch keinen Abbruch tut). Und schließlich wurde mit Jean-Claude van Damme der ideale Darsteller gewählt. Sein Heldenstatus in den 80ern ruft bei den heute 30- bis 50-Jährigen zwangsläufig nostalgische Gefühle hervor – also wohl genau der Zielgruppe, die heute in den Entscheiderpositionen vieler Unternehmen (und den Führerhäusern der LKWs) sitzt.

Inwiefern sich der Clip auch auf die Verkäufe von Volvo-LKWs auswirken wird, muss sich erst zeigen. Mit 40 Millionen Aufrufen in der ersten Woche und knapp 67 Millionen in den ersten zwei Monaten fällt die Reichweite jedenfalls schon mal extrem hoch aus. Der »Volvo Trucks«-Channel auf YouTube hat mittlerweile ca. vier Mal so viele Abonnenten wie der Channel »Volvo Cars«, der sich an Privatkunden richtet. Dieser hat mit 10 Millionen Aufrufen auch eine ordentliche Reichweite erzielt – allerdings verteilen sich die Aufrufe auf 350 Videos und fünf Jahre. Die Aufrufe des Trucks-Channels liegen ca. zehn Mal so hoch ...

In ihrem Buch »The B2B Social Media Book« beschreiben die Autoren Kipp Bodnar und Jeffrey L. Cohen fünf Gründe dafür, dass Social Media sich gut für B2B-Unternehmen eignet (sogar besser als für B2C-Unternehmen), aber auch fünf Szenarien, die gegen den Einsatz sprechen können. Teilweise decken sich die Ansätze mit obigen Ausführungen, teilweise ergänzen sie sie. Im Folgenden wollen wir uns diese fünf Gründe einmal genauer ansehen.

Fünf Gründe, warum sich Social Media für B2B-Unternehmen eignen

1. Kundenverständnis

B2B-Unternehmen verfügen im Allgemeinen über ein besseres Verständnis ihrer Kunden. Die Märkte sind kleiner, die Beziehungen zum Kunden direkter. Dadurch besteht ein umfangreicheres Wissen über die Eigenschaften, Bedürfnisse und Prozesse auf der Kundenseite. Während sich Unternehmen im B2C-Sektor oft mit demografischen Daten zufriedengeben müssen, erstellen B2B-Unternehmen detaillierte Personas ihrer Kunden und können so individuell auf Wünsche und Bedürfnisse eingehen.

2. Markt- und Produktkenntnis

Aber nicht nur das Wissen über die Kunden ist ausgeprägter, sondern auch das Wissen über die Materie. In vielen B2B-Unternehmen verfügen die Marketingmitarbeiter über einen Hintergrund im technischen Bereich, zum Beispiel als Ingenieure, Chemiker oder Techniker. Dadurch fällt es ihnen leicht, sich in die Kunden hineinzuversetzen und einen beratungslastigen Vertriebsansatz und inhaltsgetriebenes Marketing zu nutzen. Genau das ist der große Vorteil im Social-Media-Marketing. Das fundierte Know-how über das Thema ist die wichtigste Voraussetzung für Content- und Social-Media-Marketing.

3. Finanzielle Situation

Die finanzielle Situation in den meisten B2B-Unternehmen zwingt sie zu kosteneffizienten Marketingmaßnahmen. Konsumgüter-Hersteller können vielleicht Imagekampagnen und Markenaufbau mit mehrstelligen Millionenbudgets betreiben, in den meisten B2B-Unternehmen sind messbare Ergebnisse für wenig Geld gefordert. Hier setzt Social-Media-Marketing an. Die Kanäle können, wenn sie richtig genutzt werden, relativ günstig sein. Wie das geht, lesen Sie ja gerade in diesem Buch.

4. Kundenbeziehung

Auch die große Bedeutung der Beziehungen zum Kunden aufgrund des langen Kaufprozesses und der hohen Investitionsvolumina beziehen die Autoren ein. Dieser Punkt wurde ja oben bereits erläutert.

5. Erfahrung im direkten Kundenumgang

Und schließlich haben viele B2B-Marketer bereits umfangreiche Erfahrungen im Social-Media-Marketing, ohne sich dessen bewusst zu sein. Ein gelungener Messeauftritt ist zum Beispiel nichts anderes als eine Plattform zum direkten Austausch mit Interessenten und Kunden. Ein Kundenmagazin mit edukativen Inhalten ist Content-Marketing in Reinform. Eine Firmenveranstaltung, zu der Presse und Kunden eingeladen werden, ist nichts anderes als ein Event mit dem Ziel der sozialen Interaktion. Lassen Sie sich also nicht von den neuartig anmutenden Begriffen des Social Web abschrecken. Sie haben ganz ähnliche Dinge schon getan, bevor es das Web 2.0 gab, und wahrscheinlich auch schon lange, bevor viele B2C-Unternehmen mit diesen Marketingformen begannen.

All dies sind wie gesagt nur Orientierungshilfen. Vielleicht kommen Sie selbst bei eher negativer Prognose anhand der obigen Kriterien zu dem Schluss, dass Social-Media-Marketing Ihnen dennoch helfen kann. Nur zu! Sie wären nicht das erste Unternehmen, das überraschende Erfolge damit erzielt. Je mehr dagegen spricht, desto kreativer und cleverer werden Sie aber wahrscheinlich vorgehen müssen, um erfolgreich zu sein.

Unterschiede zwischen B2B- und B2C-Marketing

Wenn Sie für sich entschieden haben, dass Social-Media-Marketing für Sie zumindest grundsätzlich infrage kommt (zu diesem Schluss werden Sie angesichts der genannten Gründe und Zahlen vermutlich kommen), müssen Sie sich vor Augen führen, was eigentlich die grundlegenden Unterschiede zwischen Kaufprozessen und somit auch Marketing der Bereiche B2B und B2C sind. All diese Unterschiede haben auch direkte oder indirekte Auswirkungen auf das Social-Media-Marketing.

Langer Kaufprozess

Kaufentscheidungsprozesse im B2B-Geschäft dauern in der Regel länger. Denken Sie an Ihren letzten privaten Einkauf – wie lange haben Sie sich vorher Gedanken gemacht? Der Kauf Ihrer letzten Zahnbürste dürfte eher spontan geschehen sein, bei Ihrem Fernsehgerät haben Sie vielleicht zwei bis drei Wochen lang Preise verglichen. Selbst beim Kauf eines Autos planen und vergleichen die wenigsten Menschen mehr als einige Monate lang.

Diese Zeiträume sind im B2B-Sektor völlig alltäglich, häufig dauern Kaufprozesse sogar noch länger. Je nachdem, um welche Art von Lieferantenbeziehung es geht, dauert der Prozess vom ersten Interesse bis zum letztendlichen Kauf Wochen, Monate oder sogar Jahre. Das stellt besondere Anforderungen an das Kundenbeziehungsmanagement. Social Media bieten, wie wir später sehen werden, hervorragende Möglichkeiten, um diese langen Zeitspannen zu überbrücken, zu begleiten und zu nutzen.

Hohes Risiko, hoher finanzieller Einsatz

Der lange Kaufprozess hängt eng mit dem Risiko zusammen, das bei einem Lieferantenwechsel oder einer Lieferantensuche besteht. Mit Einkaufsentscheidungen im B2B-Geschäft sind nicht nur hohe finanzielle Kosten, sondern auch weitergehende Risiken verbunden. Wenn sich ein Zulieferer als unfähig, unzuverlässig oder einfach nur unpassend herausstellt, kann das Wohl und Wehe des Kunden davon abhängen. Nicht wenige Unternehmen sind durch eine schlechte Lieferantenauswahl in die Insolvenz gerutscht.

Vertrauen spielt damit im B2B-Sektor eine größere Rolle als im Endkundengeschäft. Natürlich will man auch seinem Autohändler oder seinem Friseur vertrauen. Der potenzielle Schaden ist jedoch begrenzt und meist durch Verbrauchergesetze gut abgesichert. Der Fehlkauf einer Maschine im Wert von mehreren Millionen Euro oder die Installation eines fehlerhaften Softwaresystems kann da ganz andere Folgen haben.

Ein Nutzen der Social-Media-Kanäle kann und sollte daher sein, Vertrauen aufzubauen und vertrauensvolle Beziehungen zu unterstützen.

Indirekte Messbarkeit

Ebenfalls mit den langen Kaufprozessen hängt eine schlechtere Messbarkeit von Marketingerfolgen zusammen. Im Endkunden-E-Commerce lässt sich der Erfolg einzelner Maßnahmen in aller Regel sehr gut nachvollziehen. Der Kunde klickt auf eine Anzeige, ein Suchergebnis oder einen Link in einer E-Mail, gelangt zum Onlineshop und kauft oder kauft nicht. So lässt sich der Anzeige, dem Suchergebnis oder der E-Mail der Erfolgsbeitrag zurechnen. Daraus folgt dann eine Analyse, welcher Kanal wie gut zum Unternehmenserfolg beiträgt. Natürlich ist das eine Vereinfachung, aber es beschreibt den Kern des Geschäftsmodells ganz gut.

Im B2B-Sektor wird das so einfach nicht funktionieren. Verkäufe finden meist nicht über Onlineshops statt, sondern nach (oft mehreren) Vertriebsterminen, Verhandlungen und Testzeiträumen. In dieser Zeitspanne haben oft auch verschiedene Medienbrüche stattgefunden. Der Kunde könnte beispielsweise über eine Suchmaschine gekommen sein, die Website mit der Angebotsbeschreibung ausgedruckt, sie zwei Wochen auf dem Schreibtisch liegen lassen, dann angerufen, sich mit Ihnen zum Kundentermin getroffen haben und so weiter. Irgendwann fällt dann die Entscheidung für oder gegen die Zusammenarbeit.

Die Messbarkeit wird dadurch sehr stark erschwert, aber sie ist weiter gegeben. Sie müssen jedoch andere Kennzahlen und andere Messprozesse etablieren. Statt den direkten Umsatz als Erfolgskennzahl heranzuziehen, können Sie zum Beispiel mit der Anzahl der generierten Kontakte oder den heruntergeladenen PDF-Broschüren arbeiten. Mehr dazu finden Sie natürlich ebenfalls in diesem Buch.

Dauerhafte Kundenbeziehungen

Aber nicht nur der Kaufprozess dauert länger, häufig sind auch die Kunden-Lieferanten-Beziehungen von längerer Dauer. Während im Endkundengeschäft viele Umsätze aus günstigen Gelegenheiten (»Das Geschäft liegt auf meinem täglichen Weg zum Bahnhof.«) oder einfach aus Bequemlichkeit (»Ich kaufe da jetzt schon so lange ein.«) entstehen, haben Geschäftsbeziehungen im B2B-Sektor oft andere Hintergründe.

Aufgrund der höheren Komplexität der Produkte und Leistungen ist die Kenntnis der Kundenunternehmen und -prozesse von großer Bedeutung. Zulieferer stellen sich stark auf den Kunden ein, beschäftigen sich vertieft mit seinen Bedürfnissen und lernen ihn dadurch sehr gut kennen. Daraus entsteht ein tiefes Vertrauensverhältnis, das in manchen Fällen Jahre oder Jahrzehnte anhält und Krisen oder Preiskämpfe übersteht.

Auch zum Auf- und Ausbau dieser langfristigen Kundenbeziehungen eignen sich die Social-Media-Kanäle außergewöhnlich gut.

Mehrere Beteiligte

Vor große Probleme stellt Verkäufer im B2B-Sektor die Tatsache, dass es in der Regel nicht nur einen Beteiligten, sondern mehrere gibt. Einem B2B-Handel liegt meist kein klassisches Käufer-Verkäufer-Verhältnis zugrunde. Stattdessen existieren auf Käuferseite (und oft auch auf Verkäuferseite) Einkaufsgremien, in der Marketingsprache »Buying Center« genannt. In diesen Buying Centern entscheiden (formell oder informell) unterschiedlichste Personen mit. Dabei kann es sich zum Beispiel um

- den Geschäftsführer,
- den eigentlichen Einkäufer,
- den Abteilungsverantwortlichen,
- die IT,
- die Rechtsabteilung
- und sogar »Gatekeeper«-Personen wie das Vorzimmerpersonal der Entscheider

handeln.

Hier besteht die Herausforderung darin, nicht nur den direkten Ansprechpartner, sondern auch die anderen Mitglieder des Buying Center einzubeziehen (und natürlich die Mitglieder erst einmal zu identifizieren). Wenn wir also später über Social-Media-Marketing sprechen, denken Sie bitte immer daran, eventuell weitergehende Informationen für die anderen Personen bereitzustellen und das Buying-Center-Konzept bei Ihren Aktivitäten immer im Kopf zu haben.

Social Media in der B2B-Marketingstrategie

Social Media lediglich als Instrument der Kommunikationspolitik zu verstehen, greift aber zu kurz und lässt die vielfältigen Möglichkeiten außer Acht, die die sozialen Medien für B2B-Unternehmen bieten. Social Media können und sollten viel tiefer im Marketing und in der gesamten Unternehmensstrategie verankert werden, um maximalen Erfolg zu gewährleisten.

Um zu verstehen, wie Social Media in Unternehmen integriert werden können, ziehen wir ein anschauliches B2B-Marketing-Modell heran (Abbildung 2-4). Veröffentlicht wurde es in einem US-Blog (*http://bit.ly/B2B-Marketing-Framework*, erstellt von Holger Schulze), ich habe es für den deutschen Markt etwas angepasst.

Dieses Modell ist schichtenweise aufgebaut, von unten (Marktinformationen) bis zum operativen bzw. taktischen Marketing ganz oben.

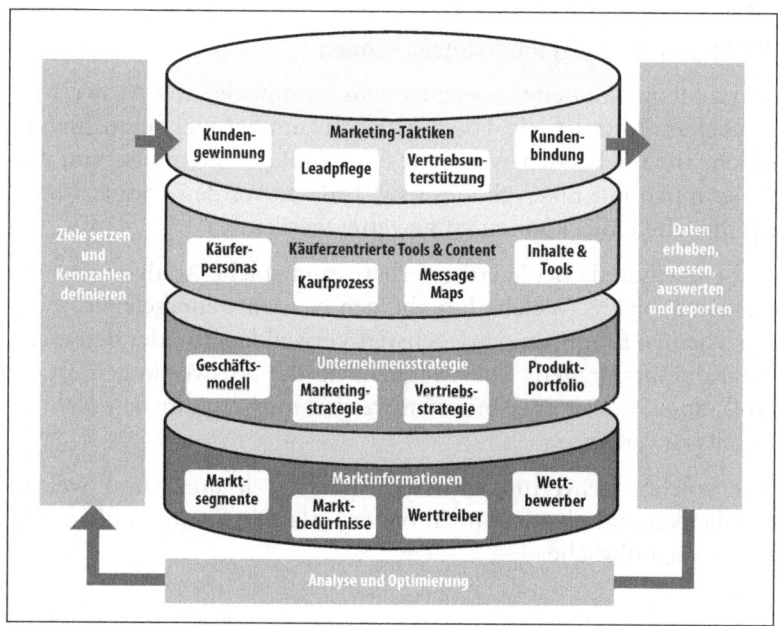

◀ Abbildung 2-4
Marketingmodell im B2B-Sektor (nach Holger Schulze)

Stufe 1: Marktinformationen

Hierzu zählen die Elemente der klassischen Marktforschung. Unternehmen versuchen, ein Verständnis über die Zielgruppen und deren Ansprüche, Wünsche und Bedürfnisse sowie über die Marktstrukturen zu erhalten.

Die Zielmärkte werden dann in Segmente unterteilt. Dabei können zum Beispiel folgende Kriterien zum Einsatz kommen:

- Branche
- Unternehmensgröße
- Standort (geografische Faktoren)
- Beziehungen (Kunden/Nicht-Kunden, Lieferanten)
- Preisverhalten
- Marktstellung

Im Rahmen der Werttreiber-Analyse wird untersucht, was für die potenziellen oder aktuellen Kunden einen Mehrwert darstellt bzw. was ihre Motive für einen möglichen Kauf sein könnten (Kostenersparnis, Unzufriedenheit mit bisherigem Lieferanten, Umsatzvergrößerung etc.).

Schließlich sollen Informationen über die Marktteilnehmer gesammelt und ausgewertet werden.

Wie Social Media hier unterstützen können

Social Media können unterschiedlichste Einblicke und Auswertungen liefern. Mithilfe von Tools lässt sich zum Beispiel herausfinden, welche Inhalte bei den Wettbewerbern funktionieren (also von den Zielgruppen mit Likes, Shares usw. bedacht werden). Sogar Klicks auf manche Links können ausgewertet werden.

Viel einfacher als bei Wettbewerbern sind solche Analysen für die eigenen Projekte. Welche Blogthemen werden weitergeleitet? Welche Themen führen zu den höchsten Verweildauern oder den meisten Kontaktanfragen? Die Möglichkeit der Auswertungen ist so groß, dass Sie sich eher bremsen werden müssen, um sich nicht in Details zu verlieren.

Wie solche Auswertungen erstellt werden können und welche Möglichkeiten sich sonst noch bieten, erfahren Sie im Laufe dieses Buches ausführlicher.

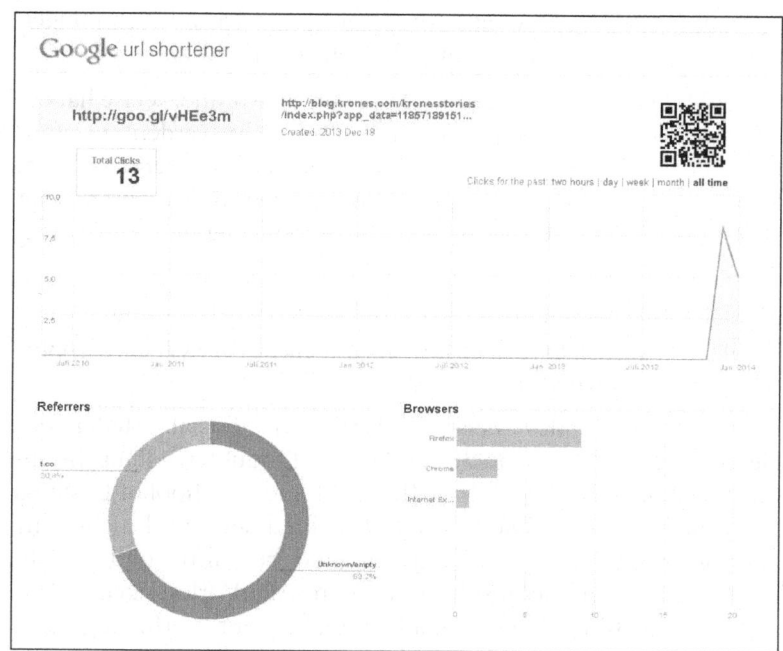

Doch nicht nur die Erhebung von Informationen, sondern auch deren Speicherung spielt hier eine Rolle. Im Rahmen des Knowledge Management (Wissensmanagements) können Social Media hervorragende Dienste leisten.

Zum Beispiel bietet sich ein internes Blog oder Wiki an, um Knowhow in den verschiedensten Bereichen zu speichern, abrufbar zu machen und weiterzuentwickeln.

Stufe 2: Unternehmensstrategie

Eine Ebene darüber ist die Unternehmensstrategie angesiedelt. Hier werden die Daten der Ebene darunter in Strategien umgesetzt. Welches Geschäftsmodell ist vielversprechend und zukunftsfähig? Welche Marketing- und Vertriebsstrategie kann zur Umsetzung herangezogen werden? Wie muss das Produktportfolio organisiert sein?

Wie Social Media hier unterstützen können

Allein im Punkt Geschäftsmodell können sich durch Social Media zahlreiche Veränderungen ergeben. Sehr gut zeigt sich das am bereits erwähnten Beispiel der Volksbank Bühl, die – für eine Bank recht untypisch – einen eigenen Geschäftsbereich mit Schulungen und Vorträgen zu Social-Media-Themen entwickelt hat.

Social Media werden großen Einfluss auf die Art und Weise haben, auf die zukünftig Beratungsleistungen erbracht werden. Telefonkonferenzen könnten durch Google+-Hangouts ersetzt werden. Kundenveranstaltungen können durch einen (kostenlosen oder kostenpflichtigen) »Hangout on Air« für Abwesende ergänzt werden.

Manche B2C-Geschäftsmodelle basieren zu 100 % auf Social Media, andere ziehen zumindest einen großen Teil ihrer Wertschöpfung aus den sozialen Medien.

Ein beeindruckendes Beispiel dafür, wie Social Media das Geschäftsmodell, aber auch die Art der Produkterstellung beeinflussen *können*, ist der Global MBA der London School of Business and Finance (LSBF). Dieser dreifach akkreditierte und nicht ganz günstige Masterabschluss kann komplett kostenfrei und – Achtung! – auf Facebook absolviert werden. Alle Vorlesungen stehen als HD-Videos bzw. Downloadmaterialien zur Verfügung. Erst wenn Prüfungen geschrieben und damit die akademischen Würden erworben werden sollen, wird der Nutzer zur Kasse gebeten.

Abbildung 2-6 ▶
MBA-App auf Facebook

Auch das Produktportfolio kann durch Social Media beeinflusst werden – Crowdsourcing ist hier ein bekanntes Schlagwort. Statt Produkte im Labor bzw. am Zeichentisch zu entwickeln und dann auf Marktfähigkeit zu testen, können zukünftige Kunden direkten Einfluss auf die Produkterstellung nehmen oder zumindest Ideen für Neuprodukte oder Produktverbesserungen liefern. Hierfür existieren spezielle Plattformen, auf denen Unternehmen Probleme ausschreiben und interessierte Hobby- und auch Profi-Tüftler Lösungsansätze einreichen können. Unternehmen gelangen so kostengünstig an Lösungsvorschläge, die Ideengeber verdienen im Falle der Umsetzung an den Einsparungen oder Umsätzen mit.

Ein Beispiel für eine solche Plattform ist Innocentive (www.innocentive.com), die weltgrößte Crowdsourcing-Plattform. Arzneimittelhersteller, Maschinenbauer, Chemieproduzenten und Unternehmen aus vielen anderen Branchen nutzen die Plattform, um Problemlösungen verschiedenster Art zu generieren.

Ein gutes Beispiel für eine unternehmensspezifische Crowdsourcing-Aktion war der YouRail-Designcontest von Bombardier. Die Firma suchte mit diesem Wettbewerb neue Designideen für die Innenausstattung von Zügen. Mehr als 4.200 Vorschläge wurden eingereicht. Über die Plattform yourail-design.bombardier.com wurden außerdem über 8.500 Kommentare gepostet und 26.600 Bewertungen abgegeben.

Für das Unternehmen stellt so eine Aktion nicht nur eine großartige Möglichkeit dar, neue Ideen zu erhalten, sondern stärkt ganz nebenbei auch noch die Marke für interessante potenzielle Mitarbeiter (Stichwort »Employer Branding«) und verleiht dem Unternehmen ein modernes und innovatives Image.

Ein Beispiel für eine solche Crowdsourcing-Kampagne aus dem B2B-Umfeld stammt von der Firma Eppendorf AG. Dieser Hersteller von Laborausrüstungen rief 2011 im Rahmen der Aktion »Eppendorf Ideas« dazu auf, den idealen Pipettenständer zu entwerfen und auf der Plattform www.eppendorf-ideas.de einzureichen. Über 30 Vorschläge wurden abgeliefert. Gleichzeitig generierte das Unternehmen neben kreativen Ideen für neue Produkte auch eine hohe Aufmerksamkeit in der potenziellen Zielgruppe. Mehr als 320 Facebook-Fans kamen dabei auch noch zusammen. Solche Aktionen bringen Unternehmen ins Gespräch und sorgen vor allem unter jüngeren Personen für Bekanntheit, was die Arbeitgebermarke langfristig stärkt.

Abbildung 2-7 ►
Die YouRail-Plattform während des
laufenden Wettbewerbs Ende 2009

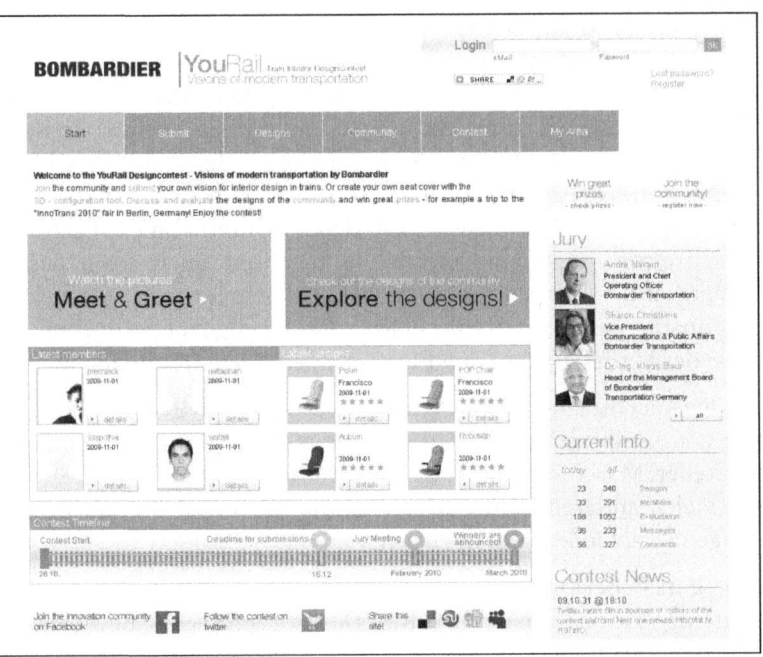

Abbildung 2-8 ►
Eppendorf Ideas war eine interessante Crowdsourcing-Kampagne in
einer eher untypischen Branche.

Die Einflüsse auf die Marketing- und Vertriebsstrategie sind wohl am nächstliegenden. Im Laufe des Buches werden wir darauf unseren Schwerpunkt legen, weshalb hier keine tiefergehenden Ausführungen stattfinden.

Stufe 3: Käuferzentrierte Tools und Inhalte

In den letzten Jahren hat sich im Marketing die Idee der »Personas« immer stärker durchgesetzt. Dabei entwickeln Unternehmen Profile der typischen Kunden(gruppen), so detailliert wie möglich. Dieser Schritt, zusammen mit der Analyse und Optimierung der Kaufprozesse, der Generierung der grundlegenden Marketingbotschaften (im Englischen »Message Mapping« genannt) und der Grobauswahl von Inhalten für das Marketing erfolgt auf der dritten Ebene.

Wie Social Media hier unterstützen können

Dieser Schritt hängt eng mit der ersten Ebene, den Marktinformationen, zusammen. Durch die z. B. über Social Networks gewonnenen Informationen können sehr präzise und realistische Käuferpersonas gebildet werden.

Tipp	Eine Möglichkeit, die bisher kaum genutzt wird, ist das Testen von Marketingbotschaften über Social Media. Dank der präzisen Auswertung von Klickzahlen und Resonanz können direkte Vergleiche über die wahrscheinliche Wirksamkeit von Slogans, Claims und sonstigen Marketingbotschaften erhoben werden – zu extrem geringen Kosten. Damit hier aber eine statistische Signifikanz gegeben ist, sollten auf ausreichend hohe Zahlen geachtet und Tests mehrmals wiederholt werden.

Stufe 4: Marketingtaktiken

Auf der operativen bzw. taktischen Stufe geht es darum, die Botschaften an die definierten Kunden »auszuliefern«. Hierbei sollen Leads generiert, gepflegt und weiterverfolgt werden, um sie schließlich in den Kaufprozess zu überführen. Hierfür ist im B2B-Sektor in der Regel ein aktiver Vertrieb notwendig. Die Nachhaltigkeit der Maßnahmen wird durch Kundenbindungsmaßnahmen gewährleistet.

Wie Social Media hier unterstützen können

Auf dieser Ebene ergeben sich wohl die meisten direkten Ansatzpunkte für Social-Media-Maßnahmen. Wie schon beim Schritt Strategie wird auch dieser Punkt im Laufe des Buches vertieft, weshalb wir uns hier kurz fassen können.

Im Rahmen der Kundenbindung steht vor allem das Customer Relationship Management (CRM) im Vordergrund. Hier hat sich in den letzten Jahren der Begriff »Social CRM« etabliert. Gemeint ist damit die Ergänzung der herkömmlichen CRM-Daten und -Maßnahmen um Daten aus den Social Media. Es bestehen enge Beziehungen zu den strategischen Fragestellungen aus der zweiten Stufe.

Für das Social CRM existieren mittlerweile einige Softwarelösungen. Häufig handelt es sich dabei um bekannte CRM-Programme, die um Social-Media-Aspekte erweitert wurden. Ein bekanntes Beispiel ist salesforce (*www.salesforce.com*). Zu allen Kontakten können hier beispielsweise die Social Media Kontaktkanäle hinzugefügt werden. Dadurch ergeben sich weitere Auswertungsmöglichkeiten, die durch die bekannte Social-Media-Analytics-Lösung Radian6, die ebenfalls zu Salesforce gehört, noch erweitert werden.

Social Media – Inbound- oder Outbound-Marketing?

Im Marketing wird grundsätzlich zwischen Inbound- und Outbound-Marketing unterschieden. Inbound bezeichnet dabei alle Aktivitäten, die der Kunde selbstständig abfragt. Hierzu zählen sowohl Offline-Instrumente wie Messestand, Kataloganforderungen und Telefonhotline als auch Online-Instrumente. Teilweise wird Inbound-Marketing auch ausschließlich durch Onlinemaßnahmen definiert. Inbound-Marketing gehört zu den am stärksten beanspruchten Schlagworten der letzten Jahre.

Zum Komplex Outbound gehören dagegen die Instrumente, die dem Kunden »aufgedrückt« werden. Meist wird er durch Outbound-Aktivitäten in seiner aktuellen Tätigkeit unterbrochen. Die meisten Formen der Werbung (TV, Radio, Print usw.) sowie viele Vertriebsmethoden (Telefonakquise, Vertriebsbesuche usw.) zählen zum Outbound-Marketing.

In vielen B2B-Unternehmen werden In- und Outbound-Aktivitäten von getrennten Geschäftsbereichen oder separaten Teams betreut. Doch wo sind Social Media einzuordnen?

Die meisten Social-Media-Aktivitäten lassen sich dem Inbound-Marketing zuordnen:

- Ein Blog wird vom Leser aktiv besucht.
- Ein YouTube-Video wird vom Leser selbstständig und freiwillig angesehen.

- Ein Twitter-Account wird vom Follower aktiv abonniert.
- Eine Facebook-Seite wird freiwillig geliket.
- Ein Nutzer meldet sich aus freien Stücken in einem Forum an.

Kombination von Inbound und Outbound

In der Praxis ergeben sich jedoch häufig Kombinationen mit Outbound-Maßnahmen:

- Die Facebook-Seite wird durch Facebook-Anzeigen beworben.
- Ein YouTube-Video wird als PreRoll-Ad vor ein anderes Video geschaltet.
- Das Unternehmen bucht »Sponsored Tweets«, um seine Reichweite bei Twitter zu vergrößern.
- Der Blog wird mit Google AdWords beworben.
- Zur Einführung der LinkedIn-Unternehmensseite wird ein Mailing an alle Kunden geschickt.

Es ist völlig in Ordnung, wenn Sie Ihre Social-Media-Aktivitäten mit Outbound-Maßnahmen unterstützen. Seien Sie sich nur darüber bewusst, dass Outbound meistens stört und häufig sogar nervt. Dabei besteht die Gefahr, das eigentlich gut gemeinte Social-Media-Engagement in ein schlechtes Licht zu rücken und eine negative Wahrnehmung der Zielgruppe zu generieren. Versuchen Sie daher immer, mit interessanten und »weiterreichenswürdigen« Inhalten zu punkten, statt mit Werbung zu nerven.

Einordnung von Social Media im Onlinemarketing

So wichtig Social Media auch sind und so groß ihre Bedeutung für Unternehmen auch noch werden mag – Social Media sind nicht alles. Stattdessen sollten die sozialen Medien als Bausteine im Marketingmix und insbesondere im Onlinemarketing-Mix verstanden werden. Die Zusammenhänge dabei verdeutlicht Abbildung 2 9. (Hinweis: Dabei handelt es sich um *eine* mögliche Herangehensweise, nicht die einzige und auch nicht die einzig wahre.)

In diesem Modell steht Social-Media-Marketing nicht im Mittelpunkt. Stattdessen befindet sich im Zentrum der Aktivitäten die Website. Im B2B-Sektor ist das in der Regel auch die sinnvollere Vorgehensweise. Unternehmen aus dem B2C-Bereich, die die Website zugunsten der Facebook-Seite offline genommen haben, kehren schnell wieder zum alten Modell zurück – Website im Zentrum, Facebook als Ergänzung.

Abbildung 2-9 ▶
Social Media im Online-Marketingmix

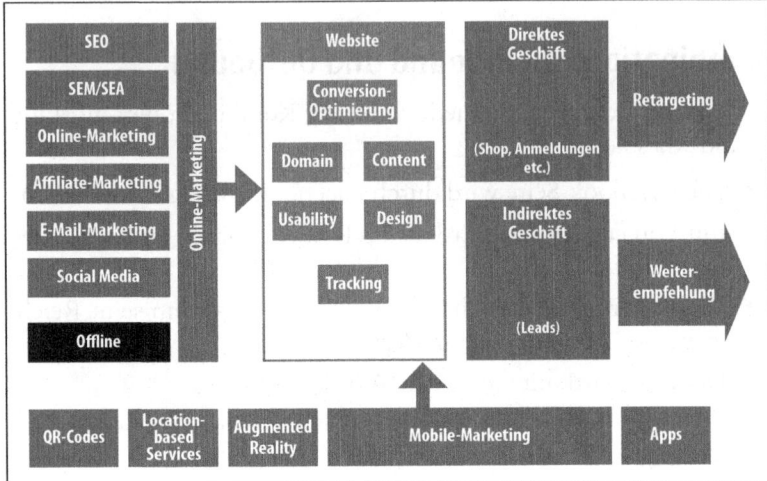

Warum Sie nicht komplett auf Facebook setzen sollten

Zugegeben, es klingt verlockend: Warum nicht einfach die Website abschalten und komplett auf Facebook umziehen? Immerhin sind die Nutzer dort ohnehin aktiv, die Aktualisierung von Inhalten ist recht einfach und kostenlos ist es obendrein. Einige B2C-Unternehmen sind dieser Verlockung gefolgt und haben es später bereut.

Zum einen unterwerfen Sie sich in so einem Fall komplett den Regeln von Facebook. Sobald Facebook diese ändert, haben Sie ein Problem. Das fängt bei Kleinigkeiten wie geänderten Größenformaten für Bilder an, kann aber auch bis hin zum kompletten Abschalten von Seiten gehen. Es ist bereits mehrfach vorgekommen, dass Facebook ohne Vorwarnung Seiten mit mehreren hunderttausend Fans abgeschaltet hat. In so einem Fall ist der Ärger groß.

Aber auch die Gestaltungsmöglichkeiten sind sehr eingeschränkt. Ihre Website können Sie designen und mit Inhalten füllen, wie es Ihrem Geschmack (oder besser: Ihrer Corporate Identity) entspricht. Bei Facebook gibt es vorgegebene Elemente, an denen Sie nicht rütteln können.

Nutzern, die nicht bei Facebook angemeldet sind, versperren Sie den Zugang zu Ihren Angeboten. Das mag bei manchen B2C-Unternehmen, deren Zielgruppe zu 90 % oder mehr bei Facebook aktiv ist, kein Problem sein – in Ihrem Fall sieht es aber höchstwahrscheinlich anders aus.

Von rechtlichen Fragestellungen ganz abgesehen, gibt es also eine Reihe von Gründen, sich nicht nur auf Facebook zu verlassen. Behalten Sie die Kontrolle und nutzen Sie Facebook & Co. stattdessen als Werkzeug.

Im Wesentlichen stehen Ihnen nur zwei Möglichkeiten offen, Ihre Onlinemarketing-Ergebnisse zu verbessern. Sie können mehr Besucher auf die Website bekommen (linke Seite der Grafik) oder die Besucher, die Sie haben, besser »konvertieren«, also zu Kontakten oder sogar Kunden machen.

Die Website

Auf der Website stehen Ihnen folgende Möglichkeiten offen:

- *Domain*: Ein ansprechender Domainname erhöht die Merkbarkeit und Wiederauffindbarkeit, verbessert die Suchmaschinenergebnisse und trägt dazu bei, Ihr Unternehmen bekannt zu machen.

- *Content*: Die Inhalte Ihrer Website entscheiden nicht nur maßgeblich darüber, ob Besucher mit Ihrer Website zufrieden sind, sondern auch darüber, wie lange sie bleiben, wie häufig sie wiederkommen, mit welcher Wahrscheinlichkeit sie Sie weiterempfehlen und ob sie mit Ihnen Kontakt aufnehmen. Wie Sie Ihre Website »fit« für Social Media machen, erfahren Sie im Laufe dieses Buches.

- *Usability*: Die Site muss nicht nur hochwertige Inhalte, sondern auch eine optimale Usability aufweisen, also Bedienbarkeit. Hierbei sollten Sie sich an die gängigen Konventionen halten und gelegentliche Tests durchführen, um Benutzerfreundlichkeit sicherzustellen.

- *Design*: Natürlich muss Ihre Website auch ansprechend aussehen. Gerade bei kleineren Mittelständlern liegt hier oft einiges im Argen. Sorgen Sie alle 3 bis 5 Jahre für einen Design-Relaunch, um optisch auf dem aktuellen Stand zu bleiben.

- *Tracking*: Messen Sie das Besucherverhalten. Welche Seiten wurden wie oft angesehen? Wie finden die Besucher auf Ihre Seite? Wo springen sie ab? Welche Pfade führen zu Kontaktanfragen oder Käufen?

- *Conversion Optimierung*: Eine gute Usability, ansprechendes Layout und hochwertige Inhalte werden schon zu mehr Kontakten führen. Mit professioneller Conversion-Optimierung finden Sie weitere Stellschrauben, an denen Sie drehen können, um noch mehr Leistung aus Ihrer Site herauszuholen.

Conversion-Optimierung

Ein Thema, mit dem sich viel zu wenige Unternehmen im Onlinemarketing beschäftigen, ist die Conversion-Optimierung. Bei sehr onlinelastigen Unternehmen wie Zalando oder Amazon gehört diese Disziplin zum Alltag, in der Praxis des deutschen Mittelstands dagegen habe ich kaum ein Unternehmen kennengelernt, das hier wirklich professionell vorgeht.

Eine Conversion ist das, was Sie als eine solche definieren. Grundsätzlich heißt Conversion nichts anderes als Umwandlung – Sie wandeln also einen Besucher um, zum Beispiel in einen Lead oder einen Käufer. Die Conversion könnte also beispielsweise ein Kauf sein, ein Newsletter-Abonnement, das Ausfüllen eines Kontaktformulars oder der Download eines Whitepapers. Welche Aktion Sie als Conversion definieren, steht Ihnen frei.

Im Rahmen der Conversion-Optimierung versucht man nun, die Conversion-Rate zu steigern, also mehr Besucher zu Aktionen zu bewegen. Dabei werden meist A/B-Tests eingesetzt. Sie definieren ein zu testendes Element, zum Beispiel einen Button, eine Überschrift oder die Farbe eines Downloadlinks. Nun zeigen Sie einem Teil der Besucher die Variante A, einem anderen Teil die Variante B. Nach einiger Zeit können Sie auswerten, welche Version mehr Conversions produziert hat. So erhalten Sie wertvolle Rückschlüsse und können sich nach und nach an die ideale Gestaltung herantasten.

Getestet wird dabei unter anderem Folgendes:

- Gestaltung und Aufbau der Website
- Platzierung von Elementen (z. B. Siegel, Buttons, Logos)
- Farben von Elementen (z. B. Buttons, Links)
- Argumente, z. B. in Überschriften oder Verkaufstexten
- Preise und Konditionen

Beispiel: Sie wollen herausfinden, welche Art von Whitepaper das Interesse Ihrer Nutzer weckt und zu Kontaktanfragen führt. Also erstellen Sie zwei verschiedene Whitepapers und bieten diese Versionen abwechselnd an. Eine entsprechende Funktion hierfür ist zum Beispiel in Google Analytics integriert, aber auch andere Softwareprogramme und Agenturen bieten solche Tests an. Bei der Auswertung erfahren Sie recht zuverlässig, welches Whitepaper besser funktioniert hat.

Die Umsatzmöglichkeiten

Als B2B-Unternehmen haben Sie im Wesentlichen zwei Möglichkeiten, online Geld zu verdienen. Wenn Sie einen Onlineshop betreiben, können Sie *direkte Umsätze* durch Produktverkäufe erzielen. Auch wenn Sie zum Beispiel Dienstleistungen (Seminare, Beratungen etc.) anbieten und man diese direkt über die Website bestellen kann, zählt das dazu.

Der Regelfall im B2B ist aber eher das *indirekte Geschäft*. Hierbei geht es darum, Leads, also Kontakte zu generieren, die später über den Vertrieb nachgefasst und gepflegt werden. Wenn das eines

Ihrer Ziele ist, sollte die Website auch entsprechend darauf ausgelegt sein – mit Newsletter- und Kontaktformularen, Downloads gegen Adresseingabe und so weiter.

Die Traffic-Quellen

Damit die rechte Seite des Modells funktioniert, muss aber genügend und vor allem qualifizierter Traffic auf die Website kommen. Das bedeutet, dass die richtigen Zielpersonen in ausreichender Zahl Ihre Website besuchen müssen.

Die wichtigsten Maßnahmen dazu sind:

- *Suchmaschinenoptimierung (SEO):* Bei gut optimierten Websites kommt ein großer Teil der Besucher über Google & Co. Der Vorteil ist, dass der Besucherstrom relativ konstant und über längere Zeiträume erfolgt. Social Media spielen für das Suchmaschinenranking eine immer größere Rolle.

- *Suchmaschinenwerbung (SEA):* Auch bezahlte Werbung in Suchmaschinen spielt eine wichtige Rolle beim Generieren relevanter Besucher. Zwar fallen dafür sofort Kosten an – diese können aber in ihrer Höhe gedeckelt werden.

- *Onlinewerbung:* Klassische Onlinewerbung (auch »Display Advertising« genannt) in Form von Banner- oder Videowerbung funktioniert vor allem für die Markenbildung immer noch sehr gut. Wichtig ist, die richtigen Plattformen zu finden und die Kosten und Ergebnisse sehr genau zu überwachen.

- *Affiliate-Marketing:* Die Vermarktung von Produkten über Partner (Affiliates) ist im B2B-Marketing eher die Ausnahme. Trotzdem können Sie mit den richtigen Partnern zum Beispiel Leads generieren und erst bei Erfolg, also bei der Gewinnung eines neuen Leads, eine Provision an den Partner auszahlen.

- *E-Mail-Marketing:* Newsletter und Mailings nehmen eine zentrale Rolle im B2B-Marketing-Mix ein. Mit der richtigen Strategie können Sie eine große Anzahl an Leads generieren und diese kostengünstig nachfassen.

- *Offline-Marketing:* Natürlich können Sie auch mit Ihren Offline-Instrumenten Traffic generieren, zum Beispiel über die URL auf dem Briefpapier oder ein Printmailing.

- *Social-Media-Marketing:* Und schließlich eignen sich die sozialen Medien, um Traffic zu generieren. In diesem Modell zielen Sie also darauf ab, zum Beispiel Links zu Ihrer Website auf

Facebook, LinkedIn oder Twitter zu posten. Wenn Sie sich an diesem Modell orientieren, nutzen Sie alle relevanten Social-Media-Kanäle ausgiebig, behalten aber im Hinterkopf, dass letztendlich früher oder später der Nutzer auf Ihre Website geleitet werden soll. Dort »gehört« er Ihnen, Sie können ihm Angebote, Kontaktmöglichkeiten oder sonstige Inhalte präsentieren. Und er ist nicht durch Fremdangebote abgelenkt, wie es zum Beispiel in einem Social Network ständig der Fall ist.

Exkurs: Affiliate-Marketing im B2B-Marketing

Wie erwähnt, nutzen nur wenige Unternehmen im B2B-Sektor Affiliate-Marketing als Instrument zur Kundengewinnung. Prüfen Sie aber, ob es bei Ihnen Ansatzpunkte dafür gibt. Als Partner kommen zum Beispiel spezialisierte Themen-Websites, Vergleichs- und Branchenportale, Forenbetreiber oder Facebook-Seitenbetreiber infrage. Wichtiger als das Medium ist eine möglichst hohe Übereinstimmung der Zielgruppen.

Unternehmen, die auf Affiliate-Marketing setzen, sind zum Beispiel folgende:

- 1&1 (Homepage-Baukasten für kleine Unternehmen)
- United Domains (Domains)
- Deutsche Telekom (Telefon- und Internetverträge für Geschäftskunden)
- BTI (Arbeitskleidung und Arbeitsschutz)
- ARAG (Rechtsschutz für Selbstständige)
- Commerzbank (Geschäftskonten)
- O2 (Handytarife für Geschäftskunden)
- Lexware (Buchhaltungssoftware)
- Otto Office (Bürobedarf)

Das Mobile-Marketing

Der mobile Traffic kann durchaus als eigene Traffic-Kategorie gesehen werden. Elemente wie QR-Codes (auf Printmaterialien, Plakaten etc. gedruckte Pixelcodes, die mit dem Smartphone eingescannt werden können), Augmented Reality (Apps, die z. B. Kamerabilder um virtuelle Informationen ergänzen) und andere Arten von Apps spielen zukünftig eine immer wichtigere Rolle. Auch hier bestehen enge Anbindungen zu Social Media, wie wir im ersten Kapitel bereits gesehen haben.

 Tipp   Im Internet finden Sie verschiedene Tools, mit denen Sie »Social QR Codes« erstellen können. Beim Abscannen des Codes kann der Besucher dann gleich Facebook-Fan oder Twitter-Follower werden oder sogar einen Tweet abschicken. Ein Beispiel für einen solchen Dienst ist www.socialqrcode.com.

Social Media verknüpfen alles

Abbildung 2-9, die das traditionelle Onlinemarketing-Modell zeigt, greift eigentlich zu kurz. Denn Social Media sind in vielerlei Hinsicht deutlich mehr als nur ein Element im Onlinemarketing-Mix. Stattdessen wirken sich die sozialen Medien auf fast alle Bereiche aus. Ein paar willkürlich herausgegriffene Beispiele verdeutlichen dies:

- Blogbeiträge und Links aus Blogs verbessern das Google-Ranking (SEO).

- In Google-AdWords-Anzeigen (SEA) lassen sich Hinweise auf die Google+-Seite unterbringen. Eine hohe Followerzahl wirkt als vertrauensbildende Maßnahme und kann die Klickraten steigern.

- Auf der Website können Social-Media-Buttons und sogar ein Social-Media-Newsroom untergebracht werden. Dadurch erhält die Website ein modernes Aussehen und stets frischen Content.

- Immer häufiger sieht man Banner (Onlinewerbung), die einen Like-Button oder andere Social-Media-Buttons enthalten. So wird aus dem reinen Branding der Banner gleichzeitig ein Lead-Kanal.

- Via Social Media können Newsletter-Abonnenten generiert werden (E-Mail-Marketing). Im Newsletter wiederum können Social-Media- und Share-Buttons eingebaut werden.

- Offlinemaßnahmen wie Events oder Messen können z. B. mit einer Twitterwall in das Social Web verlängert werden (Offline).

- Die Einblendung von Facebook-Fans in einem Onlineshop kann die Conversion-Rate verbessern (Conversion-Optimierung).

Social Media werden also mehr und mehr zu einem umfassenden Marketingkanal, der eine immer bedeutendere Rolle im Marketingmix einnimmt.

»Ein Großteil der Facebook-Fans ist mittlerweile mobil unterwegs« – Interview mit Julia Büttner

▲ Abbildung 2-10
Julia Büttner

Julia Büttner arbeitet im Team Marketing & Communication der Technologieberatung Altran GmbH & Co. KG und verantwortet hier die Betreuung der Social-Media-Kanäle. Zuvor war sie bei KPMG unter anderem für den Aufbau des Online-Talentpools »KPMG Community« zuständig (Gewinner des HR Excellence Award 2013). Julia Büttner hat Germanistik, Journalismus und Angewandte Literaturwissenschaft in Karlsruhe und Berlin studiert und lange als freiberufliche Journalistin und Redakteurin gearbeitet.

1. Was hast du bisher für Altran bezüglich Social Media gemacht?

Ich betreue seit November 2013 für Altran Deutschland folgende Kanäle: Facebook, Twitter, Xing, LinkedIn, Youtube, kununu und Google+. Darüber hinaus bin ich aktuell dabei, ein Firmenblog aufzubauen (*http://blog.altran.de*). Auf all diesen Kanälen wollen wir zuallererst potenzielle neue Mitarbeiter ansprechen, aber auch unsere aktuellen Mitarbeiter über Neuigkeiten aus dem Unternehmen informieren und zum Dialog anregen.

Konkret veröffentliche ich meist News aus dem Unternehmen, Stellenvakanzen, Aktuelles aus dem HR-Bereich und Fotos von Mitarbeiterevents.

Auf Twitter teile ich etwa fünfmal am Tag interessante Branchennews mit unseren Followern. Auf Facebook darf es öfter auch etwas Unterhaltsames sein – etwa ein gutes Zitat, ein eindrucksvolles Foto oder ein kleines Rätsel.

Auf Xing, LinkedIn und Google+ geht es dagegen seriöser zu, hier veröffentliche ich vor allem Jobvakanzen und Unternehmensnews.

2. Auf welche Herausforderungen bist du dabei gestoßen und wie hast du sie gemeistert?

Die größte Herausforderung ist es immer, guten sowie aktuellen Content zu bekommen. Unsere Mitarbeiter sind über ganz Deutschland verteilt und sitzen oft direkt beim Kunden vor Ort – da ist es meist schwierig, überhaupt mitzubekommen, woran die Kollegen aktuell arbeiten. Dazu kommt noch, dass wir über interessante Projekte oft nicht sprechen dürfen, da diese der Geheimhaltungspflicht unterliegen. Aber mit der Zeit fließen die Informationen immer besser. Wenn ein Kollege sich mit seinem Thema im Blog präsentieren durfte, möchte der andere sich auf einmal auch darstellen – auch, wenn er vorher dem Thema Social Media vielleicht noch skeptisch gegenüberstand.

3. Was »bringen« euch die Social-Media-Auftritte? Welche Erfolge erkennt ihr und wie messt ihr diese?

Unsere Präsenz in den sozialen Medien bringt uns vor allem Aufmerksamkeit bei potenziellen Bewerbern. Durch Facebook-Anzeigen können wir zum Beispiel sehr zielgerichtet bestimmte

Zielgruppen über unsere Jobvakanzen informieren – auch Leute, die noch nie von unserer Firma gehört haben. Durch regelmäßige Updates haben wir uns einen stetig wachsenden Zuhörerkreis aufgebaut, der idealerweise ein positives Bild von Altran als Arbeitgeber erzeugt.

Wir messen unsere Erfolge teils mit den Tools, die die Social-Media-Plattformen selbst zur Auswertung anbieten, tracken aber auch mit Google Analytics, woher Besucher auf unsere Website kommen. Hier spielen die Social-Media-Kanäle eine kleine, aber stetig wachsende Rolle. Unser Alexa-Rank entwickelt sich ebenfalls sehr positiv, seit wir in den sozialen Medien aktiver sind.

Der Alexa-Rank

Wäre es nicht toll, wenn man die Zugriffszahlen von fremden Websites auslesen könnte? Dann wäre ein Vergleich zur Konkurrenz und ihren Erfolgen möglich. Leider gibt es diese Möglichkeit nicht (oder zum Glück, denn sonst könnte ja jeder auch Ihre Zahlen einsehen).

Der US-Dienst Alexa versucht, eine Annäherung an diesen Wunsch zu schaffen. Der Alexa-Rank misst die Zugriffe auf Websites und ordnet diese Seiten anschließend in eine Rangliste ein, absteigend geordnet nach ihren Zugriffen. So sind laut Alexa-Rank die zehn am häufigsten besuchten Seiten in Deutschland Google.de, Facebook.com, YouTube.com, Google.com, Ebay.de, Amazon.de, Wikipedia.org, Yahoo.com, Spiegel.de und Bild.de.

Der Haken liegt darin, wie Alexa die Daten erhebt. Um als Besucher von dem Tool erfasst zu werden, muss man vorher die Alexa-Toolbar oder ein anderes Plugin, das Alexa Daten zuspielt, im Browser installiert haben. In Deutschland ist die Verbreitung dieser Toolbars äußerst gering, so dass nur sehr wenige Nutzer erfasst werden. Bei den großen oben genannten Seiten mag trotzdem ein einigermaßen verlässliches Bild entstehen, bei kleineren Seiten gibt der Alexa-Rank nicht mehr viel her.

Dazu kommt, dass überwiegend webaffine Menschen und Onlinemarketer solche Toolbars nutzen. Das bedeutet, dass Websites, die sich an diese Zielgruppen richten und dementsprechend viel Traffic von Menschen mit Alexa-Plugins haben, auch einen höheren Alexa-Rank erhalten, was die Vergleichbarkeit weiter reduziert.

4. Wie ist das Social-Media-Marketing bei euch organisiert und im Unternehmen integriert?

Die Betreuung liegt im Team Marketing & Communication. Freigabeschleifen gibt es nur bei längeren Texten wie z. B. Blogartikeln, da unter langen Abstimmungsprozessen die Aktualität leidet. Fachliche Inhalte hole ich mir aktiv bei Kollegen sowie den Kollegen aus dem HR-Bereich ein. Immer häufiger kommen aber auch Mitarbeiter auf mich zu, die »ihr« Thema gerne über die Social-Media-Kanäle promoten möchten.

5. Inwiefern spielt mobile Social-Media-Nutzung bei euch eine Rolle und wie geht ihr damit um?

Wir beobachten, dass ein Großteil unserer Facebook-Fans mittlerweile mobil bei uns unterwegs ist. Wir achten darauf, dass Bilder und Schriften auch auf dem Handy noch gut zu erkennen sind, fassen uns bei Texten kurz und posten vornehmlich zu den Zeiten, in denen unsere Nutzer aktiv sind – meist um den Feierabend herum.

6. *Welche Tipps würdest du anderen B2B-Unternehmen bezüglich Social Media geben? Was sind deine wichtigsten Lernerfahrungen?*

Es ist wichtig, genügend Mitarbeiter im Unternehmen zu identifizieren, die Spaß am Thema haben, und dies mit der Zulieferung von Content, aber auch mit Likes, Shares etc. unterstützen. Ich nutze hierfür ganz schlicht eine Excel-Tabelle, in der ich mir Namen, Fachgebiet, Themenschwerpunkte etc. notiere.

Außerdem ist ein Redaktionsplan vonnöten, mit dem sich die Platzierung der Themen auf den jeweiligen Kanälen planen und später nachvollziehen lässt.

Regelmäßigkeit ist immens wichtig: Nichts sieht trauriger aus als ein vernachlässigtes Profil. Ein perfekt durchgezogenes Corporate-Design muss aus meiner Sicht nicht sein und wirkt eher kontraproduktiv: Ein netter Schnappschuss wirkt hundertmal authentischer und sympathischer als eine durchgestylte Galerie mit Stockfotos.

KAPITEL 3

Social-Media-Strategie im B2B-Marketing

In diesem Kapitel werden Sie erfahren, wie Sie Ihre eigene Social-Media-Strategie entwickeln und warum das überhaupt wichtig ist.

Warum überhaupt eine Social-Media-Strategie?

Vielleicht haben Sie mit Ihrem Unternehmen bereits die ersten Schritte ins Social Web gewagt. Falls dem so ist: Haben Sie sich vorher Gedanken darüber gemacht, was Sie denn überhaupt erreichen möchten, wie Sie da hinkommen, wohin Sie wollen, und wie Sie den Erfolg letztendlich feststellen? Die allermeisten Unternehmen, insbesondere aus dem Mittelstand, werden diese Frage verneinen müssen. Das ist nicht nur meine subjektive Erfahrung aus zahlreichen Seminaren und Vorträgen, sondern auch das Ergebnis diverser Studien.

Die wahrscheinlich aussagekräftigste Studie dazu stammt vom Branchenverband BITKOM aus dem Jahre 2012. Seitdem wurden die Ergebnisse immer wieder in kleineren Erhebungen verschiedener Institute bestätigt, viel geändert hat sich demnach noch nicht.

Zwar waren von den befragten Unternehmen knapp die Hälfte (47 %) in den Social Media aktiv – wirklich geplant und strategisch gingen dabei aber nur die wenigsten vor.

Nur 34 % der Unternehmen hatten Ziele definiert, die mit Social-Media-Marketing erreicht werden sollten. Nur zehn Prozent betreiben Social-Media-Monitoring. Und nur zwei Prozent nutzen Kennzahlen, um die Zielerreichung zu messen. Im Klartext bedeutet das:

98 % haben keine Ahnung, ob sich das Engagement im Social Web überhaupt auszahlt.

Bei dieser Ausgangslage verwundert es nicht, wenn manche Unternehmen irgendwann entnervt das Handtuch werfen und verkünden: »Social Media funktionieren einfach nicht!« Dass der Misserfolg an einer komplett falschen Herangehensweise, an einer mangelhaften Zieldefinition oder einfach an Mangel an Know-how gelegen haben könnte, wird dabei meist nicht in Betracht gezogen ...

Aufgaben der Social-Media-Strategie

Eine Social-Media-Strategie kann Sie vor diesen Fehlern schützen. Die Strategie ...

- definiert klar, was überhaupt erreicht werden soll, und schützt damit vor ziellosem Vorgehen.
- legt die Ausgangsbasis fest, was einen Vorher-nachher-Vergleich überhaupt erst möglich macht.
- definiert Aktivitäten, Budgets, Ressourcen und Kanäle, um effizientes und zielführendes Handeln zu gewährleisten.
- schützt in gewissem Maße vor möglichen Problemen und den Risiken des Social Web.
- integriert das Social-Media-Marketing in die Unternehmensstruktur.

- bildet die Grundlage für Social-Media-Guidelines zur Steuerung der Mitarbeiter.

- definiert, wie genau Social Media überhaupt zum Unternehmenserfolg beitragen sollen.

- enthält Überwachungs- und Analysemethoden, die eine Erfolgskontrolle ermöglichen.

Die Social-Media-Strategie wird damit zum wertvollsten Instrument in Ihrem Social-Media-Marketing überhaupt. Sie sollten dementsprechend Zeit und Energie in sie investieren und sie vor allem laufend fortentwickeln. Die Strategie ist (wie ja Ihre Unternehmens- und Kommunikationsstrategie auch) kein statisches Dokument, das einmal entwickelt wird und dann unabänderlich im Raum steht. Lassen Sie die Erfahrungen aus der Praxis einfließen, optimieren Sie sie, passen Sie sie an. Je mehr Sie im Social Web tun, desto leichter wird es Ihnen fallen.

Aufbau Ihrer Social-Media-Strategie

In diesem Kapitel erfahren Sie, wie Sie Ihre eigene Social-Media-Strategie entwickeln können. Dabei habe ich eine Strategievorlage gewählt, die recht leicht zu befolgen ist und sich in der Praxis gut anwenden lässt. Es ist bei Weitem nicht das einzige Strategiemodell und (wie alle Modelle) auch nicht perfekt. Aber es funktioniert.

Wie bei allen Vorlagen gilt aber auch hier: Sie werden sie an Ihr Unternehmen und Ihre spezifische Situation anpassen müssen. Jedes Unternehmen ist anders und hat eine andere Ausgangssituation sowie unterschiedliche Möglichkeiten. Lassen Sie Ihre eigenen Bedürfnisse in das Modell einfließen, dann entsteht daraus eine praktische und maßgeschneiderte Social-Media-Strategie für Ihr Unternehmen.

Das Modell besteht aus acht Elementen, die mehr oder weniger stark aufeinander aufbauen. Diese Elemente sind folgende:

- Ist-Analyse
- Zieldefinition
- Zielgruppendefinition
- Auswahl der Kanäle
- Contentplanung
- Implementierung ins Unternehmen und ins Marketing

- Erfolgsmessung und Controlling
- Monitoring

Der achte Schritt, das Monitoring, läuft parallel dazu ab und begleitet Sie künftig fortwährend.

Abbildung 3-2 ▶
Social-Media-Strategie-Fahrplan

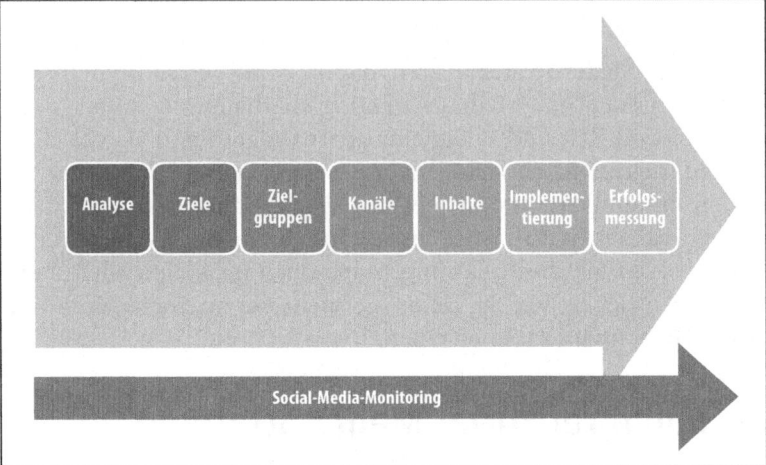

Analyse der Ist-Situation

Jede gute Strategie und damit auch Social-Media-Strategie basiert auf einer fundierten Analyse der Ist-Situation.

Gespräche

Während der Analysephase sollten Sie überprüfen, ob im Social Web relevante Gespräche über Ihre Themen, Ihre Produkte oder sogar Ihr Unternehmen stattfinden. Diese Überprüfung kann Ihnen wichtige Hinweise dazu geben, ob und wo sich ein Social-Media-Engagement lohnen kann. Außerdem bekommen Sie so ein Gespür dafür, wie die Stimmung bezüglich Ihrer Themen im Social Web ist und worauf Sie sich einstellen müssen.

Bei Twitter werden Sie vermutlich feststellen, dass schon einige Erwähnungen Ihres Unternehmens vorhanden sind. In der Regel handelt es sich dabei nicht um Diskussionen, sondern eher um weitergeleitete Pressemitteilungen oder Ad-hoc-Meldungen, insbesondere bei börsennotierten Unternehmen.

Ergebnisse für "norma group"   ⚙ ⌄

Top / **Alle** / Leute, denen Du folgst

Finanz-   **FinanzLinksRatings** @Ratings_via_FL · 25 Min.
Links.de **NORMA Group**-Aktie im Branchenvergleich unterbewertet - Exane BNP
          Paribas rät zum Kauf - ... dlvr.it/4k5sgj AKTIENCHECK.de #Aktien
          Öffnen   ↩ Antworten ↻ Retweeten ★ Favorisieren ••• Mehr

Finanz-   **FinanzLinksRatings** @Ratings_via_FL · 47 Min.
Links.de Exane BNP hebt Ziel für **Norma Group** auf 44 Euro - 'Outperform' dlvr.it/4k5XJt
          AKTIENCHECK #Aktien
          Öffnen   ↩ Antworten ↻ Retweeten ★ Favorisieren ••• Mehr

          NORMA Group @NORMA_Group · 1 Std.
          We wish you all a nice and hopefully sunny weekend from NORMA ... guess
          where! ow.ly/i/4jDC6
          🖼 Foto anzeigen   ↩ Antworten ↻ Retweeten ★ Favorisieren ••• Mehr

          C_Triana @C_TRIANA · 17 Std.
          again! (@ **Norma Group** Mexico) 4sq.com/1aU3V88
          ⚲ 🗋 Details anzeigen   ↩ Antworten ↻ Retweeten ★ Favorisieren ••• Mehr

          Henk Wetting @HenkWetting · 22 Std.
          Morgen helaas mijn laatste dag bij de **NORMA Group**
          Ik hoop snel weer een nieuwe uitdaging te vinden op logistiek gebied.
          Öffnen   ↩ Antworten ↻ Retweeten ★ Favorisieren ••• Mehr

          iHangout @iHangout · 16. Jan.
          News: NASDAQ OMX GlobeNewswire: DGAP PVR: **NORMA Group** SE: Release
          according to Art bit.ly/Li04IM
          Öffnen   ↩ Antworten ↻ Retweeten ★ Favorisieren ••• Mehr

          Investor-SMS @InvestorSMS · 16. Jan.
isms   DGAP-Stimmrechte: **NORMA Group** SE (deutsch) - DGAP-Stimmrechte:
          NORMA Group SE (deutsch) ow.ly/2CZfwD
          Öffnen   ↩ Antworten ↻ Retweeten ★ Favorisieren ••• Mehr

          IH NASDAQ OMX @IHNASDAQOMX · 16. Jan.
NASDAQ OMX News: DGAP PVR: **NORMA Group** SE: Release according to Art bit.ly/Li04IM
          Öffnen   ↩ Antworten ↻ Retweeten ★ Favorisieren ••• Mehr

◀ **Abbildung 3-3**
Zahlreiche Twitter-Ergebnisse für
den Verbindungstechnik-Hersteller
Norma Group AG

Insbesondere Foren und ähnliche Nutzergruppen können aber
interessante Ergebnisse liefern. Hier bietet sich ein kleiner Such-
trick an:

Tipp   Geben Sie in den Google-Suchschlitz den Befehl *inurl:forum
                Suchbegriff* ein. Google durchsucht dann ausschließlich Seiten,
                die in der URL das Wort »Forum« enthalten, nach den Suchbe-
                griffen. Besteht Ihr Suchbegriff aus mehreren Worten, setzen
                Sie beide zusammen in Gänsefüßchen.

Mit diesem Trick entgehen Ihnen zwar Seiten, die nicht das Wort
»Forum« in der Webadresse haben, aber die Ergebnisse sind trotzdem deutlich besser als mit den meisten Forensuchmaschinen.

Suchen Sie mit diesem Trick nach Ihrem Unternehmensnamen, nach Produktnamen oder sonstigen Marken. Sie werden erstaunt sein, was Sie alles finden. Eine Suche nach der TGX-Baureihe des LKW-Herstellers MAN fördert zum Beispiel Diskussionen in einem Speditionsforum, einem Forum für LKW-Fahrer, einem Baumaschinenforum und zahlreichen anderen Foren zutage, insgesamt über 50.000 Ergebnisse.

Abbildung 3-4 ▶
Google-Suche in Foren

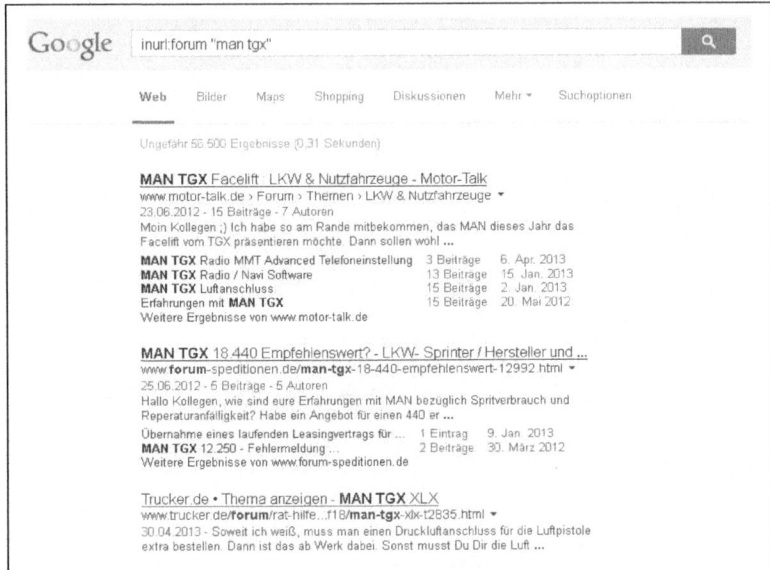

Mit einem Klick auf »Suchoptionen« können Sie die Ergebnisse noch weiter eingrenzen, z. B. nur auf Treffer der letzten Wochen.

 Tipp   Legen Sie sich ein Excel-Dokument mit relevanten Fundstellen an. Das hilft Ihnen später, eventuelle Multiplikatoren zu finden und anzusprechen.

Bei sehr vielen Treffern beschränken Sie sich auf die relevantesten Ergebnisse. Relevant kann dabei zum Beispiel bedeuten:

- sehr aktuelle Beiträge (drei Monate und jünger)
- emotional geprägte Beiträge
- Beiträge sehr aktiver und reichweitenstarker Nutzer
- Beiträge erkennbar von aktuellen oder Wunschkunden
- Beiträge in offenen Netzwerken mit hoher Reichweite
- sensible Beiträge mit hohem Krisenpotenzial

- Wird über unsere Marken und Produkte im Social Web gesprochen?
- Auf welchen Kanälen finden Diskussionen statt?
- Gibt es einzelne Nutzer, die besonders positiv oder negativ gestimmt sind? Wie einflussreich scheinen diese Nutzer zu sein?
- Ergeben sich auf den ersten Blick direkte Anknüpfungspunkte für die Kundenkommunikation?
- Sind eventuelle Krisenherde erkennbar (z. B. ein Forum geschädigter Aktionäre o. Ä.)?
- Existieren signifikante Falschaussagen im Netz, die korrigiert werden müssten?

Bedürfnisse der Kunden

Aus dem vorherigen Schritt, der Analyse der Gespräche, werden Sie schon zahlreiche Informationen über die Meinungen der Zielgruppen bezüglich Ihrer Produkte, über offene Fragen und über Kritikpunkte herausfinden. Halten Sie diese unbedingt fest. Sie bilden später die Grundlage für Blogbeiträge, Videos und Whitepaper, die extrem nah an den Kundenbedürfnissen orientiert sind.

Teilweise lassen sich auch aus Suchanfangen der Kunden Erkenntnisse ableiten. Google liefert mit Google Trends (*www.google.de/trends*) ein interessantes Tool, das Suchtrends zu fast allen relevanten Suchbegriffen anzeigt und miteinander vergleicht. Wenn Sie zum Beispiel Buchhaltungssoftware herstellen, können Sie hier gut die Suchvolumina verschiedener relevanter Begriffe analysieren. Das kann später dazu dienen, reichweitenstarke Blogbeiträge zu schreiben oder Videos zu produzieren, die Kundenfragen beantworten.

Wenn es bei Ihnen möglich ist, befragen Sie einfach mal Ihre Kunden direkt nach Social-Media-Nutzungsgewohnheiten und Wünschen an Ihr Unternehmen. Bessere Informationen diesbezüglich können Sie gar nicht bekommen.

Abbildung 3-5 ▶
Vergleich der Suchvolumina zu
»degressive Abschreibung« und
»lineare Abschreibung«

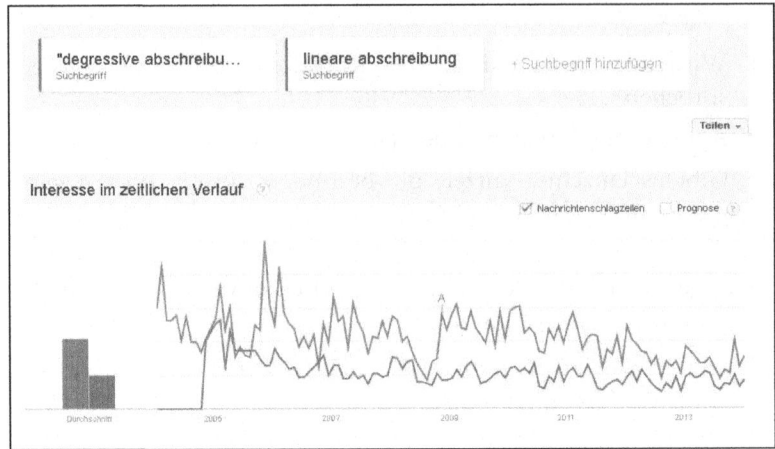

Leitfragen zur Ermittlung der Kundenbedürfnisse

- Welche Social-Media-Kanäle nutzen Sie beruflich?
- Wie häufig/intensiv nutzen Sie diese Kanäle?
- Wie wichtig ist Ihnen der Austausch mit uns in den Social-Media-Kanälen?
- Welche Informationen/Themen/Angebote wünschen Sie sich von uns in den Social-Media-Kanälen?
- Über welche Themen aus der Branche wären Sie gerne generell besser informiert?

Bestehende Kanäle

Gibt es bereits aus früheren Anläufen bestehende Social-Media-Kanäle, auf die aufgebaut werden kann? Manchmal haben bereits Mitarbeiter Kanäle angelegt, ohne dass die Kommunikationsabteilung davon überhaupt weiß.

Bei der Koelnmesse gibt es zum Beispiel einen Twitter-Account (@messekoeln), dem fast 1.000 Nutzer folgen, darunter auch zahlreiche Unternehmensaccounts und einige große Zeitschriften. Allerdings wurde der Account nicht vom Unternehmen selbst, sondern von einem Mitarbeiter angelegt, der dann im Juli 2009 aufhörte zu twittern (vermutlich, weil er das Unternehmen verließ). Und nun liegt der Account eben brach – und verstößt ganz nebenbei gleich gegen mehrere Corporate-Identity-Vorgaben.

◀ Abbildung 3-6
Falscher Koelnmesse-Account mit
fast 1.000 Followern

Manche Social Networks legen allerdings auch selbstständig Profile
für Unternehmen ohne deren Zutun an, so zum Beispiel Facebook
und Google+. Das kann ein wichtiges Indiz sein, dass diese Kanäle
interessant sein könnten.

Warum Facebook & Co. selbstständig Profile für Ihr Unternehmen anlegen

Wenn Sie noch nicht in Facebook oder Google+ aktiv sind, werden Sie vielleicht überrascht sein, dass Ihr Unternehmen trotzdem bereits dort existiert. Ob das der Fall ist, können Sie über eine Suche nach Ihrem Unternehmensnamen im Google-Suchschlitz (mehr dazu im Kapitel über Google+) und in der Facebook-Suche herausfinden. Mit hoher Wahrscheinlichkeit finden Sie von den Netzwerken automatisch angelegte Profile bzw. Seiten.

Facebook legt zum Beispiel selbstständig dann eine Seite an, wenn jemand in seinem Profil ein Unternehmen als Arbeitgeber angegeben hat. Außerdem zieht sich Facebook Daten aus Wikipedia und Bing Maps und generierte daraus Seiten.

Der Grund dafür ist simpel: Facebook möchte alles, was im echten Leben existiert, auch im Social Network abbilden. Je mehr Seiten existieren, desto mehr Möglichkeiten für Interaktionen und desto mehr Daten für Facebook. Google geht ganz ähnlich vor.

Solche bestehenden Seiten bzw. Profile können Sie übernehmen und dann als Ihren eigenen Auftritt pflegen. Verhindern, dass solche Seiten überhaupt entstehen, können Sie dagegen nicht.

Mehr dazu lesen Sie in den entsprechenden Kapiteln über Facebook und Google+.

Die von Facebook automatisch angelegte Gemeinschaftsseite der Dyckerhoff AG zum Beispiel wurde bereits von 278 Personen geliket. Dyckerhoff selbst hat sich bisher offenbar gegen ein Facebook-Engagement entschieden. Interesse bei den Facebook-Nutzern scheint jedoch grundsätzlich vorhanden zu sein ...

Das Bestehen von Kanälen, entweder selbst erstellt oder automatisch generiert, kann ein Argument für ein weiteres Engagement in diesem Kanal sein, besonders dann, wenn bereits signifikante Kontakte zusammengekommen sind.

Abbildung 3-7 ▶
Gemeinschaftsseite für die Dyckerhoff AG

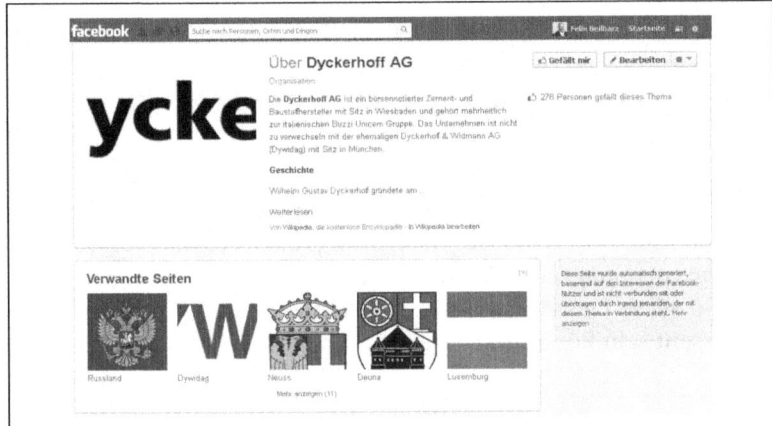

Konkurrenzanalyse

Zur Ist-Analyse gehört auch die Analyse der Aktivitäten der Wettbewerbsunternehmen. Widmen Sie diesem Punkt auf jeden Fall ausreichend Zeit und Energie. Sie lernen nicht nur einiges über mögliche Strategien und guten Content, sondern auch über Ihre Wettbewerber.

Im B2B-Sektor stehen, je nach Branche, die Chancen gut, dass Sie nur wenige oder überhaupt keine Wettbewerber finden, die sich im Social Web engagieren. Umso besser, dann können Sie sich als »First Mover« positionieren.

Um herauszufinden, wer was wo und wie bereits macht, helfen Ihnen die folgenden Schritte:

1. Listen Sie alle relevanten Wettbewerber auf.
2. Prüfen Sie auf deren Websites, ob sich Hinweise auf Social-Media-Auftritte finden (z. B. Buttons, Links, Presseerklärungen etc.)

3. Googeln Sie nach den Firmennamen, eventuell mit Zusatz, also zum Beispiel »Schmidt Maschinenbau GmbH Facebook«.

4. Suchen Sie in den relevanten Netzwerken direkt nach den Wettbewerbern.

5. Tragen Sie alle gefundenen Kanäle in die Auflistung aus Schritt 1 ein.

6. Scrollen Sie durch die gefundenen Auftritte. Notieren Sie sich Kernpunkte wie Frequenz und Art der Beiträge, Resonanz der Zielgruppen, Art der Ansprache/Tonalität, gepostete Links, offensichtliche Kooperationen etc.

7. Verwenden Sie einige Social-Media-Monitoring- und -Analyse-tools aus diesem Buch, um weitere Einsichten über die Aktivitäten dieser Wettbewerber zu erhalten.

8. Überprüfen sie, inwiefern Sie Erkenntnisse aus den Aktivitäten der Wettbewerber ableiten können.

Um die Wettbewerber zu analysieren, bieten sich viele der in den folgenden Kapiteln genannten Tools an. *Bit.ly*-Links können Sie zum Beispiel auf die Klicks (und damit den Traffic) hin analysieren, mit dem *socialyser* finden Sie besonders erfolgreiche Inhalte heraus.

Wenn Ihre Wettbewerber ein Blog führen, lassen sich daraus schon sehr interessante Rückschlüsse ziehen. Insbesondere Anzahl und Herkunft der Backlinks, also der Links von anderen Seiten, können Ihnen Hinweise zu erfolgreichen Content-Ideen und vor allem zu potenziellen Linkquellen geben. Für eine tiefergehende Auswertung benötigen Sie kostenpflichtige Tools (zum Beispiel *www.majestic-seo.com* oder *www.sistrix.de*), grundlegende Auswertungen können Sie jedoch auch mit kostenfreien Werkzeugen erstellen.

Analysieren Sie zum Beispiel die Blogs (oder Websites) Ihrer Wettbewerber mit dem Tool von *www.backlinktest.com*. Sie erhalten eine gute Übersicht über die Links, die dieses Blog von anderen Seiten erhalten hat. Sind dort bereits potenzielle Linkgeber für Ihr eigenes Blog dabei?

Abbildung 3-8 ▶
Analyse der Backlinks eines B2B-
Unternehmensblogs

#	Backlink URL
1	0921.eu/bayreuth.htm
2	ads.zapf-gmbh.de
3	amagno.de
4	as.zapf-gmbh.de
5	azillo.net/Katalog/Computer/Plattformen/Handhelds/Palm_OS/FAQs%2C_Hilfen_und_Einf%FChrungen
6	bahntweets.de/Fichtelgebirgsbahn
7	bayreuther-bio-brauer.de/impressum/impressum_47.html
8	ben-hur-live.de/bayreuth.htm
9	blog.deutschecperberlin.de/?p=1724
10	blog.kuechen-atlas.de/girls-day-schnuppertag-bei-kuchenatlas/
11	blog.qsc.de/2011/01/die-einfuhrung-von-ipv6-bei-qsc/
12	blog.waja.info/tag/community/
13	branchenbuch-auskunft.eu/?content=schlagwort&suchbegriff=berater&name_schnell=&ort_schnell=&seite=2&ab=10...
14	business.de/?&oDir=1&CatID=924568&CatPath=&Keywords=Industrie-+und+Imagefilme&msi=71
15	de-de.facebook.com/TMTde
16	forum.nordbayerischer-kurier.de/thread.php?threadid=3149&sid=575acd7e47058e7c1d79f61457742a74
17	fraenkische-schweiz.bayern-online.de/die-region/webcam/
18	fraenkische-schweiz.de/die-region/webcam/
19	gummiseele.de/index.php?tools-webcamfrosch+ba+23
20	hausarbeiten.tripod.com
21	interaktiv.bayreuth.de
22	katalog.meinestadt.de/deutschland/kat/100-100-754-138173-69418-54861?startAt=61
23	krautwiggla.de/heute-mal-mach-ich-ein-referat/
24	leitstelle.brk-bayreuth.de
25	lohengrin-klinik.de/impressum.html
26	mcdonaldroad.org/churches/german.html
27	meeting.denqg.de/info/chatlist.php
28	nimm-mein.net/bayreuth.htm
29	nogge.de/uploads/2011/07/slide.html

Zusammenfassung der getesteten Webseite:

http://www.tmt.de/unternehmen/blog

Detaillierte Linkstatistik
Anzahl Backlinks unterschiedlicher Domains: 305
Anzahl Backlinks insgesamt (inkl. Unterseiten): 308
Anzahl der verschiedenen IPs: 151 → 49.51%

Sonstige Fakten zur Seite:
Google PR 4
OVI Wert 2.757
Alexa Rank 1,863,166
IP 217.145.106.62
DMOZ gelistet Ja
Wikieintrag Nein
Online seit Januar 2014

Leitfragen

- Welche Wettbewerber sind bereits im Social Web aktiv?
- Welche Kanäle nutzen sie?
- Wie stark sind die Präsenzen bereits?
- Welche Art von Inhalten verwenden die Wettbewerber? Was scheint zu funktionieren, was nicht?
- Inwiefern ist ein strategisches Vorgehen erkennbar?
- Wie stark sind die Kanäle untereinander verknüpft?
- Was sollten Sie ähnlich machen? Was können Sie besser machen?
- Wo sind die Wettbewerber schwach? Was können wir davon ausnutzen?
- Welche Ideen/Aktionen/Inhalte können wir nicht mehr nutzen, weil sie bereits vom Wettbewerber genutzt werden? (Als

Nachmacher zu gelten, ist schlimmer, als gar nicht aktiv zu werden. Orientieren Sie sich ruhig an erfolgreichen Beispielen, aber kopieren Sie nichts eins zu eins, sondern entwickeln Sie Ihre eigene Social-Media-Identität.)

SWOT-Analyse

Fest verankert im strategischen Marketing ist das Instrument der SWOT-Analyse. Dabei handelt sich um eine Abkürzung, die für die vier Elemente

- Stärken (Strengths),
- Schwächen (Weaknesses),
- Chancen (Opportunities) und
- Gefahren (Threats)

dieser Analyse steht.

Untersucht werden also sowohl unternehmensinterne (Stärken und Schwächen) als auch externe Faktoren (Chancen und Gefahren), die den Einsatz von Social Media begünstigen oder erschweren.

Um einen umfassenden Überblick über die Situation vor dem Start der Social-Media-Aktivitäten zu erhalten, lohnt es sich, eine solche SWOT-Analyse im Hinblick auf Social Media durchzuführen.

In der Regel wird die Analyse in einer 4-Felder-Matrix durchgeführt. Bezogen auf ein B2B-Unternehmen könnte eine Analyse also so aussehen wie die in Tabelle 3-1.

Stärken	Schwächen
Flache Unternehmenshierarchie	Wenig freies Budget für zusätzliche Kanäle
Aufgeschlossene Geschäftsleitung	
Vorhandener Content durch unternehmenseigene PR-Redaktion	Relativ wenig Social-Media-Know-how im Unternehmen
Hochfrequentierte Unternehmenswebsite	Unklarheit über Kundenpräferenzen bezüglich Social Media
Chancen	Risiken
Konkurrenz bisher nicht aktiv	Einige einflussreiche Kritiker im Social Web aktiv
Zielgruppe generell Social-Media-affin	
Branche bietet Potenzial für regelmäßige Beiträge	Finanzstarker Wettbewerber plant ebenfalls Einstieg
	Rechtliche Vorgaben in der Branche könnten Probleme bereiten

Tabelle 3-1
Social-Media-SWOT-Analyse

Die SWOT-Analyse sollte idealerweise in einem Projektteam ausgearbeitet werden, um möglichst viele Sichtweisen einzubringen und ein vollständiges Bild zu erhalten.

Aus der SWOT-Analyse ergeben sich einige *Leitfragen*, zum Beispiel folgende:

- Auf welche Stärken können wir aufbauen?
- Was können wir tun, um weitere Stärken zu schaffen?
- Welche Schwächen sollten unbedingt angegangen werden, um mögliche Probleme zu vermeiden?
- Welche Schwächen können intern gelöst werden, für welche ist externe Unterstützung notwendig?
- Welche Schwächen lassen sich nicht beheben und müssen einkalkuliert werden?
- Welche Schwächen können sogar in Stärken umgewandelt werden?
- Welche Chancen bieten Potenzial für eine gewinnbringende Positionierung?
- Welche Risiken könnten zu ernsthaften Problemen führen?
- Welche Gegenmaßnahmen für diese Risiken müssen eingeleitet werden?

Budget und Ressourcen

Schließlich sollten Sie einen genauen Blick darauf werfen, welche Ressourcen Ihnen eigentlich zur Verfügung stehen: Zeit (Personal), Geld und Know-how spielen hier eine Rolle.

Häufig unterschätzen Unternehmen den Aufwand, der im Social Web auf sie zukommt. Andere schätzen den Aufwand zwar als (zu) hoch ein, aber aus den falschen Gründen.

In Seminaren und bei verschiedenen Projekten höre ich immer wieder Befürchtungen wie »Da muss man ja ständig die ganzen Kommentare beantworten können, wer soll das denn machen?«

Diese Sorge kann ich Ihnen nehmen. Im B2B-Umfeld werden nicht so viele Kommentare kommen, dass Ihnen dabei keine Zeit mehr für die »eigentliche Arbeit« bleibt. Im Gegenteil, die meisten Unternehmen sind anfangs frustriert, dass zu wenig Resonanz kommt. Blogbeiträge werden zwar gelesen, Videos angeschaut etc., aber wirkliche Diskussionen, die Ihrer ständigen Steuerung und Moderation bedürfen, entstehen nur selten. Und wenn es bei Ihnen doch funktioniert: Super, freuen Sie sich darüber! Sie sind auf dem besten Weg zu erfolgreicher Interaktion mit Ihren Zielgruppen.

Mit welchen Kosten müssen Sie für Social-Media-Marketing rechnen? Das hängt ganz entscheidend von Ihrem Unternehmen ab. Die meisten Kanäle (aber nicht alle) sind kostenlos oder sehr günstig. Kosten fallen dagegen für Folgendes an:

- Programmierung (Blog, Forensoftware, Facebook-Apps etc.)
- Design (Blogtheme, Headergrafiken, Beitragsbilder, Forenlayout etc.)
- Werbung (Facebook-, LinkedIn-, YouTube-Ads etc.)
- Gewinnspiele (Verlosungen etc.)
- Software und Tools (Monitoring, Analyse, Handling etc.)
- manche Kanäle (XING Premium, LinkedIn Premium, Slideshare Pro etc.)
- Content und Rechte (Text, Bild, Video, Grafiken etc.)
- Beratung (Rechtsberatung, Marketingberatung etc.)
- Schulungen (Funktionen, Kampagnen, Guidelines etc.)

Der größte Kostenblock ist in den meisten Fällen das Personal. Jemand muss die Blogbeiträge schreiben, die Kanäle betreuen, Diskussionen moderieren (also doch!), die Erwähnungen überwachen und so weiter. Je nach Situation und Aufwand müssen Sie mit 0,2 Stellen bis hin zu einem kompletten Team aus mehreren Vollzeitkräften rechnen. Realistisch gesehen, werden Sie in kaum einem Fall mit weniger als zwei bis drei Stunden pro Tag auskommen.

Social-Media-Marketing ist zweifellos eine der kostengünstigsten Marketing-Spielarten. Gratis ist aber auch hier nichts.

Leitfragen

- Welche Aktivitäten haben die höchste Priorität und mit welchen Kosten ist dafür zu rechnen?
- Ist es möglich, eine (Viertel-/halbe/volle) Stelle zu schaffen für jemanden, der als Social Media Manager bzw. Schnittstellenmanager agiert?
- Welche Punkte können wir inhouse erledigen? Was müssen/können wir an Agenturen und Dienstleister auslagern?
- Woher können wir (weiteres) Budget bekommen? Wo kann eventuell gespart oder umgeschichtet werden?

Werbekosten im Social Web?

In der Auflistung finden Sie den Punkt »Kosten für Werbung«. Widerspricht das nicht dem Prinzip des Social Web? Sollte Social-Media-Marketing nicht ohne Werbung und damit auch ohne Kosten dafür ablaufen?

Ja und nein. Die Inhalte sollten recht wenig Werbung enthalten, damit sich der gewünschte Image- und Weiterempfehlungseffekt einstellt.

In vielen Fällen ist mittlerweile jedoch eine bezahlte Unterstützung der Maßnahmen notwendig. Das liegt zum einen daran, dass immer mehr Unternehmen sich in den Kanälen betätigen und dadurch jedes einzelne weniger stark wahrgenommen wird, und zum anderen daran, dass die Netzwerke natürlich Geld verdienen wollen. Facebook hat 2013 die organische Reichweite beispielsweise deutlich reduziert, um Unternehmen zum Schalten von Anzeigen zu bewegen.

Planen Sie also ein gewisses Budget für Werbung ein.

Ziele

Welche Ziele setzen sich deutsche B2B-Unternehmen nun? Hierüber gibt der B2B Online-Monitor 2013 Aufschluss. Laut dieser Studie sind die Top 10 der mit der Onlinekommunikation verfolgten Ziele diese:

1. Steigerung der Produkt- und Markenbekanntheit
2. Umfangreiche Produkt- und Unternehmensinformationen
3. Vertriebsunterstützung / Neukundengewinnung
4. Steigerung der Zugriffszahlen / Traffic
5. Kundenbindung / Kundenbeziehungsmanagement
6. Bessere Platzierung in den Suchmaschinen
7. Verbesserung des Image / der öffentlichen Meinung
8. Interessentengewinnung / Lead-Generierung
9. Positionierung als Meinungsführer und Experte
10. Differenzierung vom Wettbewerb

Im Vergleich zu den Vorjahreserhebungen gewannen vor allem Lead-Generierung, Produkt- und Unternehmensinformationen, Steigerung der Markenbekanntheit und Kundenbindung an Beliebtheit.

Interessant ist, dass eigentlich wichtige Zielsetzungen für Social Media gar nicht in den Top 10 (wohl aber auf den hinteren Plätzen) auftauchen, z. B. Employer Branding bzw. Erhöhung der Anzahl qualifizierter Bewerbungen, Serviceverbesserung oder Kostenreduktion.

Wie gut sind diese Ziele über Social Media zu erreichen? Das sehen wir uns im Folgenden für einige Ziele (sowohl die oben aufgelisteten als auch weitere) genauer an. Wie gut sich Social Media für die Erreichung der einzelnen Zielkategorien eignen, fasse ich jeweils mit einer Sternebewertung von einem Stern (ungeeignet) bis fünf Sternen (hervorragend geeignet) zusammen.

Steigerung der Produkt- und Markenbekanntheit

Auch in anderen Studien wird dieses Ziel sehr häufig als eines der wichtigsten genannt. Und zu Recht: Social Media eignen sich hervorragend zur Erhöhung der Bekanntheit von Marken, Produkten und Unternehmen. Die hohe Reichweite einiger Kanäle und die möglichen viralen Effekte sind geradezu prädestiniert dafür.

Sofern dieses Ziel im Vordergrund steht, ist es wichtig, später Kanäle auszuwählen, die auch entsprechende Reichweiten in den anvisierten Zielgruppen aufweisen.

Ein gutes Beispiel für die Nutzung von Slideshare zur Steigerung der Produkt- und Markenbekanntheit liefert SAP. Manche Präsentationen weisen viele Tausend Abrufe auf, so zum Beispiel die, die Sie in Abbildung 3-9 sehen (über 200.000 Aufrufe in knapp drei Monaten sprechen für sich).

◀ **Abbildung 3-9**
SAP steigert seine Bekanntheit über Slideshare.

Wie gut eignen sich Social Media für dieses Ziel? Ich vergebe die maximale Punktzahl: fünf Sterne.

Produkt- und Unternehmensinformationen

Je nach dem verwendeten Kanal eignen sich Social Media gut zur tiefergehenden Information über Produkte und das Unternehmen als solches. Als Onlinemedien weisen sie eine Reihe von Vorteilen auf, vor allem die hier:

- *Multimedialität*: Über Video, Animationen, Anwendungen etc. lassen sich auch komplexe Sachverhalte darstellen.
- *Ständige Verfügbarkeit*: Im Gegensatz zu einem Außendienstmitarbeiter stehen die Social-Media-Kanäle 24 Stunden pro Tag und an sieben Tagen pro Woche online bereit.
- *Weltweite Erreichbarkeit*: Egal, ob sich ein Kunde aus Indien, den USA oder Kenia über ein Produkt informieren will – Blog & Co. sind weltweit erreichbar.
- *Kosteneffizienz*: Speicherplatz und Serverleistungen kosten heute fast nichts mehr, die meisten Social Media sind ebenfalls kostenlos oder sehr kostengünstig.

Wenn dieses Ziel im Mittelpunkt steht, ist es allerdings entscheidend, die passenden Kanäle auszuwählen. Sehr schnelllebige Kanäle und Kanäle mit Restriktionen bezüglich Zeichenumfang scheiden von vornherein aus.

Tendenziell eignen sich die folgenden Medien für umfangreiche Produkt- und Unternehmensinformationen gut oder weniger gut:

Tabelle 3-2
Wie gut sich Social-Media-Kanäle für umfangreichere Produkt- und Unternehmensinformationen eignen

Gute Eignung	Weniger gute Eignung
Corporate Blog	Vine
Slideshare	Twitter
YouTube	Pinterest
Wiki	Facebook
Webinaranwendungen	Instagram
LinkedIn / XING (insb. Gruppen)	Foursquare
	Google+
	Flickr

Die Frage, ob sich Social Media für dieses Ziel eignen, lässt sich also nicht pauschal beantworten, sondern hängt stark von den verwendeten Plattformen ab. Grundsätzlich aber bestehen sehr gute Chancen, deshalb vergebe ich hier vier Sterne.

Vertriebsunterstützung / Neukundengewinnung

Auch das Ziel »Neukundengewinnung« ist beliebt, in der Praxis aber relativ schwer zu erreichen. Der Grund dafür ist einfach der, dass Menschen, die Social Media nutzen, in der Regel gerade kein drängendes Bedürfnis haben, ein Produkt zu kaufen. Bei der Suchmaschinennutzung sieht das schon anders aus.

Ein Einkäufer, der einen neuen Lieferanten für Mikrochips, Arbeitskleidung oder Catering sucht, wird in aller Regel als Erstes eine Suchmaschine bemühen. Die dort gefundenen Unternehmen haben gute Chancen, von ihm angerufen zu werden oder eine Mailanfrage zu erhalten.

Ein Twitter-Follower wird hingegen nur selten einen größeren Auftrag absetzen, nur weil er einen Tweet gelesen hat. Gleiches gilt für andere Social-Media-Kanäle.

Doch auch hier gibt es beeindruckende Ausnahmen von der Regel. In diesem Buch finden Sie ein Beispiel von SAP, das sehr wohl über Business-Netzwerke Absatzsteigerungen erzielt. Auch von Dell sind solche Effekte bekannt. Die Regel ist das jedoch nicht.

Wenn Sie hingegen »Vertriebsunterstützung« etwas breiter definieren und nicht auf den direkten Kauf aus sind, sieht die Lage schon wieder anders aus. Ein gut gemachtes YouTube-Video, das inhaltlich fundiert die Vorteile und Besonderheiten eines Produkts erklärt, kann durchaus vertriebliche Aspekte entfalten. Hier bestehen für die Zukunft noch große Chancen.

Trotzdem schätze ich die Aussichten, tatsächlich (nur) über Social Media Neukunden zu gewinnen, insgesamt als eher mittelmäßig ein. Stellen Sie besser andere Ziele in den Vordergrund und sehen Sie die Social-Media-Kontakte als Zwischenstufe auf dem Weg zum Neukunden. Hierfür also nur drei Sterne.

Steigerung der Zugriffszahlen / Traffic

Das Ziel, mehr Besucher auf die Website bzw. das Corporate-Blog zu ziehen, ist sehr gut erreichbar. Die externen Social Media sind geradezu prädestiniert, um Besucher auf die Website zu bekommen – natürlich nur, wenn Sie es richtig anstellen.

An dieser Stelle erlaube ich Ihnen einen kleinen Einblick in meine eigenen Nutzerstatistiken. Als Seminaranbieter richte ich mich ebenfalls an Unternehmen und kann daher als B2B-Anbieter gelten. Ein Einblick in meine Google-Analytics-Statistiken zeigt, welche Bedeutung Social Media für die Generierung meiner Besucher (unter denen sich auch der eine oder andere potenzielle Kunde befindet) haben.

Abbildung 3-10 ▶
Traffic-Daten meiner Website

1.	google / organic	**21.477**
2.	(direct) / (none)	**14.223**
3.	facebook.com / referral	**7.141**
4.	m.facebook.com / referral	**2.835**
5.	rss / rss	**2.690**
6.	t.co / referral	**2.113**
7.	plus.url.google.com / referral	**1.613**
8.	google.de / referral	**894**
9.	heise.de / referral	**792**
10.	seo-united.de / referral	**626**

Der Ausschnitt zeigt einen bestimmten Zeitraum im Jahr 2013. Schön zu sehen ist, dass sich unter den Top-10-Trafficquellen ganze fünf Social-Media-Quellen befinden – Facebook (sowohl stationär als auch mobil), RSS-Reader, Twitter, Google+ und ein Blog.

Das ist natürlich darauf zurückzuführen, dass ich im Social Web recht aktiv bin und meine Beiträge regelmäßig dort verbreite. Ähnliche Ergebnisse können auch Sie erzielen, sofern Sie Social Media ernst nehmen.

 Tipp

Falls Traffic-Generierung Ihr Ziel ist, beachten Sie die folgenden Tipps:

1. Posten Sie Links zu Ihren Medien, wann immer es sich anbietet.
2. Verwenden Sie interessante, neugierig machende Teaser-Texte für Ihre Links.
3. Kürzen Sie die Links, wenn nötig. Studien belegen, dass kurze Links höhere Klickraten aufweisen als längere.

4. Idealerweise sollten Sie versuchen, auch andere zum Posten Ihrer Links zu bewegen – die Reichweite und damit der Traffic steigen so deutlich an.

5. Posten Sie zu den richtigen Zeiten – nämlich dann, wenn Ihre Zielgruppen online sind.

Wie gesagt, Social Media eignen sich hervorragend zur Erreichung höherer Traffic-Zahlen, deshalb bewerte ich die Geeignetheit zur Zielerreichung mit fünf Sternen.

Kundenbindung / Kundenbeziehungsmanagement

In einer vom Deutschen Institut für Marketing 2012 durchgeführten Studie nahm die Kundenbindung Platz 1 unter den angestrebten Zielen der befragten Unternehmen ein. Und in der Tat lassen sich die sozialen Medien sehr gut einsetzen, um engere Beziehungen zu den Kunden aufzubauen und sie länger und enger an das Unternehmen zu binden.

Hierfür eignen sich fast alle Kanäle, die regelmäßigen Kontakt zum Kunden ermöglichen. Besonders hervorzuheben sind dabei Anwendungen wie Social Networks oder Mikroblogs, die das Abonnieren der Nachrichten und eine regelmäßige Ansprache ermöglichen. Ein Blog (oder auch ein YouTube-Channel, der nur in den seltensten Fällen abonniert wird) erfüllt den Zweck hier weniger gut – zu lose ist die Verbindung zum Kunden, ähnliche wie bei einer Website.

Ein Medium, dass nahezu schon als Synonym für Kundenbindung steht, ist die E-Mail. Studien zeigen immer wieder, wie gut Newsletter zur Kundenbindung funktionieren. Wenn Sie also E-Mail-Marketing betreiben, können Sie Social Media sehr gut dazu einsetzen, E-Mail-Adressen zu gewinnen und damit die Kundenbindung durch Social Media indirekt noch stärker zu unterstützen.

◀ Abbildung 3-11
Newsletter-Abonnenten über Facebook gewinnen

Um Kundenbindung zu erzielen, sollten Sie über exklusive Mehrwerte nachdenken, die Sie Ihren Social-Media-Kontakten gewähren. Im B2C-Kontext werden hierfür gerne Coupons und Rabatte verwendet. Im B2B können Sie mit anderen Anreizen arbeiten:

- Einladung zu exklusiven Webinaren
- Einladung zu bzw. Rabatte für Veranstaltungen
- Exklusive Downloads (Whitepaper, Case Studies etc.)
- Besondere Beratungsangebote

Der US-amerikanische Marketingsoftware-Anbieter Moz (*www. moz.com*) bietet seinen Facebook-Fans beispielsweise einen Rabatt auf eine Fachkonferenz an – ein zusätzlicher Mehrwert, der zur Kundentreue beitragen kann.

Abbildung 3-12 ▶
Rabattcodes für Facebook-Fans können auch im B2B-Sektor funktionieren.

Wichtig ist, den Kunden ein Gefühl der Zugehörigkeit zu Ihrem Unternehmen zu geben (im Englischen spricht man von »Ingroup-Outgroup«-Denken, also »Wir« als Kunden gegen »Die« anderen da draußen). Das ist ein essenzieller Schritt hin zu einer dauerhaften Kundenbindung. Mit Social Networks, Nutzerforen, Diskussionsgruppen usw. gelingt Ihnen das besser als mit vielen anderen Maßnahmen. Daher vergebe ich zu diesem Ziel volle fünf Sterne.

Bessere Platzierung in den Suchmaschinen

In den letzten Jahren ist zu beobachten, dass auch bessere Platzierungen in Suchmaschinen immer häufiger als Ziel für Social-Media-Marketing-Aktivitäten genannt werden.

Dem liegt häufig ein Missverständnis zugrunde, an dem die Riege der Suchmaschinenoptimierer nicht ganz unschuldig ist. Bereits 2012 wurden Social Signals, also Likes, Shares, Tweets etc. als »das neue SEO-Gold« angepriesen. Grund dafür war eine Studie des

SEO-Toolanbieters Searchmetrics. Dort wurde eine sehr hohe Korrelation zwischen hohen Positionen in Suchmaschinen und der Anzahl an Social Signals festgestellt. Doch schnell wurde klar: Korrelation ist nicht Kausalität. Im Klartext heißt das, dass unklar ist, ob die Seiten so gut ranken, weil sie viele Social Signals aufweisen, oder viele Social Signals aufweisen, weil sie hoch ranken und damit auch viel Traffic haben, wovon ein Teil eben liket, sharet oder tweetet. – Das klassische Henne-Ei-Problem.

Seitdem wurden einige weitere Studien dazu durchgeführt, die alle zu einem ähnlichen Ergebnis kamen: Mit Ausnahme von Google+ scheinen die meisten Social Networks keinen größeren Einfluss auf das Ranking von Websites zu nehmen – ein Zustand, der sich laut Aussage führender Google-Mitarbeiter jedoch zukünftig ändern dürfte.

Exkurs: Suchmaschinenoptimierung

Ein hohes Google-Ranking ist für Unternehmen mittlerweile zu einem überlebenswichtigen Businesselement geworden. Kein Wunder, dass die meisten Unternehmen Suchmaschinenoptimierung betreiben, entweder in Eigenregie oder durch eine Agentur.

Google verwendet zur Ermittlung der Rankings einen ausgefeilten Algorithmus, dessen genaue Funktionsweise nicht bekannt ist. Einige wichtige Elemente wurden jedoch bekanntgegeben oder durch Versuche und Experimente ermittelt. Um bei Google für die relevanten Suchbegriffe (Keywords) möglichst weit oben gelistet zu werden, sollte man sich an diesem Algorithmus orientieren und seine Site möglichst gut darauf abstimmen.

Grundsätzlich arbeitet der Algorithmus mit drei Elementen: der Website selbst, den Verlinkungen der Seite und dem Besucherverhalten (wobei dieser Punkt relativ umstritten ist).

Die Website selbst muss suchmaschinenfreundlich programmiert sein. Sie muss ausreichend Text enthalten. Die wichtigen Suchbegriffe sollten an relevanten Stellen (wie Titel, Überschriften, Linktexte etc.) vorhanden sein.

Verlinkungen wirken für Google wie Empfehlungen. Eine Website, die von vielen anderen Seiten verlinkt (und damit empfohlen) wird, muss irgendwie relevant oder gut sein und erhält daher, zumindest grundsätzlich, ein höheres Ranking. Suchmaschinenoptimierer versuchen daher, Links für die Website zu generieren, zum Beispiel durch Eintrag in Verzeichnisse, strategische Linkpartnerschaften oder (besser) durch das Bereitstellen von Inhalten, die freiwillige Verlinkungen von anderen Seiten bewirken. Auch Links aus Blogs und manchen anderen Social Media können hier eine Rolle spielen.

Das Besucherverhalten schließlich spielt insofern eine Rolle, als Google zufriedene Nutzer haben möchte, die Google gerne wiederverwenden. Websites, die minderwertige Inhalte anbieten oder den Besucher durch übermäßig viel Werbung abschrecken, werden daher im Ranking benachteiligt. Google könnte solche Zusammenhänge durch Werte wie Klickraten, Verweildauern oder Bounce-Raten (Absprungraten) ermitteln.

Das heißt jedoch nicht, dass Social Media für SEO wertlos sind. Zum einen ranken die diversen Social-Media-Auftritte eines Unternehmens auch in den Google-Ergebnissen und können so für mehr Traffic und eine Beeinflussung von Bekanntheitsgrad und Image sorgen.

Eine Google-Suche nach »Festool« liefert unter den Top-5-Ergebnissen zum Beispiel gleich drei Social-Media-Treffer: Facebook, YouTube und Wikipedia.

Abbildung 3-13 ▶
Google-Ergebnisse für »Festool«

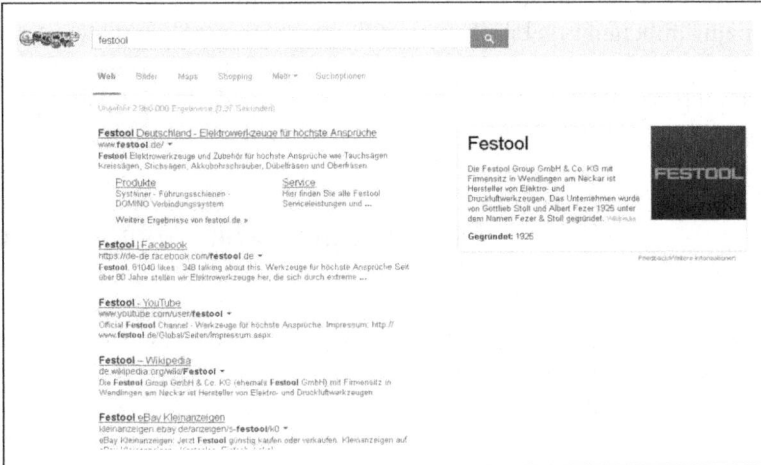

Zum anderen liefern vor allem Blogs hervorragende Backlinks, die wie Links von statischen Websites in das Google-Ranking eingehen. Tatsächlich gehören Links aus Blogs zu den begehrtesten Links vieler Suchmaschinenoptimierer.

Aber Blogs ranken oft auch ohne viele Links recht gut, da sie idealerweise einige von Googles grundsätzlichen Anforderungen erfüllen: Sie enthalten aktuellen Content, viel Text und in der Regel eine suchmaschinenfreundliche Programmierung und Verlinkung.

Auf den Einfluss von Google+ auf das Google-Ranking und wie Sie ihn für sich nutzen können, gehe ich in Kapitel 5 ausführlicher ein.

Insgesamt lässt sich sagen: Social Media eignen sich zur Verbesserung der Suchmaschinenplatzierungen nicht so gut, wie viele es gerne hätten, aber bei richtiger Nutzung doch ziemlich gut, deshalb schneidet dieses Ziel mit vier Sternen ab.

Lead-Generierung

Hier wird es richtig spannend. Oben habe ich behauptet, Social Media seien zur Neukundengewinnung nur mittelmäßig geeignet. Ganz anders sieht die Sache aber bei der Lead-Generierung aus. Dieses Ziel sollten Sie sich auf jeden Fall auf die Agenda setzen, wenn es zu Ihrem Unternehmen irgendwie passt. Denn die Möglichkeiten sind nahezu grenzenlos.

Ein Lead, falls der Begriff dem einen oder anderen Leser noch nicht so klar ist, ist ein nachfassbarer Kontakt. Dabei kann es sich z. B. um eine E-Mail-Adresse handeln, mit der ein Newsletter abonniert wurde. Im B2B-Marketing werden Leads aber eher als qualifizierte Datensätze mit Name, Adresse und weiteren Abfragen definiert. Der Lead ist die notwendige Vorstufe zum Sale und damit ein extrem wertvolles Gut. Es lohnt sich also, gezielt auf die Jagd nach Leads zu gehen.

Tipp   Eine in der Harvard Business Review veröffentlichte Studie zeigt, dass Unternehmen, die einen Lead innerhalb von einer Stunde nach Ausfüllen des Lead-Formulars nachfassten, diesen Lead mit einer sieben Mal höheren Wahrscheinlichkeit qualifizieren konnten als Unternehmen, die erst nach zwei Stunden nachfassten – und 60 Mal wahrscheinlicher als Unternehmen, die 24 Stunden verstreichen ließen. Fassen Sie Leads also möglichst zeitnah nach.

Oft kommt auch die 2-2-2-Regel zum Einsatz: Innerhalb von zwei Minuten sollte die erste Reaktion erfolgen, zum Beispiel eine automatische Bestätigungsmail. Innerhalb von zwei Stunden soll bei telefonischer Kontaktaufnahme ein Rückruf erfolgen. Postalische Informationen sollen innerhalb von zwei Tagen beim Kunden sein.

Hierfür eignen sich Social Media sehr gut, oft in Kombination mit anderen Maßnahmen.

Der bereits erwähnte Softwareanbieter Moz zeigt in seinem Blog neben jedem Beitrag die Möglichkeit, die Marketingsoftware kostenlos zu testen – nach Eingabe aller relevanten Daten natürlich. Das ist der große Vorteil der eigenen Medien – Sie sind frei in Gestaltung und Inhalt. Sie können schreiben, was Sie möchten, designen, wie Sie möchten und Elemente (z. B. Lead-Formulare) platzieren, wo Sie möchten. Bei externen Netzwerken sind Sie in der Regel deutlich stärker eingeschränkt, was diese Möglichkeiten angeht.

Leads definieren

Der Begriff »Lead« wird unterschiedlich definiert. Finden Sie für Ihr Unternehmen heraus, welche Leads für Sie relevant sind, und erstellen Sie eine klare Definition davon, was für Sie als Lead gilt.

Definieren Sie Kriterien, die für Sie relevant sind, und unterscheiden Sie zwischen »zwingend notwendig« und »nice to have«. Zu den »Nice to have«-Kriterien können zum Beispiel Unter-

nehmensgröße oder Faxnummer gehören. Zwingend sind dagegen meist Name, Unternehmensname und E-Mail-Adresse.

Testen Sie Ihr Lead-Formular mit wenigen (zwingenden) und vielen (Nice to have-)Feldern. So finden Sie heraus, welche Felder (und welche Anzahl) die meisten und vor allem hochwertige Leads generieren.

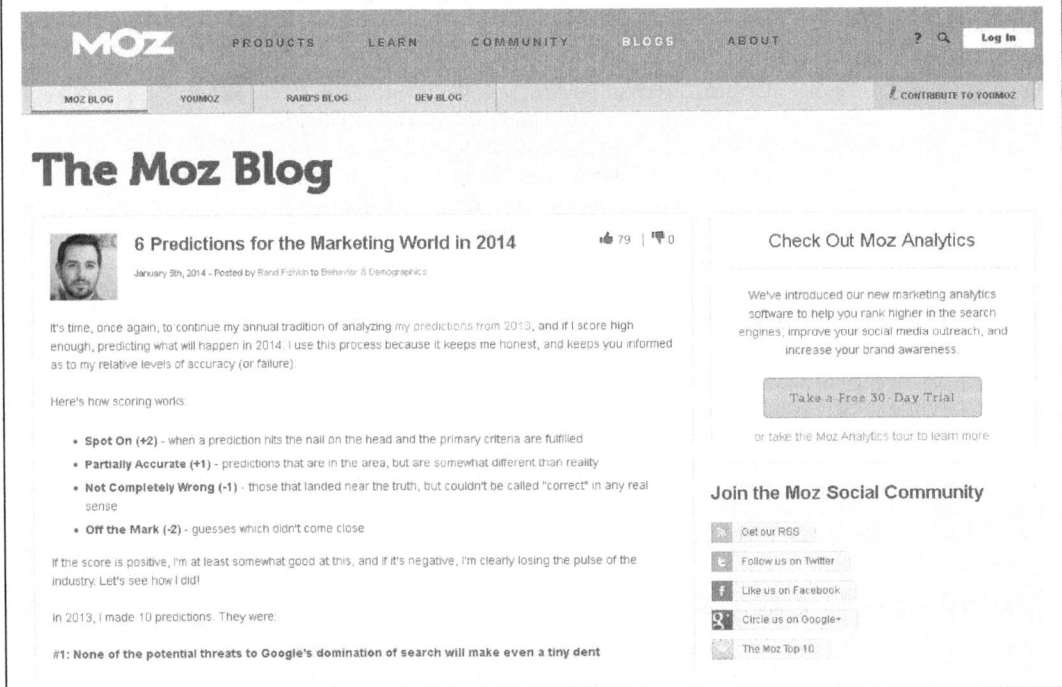

Abbildung 3-14 ▲
Blogbeitrag mit Lead-Generierungselement

Doch auch in den externen Social Media lassen sich Leads generieren. Slideshare zum Beispiel bietet dafür sogar eine eigene Funktion an – nach einer Präsentation können Sie ein Lead-Formular einblenden und so mit interessierten Zielpersonen Kontakt aufnehmen (wie das genau funktioniert, lesen Sie in Kapitel 6 ausführlicher).

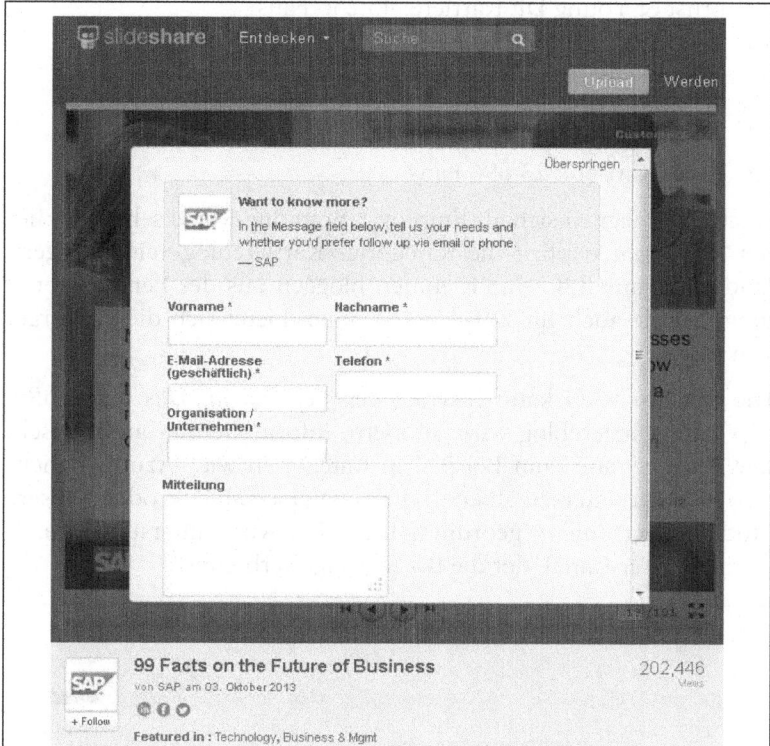

Die Eignung von Social Media für die Lead-Generierung wird mit vollen fünf Sternen bewertet.

Employer Branding / Arbeitgebermarketing

Die Positionierung als Arbeitgeber, die Steigerung der Bekanntheit unter potenziellen Bewerbern und die Erhöhung der Anzahl an hochwertigen Bewerbungen sind Ziele, die Teilnehmer aus B2B-Unternehmen in meinen Seminaren sehr häufig nennen. Selbst Unternehmen, die sonst keine Relevanz von Social Media für ihr Unternehmen sehen, setzen die sozialen Medien für dieses Ziel ein.

Und tatsächlich ergeben sich zahlreiche Ansatzpunkte, um dieses Ziel zu erreichen. Allein schon eine Facebook-Page zu haben und einigermaßen zu pflegen, kann auf jüngere Bewerber positiv wirken. Wenn Budget vorhanden ist, bietet sich sogar eine eigene Karriereseite an (für den Mittelstand ist das in der Regel jedoch zu viel Aufwand). Große B2B-Unternehmen können teilweise schon beachtliche Fanzahlen ihrer Karriereseiten aufweisen (Stand Januar 2014):

- Ernst & Young DE Karriere: 45.256 Fans
- Accenture in DACH: 30.231 Fans
- Sellbytel: 19.962 Fans
- The Linde Group Careers: 11.651 Fans
- Bayer Karriere: 23.896 Fans

Auch Blogs eignen sich als Employer-Branding-Kanal sehr gut. Hier hat sich sogar explizit die Kategorie »Karriereblog« eingebürgert. Und nicht nur B2C-Unternehmen bloggen aus der Personalabteilung, gerade auch für B2B-Unternehmen bietet sich dieses Vorgehen an.

Die Salzgitter AG kann hier als Beispiel dienen. Das regelmäßig gepflegte Karriereblog wirkt modern, informativ und authentisch. Die Beiträge sind zum Beispiel in Kategorien wie »Azubis berichten«, »Mitarbeiter erzählen«, »Personaler erzählen« oder »unsere Studenten erzählen« geordnet. Das Blog wird unterstützt durch einen Twitter-Kanal, der die Blogbeiträge verbreitet.

Abbildung 3-16 ▶
Interview mit einem Mitarbeiter der
Salzgitter AG im Karriereblog

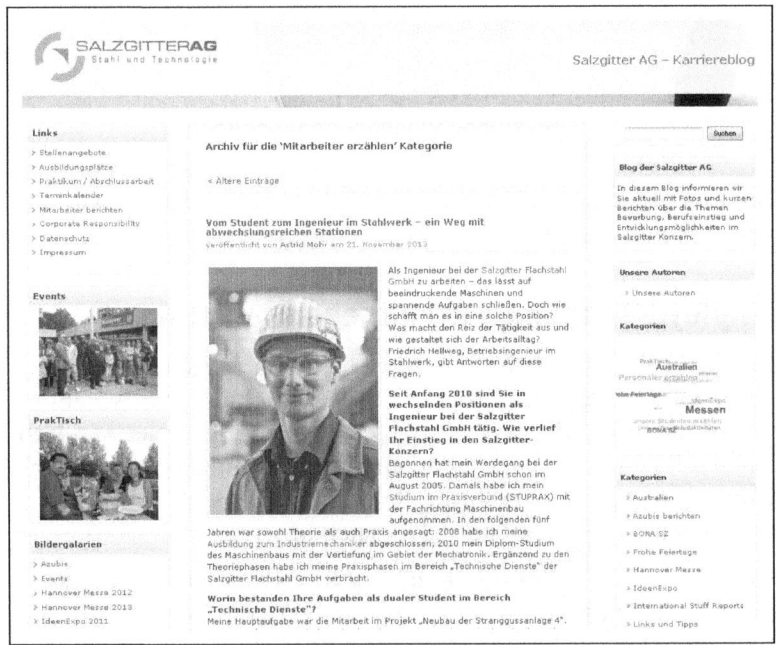

Neben den eher imageorientierten Artikeln dieser Art wird im Blog natürlich auch auf konkrete offene Stellenangebote, Praktikumsplätze oder sonstige Möglichkeiten hingewiesen. Ähnlich wie im Produktmarketing ist hier also eine Kombination aus Information, nützlichen Inhalten, Imagewerbung und direktem Verkauf/Conversion erfolgversprechend (in diesem Fall ist die Conversion eben eine Bewerbung, kein Kauf).

Neben Blogs und Facebook-Karriereseiten werden auch die Businessnetzwerke XING und LinkedIn häufig für das Arbeitgebermarketing genutzt. Dazu aber in den entsprechenden Kapiteln mehr.

Schließlich existieren im Social Web Angebote, die ausschließlich dem Arbeitgebermarketing dienen. Bestes Beispiel dafür ist die Plattform Kununu (*www.kununu.com*). Hier bewerten Arbeitnehmer ihren Arbeitgeber, egal, ob dieser auf der Plattform aktiv ist oder nicht. Bei entsprechendem Budget können Unternehmen sich aber auch auf der Plattform anmelden und ihren Unternehmensauftritt aktiv pflegen. Für das Employer Branding ist das ein wertvoller Schritt, denn Kununu gehört mittlerweile zu XING und wird dementsprechend stark frequentiert. Zudem rankt Kununu für Tausende von Unternehmensnamen bei Google auf den ersten Plätzen (teilweise noch vor den eigentlichen Unternehmenswebsites) und hat so einen direkten Einfluss auf die Wahrnehmung der Unternehmen.

◀ **Abbildung 3-17**
Kununu-Profil von LANXESS

Das Profil der LANXESS Deutschland GmbH wurde bereits fast 21.000 Mal angesehen. Das Unternehmen kann auch recht gute

Bewertungen vorweisen, scheint die Plattform jedoch nicht aktiv zu nutzen. Welche Vorteile ihr dadurch entgehen, werden wir im Kapitel über Arbeitgeber-Bewertungsplattformen genauer untersuchen.

Social Media eignen sich hervorragend zur Unterstützung des Arbeitgebermarketing, daher vergebe ich hier volle fünf Sterne.

Pressekontakte

Unternehmen, gerade auch im B2B-Sektor, denken häufig zu kurz, wenn es um die Zielgruppen geht, so viel haben wir bereits festgestellt. Die Zielgruppe »Presse« wird bei der Social-Media-Konzeption häufig gar nicht in Betracht gezogen.

Dabei nutzen Journalisten in vielen Branchen gerne die Social Media. Gerade Twitter ist bekannt dafür, da der Kanal extrem schnell ist und Journalisten und Redakteure dadurch früh auf eventuell relevante Informationen stoßen. Wie auch bei allen anderen Zielgruppen gilt: Sie werden nicht alle erreichen. Aber bei einem Teil der Journalisten und Pressevertreter haben Sie gute Chancen. So zeigten sich in einer 2013 durchgeführten Studie viele Journalisten generell etwas ernüchtert, was die Wirksamkeit von Social Media für ihre Zwecke angeht. Etwa die Hälfte (54 %) sehen aber eine hohe oder sehr hohe Relevanz für ihre tägliche Arbeit (Social Media Trendmonitor 2013). Insbesondere Facebook, Twitter und YouTube werden dabei als erfolgreich eingeschätzt.

Sonstige Zielsetzungen im Social-Media-Marketing

Diese Liste mit Zielen ist natürlich nicht erschöpfend. Je nach Ihrer individuellen Situation könnten auch folgende Ziele bei Ihnen eine Rolle spielen:

- Imageverbesserung / Reputationsmanagement
- Kostenreduktion
- Serviceoptimierung
- Verbesserte Krisenkommunikation
- Intensiverer Kundendialog
- Gesteigerte Mundpropaganda
- Marktforschung
- Produktverbesserungen / Crowdsourcing / Crowdfunding

- Konkurrenzbeobachtung
- Erringung von Meinungsführerschaft

Ziele quantifizieren

Aus dem Marketing sind Sie vielleicht mit der SMART-Regel vertraut. Diese besagt, dass Ziele messbar und terminiert sein müssen. »Ein Ziel ohne Deadline ist nur ein frommer Wunsch«, ist ein treffendes Zitat, Absender unbekannt. Die Ziele müssen also

- spezifisch,
- messbar,
- attraktiv (in anderen Übersetzungen auch aktionsorientiert oder erreichbar [attainable]),
- realistisch und
- terminiert

sein, um als »smart« durchzugehen.

Wichtig in diesem Zusammenhang ist, dass die Ziele wirklich zu Ihren Businesszielen passen. Rein quantitative Ziele wie »Wir wollen 1.000 Facebook-Fans haben« oder »Unsere YouTube-Videos sollten 50.000 Mal angesehen werden« sind zwar smart, aber noch lange nicht klug. Denn die genannten Zahlen sind zwar Stufen auf dem Weg zur Zielerreichung, aber kein Selbstzweck. Die Anzahl an Fans oder der Aufruf von YouTube-Videos sind eher Kennzahlen als Social-Media-Ziele. Verwenden Sie solche Werte also als Meilensteine und Kenngrößen, aber nicht als letztendliche Ziele, an denen Sie den Erfolg Ihrer Social-Media-Marketing-Maßnahmen messen.

»Gute« Social-Media-Ziele könnten zum Beispiel wie folgt aussehen:

- Wir erhöhen den Traffic über Suchmaschinen durch den verstärkten Einsatz von Google+ und Blogbeiträgen bis zum 31.12.2014 um 30 %.
- Wir generieren pro Monat 10 qualifizierte Leads über die Social-Media-Kanäle.
- Wir erhöhen die Bekanntheit in der relevanten Zielgruppe, indem wir dieses Jahr 1.000 Personen mehr als letztes Jahr in unseren Webinaren haben.

- Zur nächsten Hausmesse am 01.03.2015 werden zusätzliche 250 Personen kommen, die über Social-Media-Kanäle angesprochen wurden.
- Wir steigern die Anzahl an Bewerbungen für den nächsten Ausbildungsjahrgang um 20 %.
- Wir generieren durch die Crowdfunding-Plattform jeden Monat mindestens drei Ideen für Produktverbesserungen.

Genauere Kennzahlen dafür, wie Sie diese Ziele erreichen wollen, können Sie an diesem Punkt noch nicht sinnvoll festlegen. Zwischenstufen wie die Anzahl an Facebook-Fans, der Traffic von Twitter, die YouTube-Abonnenten oder andere Social-Media-Kenngrößen lassen sich logischerweise erst heranziehen, wenn die Kanäle definiert wurden. Das ist aber erst im übernächsten Schritt der Fall.

Zielgruppen

Bereits aus der Ist-Analyse haben Sie ja einige Zielgruppeninformationen an der Hand. Die meisten Informationen werden Sie aus Ihrem bisherigen Marketing erhalten. Vielleicht haben Sie ja schon einmal Marktforschung zum Zweck der Zielgruppenanalyse betrieben. In jedem Fall werden Sie auf bereits bestehende Informationen aufbauen können.

 Tipp   Bauen Sie für eine Weile eine kurze Onlineumfrage in Ihre Website ein. Beschränken Sie sich auf drei bis fünf Fragen zu den Social-Media-Nutzungsgewohnheiten Ihrer Besucher. Verschicken Sie den Link zur Umfrage auch in Print- oder E-Mailings.

Uns geht es hier vor allem um die Social-Media-relevanten Faktoren der Zielgruppen. Je besser Sie verstehen, wie die Zielgruppen das Social Web nutzen, desto besser werden Sie Ihre Aktivitäten darauf abstimmen können.

Unterschiedliche Sub-Zielgruppen

Mit hoher Wahrscheinlichkeit wollen Sie unterschiedliche Zielgruppen ansprechen. Der Einkaufsleiter ist natürlich die nächstliegende Zielperson; wie wir aber bereits festgestellt haben, ist er im B2B-Sektor längst nicht der Einzige, den anzusprechen es sich lohnt. Je nach Ihren Zielen können Sie noch diverse weitere Zielgruppen auswählen, zum Beispiel diese:

- Aktuelle Kunden
- Ehemalige Kunden
- Potenzielle Kunden
- Kaufbeeinflusser
- Investoren
- Verbände, gemeinnützige Organisationen
- Zulieferer
- Presse/Journalisten
- Bewerber

Nicht alle Zielgruppentypen sind für Sie relevant. In den meisten Fällen haben Sie aber mehr als eine Gruppe.

Falls Sie frisch in das Social-Media-Marketing einsteigen, kann es nötig sein, dass Sie sich erst einmal auf eine Zielgruppe konzentrieren (zum Beispiel Bewerber, wenn das vorrangige Ziel das Arbeitgebermarketing ist, oder Bestandskunden, wenn Kundenbindung im Vordergrund steht). Die dabei gewonnen Erkenntnisse und Erfahrungen können Sie später nach einer Ausweitung auf die anderen Zielgruppen übertragen.

Mit Personas arbeiten

Aus jeder dieser Zielgruppen (bzw. eben aus denen, die für Sie relevant sind) können Sie prototypische Vertreter herausselektieren. Das Arbeiten mit Personas hat sich im B2B-Marketing eingebürgert.

Sie können den Personas Bezeichnungen geben, um sie voneinander abzugrenzen, und sie mit Eigenschaften ausstatten. Wie tief Sie dabei gehen, bleibt Ihnen überlassen.

Personas nutzen

Die in Kapitel 2 angesprochenen Personas eignen sich hervorragend, um im Social-Media-Marketing ein besseres Verständnis für Ihre Zielgruppen zu bekommen.

Sie erstellen prototypische Vertreter Ihrer Zielgruppen, die Sie mit einem Namen, Eigenschaften und vielleicht sogar einem Bild ausstatten. Schreiben Sie den Personas typische Bedürfnisse und Wünsche zu. Richten Sie hierzu am besten einen internen Workshop aus, um möglichst viele Sichtweisen und Erfahrungen einfließen zu lassen.

Erarbeiten Sie dann Strategien, um diese Personas mit Ihrem Social-Media-Marketing anzusprechen, und leiten Sie daraus direkte Maßnahmen ab. Überprüfen Sie von Zeit zu Zeit die Personas daraufhin, ob sie noch den Gegebenheiten entsprechen.

Aber Vorsicht: Missbrauchen Sie Personas nicht als Ausrede, sich nicht ausreichend um die Bedürfnisse Ihrer realen Zielgruppen zu kümmern. Das Konzept der Personas ist ein Hilfsmittel, echte Gespräche mit echten Menschen sind besser.

Persona-Bezeichnung: moderater Facebook-Fan
Name: Jochen Wagner
Alter: 35 Jahre
Position: Einkaufsleiter eines mittelständischen IT-Unternehmens
Hobbies: Fußballtrainer B-Jugend, Schach, Kino

Social-Media-Nutzungsgewohnheiten: abonniert Facebook-Seiten mit interessanten Informationen zur IT-Branche; checkt seinen Newsstream täglich mehrfach mobil (auf dem Weg von und zur Arbeit) und am PC (während der Arbeitszeit, abends); klickt auf Facebook Links zu Blogbeiträgen an, surft aber selbst Blogs nicht direkt an; nutzt XING und LinkedIn eher passiv, um sich mit Kollegen zu vernetzen; ist genervt von zu vielen Kontaktanfragen; nutzt kein Twitter, Google+ oder andere Kanäle.

Persona: skeptischer Einsteiger
Name: Dr. Jutta Edelmann
Alter: 58 Jahre
Position: Geschäftsführerin eines Maschinenbauunternehmens mit 350 Angestellten
Hobbies: Konzerte, Ausstellungen, Kunst

Social-Media-Nutzungsgewohnheiten: hat sich nach einem Vortrag bei XING angemeldet; loggt sich beinahe täglich ein, liest in Gruppen und sucht nach Kontakten aus dem echten Leben; hat sich bei Facebook angemeldet, um mit ihren Kindern in Kontakt zu bleiben; ist grundsätzlich eher skeptisch, was die sozialen Medien angeht; leitet regelmäßig YouTube-Videos an Bekannte weiter, zählt YouTube aber nicht zu den Social Media.

Persona: produzierender Multiplikator
Name: Serkan Yilmaz
Alter: 29 Jahre
Position: Fachjournalist beim führenden Branchenmagazin
Hobbys: Fitness, Radsport, Hobby-Romanautor, Social Media

Social-Media-Nutzungsgewohnheiten: »Hardcore-Nutzer«; seit 6 Jahren bei Facebook, ebenso lange bei Twitter und XING; nutzt Social Media beruflich und privat intensiv; informiert sich über Branchentrends, Unternehmen und aktuelle Entwicklungen vor allem über Twitter, Facebook und Blogs, twittert selbst mit zwei Accounts; nimmt regelmäßig YouTube-Videos auf; bloggt über Entwicklungen in der Branche.

Mitglieder des Buying Center

In der Abgrenzung von B2B und B2C haben wir bereits festgehalten, dass im B2B-Geschäft die Entscheidungen meist nicht von einer Einzelperson getroffen werden, sondern mehrere Personen beteiligt sind. Das bringt Herausforderungen bezüglich der Social-Media-Aktivitäten mit sich. Hier liegt ein wichtiger Unterschied zum B2C-Markt: Sie müssen sich in die einzelnen Rollen hineinversetzen und sich überlegen, welche Informationen, welche Inhalte und welche Kanäle die jeweiligen Personen benötigen und nutzen. Im Extremfall nutzt jeder Entscheidungsbeteiligte andere Kanäle, was für Sie bedeutet, dass es nicht ausreicht, sich auf einen Kanal zu beschränken.

Verwender

Der letztendliche Verwender wäre im B2C-Markt die wichtigste Zielperson (von wenigen Ausnahmen abgesehen). Er kauft das Produkt und benutzt es, also muss er von den Vorteilen überzeugt werden.

Im B2B ist er nur einer von mehreren Beteiligten. Trotzdem hat sein Wort in der Regel ein gewisses Gewicht. Ist er vom Produkt überzeugt, wird er sich bei den weiteren Beteiligten für die Entscheidung aussprechen.

Er braucht vor allem Informationen, die ihm zeigen, wie die Entscheidung seinen Arbeitsalltag erleichtert. Dazu können zählen:

- YouTube-Videos mit Anwendungsbeispielen
- Anwendungsbeispiele als Blogbeitrag
- Video-Testimonials anderer Anwender
- Einblicke in Anleitungen und technische Daten (z. B. als PDF bei Slideshare)
- Bilder des Produkts in Aktion
- Beratung via Chat
- Fragen und Antworten (z. B. auf der Website, im Blog oder per Facebook)
- Schneller Support (z. B. via Twitter)

Einkäufer

Der Einkäufer holt verschiedene Angebote ein, die er vergleicht und beurteilt. Er entscheidet nicht endgültig, hat aber allein durch die Vorauswahl einen großen Einfluss. Wie groß sein Einfluss auf die Entscheidung letztendlich ist, unterscheidet sich je nach Unternehmen, Branche und Produktart. Über Wiederholungskäufe entscheidet er häufig allein, bei komplexeren Erstanschaffungen fällt sein Einfluss dagegen oft gering aus.

Seine Bedürfnisse gehen über die des Anwenders hinaus. Er muss sicherstellen, dass das von ihm gewählte Produkt nicht nur im Arbeitsalltag funktioniert, sondern auch kosteneffizient, kompatibel, sicher und nachhaltig ist. Er trägt ein hohes Risiko, denn Probleme bei der späteren Nutzung werden zum großen Teil ihm zugerechnet.

Für den Einkäufer können folgende Informationen und Inhalte relevant sein:

- Kostenvergleichsrechnungen und Effizienzkalkulationen
- Referenzen und Testimonials

Extrem entscheidend ist, dass der Einkäufer Sie überhaupt findet. Je nach Unternehmen sucht der Einkauf selbst nach potenziellen Angeboten, teilweise übernehmen diese Aufgabe auch weitere Stellen (sogenannte Informationsselektierer oder Gatekeeper). In jedem Fall spielt hier die Sichtbarkeit, die Sie mit Ihrem Angebot im Netz erzeugen, eine zentrale Rolle. Hier liegt der Ansatzpunkt der Suchmaschinenoptimierung (SEO) bzw. des Social SEO. Tauchen

Ihre Website, Ihr Blog und Ihre Social-Media-Kanäle in den Suchmaschinen auf? Ist Ihr Profil bei LinkedIn und XING gut zu finden? Damit sollten Sie sich eingehend beschäftigen, um diesen Zielgruppentypus zu erreichen.

Beeinflusser

Der Beeinflusser im Buying Center kann ganz verschiedene Positionen innehaben. In jedem Fall übt er erheblichen Einfluss auf die Kaufentscheidung aus.

Bei den Beeinflussern kann es sich zum Beispiel um Mitarbeiter aus dem Controlling handeln. Auch interne und externe Coaches und Berater können die Rolle von Beeinflussern haben. Besondere Bedeutung kommt aber auch Beeinflussern außerhalb des Unternehmens zu. Hier spielen insbesondere die öffentliche Meinung sowie Verbände, Gewerkschaften und ähnliche Einrichtungen eine Rolle. Wenn das in Ihrer Branche der Fall ist, sollten Sie diese Zielgruppen unbedingt auf der Liste haben und gezielt ansprechen.

Entscheider

Der letztendliche Entscheider sitzt meistens in der Geschäftsführung oder einer ähnlich hohen Position. Der Einfluss des Entscheiders kann ganz unterschiedlich ausfallen – von der quasi im Alleingang getroffenen Entscheidung bis zum bloßen Abnicken der Vorauswahl der anderen Buying-Center-Angehörigen.

◀ Abbildung 3-18
Siemens ermöglicht die Berechnung von Lebenszyklen mit einem Tool.

Der Entscheider benötigt sehr kurze, kompakte und verdichtete Informationen. Mit technischen Details wird er sich nicht aufhalten. Stattdessen will er wissen, wie sich die Entscheidung strategisch auswirkt, ob die getroffene Entscheidung einen langfristig positiven Einfluss auf das Unternehmen haben wird und ob die Entscheidung ihn persönlich in seiner Position bedroht oder stärkt. Er geht immerhin ein hohes Risiko ein, da er letztlich für die Entscheidung verantwortlich gemacht wird.

Entscheider stellen daher besondere Anforderung an Ihren Content und Ihre Ansprache. Sie wollen Folgendes:

- Case Studies erfolgreicher Anwendungen
- Checklisten der Vorteile
- Referenzen, Testimonials
- Infografiken mit wichtigen Zahlen und Fakten
- Kurze Videos, die wichtige Punkte hervorheben

Zeigen Sie dem Entscheider vor allem, wie sich die Entscheidung auf seine Zielerreichung auswirkt. Er muss schnell und auf einen Blick sehen können, dass Ihr Unternehmen der richtige Partner für sein Unternehmen ist. Nehmen Sie ihm die Angst, ein Risiko einzugehen.

Mit Testimonials arbeiten

Unter einem Testimonial versteht man eine Kundenaussage, die als Referenz verwendet wird. Dabei kann es sich um ein geschriebenes Statement oder – noch effektiver – um ein Video handeln.

Setzen Sie, sofern möglich, auf jeden Fall Testimonials in Ihrem Marketing ein. Gerade wenn der Kauf mit einem höheren Risiko verbunden ist, wirken authentische Aussagen zufriedener Anwender vertrauensbildend und nehmen dem Buying Center die Angst, grundsätzlich eine falsche Entscheidung zu treffen.

Damit ein Testimonial funktioniert, sollten Sie ein paar Punkte beachten:

- Verwenden Sie ausschließlich echte Testimonials, keine »Herr P. aus B.«-Statements oder ähnliche unseriöse Aussagen.
- Verwenden Sie Testimonials aus der Branche Ihrer Kunden. Wenn Sie keine spezifi-

sche Zielbranche haben, mischen Sie die Testimonials gut durch.

- Zeigen Sie bevorzugt große und bekannte Unternehmen, aber bauen Sie auf jeden Fall auch einige kleinere Unternehmen ein, wenn Sie Wunschkunden in dieser Größenklasse haben. Die großen, bekannten Marken schaffen Vertrauen und Glaubwürdigkeit (»Wenn die das bei denen hinbekommen haben, schaffen sie es auch bei uns.«). Findet der Kunde jedoch keine Unternehmen seiner Klasse unter den Testimonials, fühlt er sich nicht ausreichend angesprochen und kann sogar von einer Anfrage absehen (»Die arbeiten nur mit den Großen zusammen, die können wir uns wahrscheinlich ohnehin nicht leisten.«).
- Wenn möglich, zeigen Sie Bilder Ihrer Kunden bzw. eines Ansprechpartners und verwenden Sie direkte Zitate. Das wirkt noch überzeugender.

- Bauen Sie, wenn irgendwie möglich, Logos der Kunden ein. Vielen Interessenten reicht es schon aus, Logos bekannter Marken zu sehen, auch ohne die Aussagen im Einzelnen durchzulesen.
- Zeigen Sie die Testimonials an mehreren Stellen (auf der Website, im Blog, im Social Network usw.). Lassen Sie sie zum Beispiel auch in Unternehmenspräsentationen einfließen und erstellen Sie von den besten Testimonials ein PDF-Dokument zum Download.

Manche Unternehmen sprechen sich gegen Testimonials aus, da sie so offenlegen, wer zu ihren Kunden gehört. Dabei fürchten sie, dass ihre Kunden von der Konkurrenz abgeworben werden. Dieses Problem mag in manchen Branchen durchaus gegeben sein, in der Regel ist die Angst jedoch unberechtigt. Immerhin stellen sich diese Kunden ja für ein Testimonial bereit, weil sie so zufrieden mit oder sogar begeistert von Ihnen sind.

◀ **Abbildung 3-19**
Siemens arbeitet bei Facebook mit Testimonials.

Multiplikatoren

Eine besonders wichtige Zielgruppe, die Sie analysieren und kennenlernen sollten, sind die potenziellen Multiplikatoren (auch Influencer genannt). Dabei handelt es sich meist nicht um Ihren potenziellen Kundenkreis, sondern um Personen, die in Ihrer Branche besonders einflussreich sind. Im Social Web sind das zum Beispiel

- Blogger,
- Website-Betreiber,
- Betreiber von Branchenportalen,
- Journalisten,

- Betreiber großer Facebook-Seiten,
- Betreiber großer XING-Gruppen,
- Twitter-Nutzer mit großem Follower-Kreis,
- Inhaber von Diskussionsforen,
- Besitzer von Mailinglisten und
- Veranstalter von Branchenevents.

»Groß« bedeutet hier wie immer etwas anderes als im B2C-Segment. Die Facebook-Seite muss nicht Hunderttausende von Fans haben, um für Sie relevant zu werden – sie muss nur die *richtigen* Fans aufweisen. Im Marketing spricht man hier auch von »Zielgruppenbesitzern« – also Personen, die einen guten Zugang zu Ihren Zielgruppen haben.

Beispiel: XING-Gruppenbetreiber

Bei XING gibt es beispielsweise zahlreiche Gruppen zu jeder denkbaren Branche. Darunter befinden sich mit Sicherheit auch Gruppen, in denen sich Ihre Kunden tummeln. Richten Sie sich beispielsweise an die Medizintechnik-Branche, finden Sie über die Suche eine Gruppe mit über 19.000 Mitgliedern. Die Gründer und Moderatoren dieser Gruppe sind für Sie wichtige Influencer, die Ihnen den Zugang zu Ihrer Zielgruppe ermöglichen oder verwehren können.

Abbildung 3-20 ▶
Medizintechnik-Gruppe bei XING

Multiplikatoren sind vor allem auch Betreiber von Websites, die für Ihre Themen bei Google auf den vorderen Plätzen ranken. Diese werden über die Google-Suche von Ihren Zielgruppen gefunden und besucht. Wenn Sie es schaffen, mit diesen Website-Betreibern Kooperationen zu vereinbaren, haben Sie eine gute Chance auf eine hohe Sichtbarkeit im relevanten Umfeld.

Das Google+-Autorenprofil zur Influencer-Identifikation

Um diese Art von Influencern herauszufinden, können Sie das kostenlose Tool AuthorRank.org (*www.author-rank.org*) nutzen. Geben Sie dort einen Begriff ein, z. B. den Namen Ihrer Branche oder ein relevantes Wort aus Ihrer Branche. Das Tool untersucht dann die Google-Rankings für diesen Suchbegriff und prüft, ob die rankenden Websites mit Google+-Profilen verknüpft sind. Wenn das der Fall ist, erhalten Sie eine Auflistung der Profile und können sich mit diesen bei Google+ verknüpfen. So erhalten Sie relevante Informationen über die Influencer und können die weiteren Schritte für Kooperationen planen.

◄ Abbildung 3-21
Author-Rank-Ergebnisse für den
Suchbegriff »Mittelstand«

Case Study: Influencer-Ansprache bei OnPage.org

In diesem Buch stoßen Sie an mehreren Stellen auf das Unternehmen OnPage.org. Das liegt ganz einfach daran, dass das dahinterstehende Team sein Marketing perfekt beherrscht. Die Aktionen können für viele andere Branchen als Beispiele dienen – überprüfen Sie, was Sie davon übernehmen oder anpassen können.

Die Onlinemarketing-Branche, an die sich OnPage.org richtet, ist extrem gut vernetzt. Die Branchenmitglieder (überwiegend Agenturmitarbeiter und Onlinemarketer aus Unternehmen) vernetzen sich im echten Leben über Konferenzen, Barcamps und Stammtische. Im Netz findet die Verknüpfung über Facebook, Twitter und Google+ statt. Dort herrscht auch ein reger Austausch über Fachthemen, vermischt mit Privatem.

Diese Vernetzung nutzt OnPage.org, um sich immer wieder ins Gespräch zu bringen. So schickt das Unternehmen seinen Kunden zu Weihnachten nicht nur extrem kreative (Aufklapp-)Weihnachtskarten, sondern auch ein ausgefallenes »Fresspaket« mit Münchner Köstlichkeiten (Weißwurst in der Dose, bayerischer Senf und Malzschokolade). Natürlich tauchen schon kurz darauf Postings mit Fotos dieser Präsente auf Facebook auf.

Abbildung 3-22 ▶
Kreative Weihnachtsgeschenke sorgen auf Facebook für Sichtbarkeit.

Ein Jahr zuvor hatte OnPage.org ebenfalls kleine Pakete mit ungewöhnlichem Inhalt verschickt: Neben exklusiver Schokolade befand sich in dem Paket eine Nerdbrille – eine schwarze Plastikbrille im Hornbrillenstil mit Plexiglas-Gläsern. Diese witzige Idee, die auf die Computernerd-Tugenden abzielt, mit denen die Onlinebranche manchmal kokettiert, war so außergewöhnlich, dass nicht nur ich davon ein Foto auf Facebook posten musste. Da ich normalerweise keine Brille trage, war die Resonanz auf dieses Bild entsprechend hoch – die ebenfalls im Bild zu sehenden Schokoladentafeln aus weiteren Weihnachtspräsenten gerieten dabei fast in den Hintergrund.

Doch OnPage.org geht noch einen Schritt weiter: Teilweise verschickt das Unternehmen ausgewählte und individuelle kleine Geschenke an einflussreiche (und befreundete) Personen, was ebenfalls eine hohe Reichweite auf Facebook sicherstellt. Dem in der Branche überaus einflussreichen Onlinemarketing-Experten Karl Kratz und seiner Frau schickte OnPage.org T-Shirts, die das Unternehmensmaskottchen Captain OnPage in hochwertiger Prägung darstellten.

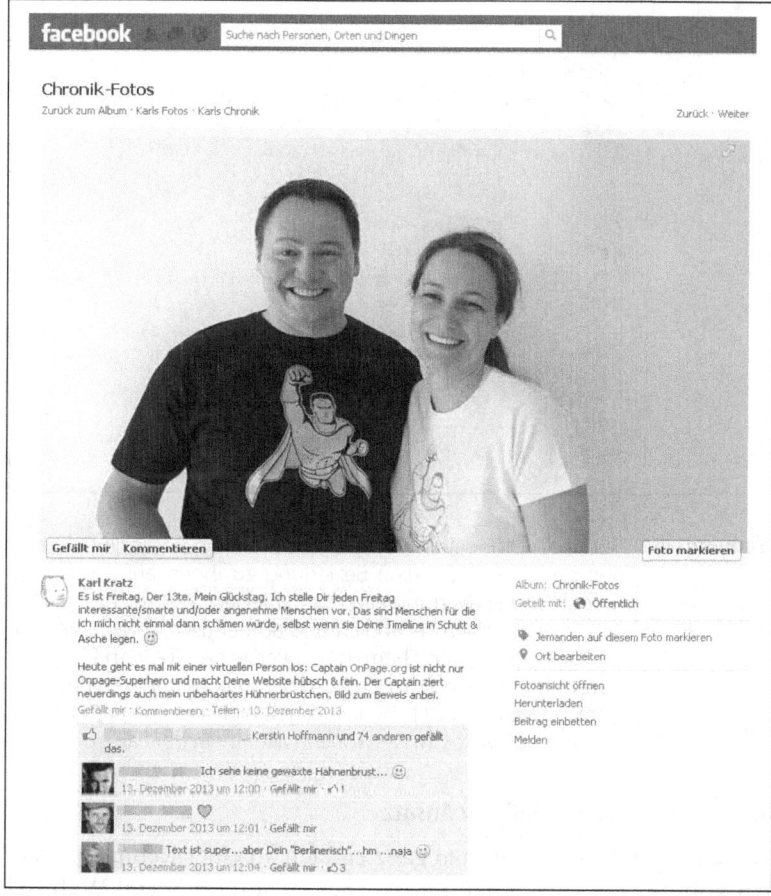

◀ **Abbildung 3-23**
Multiplikatoren mit kleinen Aufmerksamkeiten zu bedenken, kann bei Facebook zu großer Aufmerksamkeit führen.

So ein Geschenk freut den Beschenkten natürlich, und wenn dieser auch noch ein aktiver Facebook-Nutzer ist, lässt ein entsprechender Post nicht lange auf sich warten (beachten Sie die Anzahl an

Likes – dieser Beitrag und damit das Firmenlogo von OnPage.org dürfte mehrere Hundert, wenn nicht über 1.000 Nutzer erreicht haben).

Der ROI des T-Shirts ist schwer zu messen. Imagemäßig hat sich die Aktion aber auf jeden Fall gelohnt, wie auch einige weitere Beiträge von Karl Kratz und seiner Frau belegen, zumal er das T-Shirt nun immer wieder auf Konferenzen und Messen tragen kann (und wird), was nachhaltige Sichtbarkeit generiert.

Abbildung 3-24 ▶
Der Imageeffekt einer solchen
Aktion kann sehr nachhaltig
ausfallen.

 Warnung　Suchen Sie die relevanten Multiplikatoren in Ihrem Umfeld heraus und bauen Sie eine Beziehung zu ihnen auf. Gehen Sie jedoch ohne Erwartung einer Gegenleistung an solche Aktivitäten heran. Bleiben Sie ehrlich und authentisch, zeigen Sie echtes Interesse an den Themen und versuchen Sie, den Personen eine echte Freude zu machen. Wer von vornherein nur mit seinem eigenen Vorteil kalkuliert, erzielt hier keine befriedigenden Ergebnisse (wie es im Networking allgemein der Fall ist).

Der Klout-Score als möglicher Ansatz

Wäre es nicht toll, wenn man ganz einfach an einer Kennzahl ablesen könnte, wie groß der Einfluss einer Person im Social Web ist? Genau das versuchen einige Dienste, allen voran der Anbieter Klout.com.

Klout misst den Einfluss, den Personen (bzw. Accounts) im Social Web haben. Es geht dabei nicht nur um die Frage, wie viele Fans, Follower etc. jemand hat, sondern vor allem darum, wie viel Resonanz er bekommt. Wenn er also einen Tweet verschickt, ist die Anzahl der Retweets entscheidender als die bloße Follower-Zahl, bei Facebook die Zahl der Likes, Shares und Kommentare etc.

All diese Daten aggregiert Klout und errechnet daraus eine Kennzahl zwischen Null und 100, den Klout-Score. An dieser Kennzahl soll sich dann der Einfluss der Person ablesen lassen. Je höher der Klout-Score, desto einflussreicher und damit mächtiger ist die Person, zumindest was das Social Web angeht.

Prominente wie Justin Bieber oder oder Katy Perry kommen auf Werte über 95. US-Präsident Barack Obama hält mit 99 Punkten den höchsten Klout-Score weltweit inne. Der Durchschnitt liegt bei 40, alles darüber kann also als einflussreich gelten.

Klout zieht die Daten automatisch aus Twitter, das heißt, sobald Sie einen Twitter-Account haben, werden auch Sie von Klout erfasst. Wer eine genauere Auswertung haben will, kann bei Klout einen Account anlegen und dann auch Netzwerke wie Facebook, Instagram, Foursquare oder LinkedIn integrieren. Je höher die Aktivität und Resonanz, desto höher eben auch der Klout-Score.

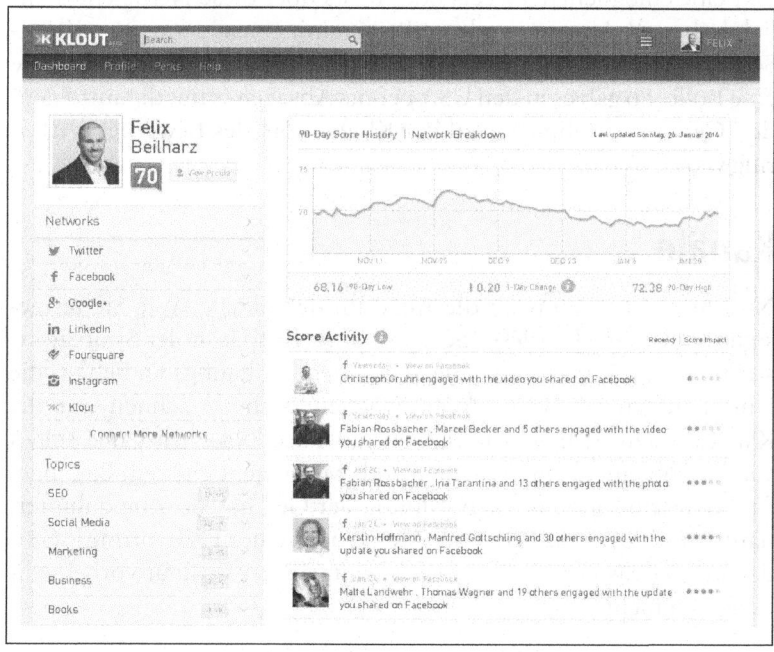

◄ **Abbildung 3-25**
Der Klout-Score misst (potenziell) den Einfluss einer Person im Social Web.

Klout nimmt dann eine Einschätzung vor, zu welchen Themen die jeweilige Person einflussreich ist. Diese Einschätzung kann von anderen Klout-Nutzern bestätigt werden. So lässt sich dann beispielsweise auswerten, wer in einer bestimmten Branche als einflussreich gilt. Mit Business-Accounts (die derzeit in Deutschland noch nicht zugänglich sind) können dann Auswertungen nach dem Motto »Wer ist in Deutschland im Bereich Maschinenbau besonders einflussreich?« vorgenommen werden.

Der Sinn und Zweck des Klout-Score ist umstritten. Immerhin handelt es sich dabei um eine rein quantitative Berechnung, die nichts über die Qualität der Beiträge aussagt. Außerdem ist die genaue Berechnung des Score unbekannt, was einen Vergleich mit anderen Kennzahlen erschwert.

Auf jeden Fall ist der Klout-Score ein Schritt in eine Richtung, die zukünftig an Bedeutung gewinnen wird: die Auswertung und Analyse des Einflusses von Personen. Mittlerweile existieren mehrere ähnliche Dienste, zum Beispiel PeerIndex oder Kred.

In den USA hat Klout mittlerweile einiges an Beachtung gefunden. So soll es dort Hotels und Flugketten geben, die den Klout-Score der Gäste standardmäßig prüfen und bei Vorliegen eines hohen Wertes Upgrades oder Vergünstigungen vergeben. Immerhin wäre der Effekt eines möglichen Tweets oder Posts über diese Nettigkeit deutlich höher als der einer anderen Person mit einem geringeren Klout-Score. Auch bei Bewerbungen spielt der Klout-Score mittlerweile eine Rolle. So gab es in den USA bereits Absagen (samt darauffolgenden Gerichtsverfahren), weil der Klout-Score des Bewerbers zu gering war.

Kanäle

Nun machen wir uns an die Auswahl der Kanäle. Wie Sie festgestellt haben, erfolgt dieser Schritt erst recht spät in der Strategieerstellung. Damit vermeiden Sie aber einen der häufigsten Fehler, die Unternehmen im Social Web machen: sich zu schnell auf die Kanäle festzulegen. »Wir müssen auf Facebook« wird nur selten gefolgt von einem sinnvollen Grund. Meist steht eher ein Bauchgefühl oder eine spontane Anordnung der Geschäftsleitung dahinter, häufig nach dem Besuch einer Messe oder eines Fachvortrags. Gut, das mag etwas ketzerisch klingen, ganz an der Realität vorbei geht es jedoch nicht.

Sie können jetzt die Kanäle auswählen, da Sie wissen, welche Ziele Sie verfolgen und wie Ihre Zielgruppen ticken. Anhand der Ist-Analyse und der nächsten Schritte ist nun eine fundierte und sinnvolle Selektion möglich. Ohne diese Daten schießen Sie ins Blaue.

Entscheidungskriterien für Social-Media-Kanäle

Welchen Kanal Sie letztendlich bedienen, hängt von einer ganzen Reihe von Fragestellungen ab. Die wichtigsten davon können Ihnen als Leitfaden dienen:

- Auf welchen Kanälen wird bereits über uns/unsere Marken diskutiert?
- Welche Kanäle existieren bereits und müssen nur ausgebaut werden?
- Welche Kanäle passen zu unseren Zielen?
- Welche Kanäle passen zu unserem Unternehmensimage?
- Bei welchen Kanälen würde das Fehlen einer Präsenz einen Imageschaden oder andere Nachteile bewirken?
- Welche Kanäle passen zur gesamten Unternehmens-/Kommunikationsstrategie?
- Welche Kanäle nutzen unsere Zielgruppen?
- Welche Kanäle verfügen über ausreichend Reichweite?
- Welche Kanäle sind mit handhabbarem Aufwand für uns bespielbar?
- Welche Kosten fallen für welche Kanäle an?
- Welche Kanäle eignen sich für die spezifische Situation unseres Unternehmens? (Ein Unternehmen ohne physische Orte mit Kundenverkehr braucht zum Beispiel keinen Foursquare-Auftritt.)
- Auf welchen Kanälen sind die Wettbewerber aktiv?

Kosten der Social-Media-Kanäle

Vielleicht haben Sie sich über die Frage nach den Kosten für die Kanäle gewundert. Doch nicht alle Kanäle sind kostenfrei. Teilweise arbeiten die Netzwerke mit kostenpflichtigen Premium-Accounts, die stark ins Budget gehen können. Zur Orientierung finden Sie hier eine Auflistung davon, welche Kosten für welchen Kanal anfallen können. Es geht dabei nur um die Einrichtung und den Betrieb der Kanäle, Kosten können darüber hinaus für einzelne Funktionen oder Werbung anfallen.

Kostenlos

- Facebook
- Twitter
- YouTube
- Google+
- Instagram
- Foursquare

Kostenlose Grundversion, kostenpflichtige Upgrades

- XING (ab 4,95 € monatl., Unternehmensaccount ab 395,00 € monatl.)
- LinkedIn (ab 29,95 € monatl.)
- Slideshare (ab 19,00 $ monatl.)
- FlickR (ab 49,99 $ jährl.)

Prinzipiell kostenpflichtig

- Kununu (ab 395,00 € monatl.)

Manche Dienste (z. B. Foursquare) bieten zwar auch kostenpflichtige Premium-Dienste an, jedoch nicht für die breite Öffentlichkeit, sondern nur nach strenger Auswahl und zu recht hohen Kosten. So kostet ein Foursquare-Badge (Abzeichen, das Nutzer für das Einchecken erhalten) für das eigene Unternehmen ab 20.000,00 $ pro Monat …

Die Beantwortung dieser Fragen wird Ihnen eine Auswahl aus den Unmengen an Plattformen liefern. Wahrscheinlich haben Sie schon einmal in einem Artikel, einem Buch oder einer Präsentation das Social-Media-Prisma gesehen. Es zeigt sehr anschaulich die enorme Vielfalt von Social-Media-Kanälen und Diensten mit Social-Media-Anteilen. In Vorträgen ist das Prisma, verbunden mit der Behauptung »Das sind die Kanäle, die Sie mindestens bespielen müssen« ein Garant für einen kleinen Schockmoment beim Publikum, gefolgt von heiterer Erleichterung.

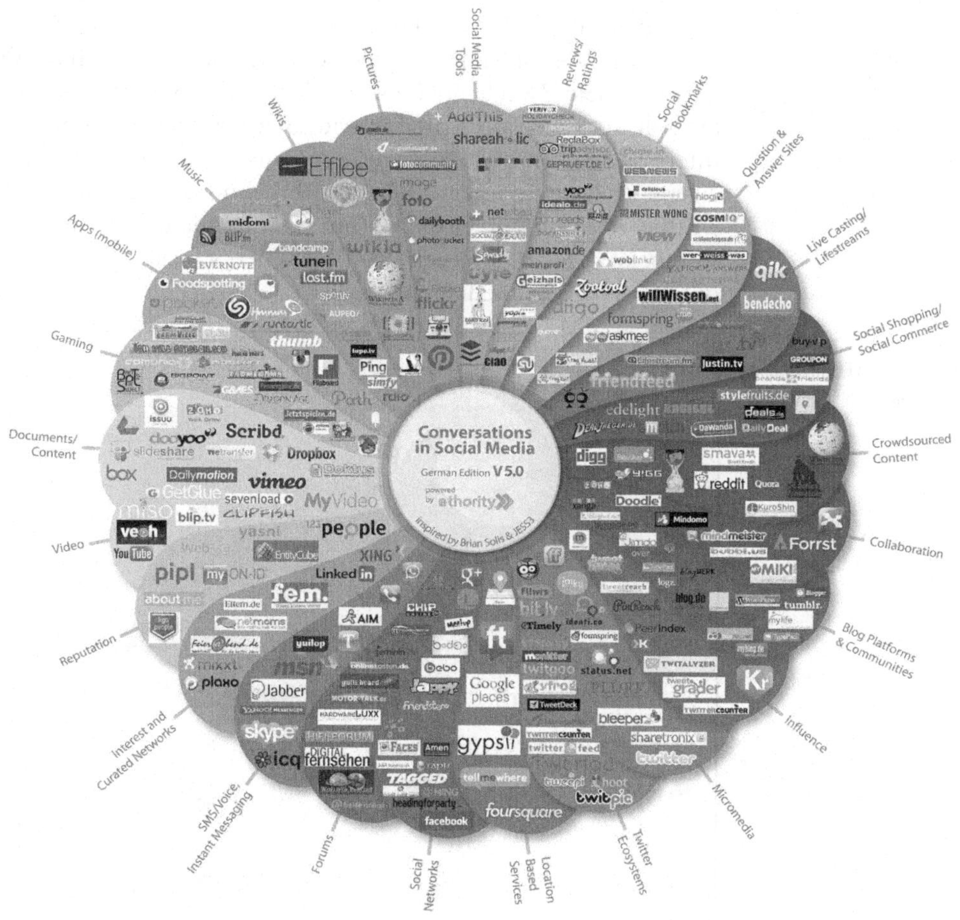

▲ Abbildung 3-26
Social-Media-Kanäle im deutschsprachigen Raum

Hinweis   Das Social-Media-Prisma ist übrigens in sich ein schönes Beispiel für Content-Marketing im B2B-Sektor. Es wurde von einer
Agentur erstellt und tausendfach verwendet. Das Agenturlogo
taucht dabei zwangsläufig immer mit auf. Gleichzeitig zeigen
mehr als 500 Backlinks auf die Unterseite, auf der das Prisma
heruntergeladen werden kann. Dabei war das Prisma gar nicht
originär die Idee von ethority, sondern ist eine Adaption der
ursprünglichen amerikanischen Version. Besser gut kopiert als
schlecht erfunden, kann man da nur sagen.

Tools zur Hilfe bei der Auswahl

Die Auswahl der Kanäle fällt vielen Unternehmen angesichts der immensen Vielzahl immer noch schwer. Die Agentur INPROMO hat zu diesem Zweck ein Tool entwickelt, das bei der Auswahl helfen soll. Anhand von Kriterien wie Altersgruppen, Geschlecht und Interessen lassen sich Netzwerke herausfinden, die potenziell die eigene Zielgruppe ansprechen. Die Ergebnisse sind teilweise fragwürdig, aber ein kurzer Blick lohnt sich trotzdem, um vielleicht auf eine neue Idee zu kommen. Sie finden den »Social Media Planner« unter www.socialmediaplanner.de.

Abbildung 3-27 ▶
Der Social Media Planner wählt auch Netzwerke mit B2B-Bezug aus.

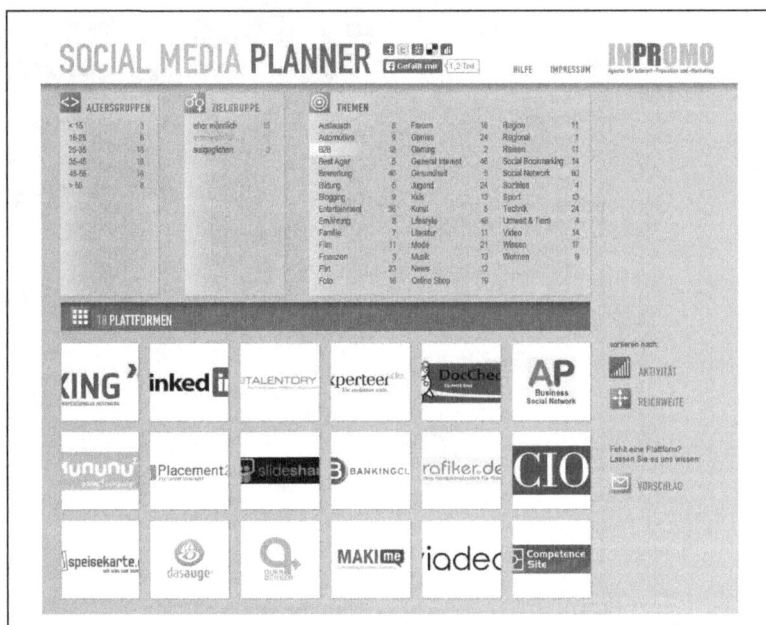

 Tipp   Auch wenn Sie sich dagegen entscheiden, einen bestimmten Kanal zu nutzen, kann es sinnvoll sein, sich dort anzumelden, um den entsprechenden Kanalnamen zu besetzen. Mit etwas Pech kommt einem sonst die Konkurrenz zuvor.

Ob Ihr Firmenname in verschiedenen Netzwerken noch frei ist, können Sie ebenfalls mit einem passenden Tool überprüfen. Mit Namechk (www.namechk.com) werden auf einen Klick 157 Netzwerke auf freie Nutzernamen durchsucht. Längst nicht alle sind für den deutschen Markt relevant oder werden es jemals sein. Prüfen Sie aber die großen Netzwerke, Sie ersparen sich mit etwas Glück später viel Ärger.

◀ **Abbildung 3-28**
NameChk prüft über 150 Netzwerke auf freie Nutzernamen.

Wie Sie schließlich die einzelnen Kanäle für das Marketing nutzen,
lesen Sie in den kommenden Kapiteln.

Inhalte

Wenn nun die Kanäle festgelegt sind, besteht der nächste Schritt
darin, sich Gedanken über die Inhalte zu machen, mit denen Sie die
Kanäle bespielen möchten. Einige Beispiele für Inhalte im B2B-
Umfeld haben Sie ja auf den bisherigen Seiten bereits gesehen.
Überlegen Sie sich, welche Arten von Inhalten für Sie realisierbar
sind und Ihre Unternehmensziele voranbringen.

Bei diesem Punkt der Social-Media-Strategie bestehen enge Beziehungen zum Content-Marketing. Unternehmen müssen es heute
bewerkstelligen, eigene, aktuelle und hochinteressante Inhalte zu
präsentieren. Damit werden redaktionelle und sogar journalistische
Kompetenzen immer wichtiger. Falls in Ihrem Unternehmen solche
Ressourcen noch fehlen, tun Sie gut daran, sich möglichst früh
damit zu beschäftigen und diese Kompetenzen aufzubauen, sei es
durch Einstellung qualifizierter Mitarbeiter oder Aus- und Weiterbildung ausgewählter Personen.

Zu erläutern, welche Arten von Inhalten sich im Social Web anbieten und wie Sie Ihre Content-Strategie planen und aufbauen, würde den Rahmen dieses Kapitels sprengen. Deshalb habe ich diesen Menüpunkt in ein eigenes Kapitel zum Thema Content und Content-Marketing ausgelagert, das Kapitel 7.

Implementierung und Umsetzung

Die gerade besprochenen Schritte (Ziele, Zielgruppen, Kanäle, Inhalte) bilden die Grundbausteine Ihrer Social-Media-Strategie. Sie wissen jetzt (zumindest grob), wen Sie wie, womit und wo ansprechen wollen. Jetzt geht es daran, diese Schritte in der Praxis umzusetzen.

Damit sie den maximalen Erfolg generieren, sollten Sie die Social Media bestmöglich in Ihre Unternehmenskommunikation integrieren. Ansätze dazu haben Sie bereits in Kapitel 2 kennengelernt.

Verknüpfung mit anderen Kommunikationsmitteln

Listen Sie dazu als Erstes alle Kommunikationsmittel auf, die Sie bislang einsetzen. Häufig sind das unter anderem diese:

- Website
- (Image-)Broschüren
- E-Mails und Newsletter
- Visitenkarten
- Messeauftritte, Hausmessen
- TV, Radio
- Printanzeigen
- Briefmailings
- Außendienst, Vertrieb
- Werbegeschenke
- KFZ-Folien und -Aufkleber
- Sponsoring
- Plakatwerbung
- Presse- und Öffentlichkeitsarbeit

Überlegen Sie nun, wie Sie Ihre Social-Media-Kanäle mit möglichst vielen dieser Medien bzw. Maßnahmen verknüpfen können. Lassen

Sie dabei Ihre Kreativität spielen und orientieren Sie sich auch an anderen Branchen oder Beispielen aus anderen Ländern.

Das Einfachste, was sie tun können, ist, Links zu Ihren Social-Media-Auftritten in Printmaterialien unterzubringen. Verwenden Sie die Symbole zu Ihren Kanälen sowie (gekürzte) Links im Briefkopf, auf Visitenkarten, in Broschüren und so weiter.

Tipp　Manche Unternehmen möchten nur ungern URLs zu fremden Diensten in den eigenen Printmaterialien unterbringen, z. B. »www.facebook.com/unternehmenspage«. Wenn Ihnen das ähnlich geht, richten Sie einfach entsprechende Weiterleitungen auf Ihrem Server ein. Dann können Sie Ihre eigene Domain verwenden, zum Beispiel nach dem Muster »www.domain.de/ facebook« oder »www.domain.de/fb«. Das sieht professionell aus und Sie lenken nicht so sehr von Ihrer eigenen Domain ab.

Auch die E-Mail-Signatur bietet sich an. Sie verschicken ja ohnehin täglich viele E-Mails, warum nicht diese Mails auch gleichzeitig mit einem Hinweis auf die Social-Media-Kanäle versehen?

◀ **Abbildung 3-29**
E-Mail-Signatur mit Social-Media-Buttons und Textlinks

Als Nächstes verknüpfen Sie Ihre Website mit Ihren Social-Media-Kanälen. Hierbei stehen Ihnen prinzipiell zwei Möglichkeiten offen.

Die einfachste, sicherste, aber auch am wenigsten effektive Variante ist der Einbau von Social-Media-Buttons in die Website. Die Buttons sind verlinkt, so dass der Besucher bei einem Klick zum jeweiligen Kanal gelangt. Platzieren Sie diese Buttons entweder oben im Head-Bereich Ihrer Seite oder unten im Footer.

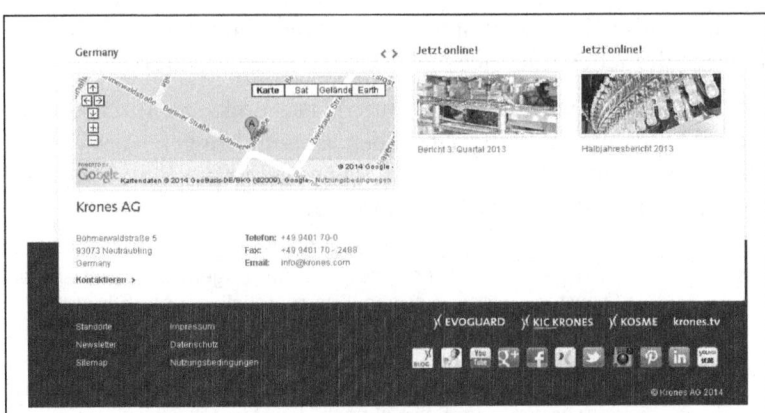

Abbildung 3-30 ▶
Der Website-Footer der Krones-
Website mit allen Social-Media-
Buttons

 Tipp Programmieren Sie die Buttons so, dass sich die verlinkten Seiten in einer neuen Seite bzw. einem neuen Tab öffnen. So minimieren Sie die Gefahr, den Besucher an das Social Network zu
»verlieren«.

Die Verlinkung eines Buttons ist aus rechtlicher Sicht unbedenklich
und erfordert nur minimalen Aufwand an Programmierung bzw.
nur eine minimale Umgestaltung der Website. Die Buttons können
Sie selbst designen, Sie finden aber auch eine Menge Sammlungen
an Social-Media-Buttons in unterschiedlichsten Designs kostenlos
im Netz.

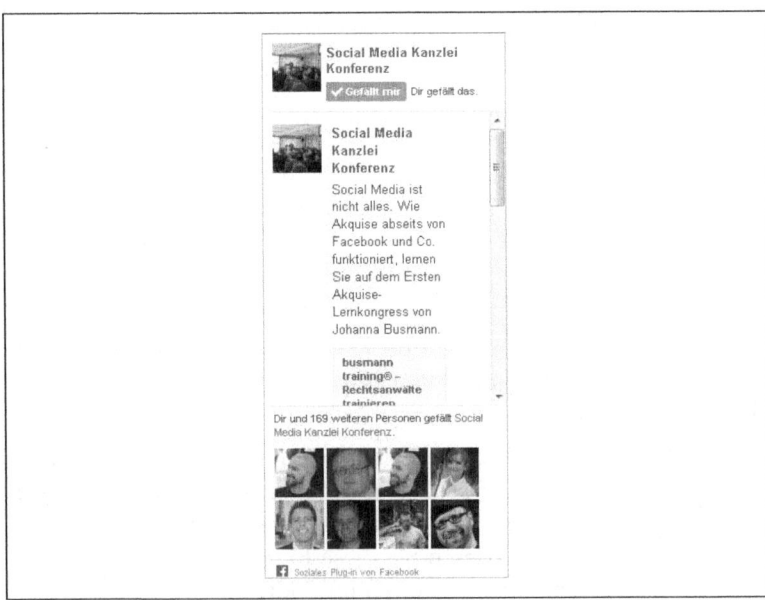

Abbildung 3-31 ▶
Like-Box mit Counter, Newsfeed
und Facepile

Die zweite Variante sind Social Plugins, die von den einzelnen Netzwerken bereitgestellt werden. Wenn Ihr Ziel darin besteht, direkte Fans bzw. Abonnenten über Ihre Website zu bekommen, sind sie eine gute Wahl. Diese Plugins interagieren direkt mit dem jeweiligen Netzwerk. Es können also zum Beispiel die Anzahl der Fans, Gesichter, die letzten Beiträge und ähnliche Inhalte angezeigt werden. Mit einem Klick auf den Link wird der Nutzer direkt Abonnent des Kanals, Sie ersparen ihm also den zusätzlichen Klick, der in der ersten Variante anfällt. Damit steigt die Chance, dass möglichst viele Besucher Ihrer Website auch direkt zu Fans werden.

Allerdings bestehen nach deutschem Datenschutzrecht Probleme mit diesen Plugins, da sie gewissermaßen »Fenster« zum jeweiligen Social Network darstellen und Daten über die Besucher an die Netzwerke senden – das bloße Vorhandensein eines solchen Plugins in der Website reicht dafür aus, der Nutzer muss gar nicht darauf geklickt haben. Das ist mit deutschem Recht nicht vereinbar. Für manche Unternehmen wird daher diese Option von vornherein ausscheiden.

Facebook: Link vs. Like-Button vs. Like-Box

Zur Implementierung von Facebook in Ihre Website stehen Ihnen grundsätzlich vier Möglichkeiten offen:

- ein einfacher Link zur Facebook-Seite bzw. ein verlinktes Bild
- ein Like-Button
- ein Share-Button und
- eine Like-Box.

Der Like-Button sorgt bei einem Klick dafür, dass dieser Inhalt im Freundeskreis des Likenden im Newsfeed erscheint (mit einer Meldung wie »Felix gefällt Linkname« und einer kurzen Vorschau). Er dient also dazu, Reichweite zu erzeugen.

Der Share-Button unterscheidet sich mittlerweile nicht mehr stark vom Like-Button. Die Darstellung des Inhalts ist etwas anders (sie nimmt mehr Platz im Newsfeed ein und enthält den Hinweis »Felix hat Linkname geteilt«). Der größte Unterschied ist wohl, dass ein Like-Button nur einmal angeklickt werden kann (der zweite Klick führt dazu, dass der Like wieder zurückgenommen wird, ist also quasi ein »Ent-Like«). Der Share-Button kann beliebig oft geklickt werden und führt jedes Mal zu einem Teilen des Inhalts an das Freundesnetzwerk.

Die Like-Box wiederum teilt den Inhalt nicht. Stattdessen ist mit ihm die Facebook-Seite verknüpft. Ein Klick auf diesen Button macht den Klickenden zum Fan, er abonniert damit also die Inhalte der Facebook-Seite. Die Like-Box kann um einen Counter ergänzt werden, der die Fans zählt, sowie um eine Auswahl von Bildern aktueller Fans (»Facepile«) sowie einem kurzen Newsstream mit den letzten Postings der Seite.

Welche Verknüpfungsmöglichkeiten bieten sich bei Ihnen sonst noch? Die folgenden Beispiele sollen Ihnen als Inspiration dienen, über den Tellerrand hinauszudenken und Ihre Kommunikation in Richtung eines integrierten Marketing zu entwickeln.

Messe: Berichten Sie über Ihre Messevorbereitungen in Ihrem Blog. Posten Sie dabei Bilder, die die Vorbereitung »hinter den Kulissen« zeigen, und geben Sie Tipps dazu, was andere Unternehmen bei ihren Messevorbereitungen beachten sollten. Von der Messe können Sie dann mit einem speziellen Hashtag twittern oder sogar eine Twitterwall aufstellen. Rufen Sie am Messestand zum Liken oder Einchecken auf Ihrer Facebook-Seite auf und belohnen Sie diese Aktionen mit kleinen Goodies.

Abbildung 3-32 ▶
Vorbildlicher Social-Media-Newsroom auf der Website von Cisco

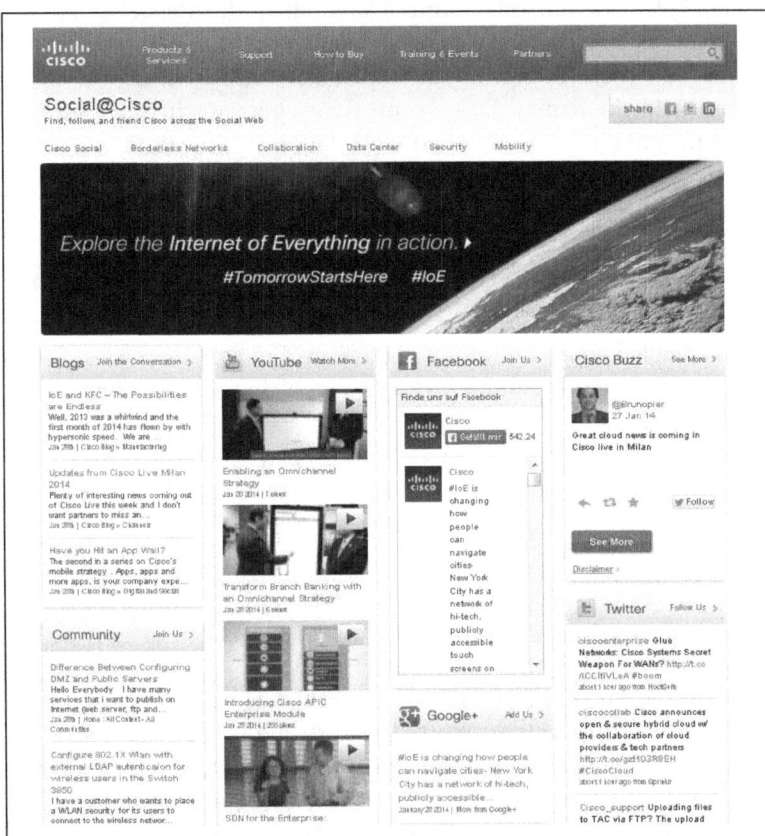

Wenn Sie einen Vortragsslot im Rahmenprogramm ergattert haben, streamen Sie Ihren Vortrag live über einen Webcast bzw. einen Hangout On Air. Nach der Messe berichten Sie wieder im Blog von Ihren Eindrücken.

Website: Richten Sie auf Ihrer Website einen Social-Media-Newsroom ein. Dabei handelt es sich um einen Bereich auf Ihrer Site, in dem alle Streams der einzelnen Social Networks zusammenlaufen. Dort listen Sie nicht nur alle Ihre Kanäle auf, sondern lassen auch Newsfeeds mit den aktuellsten Beiträgen ablaufen. Gerade für Pressevertreter wird so ein Newsroom zu einer wichtigen Anlaufstelle.

◀ **Abbildung 3-33**
Umfangreicher Social-Media-Newsroom bei Caterpillar

Pressearbeit: Folgen Sie den für Sie relevanten Redakteuren bei Twitter und Google+. Verknüpfen Sie sich mit ihnen bei XING und LinkedIn. Erwähnen Sie diese Journalisten, wenn es sich anbietet. Senden Sie ihnen zum Beispiel auch relevante Links via Twitter zu, die nicht direkt von Ihnen stammen, aber für die Arbeit der Journalisten wichtig sein könnten. So werden Sie nach und nach für die Reporter zu einer vertrauenswürdigen Informationsquelle. Bauen Sie in Ihre Pressemitteilungen immer auch Links zu Ihren Social-Media-Auftritten ein. Nehmen Sie andere Blogger ernst und laden Sie branchenrelevante Blogger genauso zu Veranstaltungen und Terminen ein wie Fachjournalisten.

Vor Ort: Wenn Sie Kundenverkehr haben (z. B. in Ladengeschäften, im Firmengebäude, in der Fabrik usw.), stellen Sie Displays mit Hinweisen zu Ihren Social-Media-Kanälen auf. Checken Sie selbst regelmäßig ein und sharen oder liken Sie Check-ins Ihrer Mitarbeiter und Kollegen.

Printmaterial: Zeigen Sie auch in und auf allen Printmaterialien die Logos der Social Networks, in denen Sie aktiv sind, und erwähnen Sie die Links. In einer Kundenzeitschrift können Sie zum Beispiel eine eigene Kategorie mit aktuellen Entwicklungen in Ihren Kanälen einrichten. Drucken Sie die besten Blogbeiträge auch in der Kundenzeitschrift ab. Posten Sie andersherum Scans einzelner Artikel in Ihren Social Network und rufen Sie zur Diskussion auf. Sammeln Sie Ihre besten Blogbeiträge und erstellen Sie daraus eine Broschüre, die Sie an Kunden und auf Veranstaltungen verteilen können (der Content ist bereits vorhanden, kann so aber kostengünstig zweitverwertet werden).

Möglichkeiten gibt es nahezu unendlich viele. Je besser es Ihnen gelingt, die Social-Media-Kanäle mit Ihren sonstigen Medien zu verknüpfen, desto eher werden Sie im Social Web relevante Reichweiten erzielen und desto leichter wird es Ihnen auch fallen, Inhalte und Interaktionen zu erzeugen.

Verknüpfung der Kanäle untereinander

Zusätzlich sollten Sie die Social-Media-Kanäle untereinander verknüpfen. Das gelingt Ihnen zum Beispiel, indem Sie die Verknüpfungsmöglichkeiten der Kanäle direkt oder Drittanbieter-Tools verwenden. Das Ziel ist, dass Sie nicht mehr jeden Kanal komplett einzeln bespielen müssen, sondern zumindest ein Teil der Inhalte automatisch auf mehreren Kanälen gestreut wird.

 Warnung   Hierin liegt auch eine große Gefahr, nämlich die Social-Media-Kommunikation zu sehr zu automatisieren. Dadurch vereinfachen Sie sich zwar die Arbeit, bewegen sich aber unweigerlich weg von der gewünschten Authentizität, die Sie ja gerade vermitteln wollen. Seien Sie sparsam und vorsichtig bei automatisierten Beiträgen und sehen Sie diese eher als Beimischung anstatt als Schwerpunkt Ihrer Maßnahmen.

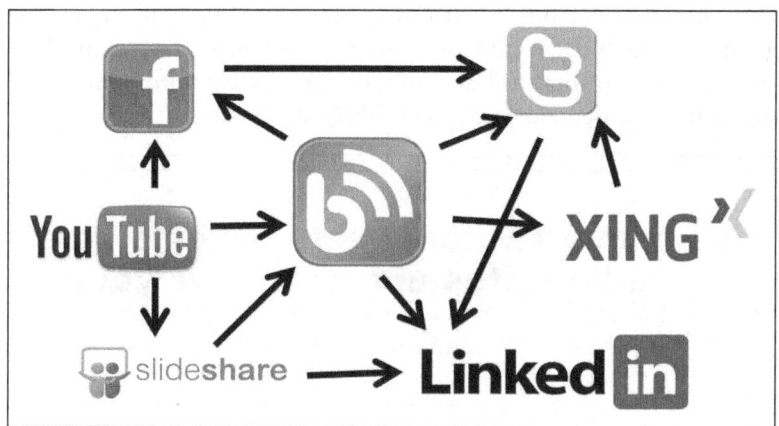

◀ Abbildung 3-34
Mögliche Verknüpfung verschiedener Kanäle

Abbildung 3-34 zeigt, wie so eine Verknüpfung aussehen könnte. Denkbar sind noch zahlreiche weitere Möglichkeiten, je nachdem, welche Kanäle Sie einsetzen.

Im Mittelpunkt dieser Strategie steht das Corporate-Blog. Hier werden die meisten Inhalte publiziert. Vom Blog ausgehend werden die Beiträge in die verschiedenen Social Networks geleitet:

- Blogbeiträge werden automatisch oder händisch bei Facebook, LinkedIn, XING und Twitter gesharet.
- Facebook-Postings werden generell oder selektiv bei Twitter versendet.
- YouTube-Videos werden in Blogbeiträge eingebunden, bei Facebook gesharet und in Slideshare-Präsentationen eingebettet.
- Slideshare-Präsentationen werden in Blogbeiträge eingebettet sowie direkt bei LinkedIn geteilt.
- Tweets werden als LinkedIn-Statusmeldungen gepostet.

Wer seine Beiträge nicht händisch einzeln, aber auch nicht generell in mehreren Netzwerken gleichzeitig teilen möchte, kann sich zum Beispiel des Tools IFTTT (*www.ifttt.com*) bedienen. Die Abkürzung steht für »If this than that«, was auch schon die Funktionsweise beschreibt: Eine bestimmte Aktion löst eine weitere Aktion aus.

So lässt sich zum Beispiel einstellen, dass nur bestimmte Tweets bei LinkedIn geteilt werden sollen, ein neuer Blogbeitrag automatisch einen Tweet absetzen soll oder neue Fotos bei Instagram automatisch bei Facebook in ein Fotoalbum namens »Instagram« abgelegt werden sollen. Die Einrichtung dieser Befehle ist denkbar einfach.

Um zum Beispiel die selektiven Tweets bei LinkedIn zu teilen, genügt es, nach der Aktivierung im Backend einen Tweet mit dem angehängten Hashtag #li abzusenden. Der Tweet wird dann automatisch (ohne den Hashtag) bei LinkedIn gepostet.

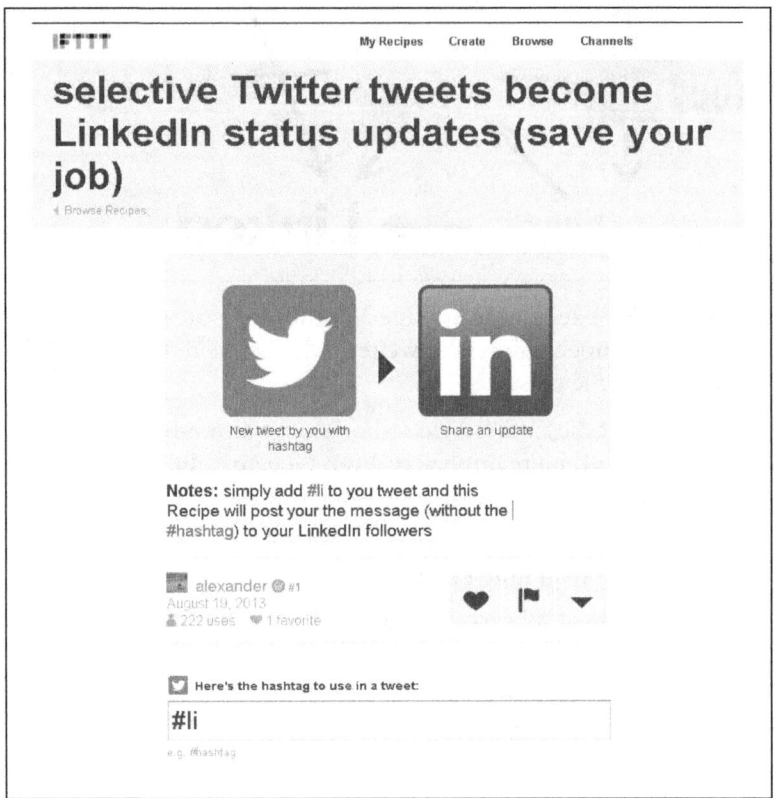

Eine große Hilfe bei der täglichen Arbeit stellen auch Social-Media-Aggregatoren wie Hootsuite (www.hootsuite.com) dar. Mit diesen Tools können verschiedene Kanäle gleichzeitig bespielt werden. Facebook, Twitter, LinkedIn, Instagram, Google+ und einige andere lassen sich nicht nur überwachen, sondern auch aktiv mit Inhalten füllen, alles zentral aus einem einzigen Zugang heraus. Für Teams gibt es die Möglichkeit, mit mehreren Zugängen an denselben Kanälen zu arbeiten.

Hootsuite ermöglicht es auch, Beiträge zeitverzögert zu veröffentlichen. So lassen sich zum Beispiel Facebook-Postings vorab erstellen und dann automatisiert zum gegebenen Zeitpunkt online zu stellen. Auch hier noch einmal der Hinweis: Verwenden Sie solche Funktionen als Ergänzung für nicht zeitkritische Beiträge, keinesfalls als »Abkürzung« bei Ihrer täglichen Arbeit. Sonst leidet nicht nur die Spontaneität, sondern vor allem die Authentizität.

Tipp

In Hootsuite können Sie Suchspalten zu jedem gewünschten Begriff anlegen. Sobald ein solcher Begriff dann in öffentlichen Bereichen der gewählten Social Networks auftaucht, erhalten Sie in diesen Spalten eine Benachrichtigung darüber. Das ist eine der einfachsten Möglichkeiten, Ihre Markennamen im Social Web zu überwachen.

▼ **Abbildung 3-36**
Hootsuite ermöglicht das zentrale Bespielen vieler Social-Media-Kanäle.

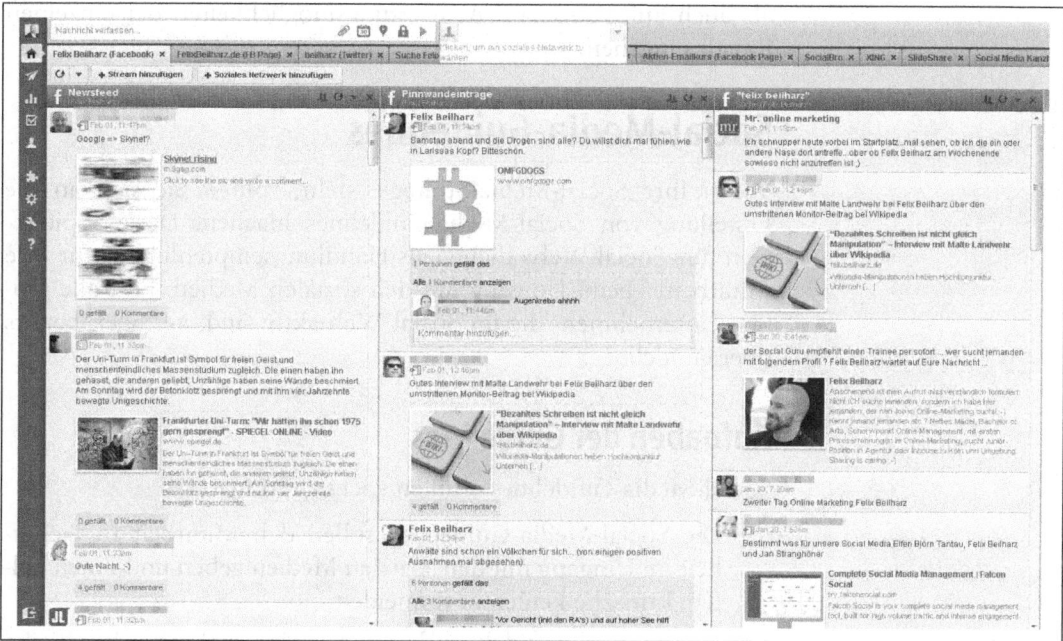

Erfolgsmessung und Monitoring

Die Erfolgsmessung und das Social-Media-Monitoring stellen die letzten beiden Elemente Ihrer Social-Media-Strategie dar. Beide Begriffe werden häufig synonym verwendet, was jedoch nicht ganz richtig ist.

Unter Monitoring versteht man die ständige Überwachung von Erwähnungen Ihres Unternehmensnamens und Ihrer Marken sowie die Beobachtung von Gesprächen in Ihrer Zielgruppe. Mit dem Monitoring wollen Sie auf dem Laufenden bleiben, Gefahren und mögliche Krisenherde frühzeitig erkennen, die Bedürfnisse Ihrer Zielgruppen besser erkennen und Ihre Strategie gelegentlich anpassen.

Die Erfolgsmessung geht ein paar Schritte weiter. Statt nur zu beobachten, wird hier ausgewertet, inwieweit Sie Ihren Zielen näher gekommen sind oder diese schon erreicht haben. Hier arbeiten Sie mit Kennzahlen, Analysetools und Soll/Ist-Vergleichen, um zu überprüfen, inwiefern Ihre Social-Media-Bemühungen Früchte tragen. Auch die Erfolgsmessung erfolgt regelmäßig, meist aber in größeren Abständen, zum Beispiel wöchentlich oder monatlich.

Für diesen Strategiepunkt finden Sie in diesem Buch ein eigenes Kapitel, in dem wir sowohl auf die Methoden der Erfolgsmessung als auch auf Tools und Auswertungsmöglichkeiten der einzelnen Kanäle eingehen.

Social-Media-Guidelines

Wenn Ihre Social-Media-Strategie steht, sollten Sie sich an die Erstellung von Social-Media-Guidelines machen. Diese »Spielregeln fürs Social Web« dienen als Handlungsempfehlungen für Ihre Mitarbeiter beim Umgang mit den sozialen Medien. Fast alle großen Unternehmen, die im Social Web aktiv sind, verfügen bereits über Guidelines.

Aufgaben der Guidelines

Social-Media-Guidelines erfüllen wichtige Aufgaben:

- Die Social-Media-Guidelines sollen den Mitarbeitern Sicherheit im Umgang mit den sozialen Medien geben und ihnen helfen, kritische Fehler zu vermeiden.
- Durch diese Guidelines kann das Unternehmen das Risiko einer Krise, zum Beispiel eines Shitstorms, verringern. Gleichzeitig sichert sich das Unternehmen rechtlich ab, wenn ein Mitarbeiter durch einen Verstoß gegen die Guidelines einen Schaden verursacht.
- Die Guidelines sollten aber nicht nur Grenzen stecken und Konsequenzen androhen, sondern im Gegenteil die Mitarbeiter auch dazu motivieren, die sozialen Medien zu nutzen. Schließlich ist jeder Mitarbeiter ein Markenbotschafter, der die Botschaft des Unternehmens potenzieren kann.
- Gleichzeitig sollen die Guidelines die Mitarbeiter darüber informieren, warum das Unternehmen auf Social Media als Kommunikationskanal setzt und was damit erreicht werden

soll. Das trägt dazu bei, dass alle an einem Strang ziehen, um die Unternehmensziele zu erreichen.

Social-Media-Guidelines sind nicht automatisch verbindlich, können aber Teil des Arbeitsvertrages werden. Es ist zwar meist ein hoher rechtlicher Aufwand, bis alles »wasserdicht« ist, ermöglicht aber auch arbeitsrechtliche Sanktionen beim Verstoß gegen die Guidelines. Allerdings steigt dadurch auch die Angst der Mitarbeiter, bei einem Fehler Probleme zu bekommen, was den Willen zum Social-Media-Engagement von vornherein absenken kann.

Warnung   Lassen Sie sich bei der Erstellung Ihrer Social-Media-Guidelines auf jeden Fall rechtlich beraten. Kopieren Sie nicht einfach fremde Guidelines, die nicht auf Ihr Unternehmen zugeschnitten sind. Hier lauern extrem viele rechtliche Fallstricke, die nur ein erfahrener Fachanwalt erkennen und vermeiden kann.

Häufige Inhalte von Social-Media-Guidelines

Im Internet finden Sie einige hundert Social-Media-Guidelines, die von den jeweiligen Unternehmen online gestellt wurden. Von einseitigen Kurztipps bis hin zu 100 Seiten umfassenden ausgefeilten Richtlinien ist alles dabei, sogar in Videoform haben einige Unternehmen ihre Guidelines verfasst.

Häufige Inhalte sind dabei folgende:

- *Einführung in das Thema*: Viele Guidelines führen am Anfang kurz in die Grundlagen des Social Web ein und erklären, was sich hinter den wichtigsten Begriffen verbirgt. Zwar nutzen heute sehr viele Menschen Social Media privat, mit den Begrifflichkeiten ist aber längst noch nicht jeder vertraut.

- *Strategie* des Unternehmens: Für die Mitarbeiter ist es wichtig, zu wissen, ob das Unternehmen im Social Web aktiv ist und welche Kanäle es nutzt. Auch was das Unternehmen eigentlich im Social Web erreichen will, sollte hier definiert sein, ebenso wie der (grob skizzierte) Weg dahin.

- *Verhaltensregeln*: Den Kern bilden meist die eigentlichen Verhaltensregeln der Mitarbeiter bezüglich ihrer beruflichen Social-Media-Nutzung. Hier wird zum Beispiel definiert, ob und wie lange die Nutzung am Arbeitsplatz gestattet ist, wie die Mitarbeiter auftreten sollen und wie sie sich bei Fehlern verhalten sollen.

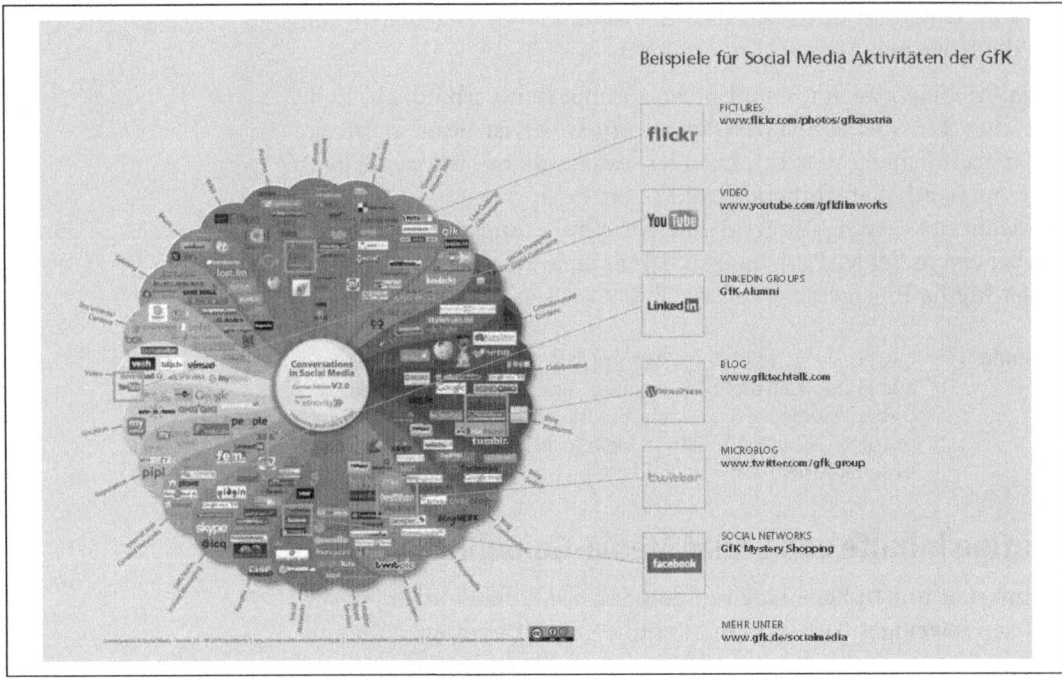

Abbildung 3-37 ▲
Die GfK stellt die genutzten Kanäle in den Social-Media-Guidelines vor.

• *Rechtliche Hinweise*: Häufige Rechtsfragen können in den Guidelines aufgegriffen und beantwortet werden. Das gibt den Mitarbeitern Sicherheit. Wichtig sind vor allem Urheberrecht, Persönlichkeitsrecht, Datenschutz, Wettbewerbsrecht und Arbeitsrecht. Fordern Sie jedoch dazu auf, sich bei Unsicherheiten an einen Vorgesetzten oder die Rechtsabteilung zu wenden.

Abbildung 3-38 ▶
Die Werbeagentur Grey Düsseldorf GmbH stellt elf Handlungsempfehlungen auf, die per Slideshare in das Blog eingebunden sind.

- *Ansprechpartner*: Verweisen Sie in Ihren Guidelines auf jeden Fall auf einen oder mehrere Ansprechpartner, die bei Fragen und Problemen kontaktiert werden können.

Tipps für die Praxis

Sie können die Akzeptanz der Social-Media-Guidelines deutlich erhöhen, indem Sie die Mitarbeiter in die Erstellung einbeziehen. Lassen sie zum Beispiel wichtige Inhalte in einem Workshop erarbeiten, greifen Sie Fragen aus der Belegschaft auf und bringen Sie Beispiele aus Ihrer Unternehmenspraxis ein. Den Betriebsrat müssen Sie gegebenenfalls ohnehin einbeziehen.

Kommunizieren Sie die Einführung der Guidelines umfassend auf allen zur Verfügung stehenden Kanälen. Mir ist es in Beratungsprojekten mehr als einmal passiert, dass viele Mitarbeiter überhaupt nichts von der Existenz der teuer ausgearbeiteten Guidelines wussten. Nutzen Sie zum Beispiel ein Rundmailing, das Schwarze Brett, Mitarbeiterversammlungen, Auslagen in den Pausenräumen, die Mitarbeiterzeitschrift und welche Medien Ihnen zur internen Kommunikation sonst noch zur Verfügung stehen.

Verbinden Sie die Einführung der Social-Media-Guidelines am besten mit einer Schulung. Manche Mitarbeiter empfinden Guidelines als »noch eine Arbeitsanweisung«, der sie sich beugen müssen. In der Schulung sollte die Bedeutung der Guidelines und der Social-Media-Kommunikation insgesamt aufgezeigt und der Nutzen solcher Guidelines für die Mitarbeiter verdeutlicht werden. Durch Fallbeispiele und Szenarien aus der Unternehmenspraxis steigen das Verständnis und die Akzeptanz der Mitarbeiter erfahrungsgemäß stark an.

Gestalten Sie die Guidelines ansprechend. Manche Unternehmen verwenden schlichte PDF-Dateien, die offensichtlich einfach aus einem Word-Dokument erstellt wurden. Mal ehrlich: Wie gerne lesen Sie solche Dateien durch? Investieren Sie doch stattdessen etwas Zeit und Geld in ein ansprechendes, lockeres und sympathisches Layout. Die Optik ist ein einfacher, aber wirksamer Hebel, den Sie zur Akzeptanzsteigerung nutzen können.

Abbildung 3-39 ▶
Die Linde Group stellt die Social-
Media-Guidelines sowohl im Video-
als auch im Textformat bereit.

Halten Sie die Guidelines grundsätzlich eher kürzer als zu lang. Was nutzen Ihnen die ausgefeiltesten Texte, wenn Sie am Ende niemand liest? Beschränken Sie sich auf maximal zehn Seiten, eher (deutlich) weniger. Viele Unternehmen fassen ihre Guidelines auf zwei Seiten zusammen. Die längeren sind oft sehr stark durch Bilder und grafische Elemente aufgelockert, um trotzdem attraktiv zu wirken. Ein Mittelweg wäre, eine Kurzversion mit den wichtigsten Punkten sowie eine ausführlichere Version mit tiefergehenden Informationen zu erstellen.

Aktualisieren Sie die Guidelines, wenn es nötig wird. Das kann zum Beispiel beim Auftauchen neuer Netzwerke der Fall sein, die für Sie relevant sind, oder wenn sich Ihre Social-Media-Strategie ändert. Halten Sie das Dokument stets aktuell und sorgen Sie dafür, dass Ihre Mitarbeiter immer auf die aktuellste Version zugreifen können.

»Social Media als völlig eigenständiger Bereich ist eine Fehlentwicklung« – Interview mit Dr. Kerstin Hoffmann

Dr. Kerstin Hoffmann ist Kommunikationsberaterin (http://kerstin-hoffmann.de), Vortragsrednerin und Buchautorin. Ihre Kunden sind spezialisierte Unternehmen im B2B-Bereich sowie Berater. Bekannt geworden ist sie in Deutschland mit ihrem Blog »PR-Doktor« (http://www.pr-doktor.de). Hier schreibt sie über Fachfragen und aktuelle Entwicklungen in Unternehmenskommunikation und Social Media.

▲ Abbildung 3-40
Dr. Kerstin Hoffmann (Foto: Susanne Fern)

1. Was unterscheidet deiner Erfahrung nach Social-Media-Marketing in der B2B- und in der B2C-Branche?

Kurze Antwort: Die Zielgruppen. Lange Antwort: Gar nicht so viel, wie oft behauptet wird – jedenfalls nicht, was die grundlegenden Mechanismen angeht. Häufig drücken sich Kommunikationsverantwortliche vor der Auseinandersetzung mit Social Media, indem sie behaupten, das seien generell vor allem Konsumentenkanäle. Letzteres stimmt einfach nicht. Erst recht nicht, wenn wir von der Vernetzung von Menschen untereinander sprechen.

Aber wie jede Kommunikation muss auch die Kommunikation im Social Web die Bedürfnisse und Gewohnheiten der Zielgruppen berücksichtigen und sie dort ansprechen, wo sie unterwegs sind. Das ist in allen anderen Medien auch so. B2B-Kommunikation richtet sich oft viel gezielter an viel kleinere Gruppen. Kauf- und Entscheidungsmechanismen sind andere als in B2C. Wie das genau aussieht, richtet sich sehr stark nach Branchen und Protagonisten.

Damit hier kein Missverständnis aufkommt: Natürlich braucht man für B2B-Kommunikation andere Detailkenntnisse als für B2C, vor allem aber praktische Erfahrung in der jeweiligen Branche. Deswegen ist es sinnvoll, sich auch jeweils solche Dienstleister zu suchen, die sich damit auskennen.

2. Welche Potenziale lassen B2B-Unternehmen derzeit ungenutzt? Wo wäre mehr rauszuholen?

Das kann man nicht pauschal sagen. Ich sehe, dass etliche Unternehmen im Social Web schon sehr gut unterwegs sind. Doch der Nachholbedarf ist bei den meisten immens. Die einfachsten Mechanismen werden vernachlässigt.

Beispielsweise gibt es sehr viele Firmen, in denen großes Fachwissen vorhanden ist. Da ist es naheliegend, ein Corporate-Blog aufzusetzen, um dieses Fachwissen zielgruppengerecht zu publizieren. Dadurch wären enorme Gewinne in Sachen Suchmaschinenoptimierung, Reputation, Empfehlungen und Inbound-Marketing zu erzielen.

Stattdessen werden – vielfach mit veralteten Webtechnologien statt mit einem modernen CMS – ganz gelegentlich irgendwelche selbstbezogenen Verlautbarungen veröffentlicht, die wenig Empfängernutzen in sich tragen. Gerade in diesem Bereich steckt also ein enormes Potenzial.

3. Wo in der Unternehmensstruktur sollte Social-Media-Marketing aufgehängt werden? Wie sollte es optimalerweise organisiert sein?

Ich halte das Verständnis von »Social Media« als einem völlig eigenständigen Bereich, PR oder Marketing gegenübergestellt, für eine Fehlentwicklung. Selbstverständlich muss es Spezialisierungen geben. Dazu gehört auch, dass in größeren Firmen eben Spezialisten für die Kommunikation im Web verantwortlich sind. Aber mehr denn je müssen wir in der Kommunikation vernetzt denken. Strikte Trennungen zwischen PR, Marketing, Werbung und Vertrieb in Unternehmen haben ohnehin noch nie gut funktioniert. Ohne »Online« kommt heute keiner dieser Bereiche mehr aus, und wenn der eine nicht vom anderen weiß, kann das nur schiefgehen.

4. Welchen Einfluss wird die zunehmende mobile Internetnutzung auf das Social-Media-Marketing von B2B-Unternehmen haben?

Es ist vor allem ein technisches Thema, das großen Nachholbedarf im Bereich Web erzeugt. Man sollte sich zudem darüber im Klaren sein, dass Entscheidungen immer früher und schneller fallen. Menschen – und Entscheider in B2B-Unternehmen sind ja Menschen – können überall in Echtzeit Informationen recherchieren, Meinungsbilder einholen, Angebote vergleichen, Details prüfen.

Unternehmen müssen schneller reagieren als früher, und sie müssen die Plattformen und Mechanismen genau kennen, derer sich ihre Zielgruppen bedienen.

5. Welche Bedeutung spielt Content-Marketing für B2B-Unternehmen? Wie sollten Unternehmen diesbezüglich vorgehen?

Hochwertige Inhalte sind heute *das* Mittel, um Aufmerksamkeit zu erzielen, in den Suchmaschinen nach oben zu kommen, Kunden zu gewinnen und zu überzeugen, Reputation aufzubauen … – Ein B2B-Unternehmen, das jetzt immer noch keine Content-Strategie hat, wird mittelfristig untergehen.

Die Content-Strategie erfordert ein professionelles Konzept innerhalb der Gesamtstrategie. Man braucht Fachwissen. Man benötigt die Ressourcen, um die Content-Strategie über alle Plattformen konsequent zu realisieren. Noch wichtiger als die eigene Präsenz des Unternehmens in sozialen Netzwerken sind die eigenen Inhalte, die andere über ihre Netzwerke verbreiten. Im Zentrum der Content-Strategie muss daher immer die eigene Plattform, beispielsweise das Corporate-Blog, stehen.

6. Wie wird sich die Social-Media-Nutzung in B2B-Unternehmen in den kommenden Jahren entwickeln?

Rasant. Die Schere wird weiter klaffen zwischen denen, die den digitalen Wandel verschlafen und denen, die sich professionell in Social Media bewegen.

KAPITEL 4

Blogs im B2B-Einsatz

Blogs stellen in vielen Online-Marketing-Strategien den Mittelpunkt dar. Insbesondere an der Schnittstelle zwischen Social-Media-Marketing und Content-Marketing entfalten Blogs ihre Stärke. Gleichzeitig geraten sie bei all dem Rummel um Facebook & Co. leicht in Vergessenheit. Dabei sollten gerade B2B-Unternehmen Blogs als Marketingkanäle in Betracht ziehen. In diesem Kapitel erfahren Sie, warum das so ist und wie Sie ein Blog für Ihr Marketing nutzen können.

Was sind eigentlich Blogs?

Das Wort »Blog« ist eine Kurzform für »Weblog«, also ein Logbuch für das Internet. Wie in einem Tagebuch können regelmäßig neue Beiträge publiziert werden, die dann umgekehrt chronologisch sortiert werden – die neuesten Beiträge werden automatisch oben platziert, die älteren rutschen immer weiter nach unten.

Genau zu definieren, wo eine Website aufhört und ein Blog anfängt, ist gar nicht so einfach, da beide viele Merkmale teilen. Zentrale Merkmale von Blogs sind aber die regelmäßigen neuen Beiträge, die stärkere Interaktion dank der Kommentarfunktion und weitere Elemente wie Kategorien, Tags und Blogrolls (mehr dazu später).

Manchmal werden Blogs auch technisch definiert: Wenn eine Blogsoftware verwendet wird,

spricht man von einem Blog. Diese Definition sollte jedoch überdacht werden, da mittlerweile sehr viele normale Websites Blogsoftware als Content-Management-System verwenden.

Blogs sind außerdem von Foren abzugrenzen. Zwar werden auch hier Beiträge geschrieben und kommentiert. Im Gegensatz zum Blog ist ein Forum aber eine geschlossene Gemeinschaft, in der jeder eigene Beiträge veröffentlichen kann (in Blogs können das nur Autoren, die vom Eigentümer des Blogs dazu bestimmt wurden). Im Forum steht der gegenseitige Austausch im Vordergrund, in Blogs ist die Interaktion zwar möglich und meist erwünscht, aber weniger zentral. Ein Blogbeitrag hat auch seinen Sinn, wenn er nicht kommentiert wird, ein Forenposting meist weniger.

Vorteile von Blogs

Blogs bieten zahlreiche Vorteile, die andere Kanäle nicht oder nur weniger stark ausgeprägt haben. Zu diesen Vorteilen gehören folgende:

- *Beständigkeit*: Ein Blogbeitrag ist für die Ewigkeit. Naja, fast. Zumindest ist er über Google noch jahrelang auffindbar und kann so nachhaltigen Traffic liefern. In den meisten Social Networks gehen Beiträge dagegen nach wenigen Minuten oder Stunden unter.

- *Umfang*: Blogs bieten ausreichend Platz für Inhalte. Es gibt keinerlei Beschränkungen. Sie können Artikel so ausführlich schreiben, wie Sie möchten und Videos, Bilder, Animationen und andere Content-Typen einbauen.

- *Verknüpfung*: Blogbeiträge lassen sich auch ideal mit anderen Vermarktungsinstrumenten koppeln. Nehmen Sie zum Beispiel einen Blogbeitrag als Aufhänger für Ihren Newsletter oder erstellen Sie eine Pressemeldung zu einem Blogbeitrag. Für einen Tweet würde sich dieser Aufwand wohl meist nicht lohnen.

- *SEO*: Blogs sind ein ideales Instrument für die Suchmaschinenoptimierung. Sie haben im Idealfall alles, was Suchmaschinen lieben: viel Text, aktuelle Inhalte und eine gute interne Verlinkung. Mit interessanten Inhalten erhalten Sie meist auch gute externe Links, die Ihr Suchmaschinenranking weiter verbessern.

- *Kosten*: Die Blogsoftware ist in aller Regel kostenlos. Fast alle Blogs verwenden heute WordPress, ein Open Source-Blogsystem, das kostenlos unter *http://de.wordpress.org* heruntergeladen werden kann.

 Tipp   In vielen Branchen gibt es Blogs, die regelmäßig »Links der Woche« oder sonstige Wochenrückblicke mit den News der Branche veröffentlichen. Sammeln Sie diese Blogs aus Ihrer Branche und sprechen Sie sie an, wenn Sie einen besonders guten Beitrag veröffentlicht haben. So erhalten Sie nicht nur Backlinks und einmalige Leser, sondern auch Abonnenten und weitergehende Reichweite.

Vorteile von WordPress

Die Blogsoftware WordPress hat sich in den letzten Jahren zu einem umfangreichen Content-Management-System entwickelt. Fast alle professionellen Blogs laufen mit diesem System, und eine ständig wachsende Anzahl von Websites ebenfalls. Vom Einzelkämpfer bis zu Konzernen wie Daimler, Frosta oder der Deutschen Post setzen Hunderttausende von Unternehmen weltweit auf WordPress.

Die Tatsache, dass WordPress ein Open Source-System ist, bedeutet, dass der Quelltext nach Belieben angepasst werden kann. Sollte Ihnen also eine Funktion fehlen, können Sie diese einfach nachprogrammieren (lassen).

Meist ist das jedoch gar nicht notwendig, denn es existiert eine riesige Auswahl an Erweiterungen (Plugins) für fast jeden erdenklichen Zweck. Egal, ob Sie nur Social-Media-Buttons einfügen, eine Bildergalerie erstellen, ein Glossar integrieren oder einen kompletten Shop aus Ihrem Blog machen möchten, für alles gibt es kostenlose oder kostengünstige Plugins.

Die große Verbreitung bedeutet auch, dass fast jede Webagentur mit WordPress umgehen kann. Während man bei komplexeren Programmen wie Typo3 spezialisierte Entwickler benötigt, ist die Auswahl an WordPress-Profis bedeutend größer.

WordPress ist auch sehr benutzerfreundlich gestaltet. Wer Texte in Microsoft Word formatieren kann, kann auch WordPress-Beiträge erstellen. Für die Erstellung von Seiten und Beiträgen sind weder Programmierkenntnisse noch längere Einarbeitung notwendig. Und wenn doch einmal eine Frage auftaucht, steht Ihnen eine große und aktive WordPress-Community hilfreich zur Seite.

Diesem Vorteil steht jedoch auch ein Nachteil gegenüber: Da WordPress mittlerweile so umfassend eingesetzt wird, ist das System ein beliebtes Ziel von Hackern geworden. WordPress hält mit regelmäßigen Updates dagegen, um eventuelle Lücken möglichst schnell zu schließen. Sie müssen Ihr Blog also immer zeitnah upgraden und Ihren Server gut gegen Angriffe absichern.

Arten und Einsatzwecke für B2B-Blogs

Das Blog kann in Ihrem Marketing ganz unterschiedliche Einsatzzwecke haben. Spezialisierte Blogs gibt es zum Beispiel mit folgenden Ausrichtungen:

- *Marketing:* Die meisten Corporate-Blogs dürften wohl zu Marketingzwecken geführt werden. Ziele sind in der Regel die Steigerung der Reichweite und Bekanntheit, die Verbesserung des Image und die Kommunikation mit den Zielgruppen. Dabei können sowohl ein Produkt (Produktblog) als auch das Unternehmen als Ganzes (Corporate-Blog) im Vordergrund stehen.

Abbildung 4-1 ▶
Blog der Budde Industrie
Design GmbH

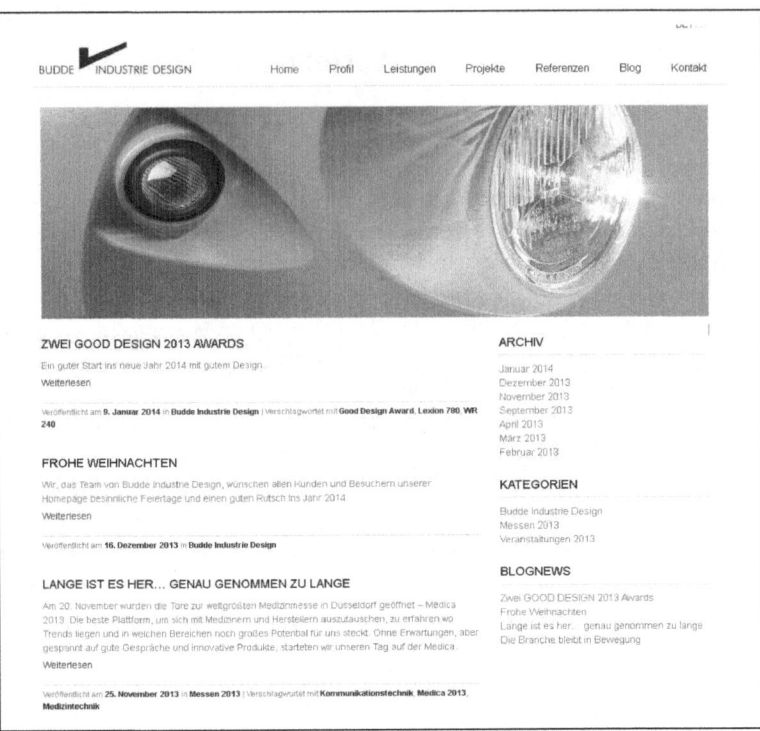

- *Kundenservice:* Manche Unternehmen nutzen Blogs auch ganz gezielt, um den Kundenservice zu verbessern. Im Vordergrund stehen dann meist Produkte und Produktinformationen, Anwendungstipps, Hintergrundinfos oder Feedback-Möglichkeiten für die Kunden.

- *Recruiting:* In diesem Buch haben Sie ja bereits das Konzept der Karriereblogs kennengelernt. Auch Unternehmen, die nicht der Ansicht sind, über genug Content für ein Corporate-Blog zu verfügen, entscheiden sich manchmal für ein Recruiting-Blog, um mit potenziellen Bewerbern in Kontakt zu treten und die Arbeitgebermarke zu stärken. Statt Produkt- und Unternehmensinhalten enthalten Karriereblogs eher Einblicke in Bewerbungsprozesse und verschiedene Positionen, Interviews mit Führungskräften und Auszubildenden oder Ankündigungen zu Bewerbermessen und ähnlichen Veranstaltungen. Eine Sonderform dieser Kategorie sind die Azubi-Blogs, in denen ausschließlich Auszubildende aus ihrem Arbeitsalltag berichten. Das kann für potenzielle Azubis deutlich interessanter und glaubwürdiger sein als die üblichen Arbeitgeberinformationen.

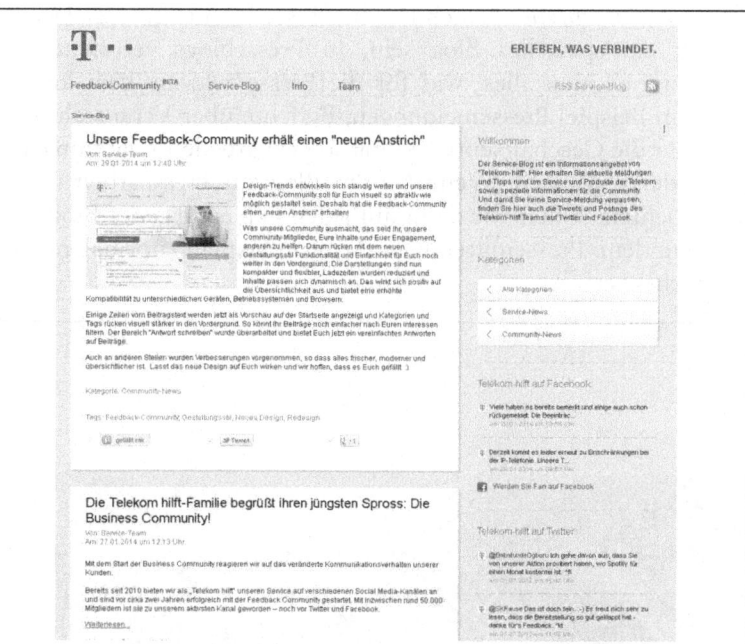

◀ **Abbildung 4-2**
Die Deutsche Telekom betreibt
neben anderen Blogs auch ein
Service-Blog.

◀ **Abbildung 4-3**
Azubiblog von ThyssenKrupp
Rasselstein

- *Presseinformation*: Auch für die Presse könnte eine Zielgruppe für ein spezielles Blog sein. In Presseblogs veröffentlichen Unternehmen alles, was für die Presse relevant sein könnte, zum Beispiel Pressemeldungen, Berichte über Veranstaltungen oder die Geschäftsentwicklung sowie aktuelle Erwähnungen in anderen Medien. Wenn Sie das Blog zur Pressearbeit nutzen möchten, sollten Sie dafür auf jeden Fall ein eigenes Blog anlegen, denn Pressemitteilungen haben in einem »normalen« Blog nichts verloren.

Abbildung 4-4 ▼
Presseblog der Social-Media-Agentur ethority

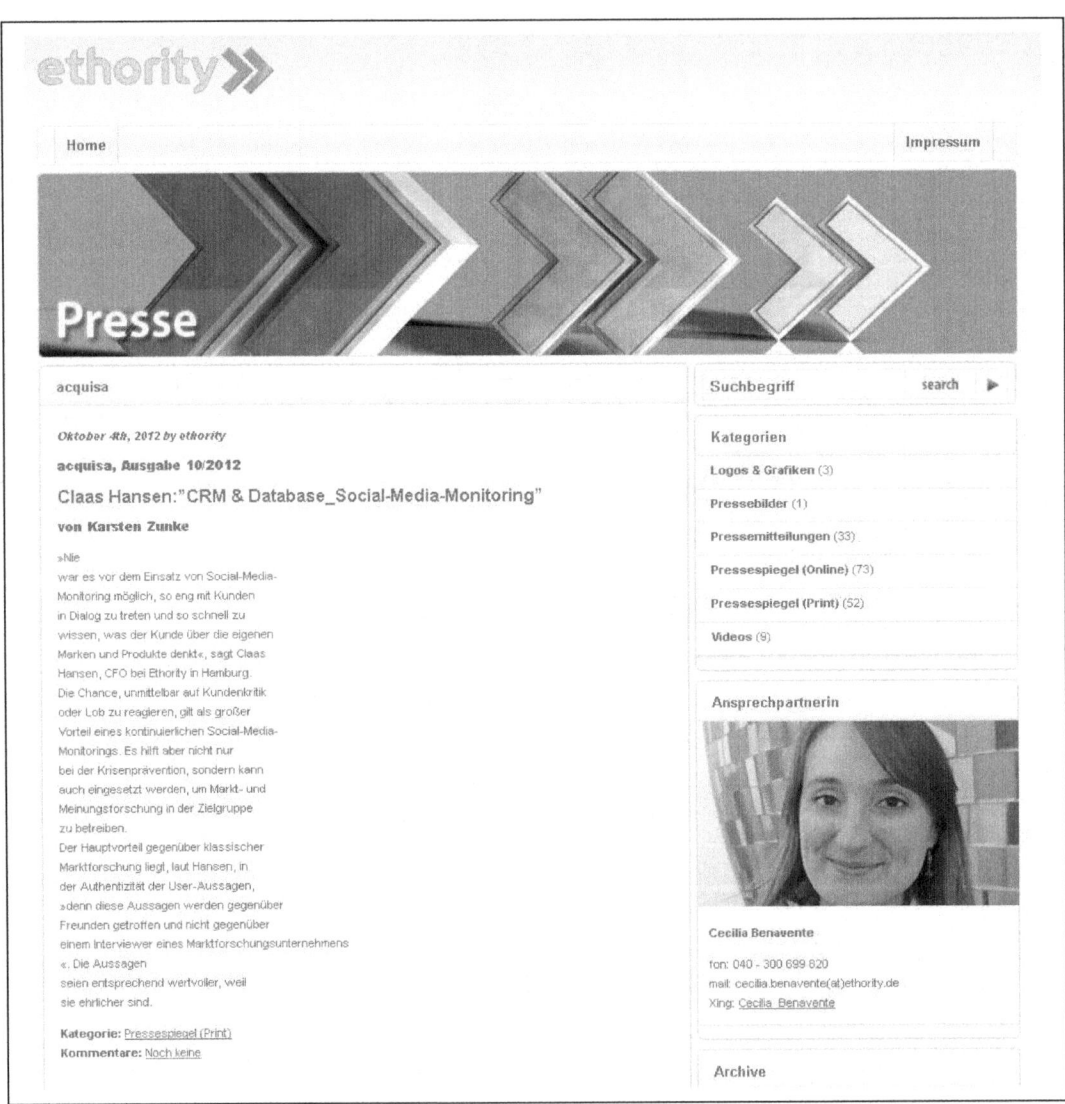

Blog einrichten

Häufig sehen gerade kleine Unternehmen im Einrichten eines Blogs eine große technische Hürde. Schließlich sind sie von der Website umfangreiche Programmierarbeiten gewohnt, bis das Ganze einmal steht. Dabei fällt für das Blog meist deutlich weniger Aufwand an.

Grundsätzlich haben Sie zwei Möglichkeiten, ein Blog zu betreiben. Sie können es extern bei einem sogenannten Bloghoster führen oder sich Blogsoftware auf Ihren eigenen Server installieren und das Blog dann dort einrichten.

Der erste Fall, also die Nutzung von Blogplattformen, hat vor allem den Vorteil, dass Sie sehr wenig Aufwand haben: Sie müssen nichts installieren, keine Upgrades vornehmen und nicht auf die Absicherung des Servers achten.

Der Nachteil ist, dass das Blog auf einer fremden Plattform läuft. Dadurch sind alle Daten fremdgehostet, was einen Kontrollverlust für Sie bedeutet und im Falle eines Konkurses des Anbieters enorme Schwierigkeiten bringt. Auch wenn Sie sich später entscheiden, doch ein eigenes Blog zu hosten, fällt der Umzug der Daten oft schwer. Noch schwerwiegender ist aber, dass Sie damit quasi eine externe Plattform aufbauen, die wenig bis keine Synergieeffekte mit Ihrer Website ergibt.

Abbildung 4-5 ▶
Grundsätzliche Optionen beim Einrichten eines Blogs

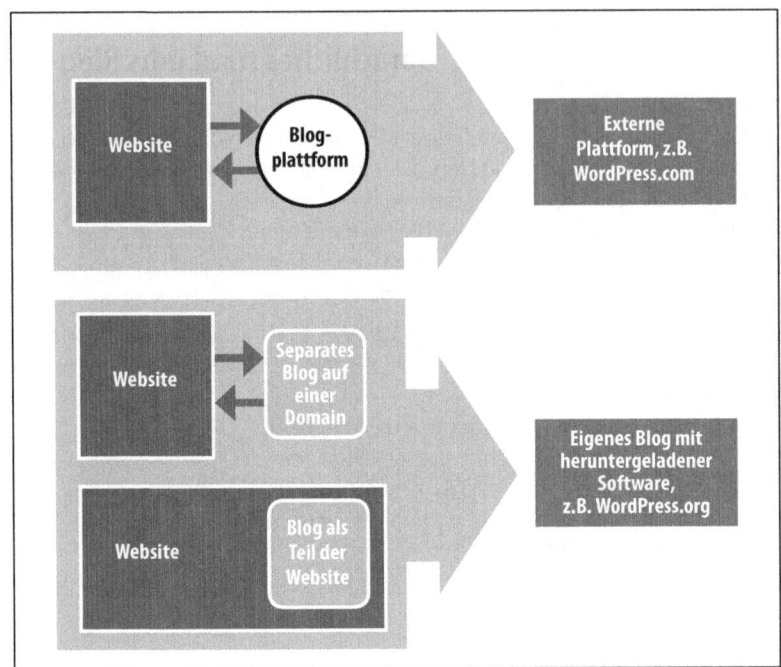

Die führende Blogplattform ist WordPress (www.wordpress.com). Hier sind über 75 Millionen Blogs gehostet, allerdings weit überwiegend private oder persönliche Blogs. Nur wenige Unternehmen setzen auf diese Lösung, da die oben genannten Nachteile die Vorteile überwiegen.

Die Fraunhofer-Gesellschaft hat für ihre Messeauftritte auf der Hannover Messe (http://fraunhoferhannovermesse.wordpress.com) und auf der Cebit (http://fraunhofercebit.wordpress.com) Blogs bei WordPress eingerichtet. Diese werden jedes Jahr zu den Messezeiträumen wieder aktiviert und für ca. eine Woche massiv mit Inhalten bespielt. Inhaltlich macht Fraunhofer dabei alles richtig: Interessante Einblicke zum Aufbau des Messestands und zur Messevorbereitung, aktuelle Trends von der Messe in Wort und Bild, Video- und Textinterviews, Blicke hinter die Kulissen, durchmischt mit Recruiting-Artikeln.

Die gewählte Vorgehensweise, separate Blogs pro Messe zu betreiben, die nur einmal im Jahr genutzt werden, ist interessant und kreativ. Unter dem Gesichtspunkt, dass jede Messe ganz unterschiedliche Zielgruppen hat und Artikel zur einen Messe die Besucher der anderen nicht interessieren dürften, kann eine solche Trennung durchaus sinnvoll sein. Allerdings kommen hier auch die oben genannten Nachteile zum Tragen. Der Besucher befindet sich auf einem externen Medium, es besteht kein Bezug zur Fraunhofer-Website (von gelegentlichen Links zur Website aus Artikeln heraus mal abgesehen). Die Blogbeiträge führen also nicht zur Stärkung der Fraunhofer-Website.

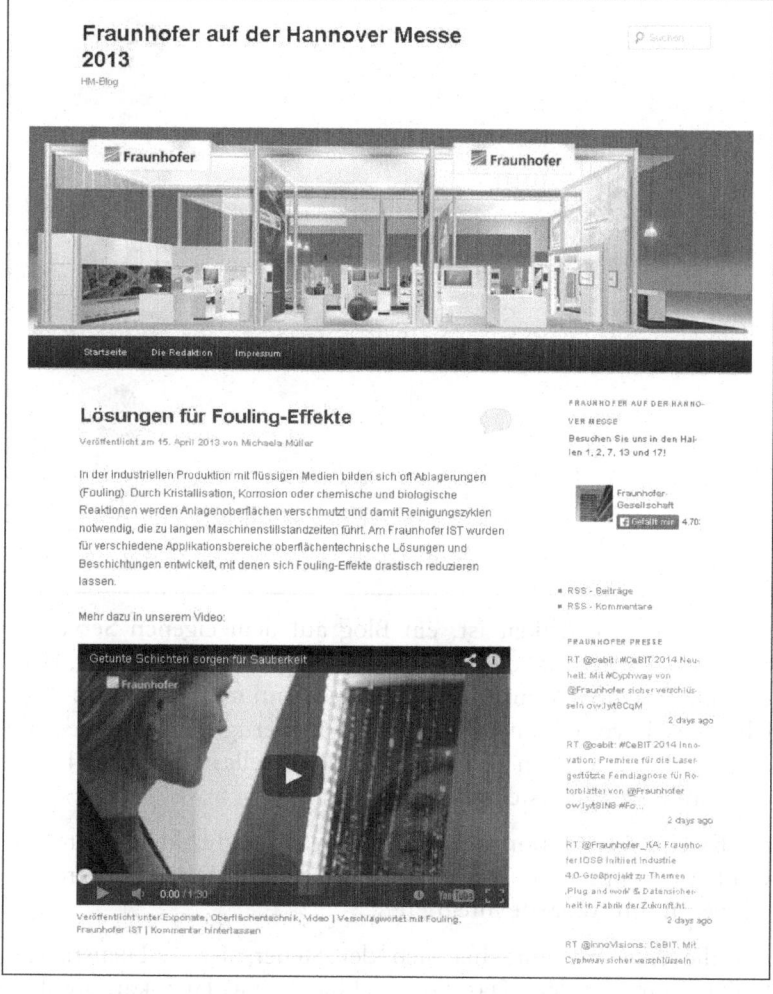

◀ Abbildung 4-6
Fraunhofer bloggt von der Hannover Messe.

Die Koelnmesse hatte für die Messe Spoga+gafa ein ähnliches Vorgehen gewählt. Statt WordPress kam dabei die Blogplattform Blog.de zum Einsatz. Bis 2012 bloggte die Messe hier über Branchenthemen, Ausstellernews und Entwicklungen rund um die Messe. Dann wurde das Blog einstellt und auf einer Subdomain der eigenen Domain weitergeführt.

Abbildung 4-7 ▶
Das alte Spoga+gafa-Blog wurde
2012 eingestellt.

Die zweite Möglichkeit ist, ein Blog auf dem eigenen Server zu betreiben. Hierbei laden Sie sich eine Blogsoftware herunter, richten eine Datenbank auf Ihrem Server ein und installieren das Blog. Über das Layout können Sie dank vorgefertigten Templates frei entscheiden oder sich (besser) ein individuelles Layout in Ihrem Corporate-Design erstellen lassen.

Auch bei dieser Option stehen Ihnen zwei Möglichkeiten zur Auswahl: Sie können das Blog unter einer eigenen Domain betreiben oder es in Ihre Website integrieren.

Für die erste Variante hat sich der Steuersoftware-Dienstleister DATEV entschieden. Das Karriereblog (www.datev-karriereblog. de) haben Sie bereits kennengelernt. Datev führt jedoch noch ein weiteres Blog (www.datev-blog.de) zu allgemeinen Themen rund um die Zielgruppe der Steuerberater und Anwälte.

◀ Abbildung 4-8
Datev bloggt mit speziellen
Domains.

Der Unterschied zu Fraunhofer besteht darin, dass zwar ebenfalls WordPress genutzt wurde, hier jedoch die Downloadversion, die Sie auf http://de.wordpress.org herunterladen können. Dadurch läuft das Blog auf dem eigenen Server, was mehr Kontrolle über die Daten gewährleistet.

Die beste Variante ist jedoch, das Blog in die Website einzubinden. Hier haben Sie nicht nur die Datenkontrolle und vollständige Hoheit über Design und Funktionen, sondern auch den Vorteil, dass Besucher sich direkt auf Ihrer Website befinden. Dort stellen Sie ja schließlich auch Ihre weiteren Angebote vor, sammeln Leads ein und verkaufen Ihre Leistungen. Wird ein Blogbeitrag im Social Web weiterempfohlen, landen die neuen Besucher ebenfalls auf Ihrer Domain. Für Unternehmen sollte diese Version daher die einzig diskutable darstellen.

Vor allem besteht hier ein großer Vorteil, was das Ranking in den Suchmaschinen angeht: Wenn Sie gute Blogbeiträge schreiben, die viele Links anziehen und bei Google gut gefunden werden, wird jeder Blogbeitrag über lange Zeit zum Traffic-Garanten für Ihre

Website. Blogs sind dadurch eines der wirkungsvollsten SEO-Werkzeuge, die Ihnen zur Verfügung stehen.

Verzeichnis oder Subdomain?

Beim Einbinden des Blogs in Ihre Website stehen Ihnen zwei Möglichkeiten offen: Sie können das Blog als Verzeichnis anlegen (es ist dann unter domain.de/blog zu finden) oder in eine Subdomain legen (dann heißt der Pfad blog.domain.de).

Aus SEO-Gesichtspunkten ist die erste Variante vorzuziehen. Subdomains werden von Google wie eigenständige Domains behandelt. Die SEO-Effekte, die Sie mit Ihrem Blogbeitrag generieren, wirken sich also nicht in vollem Umfang auf die Gesamtdomain aus, wenn Sie sich für die Subdomain-Variante entscheiden.

Wenn es technisch bei Ihnen nicht anders machbar ist, ist aber auch eine Subdomain immer noch deutlich besser als ein extern gehostetes Blog oder eine eigene Domain.

Bestandteile und Funktionen eines B2B-Blogs

Damit Sie erfolgreich mit Ihrem Blog arbeiten können, müssen Sie die wichtigsten Teile und Funktionen von Blogs verstehen. Nicht alle Bestandteile tauchen in allen Blogs auf, und vielleicht ist die eine oder andere Funktion für Sie weniger wichtig. Damit Sie das jedoch einschätzen können, erhalten Sie jetzt eine Übersicht darüber, wie ein Blog aufgebaut ist und welche Funktionen es gibt.

1. *Artikel/Beiträge:* Grundsätzlich besteht das Blog aus Artikeln (bei Wordpress heißen diese »Beiträge«). Sie unterscheiden sich von Texten auf statischen Webseiten dadurch, dass sie in der Regel vom System mit einem Datum versehen werden und den Autorennamen enthalten.

2. *Blogroll:* Die Blogroll ist ein Bereich in der Seitenleiste (Sidebar), wo der Blogger andere, interessante Blogs verlinkt, die seine Leser ebenfalls interessieren könnten. Die Blogroll ist damit ein zentrales Element der Verlinkung und Vernetzung innerhalb der Blogosphäre. Tragen Sie in Ihre Blogroll so viele relevante Blogs ein, wie Sie möchten.

◀ **Abbildung 4-9**
Artikel im Geomarketing-Blog der
Deutschen Post, mit Autorenan-
gabe und Datum

◀ **Abbildung 4-10**
Blogroll in der Sidebar des
Salzgitter-Blogs

3. *Social-Media-Buttons:* Das ist keine Standardfunktion von
Blogsoftware, sondern wird über Plugins ergänzt. Für eine optimale Verbreitung der Beiträge sollten Sie solche Buttons aber
nach Möglichkeit unbedingt einsetzen. Sie erleichtern es den
Lesern, den Beitrag direkt weiterzuempfehlen. Bei datenschutzrechtlichen Bedenken können Sie die sicherere 2-Klick-Lösung
wählen.

Abbildung 4-11 ▶
Social-Media-Buttons mit der
2-Klick-Lösung für mehr
Datenschutz

 Tipp　Verwenden Sie in B2B-Blogs Buttons zu Facebook, Twitter, Google+, LinkedIn und XING. Damit haben Sie die wichtigsten Netzwerke abgedeckt und überfrachten den Beitrag nicht mit unnötigen Buttons.

4. *Autorenprofil:* Nicht verpflichtend und auch keine Standardfunktion, aber auf jeden Fall empfehlenswert ist es, unter jedem Blogbeitrag einen kurzen Hinweis zum Autor zu installieren. Plugins und manche Themes (Layoutvorlagen) machen das automatisch für Sie. Durch so eine Autorenvorstellung lernt der Besucher Ihre Schreiber besser kennen, und das Blog wirkt sympathischer und authentischer.

Abbildung 4-12 ▶
Unter jedem Blogbeitrag des SEO-
Tool-Anbieters Searchmetrics befindet sich eine kurze Autorenbe-
schreibung.

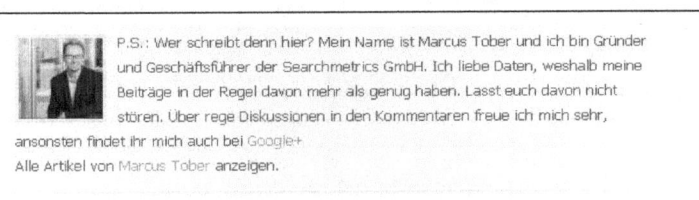

5. *Kommentarfunktion:* Ein wichtiges Element von Blogs, das aber in der Praxis häufig kaum genutzt wird, ist die Kommentarfunktion. Hier können Leser Fragen stellen oder ihre Meinung zum Beitrag unterbringen. Erwarten Sie aber nicht zu viel davon: Die meisten Corporate-Blogs erhalten keine oder nur wenig Kommentare unter ihre Beiträge. Diskussionen finden mittlerweile eher bei Facebook oder Twitter statt. Nur außergewöhnlich gute oder stark polarisierende Beiträge können mit signifikanten Kommentarzahlen rechnen.

 Tipp　In WordPress haben Sie die Möglichkeit, Kommentare erst nach einer manuellen Prüfung freizuschalten, anstatt sie sofort automatisch zu veröffentlichen. Das sollten Sie auch tun, um Spammer und Trolle auszusortieren. Lassen Sie kritische Kommentare jedoch auf jeden Fall zu, sonst nehmen Sie sich ganz schnell die Glaubwürdigkeit.

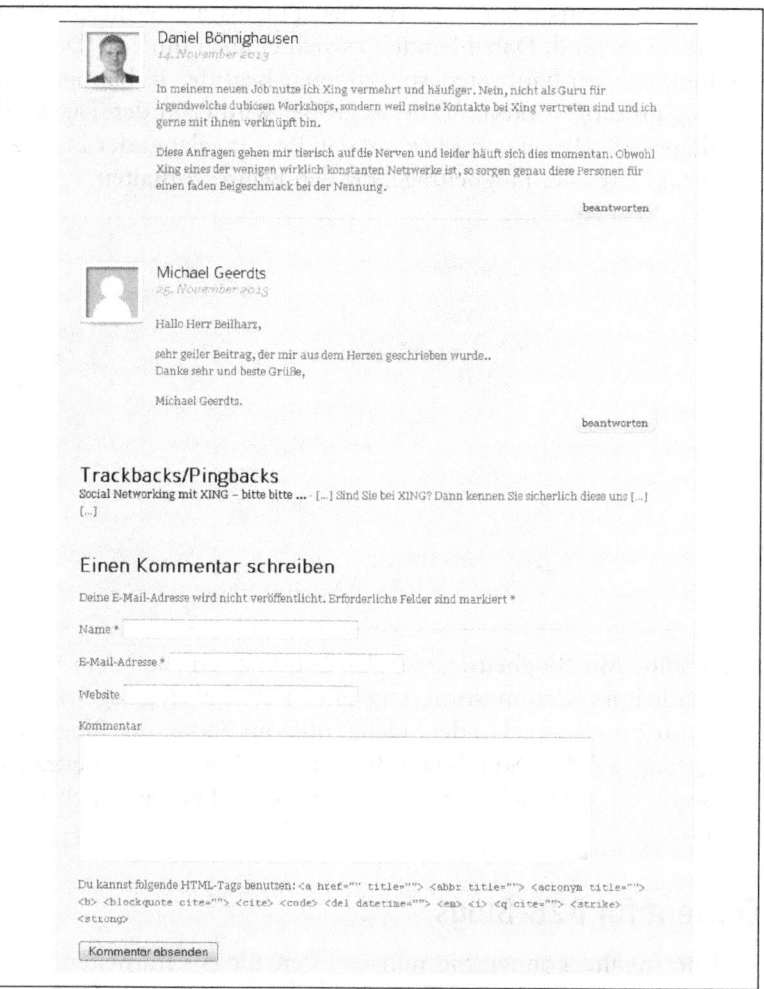

◀ **Abbildung 4-13**
Kommentare unter einem
Blogbeitrag

6. *Tags und Kategorien:* Blogbeiträge können Blogkategorien zugeordnet und mit Schlagworten (Tags) versehen werden. Dadurch werden die Blogbeiträge thematisch geordnet (wer also zum Beispiel nur Interviews mit Azubis lesen möchte, kann gezielt die Kategorie »Azubis kommen zu Wort« ansteuern). Die Tags verbessern die Auffindbarkeit der Beiträge in den Suchmaschinen, sowohl in der internen Blogsuche als auch bei Google.

Tags: Reiseziele, Stahlerzeugung, Urlaubsplanung
veröffentlicht in Personaler erzählen |

◀ **Abbildung 4-14**
Tags und Kategorien schaffen Ordnung im Blog.

7. *Tagcloud:* Aus allen Tags erstellen Plugins auf Wunsch dann eine Tagcloud. Dabei handelt es sich einfach um eine Darstellung der am häufigsten verwendeten Begriffe. Je häufiger ein Tag im Blog vorkommt, desto größer wird er in der Tagcloud dargestellt. Bei einem Klick auf den Begriff gelangt der Leser zu einer Liste aller Blogbeiträge, die den Begriff enthalten.

Abbildung 4-15 ▶
Tagcloud im Datev-Karriereblog

8. *Archiv:* Alle Blogbeiträge werden automatisch nach dem Veröffentlichungsdatum sortiert in einem Archiv abgelegt. Dieses kann zum Beispiel in der Sidebar oder im Footer des Blogs dargestellt werden. So können Besucher auch in älteren Beiträgen stöbern, ohne sich seitenweise durch die Beiträge klicken zu müssen.

Content für B2B-Blogs

Welche Inhalte können Sie nun in Ihren Blogs verarbeiten? Wie immer müssen auch hier die Interessen, Wünsche und Anforderungen Ihrer Zielgruppen im Vordergrund stehen. Überlegen Sie sich, welche Inhalte den Personen in Ihrer Zielgruppe wirklich weiterhelfen, was sie zum Teilen und Weiterempfehlen anregt und was sie sogar dazu bringen könnte, die Artikel auszudrucken. Lösen Sie Probleme der Zielgruppen, und Ihre Blogbeiträge werden gerne gelesen.

Blog vs. Werbung

Halten Sie sich in Ihrem Blog mit Werbung stark zurück. Wie immer im Social Web gilt auch in Blogs, dass Werbung schlecht ankommt. Natürlich dürfen Sie über eigene Produkte berichten. Stellen Sie aber prinzipiell eher Themen als Produkte in den Vordergrund Ihres Blog-Contents. Geben Sie freizügig Wissen weiter, das den Zielgruppen weiterhilft. Natürlich verraten Sie keine Geschäftsgeheimnisse, aber je mehr Know-how Sie im Blog unentgeltlich präsentieren, desto mehr Bekanntheit wird Ihr Blog (und damit Ihr Unternehmen) bekommen und desto mehr Kontakte werden Sie über das Blog generieren, die dann schlussendlich zu Umsatz führen.

Wenn Sie doch über Produkte schreiben, finden Sie einen geeigneten Aufhänger. Denken Sie an die Firma Blendtec mit ihren Mixern. Man hätte sich auch vor die Kamera stellen und erzählen können, wie toll die Mixer seien. Nur hätte das niemanden interessiert. Im B2B-Geschäft werden Sie wahrscheinlich nicht so vorgehen wollen (warum eigentlich nicht?) – finden Sie aber auf jeden Fall einen Aufhänger für Ihre Beiträge, der aus plumper Produktvorstellung einen Mehrwert für den Besucher macht.

Prinzipiell können Sie im Blog aus dem Vollen schöpfen. Die Artikel können gerne länger ausfallen – in einem Blog werden auch lange Beiträge gelesen, anders als in Social Networks beispielsweise.

Besonders bieten sich in Blogs *Artikelserien* an. Denken Sie sich ein Thema aus, das Sie regelmäßig aufgreifen können. Aufhänger könnten zum Beispiel so aussehen:

- »Was ist eigentlich ...?«
- Fundstücke aus dem Firmenarchiv
- Heute vor 10 Jahren
- Tipps für ...
- Versteckte Funktionen bei ...
- Montagsinspiration
- 3 Fragen an ...
- Zahlen, Daten, Fakten
- Studien für die XYZ-Branche (jeweils eine Studie vorstellen)
- Rechtliches: Gerichtsentscheidungen für Sie aufbereitet

Veröffentlichen Sie solche Beiträge in regelmäßigen Abständen, zum Beispiel einmal pro Monat. So schaffen Sie sich eine treue Leserschaft, die Ihr Blog gerne häufiger besucht.

Eine selten genutzte, aber hocheffektive Anwendung dieses Serien-
prinzips sind die *Links der Woche*. Gibt es in Ihrer Branche regelmäßig Neuigkeiten? Vielleicht sogar andere Blogs, die regelmäßig
publizieren? Dann erstellen Sie doch eine Artikelreihe, in der Sie
jede Woche einmal die wichtigsten oder besten Artikel der vergangenen Woche vorstellen und verlinken. Das bietet gleich mehrere
Vorteile: Sie erstellen regelmäßige Blogbeiträge mit wenig Aufwand, aber hohem Nutzwert. Für Ihre Leser wird Ihr Blog zum
Knotenpunkt, den sie gerne besuchen, weil sie dort auf interessante
Beiträge stoßen. Und die verlinkten Artikelschreiber erfahren von
Ihrem Blog und fühlen sich vielleicht sogar zu einer Gegenleistung
verpflichtet (zum Beispiel in Form einer Intervieweinladung oder
eines Backlinks). In jedem Fall werten Sie Ihr Blog stark auf, wenn
Sie auch auf fremde Inhalte verlinken.

Tipp

Gehen Sie die ganze Woche über mit offenen Augen durchs Internet und notieren Sie sich interessante Links, auf die Sie stoßen. So müssen Sie nicht freitags erst mühsam nach guten Beiträgen der Woche suchen. RSS-Reader erleichtern Ihnen die Arbeit dabei ungemein.

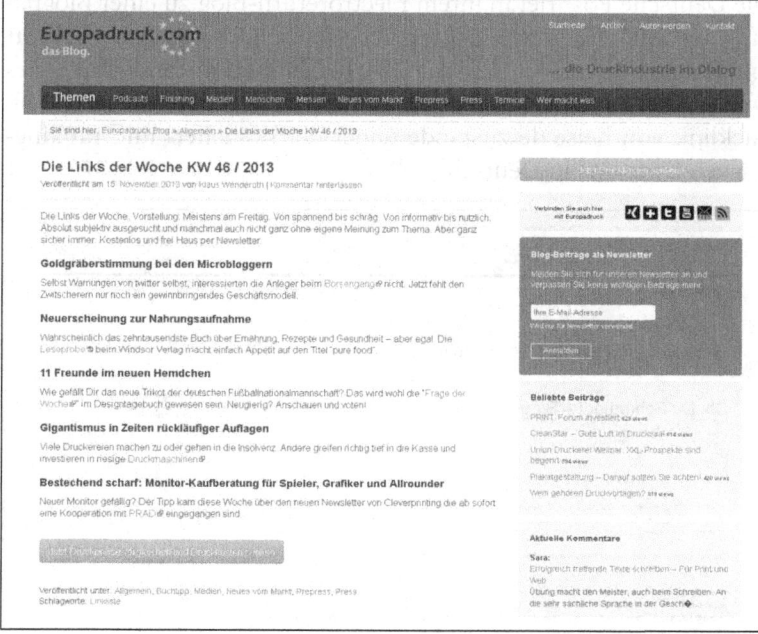

◄ Abbildung 4-17
Links der Woche als Mittel für hochwertige Bloginhalte

Das Blog für die Druckindustrie, Europadruck.com, nutzt die Links der Woche, um über Themen rund um Onlinemarketing, Publishing und Medien zu informieren – Themen, die für die Zielgruppen-Unternehmen des Blogs interessant sind. Man beachte die orangefarbenen Leadgenerierungs-Buttons unter jedem Blogbeitrag ...

Eine weitere Besonderheit von Blog-Content stellen die sogenannten *Blogparaden* dar (auch Blogstöckchen oder Blogkarneval genannt). Dabei beginnt ein Blogger mit einem Blogbeitrag zu einem bestimmten Thema (zum Beispiel »Mobiles Arbeiten«, »Tipps für Blog-Einsteiger«, »Welche Musik hört ihr beim Bloggen« etc.). Er schreibt und veröffentlicht seinen Beitrag und ruft darin andere Blogger auf, sich an der Blogparade zu beteiligen. Diese schreiben dann eigene Beiträge in ihren Blogs und verlinken den Ursprungsbeitrag (der in der Regel auch auf die neuen Beiträge der anderen Blogger zurückverlinkt).

Tipp

Beteiligen Sie sich unbedingt auch an Blogparaden anderer Blogger. Erstens erhalten Sie so mehr Bekanntheit in der Blogosphäre und generieren Besucher. Zweitens erhalten Sie wertvolle Backlinks von teilweise großen und starken Domains – wieder ein SEO-Bonus durch Ihr Blog.

Die Deutsche Post rief in ihrem Electroreturn-Blog zu einer Blogparade auf. Andere Blogger sollten über den schönsten Elektroschrott schreiben, der gerade bei ihnen zu Hause herumstand. Ein gutes Duzend Blogger beteiligten sich daran, unter anderem kam so ein Backlink von heise.de zustande (einer der besucher- und rankingstärken Domains in Deutschland).

Abbildung 4-18 ▶
Blogparade der Deutschen Post

SEO für Blogs

Auch wenn Blogs von Natur aus bei Google recht gut gefunden werden, kommen Sie um einige Maßnahmen der Suchmaschinenoptimierung nicht herum, wenn Sie möchten, dass Ihr Blog so hoch wie möglich gerankt wird. Beachten Sie dabei die folgenden Tipps:

- Stellen Sie im Blog die URLs auf »Permalinks« um. Dann macht das Blogsystem aus Artikelnamen wie »index.php?id=322« automatisch sogenannte sprechende URLs wie »/so-sehen-spre-chende-urls-aus/«. Damit können Suchmaschinen und auch Besucher deutlich mehr anfangen.

- Überlegen Sie sich, zu welchen Suchbegriffen ein Blogbeitrag ranken soll. Bauen Sie diese Begriffe (sinnvoll) in den Seitentitel, in Überschriften und in den Fließtext ein. Idealerweise kommt der wichtigste Suchbegriff so früh wie möglich im Text vor.

- Weisen Sie den Bildern in Ihren Blogbeiträgen ALT-Tags zu (alternative Texte). Alle Blogsysteme bieten diese Möglichkeit an. Beschreiben Sie im Alt-Tag kurz das Bild und verwenden Sie den Suchbegriff in dieser Beschreibung.

- Ergänzen Sie die Beiträge um den Meta-Tag »Description«. Dieser steuert die Beschreibung, die in Ihrem Google-Suchtref-fer angezeigt wird.

- Verwenden Sie für WordPress SEO-Plugins wie »WordPress SEO« oder »WPSEO«. Diese Plugins optimieren viele Faktoren automatisch und geben Ihnen weitere Möglichkeiten zur Opti-mierung an die Hand (unter anderem bauen sie auch die gerade erwähnte Meta-Description in die Beiträge ein).

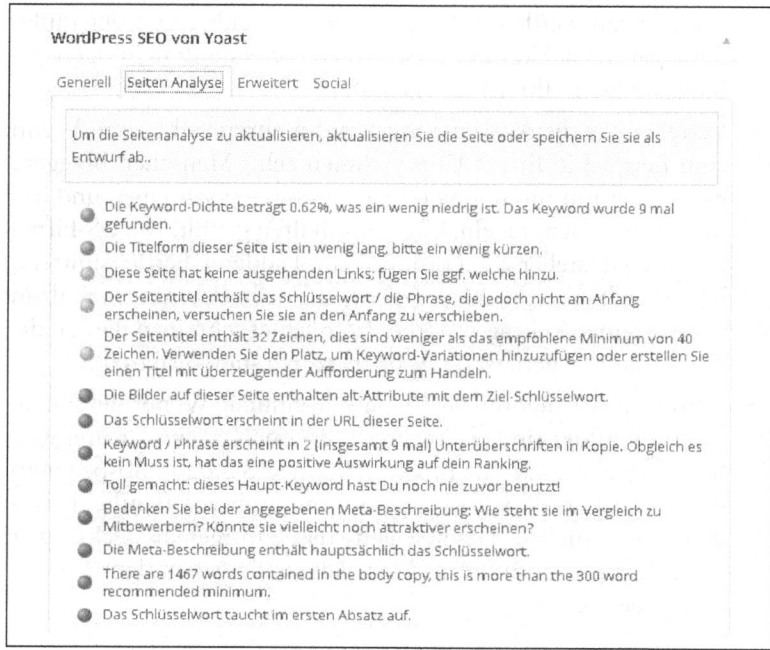

◀ Abbildung 4-19
Das SEO-Plugin »WordPress SEO« bietet eine übersichtliche Analyse jeder Seite mit Ampeldarstellung.

Tipps und Tricks für Blogger

Wie oft sollte man denn überhaupt bloggen? Die Angst davor, den Aufwand nicht bewältigen zu können, hält viele Unternehmen davon ab, ein Blog zu starten. Dabei muss das gar nicht sein. Denn mit ein paar Tricks lassen sich der Aufwand deutlich reduzieren und der Erfolg langfristig sicherstellen.

- Es muss nicht täglich gebloggt werden. Damit das Blog jedoch langfristig für Leser attraktiv ist, sollten Sie sich als Zielvorgabe mindestens einen Beitrag pro Woche setzen.

- Nicht alle Beiträge müssen umfangreich und lang sein. Mischen Sie längere und kürzere Beiträge. Manchmal kann schon ein gutes YouTube-Video mit ein bis zwei Absätzen Text zur Erklärung als Blogbeitrag ausreichen.

- Arbeiten Sie mit Interviews. Schicken Sie fünf bis zehn Fragen an Experten aus Ihrer Branche. Dann werden diese sich um Ihren Content bemühen und sogar beim Verteilen der Inhalte helfen. Die Qualität dieser Beiträge ist meistens sehr hoch, da die Interviewten ja im besten Licht erscheinen möchten. Streuen Sie solche Interviews zum Beispiel alle vier Wochen ein.

- Insbesondere wenn Sie Ihr Blog neu betreiben, sollten Sie andere Blogger einladen, sich bei Ihnen im Blog vorzustellen. Die meisten werden sich geschmeichelt fühlen und der Einladung gerne nachkommen. So bauen Sie erste Beziehungen zur Blogosphäre in Ihrer Branche auf.

- Verteilen Sie die Anstrengungen auf mehrere Schultern. Wenn zum Beispiel in Ihrem Unternehmen zehn Menschen bloggen, muss jeder nur hin und wieder einen Beitrag schreiben und das Blog ist trotzdem regelmäßig mit Inhalten gefüllt. Die US-Firma Indium, Hersteller von Lötmitteln und anderen Betriebsmitteln, hat einen Stab von 20 Bloggern, die teilweise nur einmal im Quartal einen Beitrag zu ihrem Fachgebiet schreiben. Durch die Anzahl an Bloggern ist das Blog trotzdem ständig aktuell.

- Schreiben Sie mehrere Beiträge auf einmal. Wenn Sie einmal im Schreibfluss sind, fällt es leichter, noch zwei oder drei weitere Artikel zu schreiben. Diese können Sie dann abspeichern oder timen, so dass sie später automatisch veröffentlicht werden. Bei aktuellen Themen geht das naturgemäß nicht, aber bei allgemeineren Inhalten lässt sich so die Arbeit deutlich vereinfachen.

Bloggers: From One Engineer to Another®

Eric Bastow
Contact | View Bio
Read Eric Bastow's Blog

Jim Hisert
Contact | View Bio
Read Jim Hisert's Blog

Dr. Andy Mackie
Contact | View Bio
Read Dr. Andy Mackie's Blog

Ross Berntson
Contact | View Bio
Read Ross Berntson's Blog

Seth Homer
Contact | View Bio
Read Seth Homer's Blog

Christopher Nash
Contact | View Bio
Read Christopher Nash's Blog

Ed Briggs
Contact | View Bio
Read Ed Briggs's Blog

Tim Jensen
Contact | View Bio
Read Tim Jensen's Blog

Brook Sandy
Contact | View Bio
Read Brook Sandy's Blog

Ivan Castellanos
Contact | View Bio
Read Ivan Castellanos's Blog

Brandon Judd
Contact | View Bio
Read Brandon Judd's Blog

Mario Scalzo
Contact | View Bio
Read Mario Scalzo's Blog

Maria Durham
Contact | View Bio
Read Maria Durham's Blog

Liyakathali Koorithodi
Contact | View Bio
Read Liyakathali Koorithodi's Blog

Rick Short
Contact | View Bio
Read Rick Short's Blog

Carol Gowans
Contact | View Bio
Read Carol Gowans' Blog

Dr. Ron Lasky
Contact | View Bio
Read Dr. Ron Lasky's Blog

Anny Zhang
Contact | View Bio
Read Anny Zhang's Blog

Indium Corporation Blogs

- Alloys Solder
- Antimony Solder
- AuSn
- B2B Marcom
- Ball Attach
- Bar Flux
- Bar Solder
- Bar Wave
- BGA
- BGA Process
- Bismuth

- Lead Free Paste
- Lead Free Profile
- Lead Free Silver Solder
- Lead Free Solder Flux
- Lead Free Solder Paste
- Lead Free Solder Temperature
- Lead Free Soldering
- Lead Free Wave Soldering
- Leadfree Solder

- Solder
- Solder Alloy
- Solder and Flux
- Solder Bar
- Solder Basics
- Solder Bumping
- Solder Cream
- Solder Defect
- Solder Evaluation
- Solder Joints
- Solder Melting

◄ **Abbildung 4-20**
Vorstellung der Indium-Blogger aus ganz unterschiedlichen Fachbereichen

- Nutzen Sie Ereignisse, um daraus mehrere Inhalte zu machen. Wenn Sie zum Beispiel eine Messe besuchen, können Sie daraus einen Blogbeitrag über die Messevorbereitung machen, einen mit einer Einladung an Ihren Stand, einen direkt von der Messe mit aktuellen Eindrücken und einen im Nachgang mit Ihren Erkenntnissen und Erlebnissen.

- Nutzen Sie ohnehin vorhandene Inhalte. Wenn Sie zum Beispiel eine Kundenzeitschrift herausgeben, können Sie manche Artikel daraus vielleicht im Blog unterbringen. Ich stelle gelegentlich Kapitel oder Ausschnitte aus meinen Büchern im Blog ein – das sorgt für Content und erhöht darüber hinaus durch Verlinkungen zu Amazon noch die Verkaufszahlen.

- Splitten Sie Content auf. Wenn Sie eine richtig gute Idee haben oder Ihr Blogbeitrag zu lang geworden ist, machen Sie daraus eine Blogreihe mit mehreren Beiträgen. So haben Sie direkt Content für mehrere Tage oder Wochen, je nachdem, wie häufig Sie Beiträge veröffentlichen.
- Lesen Sie selbst in anderen Blogs mit und kommentieren Sie dort, wenn möglich. So erhalten sie nicht nur ein gutes Gefühl für Themen, die sich auch bei Ihnen im Blog anbieten würden, sondern machen Ihr Blog und sich als Blogger auch gleichzeitig bekannt.
- Beteiligen Sie sich an Bloggertreffen. Diese finden in vielen Städten regelmäßig statt und werden zum Beispiel über XING organisiert. Auch im Umfeld großer Messen und Konferenzen gibt es häufig Bloggertreffen. Vernetzen Sie sich mit anderen Schreibern, das wird für Sie langfristig von großem Nutzen sein.

Den Konzern handlich und begreifbar machen – Interview mit Markus Rottwinkel über das Salzgitter-Karriereblog

▲ **Abbildung 4-21**
Markus Rottwinkel

Markus Rottwinkel ist Personalreferent beim Stahlkonzern Salzgitter AG. Der Diplom-Psychologe ist seit 15 Jahren in unterschiedlichen Funktionen im Personalbereich tätig. Bei Salzgitter betreut er die Themenfelder Personalmarketing und Personalentwicklung.

1. Wie ist das Karriereblog bei Ihnen entstanden? Welche Überlegungen gingen voraus und was war die ersten Schritte?

Im Vorfeld zur Hannover Messe 2007 entstand die Idee, den Messeauftritt mit einem Blog zu begleiten. Wir wollten zunächst eigentlich nur projektbezogen einen Testballon starten, wie sich Messeberichterstattung und Arbeitgeberdarstellung in den damals für uns noch ganz neuen Möglichkeiten des Web 2.0 gestalten lassen. Die Erfahrungen waren aber so gut, dass wir im Sommer 2007 das nächste Event, eine Sonderausstellung im phaeno Wolfsburg, redaktionell begleiteten und im Herbst 2007 dann die IdeenExpo als weiteres großes Event des Jahres 2007.

Die ersten motivierenden Rückmeldungen, dass z. B. das Blog als Vorbereitung für Bewerbungsgespräche gern genutzt wird, und natürlich auch der Spaß, den meine Kollegen und ich inzwischen an unserem Autorentum gefunden hatten, trugen dazu bei, dass sich unser Blog ganz nebenbei in den Alltag des Personalmarketings eingegliedert hat.

2. Wie ist das Blog bei Ihnen intern organisiert? Wer macht was und welcher Aufwand steckt dahinter?

Wir sind ein größeres Team von Leuten aus den Personalbereichen des Konzerns, die Spaß am Schreiben haben. Der Redaktionsplan liegt bei mir, aber jeder kann mit Ideen an mich herantreten. Das Blog hat das Ziel, die Vielfalt und die damit verbundenen beruflichen Chancen des Salzgitter-Konzerns darzustellen. Daher ermöglichen wir Einblicke in die unterschiedlichsten Unternehmensbereiche. Wir geben Informationen über verschiedene Einstiegsmöglichkeiten (Ausbildung, Praktikum, Berufseinstieg …) und zeigen die unglaubliche Bandbreite der bei uns möglichen Berufe und Aufgaben. Wichtig ist mir dabei, dass jeder Beitrag mit einem persönlichen Bezug geschrieben ist. Es sollen keine offiziellen Verlautbarungen sein, sondern individuelle Erlebnisse und Geschichten aus dem Alltag, die den großen Konzern besser begreifbar machen sollen.

Der zeitlich größte Aufwand liegt im Schreiben des Textes. Da können, je nach Umfang und Rechercheaufwand, schon ein oder zwei Stunden ins Land gehen. Die Abstimmung erfolgt auf sehr kurzen Wegen und ist meist in wenigen Minuten erledigt. Das geht allerdings nur, da ich als Personalreferent grundsätzlich die Erlaubnis habe, die Beiträge ohne Abstimmung mit der Konzernkommunikation oder dem Personalvorstand selbst zu veröffentlichen. Eine vertrauensvolle Zusammenarbeit ist hierfür natürlich Voraussetzung.

3. Welche Erfolge erzielen Sie mit Ihrem Blog?

Da gibt es zum einen die Statistik, die über die Jahre hinweg einen kontinuierlichen Zuwachs an Besuchern dokumentiert. Zum anderen erhalte ich immer wieder positive Rückmeldungen am Telefon, auf Messen oder in Bewerbungsgesprächen zu den Inhalten des Blogs.

Aber auch aus den eigenen Reihen erreichen uns immer wieder Kommentare zum Blog. Zusammen mit der Zugriffsstatistik legt das den Schluss nahe, dass sich auch viele Kolleginnen und Kollegen über das Blog zusätzliche Informationen zu ihrem Arbeitgeber holen. Er ist also somit auch ein ergänzendes Instrument für die interne Kommunikation.

4. Wie wird das Blog mit anderen HR- und/oder Marketing-Maßnahmen verknüpft?

Das Blog ist ein wichtiger Bestandteil der Karriereseite und ergänzt deren Inhalte vielfach um die persönliche Note. Über unseren Twitter-Account weisen wir regelmäßig auf die neuen Blogbeiträge hin. Ähnlich verhält es sich mit dem YouTube-Kanal, der ab und an Thema eines Blogbeitrages ist. Wir vernetzen also unsere unterschiedlichen Internetplattformen zu einem umfassenden Gesamtauftritt.

Den Kontakt zum »echten Leben« halten wir im Sinne der ursprünglichen Motivation für das Blog: die Begleitung von Messen und Events. Berichte und Eindrücke von der Hannover Messe, der IdeenExpo oder den vielen anderen Messen dienen zum einen dazu, im Vorfeld auf die Veranstaltungen hinzuweisen, und bereiten zum anderen die Highlights im Nachgang nochmal auf. Auf der Veranstaltung selbst und ergänzend auf den dazugehörigen Homepages versuchen wir ebenfalls, das Blog noch bekannter zu machen.

5. Warum bloggen so wenige B2B-Unternehmen aktiv?

Hier kann ich nur spekulieren. Möglicherweise scheuen einige die Herausforderung, dass man trotz eines fehlenden B2C-Produktes einen persönlichen Anknüpfungspunkt finden und gestalten muss. Das geht z. B. über die Arbeitgeberschiene. Aber auch beim B2B-Geschäft könnte ich mir vorstellen, dass sich mit einem – wenn auch kleinen – Leserkreis eine Community aufbauen lässt, die produktbezogen über Neuerungen, Messeauftritte, Kundenberichte etc. informiert wird. Kreativität und Eigenmotivation gehören dabei unbedingt zur »Grundausstattung«.

6. Welche Tipps würden Sie einem Unternehmen geben, das ein (Karriere-)Blog starten möchte?

Definieren Sie Ihre Zielgruppe, umschreiben Sie grob die daraus abgeleiteten Inhalte Ihres Blogs, gehen Sie vorbereitend die mögliche Autorenriege durch, klären Sie im Vorfeld die Freigabeprozesse und machen Sie gedanklich einen Schritt zwei Jahre in die Zukunft. Wenn Sie sich dann immer noch mit Freude, guten inhaltlichen Ideen und einem schlagkräftigen Team bei der Arbeit sehen und auch die definierten Ziele in Zahlen managementtauglich vorlegen können, dann können Sie die Realisierung angehen.

KAPITEL 5
Social Networks und Foren

In diesem Kapitel:
- Facebook
- Twitter
- XING und LinkedIn
- Google+
- Foren und Communities

Die in den Medien am häufigsten diskutierten Social-Media-Elemente sind zweifellos die Social Networks. Immerhin findet ein großer Teil der gesamten Onlinekommunikation inzwischen in Social Networks statt, und Nutzer verbringen einen erheblichen Teil ihrer Onlinezeit in Facebook & Co.

Da hat es nicht lange gedauert, bis Marketer diese Chancen für sich erkannten und erste Schritte in die Social Networks wagten. In Business-Netzwerken wie XING und LinkedIn war das von Anfang an der Fall. Aber erst durch Facebook wurden die Marketingmöglichkeiten endgültig für Unternehmen geöffnet.

Und das lohnt sich auch für B2B-Unternehmen. Zwar hinkt wie immer im Internet Deutschland der weltweiten Entwicklung hinterher, der Trend zur Social-Media-Nutzung ist aber ungebrochen. Der »Global Web Index Q2 2013« hat untersucht, inwieweit Entscheider und Senior-Entscheider in Unternehmen Social Networks nutzen. Heraus kam, dass (zumindest weltweit) die Nutzung dieser Entscheidergruppen deutlich über der durchschnittlichen Nutzung liegt.

	Average Internet Users	Decision Makers	Senior Decision Makers
Facebook	42.9%	45.3%	55.6%
Google+	22.8%	29.9%	36.2%
YouTube	21.6%	25.6%	26.5%
Twitter	21.3%	26.5%	34.2%
LinkedIn	8.6%	11.2%	17.3%

◀ **Abbildung 5-1**
Entscheider in Unternehmen nutzen Social Networks deutlich stärker als der Durchschnitt. (Quelle: Global Web Index Q2 2013)

Vor allem in den Schwellenländern liegt die Nutzung teilweise bei über 90 %. Deutschland – Überraschung! – lag dagegen auf dem zweitletzten Platz. Diese Erfahrung haben wir allerdings auch bereits bei der Nutzung unter Privatpersonen und bei der Online-nutzung allgemein, dem E-Commerce und den meisten anderen Tech-Trends durchlaufen. Gut für Sie: Wenn sich die Geschichte wiederholt, bleiben Ihnen noch zwei bis drei Jahre, um sich darauf einzustellen und Ihre Kanäle an den Start zu bringen, bis die Welle endlich auch hier richtig ankommt ...

Abbildung 5-2 ▶
Deutschland und Japan sind derzeit noch die Schlusslichter, was die Social-Network-Nutzung von B2B-Entscheidern angeht. (Quelle: Global Web Index Q2 2013)

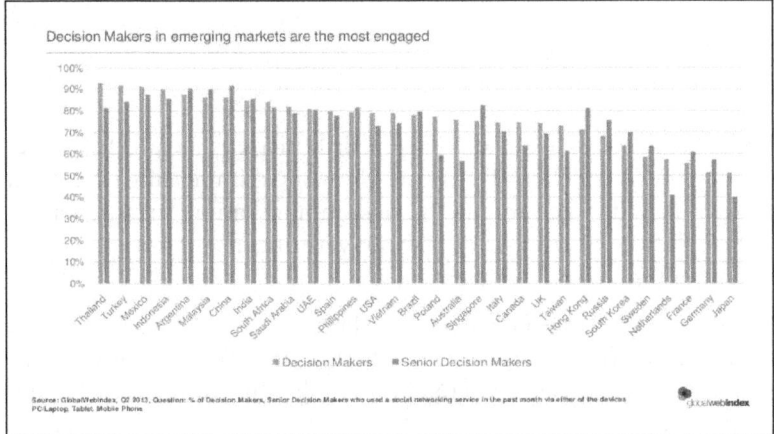

In diesem Kapitel untersuchen wir die wichtigsten Social Networks auf ihre marketingrelevanten Funktionen. Sie finden hier zahlreiche Praxisbeispiele von B2B-Unternehmen, die in den jeweiligen Networks aktiv sind.

Für das genaue Wie ist ein Buch allerdings der falsche Ort. Die Netzwerke ändern ihre Funktionalitäten alle paar Wochen, so dass zum Beispiel die Frage danach, wie Sie eine Facebook-Seite einrichten, nach Drucklegung dieses Buches vielleicht bereits ein wenig anders zu beantworten wäre. Für solche Umsetzungsfragen eignen sich Blogs und Zeitschriften deutlich besser. Aktuelle Anleitungen, Case Studies und Tipps zu den Social Networks finden Sie im Blog zu diesem Buch (www.b2b-marketing-blog.de) und in weiteren Blogs, die ich Ihnen in diesem Buch vorstelle. Ziehen Sie sich einige oder alle davon in Ihren RSS-Reader und Sie sind mit aktuellen Inhalten stets gut versorgt.

Am Ende dieses Kapitels finden Sie außerdem noch einige Tipps zum Marketing mit bzw. in Foren. Obwohl Foren nicht zu den Social Networks im engeren Sinne zählen, bestehen doch sehr viele

Gemeinsamkeiten, so dass wir sie an dieser Stelle gut einbeziehen können.

Facebook

Facebook ist meist das Erste, woran Marketer denken, wenn es um Social Media geht. Kein Wunder, denn in den Medien ist Facebook das am stärksten diskutierte Netzwerk und mit 1,2 Mrd. Menschen weltweit tatsächlich auch das reichweitenstärkste. In der englischen Sprache sind Begriffe wie »I'll friend you« oder sogar »I'll facebook you« in das Alltagsvokabular eingegangen. Auch in Deutschland ist der Daumen omnipräsent und genießt eine größere Bekanntheit als viele altbekannte deutsche Marken.

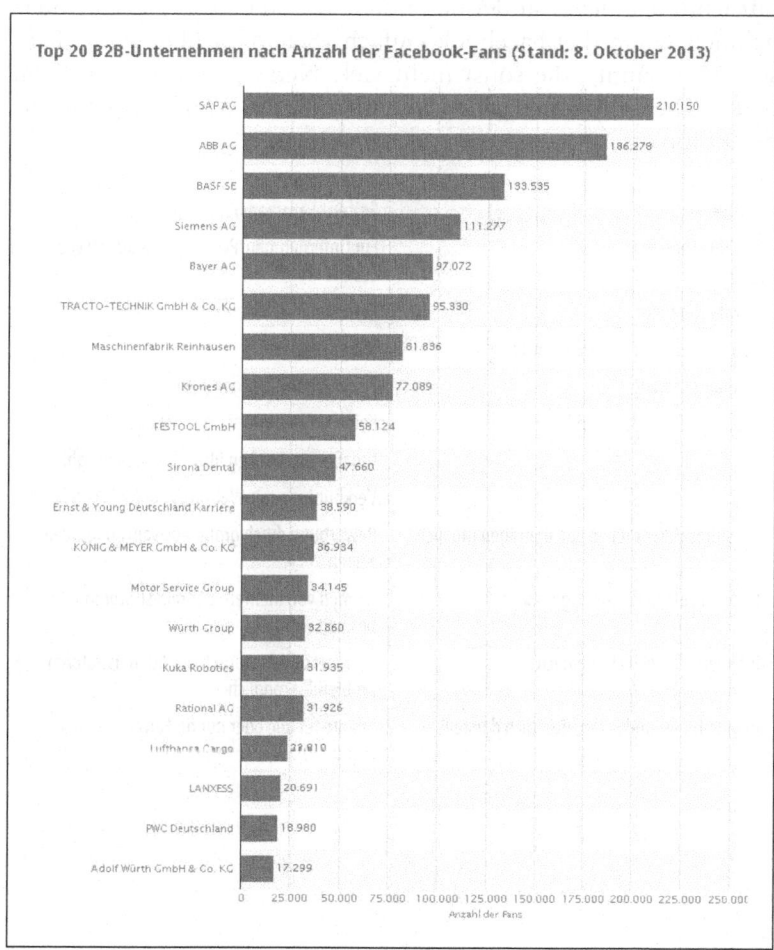

◀ **Abbildung 5-3**
B2B-Unternehmen mit den meisten Facebook-Fans (Quelle: Statista 2013)

Für Unternehmen bietet Facebook zahlreiche äußerst interessante Marketingmöglichkeiten, die andere Netzwerke so nicht aufweisen. Sicherlich ist Facebook nicht für jedes B2B-Unternehmen interessant, das hängt stark von Ihren Produkten, Ihren Zielgruppen und Ihrer generellen Strategie ab. Schließen Sie Facebook aber nicht kategorisch aus, bevor Sie sich einmal näher mit den Möglichkeiten beschäftigt haben.

Was ist das Besondere an Facebook?

Die erste Besonderheit ist natürlich die enorme Reichweite. Kein anderes Netzwerk deckt einen so großen Teil der Bevölkerung ab wie Facebook.

Für Unternehmen liegt der besondere Reiz in den speziellen Unternehmensseiten (bei Facebook einfach »Seiten«, früher auch »Fanseiten« genannt), die sonst nicht viele Netzwerke in dieser Form bieten. Die Funktionen gehen weit über die eines normalen Nutzerprofils hinaus.

Tabelle 5-1
Vergleich von Facebook-Profilen und Facebook-Seiten

Profile	Seiten (Fanpages)
Für Privatpersonen	Für Unternehmen/Personen des öffentlichen Lebens etc.
Private Nutzung	Kommerzielle Nutzung
Haben Freunde (oder Abonnenten)	Haben »Fans«
Klarnamenzwang	Fantasienamen zugelassen
Limitiert auf 5.000 Freunde	Keine Limitierung
-	Nutzungsstatistiken über Facebook Insights
-	Verknüpfung mit Website/Blog via Like Box
Bezahltes Hervorheben von Beiträgen möglich	Bewerbung durch große Auswahl an Werbeanzeigen
Einer einzelnen Person zugeordnet	Können von mehreren Administratoren bespielt werden
Inhaberwechsel nicht möglich	Wechsel und Austausch der Administratoren problemlos möglich
Inhalte für Freunde oder öffentlich darstellbar	Inhalte für alle oder nur für Fans darstellbar (Fangate)

Tipp	Achtung: Bei der Anmeldung zu Facebook haben Sie die Aus-
	wahl, sich als Person oder direkt als Unternehmen anzumelden
	und dann eine Seite anzulegen. Ein solcher Unternehmensac-
	count unterliegt aber einer ganzen Reihe von Beschränkungen,
	die Ihnen später das Leben schwer machen werden. Melden
	Sie sich als Person bei Facebook an und legen Sie dann eine
	Seite an.

Facebook hat im Laufe der Zeit eine ganze Reihe von Funktionen entwickelt, die die Reichweite von Unternehmen deutlich steigern können. Neben den bekannten Like-Buttons können Unternehmen auf ihren Websiten einen Facebook-Login anbieten, zum Beispiel anstelle eines Kundenkontos im Onlineshop oder als Nutzeraccount im Forum. Die Facebook-Kommentarfunktion erlaubt es Nutzern, in einem Blog via ihr Facebook-Konto zu kommentieren. Die Kommentare tauchen dann sowohl im Blog als auch bei Facebook auf, was die Sichtbarkeit drastisch steigern kann.

Schließlich bietet Facebook eine ganze Reihe von Werbeanzeigen an, mit denen Unternehmen eine sehr spezifische Zielgruppenauswahl vornehmen können. Das ist in diesem Ausmaß in keinem anderen Medium möglich (weder online noch offline).

Wer nutzt Facebook?

Jeder. Das klingt erst einmal übertrieben, kommt der Wahrheit aber schon relativ nahe. Bei 28 Millionen Facebook-Usern in Deutschland sind das 51 % aller deutschen Internetnutzer. Bei solch einer Abdeckung kann man schon keinen typischen Nutzer mehr definieren. Tatsächlich sind alle Altersgruppen vertreten. Naturgemäß ist Facebook unter den älteren Gruppen weniger stark verbreitet, aber auch bei den über 60-Jährigen beträgt der Anteil noch 1,2 Millionen. Eine Teenie-Plattform ist Facebook schon lange nicht mehr: 64 % der Nutzer in Deutschland sind über 25 Jahre alt. Männer und Frauen sind übrigens fast gleich verteilt, mit leichtem Frauenüberschuss.

Welche Funktionen sind wichtig?

Den *Seiten* kommt im Marketing die wichtigste Rolle zu. Profile dienen ausschließlich der privaten Nutzung. Und Gruppen fristen eher ein Schattendasein (obwohl sie sich potenziell durchaus für Marketingzwecke einsetzen lassen).

Die Seite ist der zentrale Anlaufpunkt für alle Marketingaktivitäten bei Facebook. Nutzer, die den »Gefällt mir«-Button gedrückt haben, werden zum »Fan« und erhalten dann jeden Beitrag, den die Seite veröffentlicht, in ihrem eigenen Newsfeed angezeigt. Genauer gesagt: Jeden Beitrag, den der Facebook-Algorithmus für relevant genug hält.

Abbildung 5-4 ▶
Facebook-Seite von KUKA Robotics

Die Seite bietet Ihnen nur relativ wenige Gestaltungsmöglichkeiten, die Sie deshalb umso gewissenhafter nutzen sollten. Wichtig sind vor allem das Profilbild und das Titelbild. Hier können Sie Ihr Corporate Design voll ausspielen und Kreativität zeigen. Gerade wenn Ihr Ziel die positive Beeinflussung Ihres Image ist, sollten Sie sich hier etwas einfallen lassen.

Der Facebook-Algorithmus

Ein Facebook-Nutzer hat im Durchschnitt 200 Freunde und ist Fan von einigen Dutzend Seiten. Wenn alles, was diese veröffentlichen, ungefiltert im Newsfeed auftauchen würde, wäre das ein ziemlicher Wust an Beiträgen, und wichtige Dinge würden unweigerlich untergehen.

Deshalb hat Facebook einen Algorithmus entwickelt, der den Newsfeed jeder Person filtert. Häufig wird er »EdgeRank« genannt, manchmal auch »NewsFeed-Algorithmus«. Von Facebook selbst hat er keinen Namen bekommen. Dieser Algorithmus bestimmt, wer welche Beiträge in seinem Newsfeed zu sehen bekommt, sowohl von Seiten als auch von Freunden. Dabei sollen Beiträge, die für den Nutzer wahrscheinlich relevant sind, eher angezeigt werden als vermutlich weniger relevante Beiträge.

Wie genau der Algorithmus funktioniert, ist ähnlich wie beim Google-Ranking nicht bekannt.

Facebook selbst lässt verlautbaren, dass mehr als 10.000 Faktoren eine Rolle spielen.

Eine große Rolle spielen neben Aktualität (aktuelle Beiträge haben eine höhere Chance, angezeigt zu werden) und der Gewichtung (Fotos und Videos erhalten eine höhere Gewichtung als reine Textbeiträge) vor allem die Interaktionen eines Beitrags. Postings, die viele Likes, Kommentare und Shares erhalten, werden von Facebook als wichtig eingeschätzt und mehr Menschen angezeigt. Das gilt insbesondere – aber nicht nur – für die Freunde der interagierenden Personen.

Für Sie bedeutet das: Sie müssen versuchen, Beiträge zu erstellen, die ein hohes Maß an Interaktion hervorrufen. Nur so erreichen Sie die maximale Reichweite, die für Branding- und Traffic-Effekte notwendig ist.

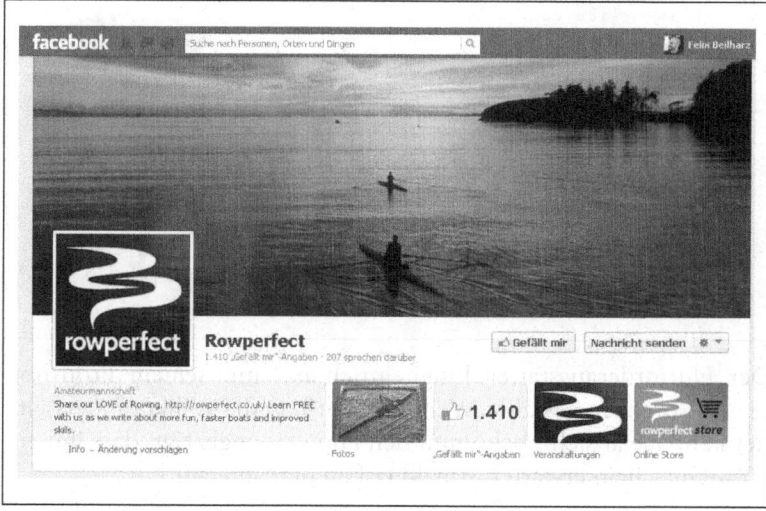

◄ **Abbildung 5-5**
Die Verknüpfung des Profilbildes mit dem Coverbild sieht besonders schick aus.

Wie kann Facebook im B2B-Marketing eingesetzt werden?

B2C-Unternehmen arbeiten auf Facebook gerne mit Rabatten, die nur Fans eingeräumt werden. Im B2B sieht man dieses Vorgehen naturgemäß eher selten. Wenn Sie jedoch einen Onlineshop betreiben, können Sie das durchaus auch einmal versuchen. Das dahinterstehende Prinzip nennt sich *Fangating*. Das bedeutet, Sie erstellen in einer Facebook-App eine Seite, die Sie nur für Fans sichtbar machen. Nicht-Fans bekommen eine vorgeschaltete Seite angezeigt, die sie zum Fan-Werden auffordert, wenn sie den Gutscheincode (oder einen entsprechenden anderen Inhalt) erhalten möchten.

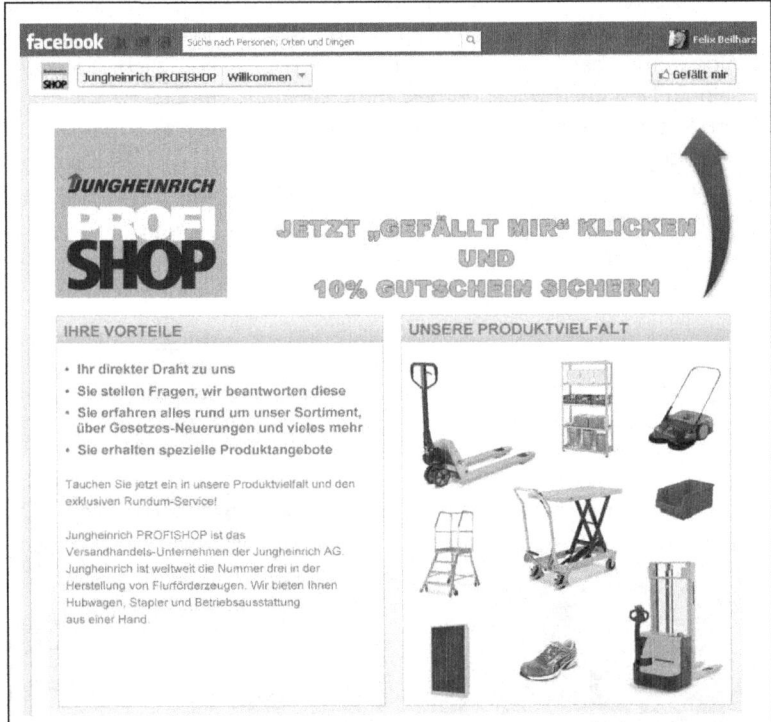

Der Flurförderausstatter Jungheinrich hat mit seinem Profishop dieses Vorgehen gewählt. Wer als Nicht-Fan die Willkommensseite der Fanpage ansieht, bekommt den Hinweis angezeigt, dass ihn ein 10%-Gutschein erwartet, sobald er Fan der Seite wird.

Ist er dann Fan geworden, wird automatisch eine andere Unterseite mit dem Gutschein angezeigt, der im Shop eingelöst werden kann.

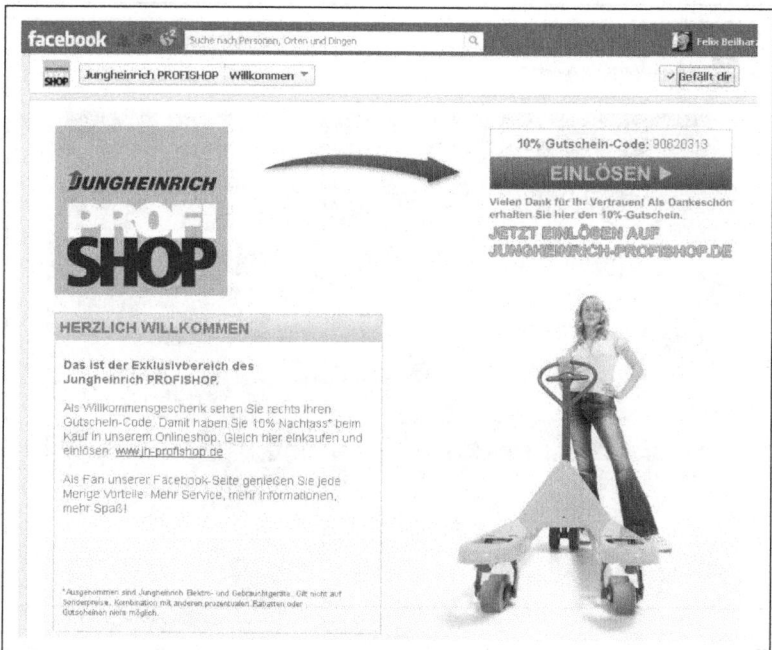

◀ **Abbildung 5-7**
Fans erhalten dann den Rabatt-code, der im Shop eingelöst werden kann.

Dieses Vorgehen kann nicht nur für mehr Umsatz im Shop sorgen, sondern erhöht vor allem die Fanzahl.

Mit so einem Fangate können Sie aber keineswegs nur bei Rabatt-gutscheinen arbeiten. Gerade im B2B-Sektor bieten sich hier zahlreiche Möglichkeiten an (und kaum jemand nutzt sie bisher):

- Stellen Sie ein Whitepaper zur Verfügung.
- Veröffentlichen Sie die Ergebnisse einer Studie, die Sie durchgeführt haben.
- Zeigen Sie ein Video mit hilfreichen Informationen.
- Führen Sie ein Gewinnspiel durch.
- Streamen Sie live Inhalte von einer Veranstaltung.
- Kombinieren Sie ein Fangate mit einer Benefizaktion.

All diese Inhalte können Sie mit einem Fangate Ihren Fans vorbehalten und so Nicht-Fans dazu bringen, ebenfalls Fans zu werden.

Abbildung 5-8 ▶
Bombardier stellt seinen Fans
exklusive Wallpaper-Grafiken zur
Verfügung und generiert so neue
Fans.

 Tipp

Im B2C-Sektor sind Fangate-Verlosungen von iPads oder iPhones sehr beliebt, da damit in kurzer Zeit viele Fans generiert werden können. Auch im B2B-Sektor sieht man solche Fangates gelegentlich. Viel bringen dürfte das allerdings nicht, denn die damit generierten Fans wollen lediglich ein iPhone haben, der Like ist ein reines Mittel zum Zweck.

Wenn Sie stattdessen im Fangate etwas vergeben bzw. verlosen, das einen unmittelbaren Bezug zum Unternehmen hat, sammeln Sie wirklich nur die Fans ein, die für Sie wirklich und langfristig interessant sind.

Um einen Fangate einzurichten, müssen Sie eine Unterseite Ihrer Page anlegen. Wie das geht, ist bei allfacebook Schritt für Schritt beschrieben: http://allfacebook.de/tutorials/iframe-tabs. Um eine solche Canvas Page zu betreiben, müssen Sie über einen SSL-zertifizierten Server verfügen. Achten Sie dabei darauf, dass das SSL-Zertifikat aktuell ist, sonst wird dem Besucher eine Fehlermeldung angezeigt, was natürlich wenig professionell wirkt.

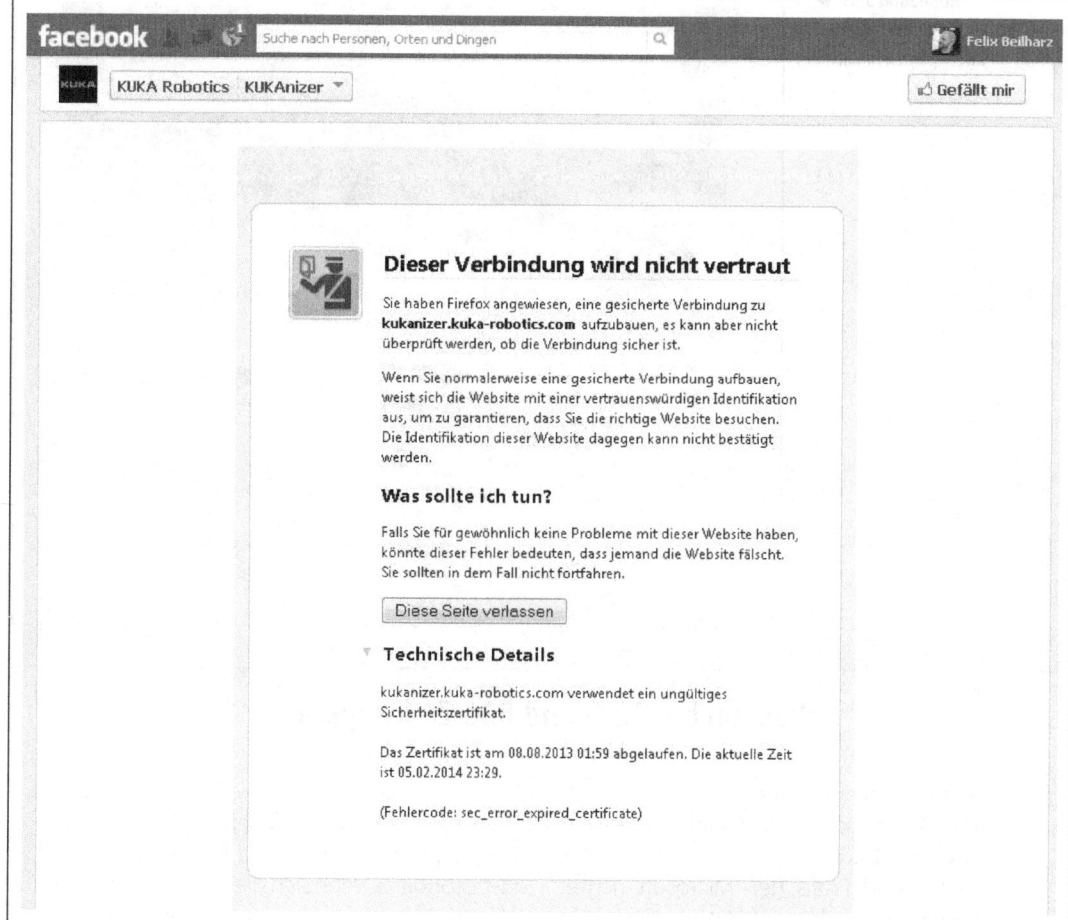

Fangates sind aber keineswegs die einzige Möglichkeit, die Sie mit entsprechenden *Unterseiten (Canvas Pages)* oder *Apps* in *Tabs* nutzen können. Sie können z. B. auch Tabs anlegen für

- Jobangebote,
- Hausregeln/Facebook-Kommentarrichtlinien,
- Vorstellung Ihres Teams,
- Unternehmensgeschichte und
- Einbindung anderer Social-Media-Kanäle, z. B. des Twitter-Newsfeeds.

Diese Tabs sollten dann für alle (Fans und Nicht-Fans) erreichbar sein. Der Zweck liegt hier eher in der Information bzw. im Imagegewinn, weniger in der Sammlung von Fans.

▲ **Abbildung 5-9**
Abgelaufene SSL-Zertifikate führen zu einer Fehlermeldung beim Besucher der Fanpage.

Was tun bei B2B- und B2C-Zielgruppen?

Viele Unternehmen bedienen sowohl Zielgruppen im B2B- als auch im B2C-Markt. Volvo verkauft LKW und PKW, Bosch stellt Werkzeug für Heimwerker und Profis her, Microsoft richtet sich an Privatanwender und Unternehmen. Da stellt sich die Frage, wie man diese unterschiedlichen Zielgruppen bei Facebook anspricht.

In der Regel wird es nicht möglich sein, beide Kundengruppen mit derselben Facebook-Präsenz zu erreichen. Dafür sind häufig sowohl die Produkte als auch die Bedürfnisse zu unterschiedlich. Komplexe Effizienzberechnungen, die für einen mittelgroßen Konzern bei der Entscheidung für eine Cloud-Lösung entscheidend sein können, langweilen bzw. überfordern den Privatanwender hoffnungslos, der nur seine Musiksammlung in der Cloud ablegen will.

In diesen Fällen werden Sie nicht umhinkommen, mehrere Facebook-Seiten anzulegen und die Zielgruppen separat zu bespielen. Das gilt insbesondere, wenn sich die Zielgruppen untereinander »nicht ganz grün« sind. Bei ImmobilienScout24 war das zum Beispiel der Fall: Die Zielgruppen »Wohnungssuchende« und »Makler« auf derselben Plattform anzusprechen, hätte schnell böses Blut gegeben, von den sehr unterschiedlichen Interessenlagen ganz abgesehen. Also entschied man sich, unter www.facebook.com/immobilienscout24profis eine zweite Seite anzulegen und dort gezielt mit Maklern zu kommunizieren. Dieses Vorgehen hat sich laut Aussage des Unternehmens sehr bewährt.

Eine spezielle Anwendung von Facebook im B2B-Umfeld sind *Karriere-Fanpages*. Auch wenn Sie Facebook zur Kundenansprache nicht als geeignet für Ihr Unternehmen ansehen, kann sich der Kanal zur Stärkung Ihrer Arbeitgebermarke und zur Ansprache von Bewerbern lohnen. Tatsächlich setzen einige B2B-Unternehmen Faebook ausschließlich als Recruiting-Tool ein, Kundenkommunikation findet in diesen Fällen nicht statt.

Eine Karriere-Page bedeutet ähnlich viel Arbeit wie eine normale Fanseite. Der Aufwand dürfte sich daher nur dann lohnen, wenn Sie regelmäßig und in größerem Umfang Mitarbeiter einstellen. Insbesondere zur Ansprache jüngerer Kandidaten eignet sich Facebook und kann sogar einen Teil der herkömmlichen Recruiting-Maßnahmen ersetzen. Beachten Sie beim Aufbau und der Pflege einer Karriere-Page die folgenden Tipps.

- Auch eine Karriere-Seite muss regelmäßig mit interessanten Inhalten bespielt werden, die für die aktuellen und potenziellen Bewerber relevant sind.

- Zeigen Sie so viel wie möglich über Ihr Unternehmen, den Bewerbungsprozess und die Stellen, die Sie ausschreiben. Fans möchten bei Facebook mehr erfahren, als sie aus einer Stellenbeschreibung herauslesen können.

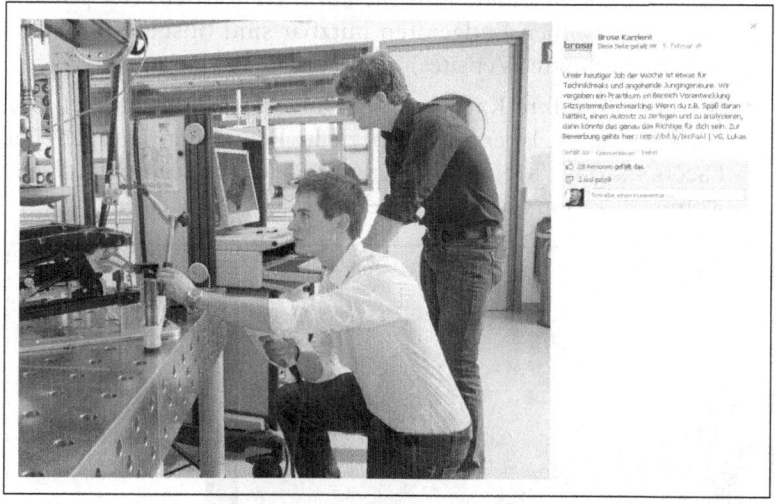

◄ **Abbildung 5-11**
Der Automobilzulieferer Brose Fahrzeugteile GmbH & Co. KG schreibt häufig Praktika auf Facebook aus.

- Bemühen Sie sich darum, die Fans als Kontakte zu validieren, zum Beispiel, indem Sie sie zum Abonnieren eines Newsletters oder zum Besuch eines Azubitags bewegen.

- Zeigen Sie direkte Ansprechpartner bei Facebook, mit Namen und Foto.

- Beantworten Sie auf jeden Fall Anfragen der Fans so zeitnah wie möglich. Gerade bei der Jobsuche haben fast alle Kandidaten mehrere Unternehmen im Auge. Wenn Sie hier »patzen«, nimmt Ihr Image als potenzieller Arbeitgeber schnell schaden.

- Verlinken Sie immer wieder auch auf den Karrierebereich Ihrer Website, wo Sie weitere und ausführlichere Informationen bereithalten.

- Bringen Sie aktuelle Mitarbeiter dazu, auch auf der Facebook-Seite zu posten bzw. dort Rede und Antwort zu stehen. Nichts ist für Bewerber so glaubwürdig wie die Stimme eines Mitarbeiters.

- Je nach Zielgruppe müssen Sie auf Ihrer Karriereseite eine andere Ansprache wählen als auf der allgemeinen Fanpage. Wenn Sie sich überwiegend an Azubis richten, kann das »Du« gerechtfertigt sein, während Sie auf Ihrer Corporate Page durchaus mit »Sie« arbeiten können. Wichtig ist, dass die Ansprache zum Image und der Wahrnehmung Ihres Unternehmens passt.

- Junge Menschen nutzen Facebook überwiegend mobil. Achten Sie darauf, dass Inhalte, die Sie auf Ihrer Karriereseite posten, auch mit mobilen Endgeräten nutzbar sind (insbesondere Bilder und verlinkte Websites).

- Bewerben Sie Ihre Karriereseite. Nutzen Sie zum Beispiel Ihre Website dafür, aber auch spezielle Recruiting-Gruppen bei Facebook oder XING, Ihr Kununu-Profil, Pressemitteilungen, Kommunikation auf Messen oder Facebook-Anzeigen.

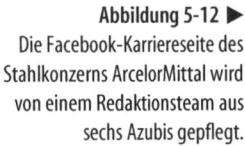
Abbildung 5-12 ▶
Die Facebook-Karriereseite des Stahlkonzerns ArcelorMittal wird von einem Redaktionsteam aus sechs Azubis gepflegt.

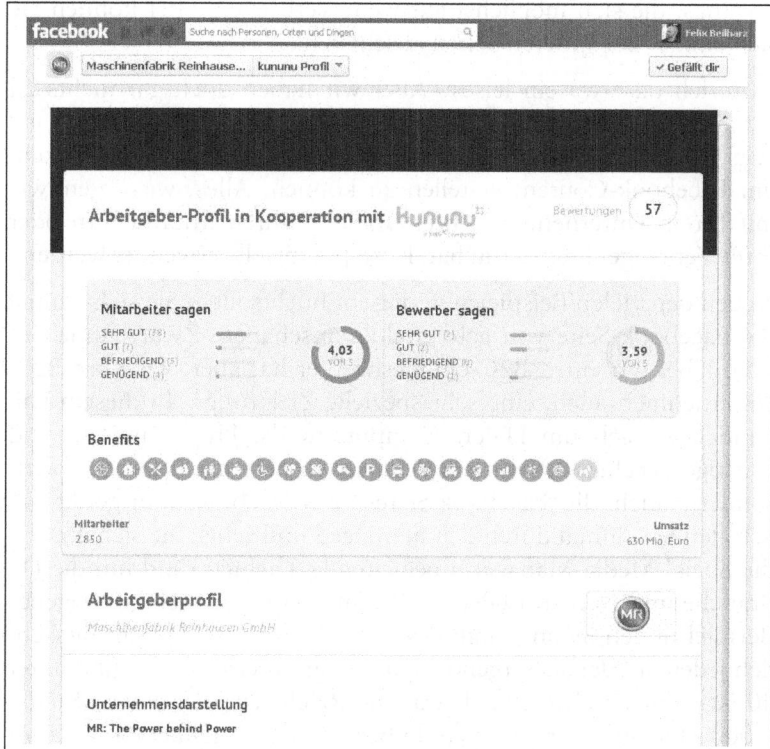

◀ Abbildung 5-13
Die Maschinenfabrik Rheinhausen
hat ihr Kununu-Profil in die Facebook-Seite integriert.

Wie vergrößert man seine Anhängerschaft?

Damit jemand zum Fan wird, müssen Sie ihm etwas Besonders bieten. Idealerweise verfügen Sie über eine so starke/coole/bekannte Marke, dass Menschen freiwillig Fans werden, einfach nur um mit Ihnen verbunden zu sein. Dieses Privileg ist aber eher Apple, Nike, Coca Cola & Co. vorbehalten. 99 % der anderen Unternehmen müssen sich etwas einfallen lassen, um Fans zu gewinnen.

Der wichtigste Punkt dabei ist – Sie ahnen es schon – der Content. Menschen werden nur dann Fans Ihrer Seite, wenn Sie regelmäßig hilfreiche, unterhaltsame oder sonstwie wertbringende Inhalte liefern. Dabei müssen Sie vielleicht etwas über Ihren Schatten springen. Bei Facebook sind durchaus einmal lockerere, mit einem Augenzwinkern gemachte Beiträge erlaubt. Streuen Sie einfach mal etwas Lustiges oder Kurioses in Ihren Content-Mix ein, die Fans werden es Ihnen danken. Danken heißt in diesem Zusammenhang: Sharen oder Liken. So werden dann weitere Nutzer auf Sie aufmerksam, woraus schnell neue Fans entstehen. Erstellen Sie also

Postings, die sich möglichst gut weiterverbreiten. Hier können Sie sich einiges bei anderen Seiten abschauen.

Höre ich da etwa ein leises »Aber wir haben doch gar nichts zu erzählen«? Wenn Ihnen dieser Gedanke in den Kopf gekommen ist, zeigt das nur, dass Sie noch nicht weit genug um die Ecke denken, um Facebook-Content erstellen zu können. Alles, was irgendwie mit Ihrem Unternehmen, Ihrer Branche, Ihren Mitarbeitern oder Ihrer Vergangenheit zu tun hat, kann potenziell verwendet werden.

Neben den vielen Beispielen in diesem Buch sollten Sie sich einmal die Facebook-Seite von getdigital.de anschauen. Zwar handelt es sich dabei um einen B2C-Onlineshop, er hat aber, wie viele B2B-Unternehmen auch, eine sehr spezielle Zielgruppe. In diesem Fall handelt es sich um IT-ler, Computernerds, Programmierer und sonstige »Techies«. Nicht nur der Shop ist hervorragend konzipiert, sondern auch die Facebook-Seite www.facebook.com/getdigital. Scrollen Sie einmal durch den Newsfeed und sehen Sie sich an, wie die Social-Media-Managerin begleitende Themen rund um die IT-Branche und Nerd-Klischees in Postings fasst. Ein sehr gelungenes Beispiel finden Sie in Abbildung 5-14. Dieser Post spricht tatsächlich jeden an, der sich irgendwie mit Computern befasst (und unter 40 ist). Entsprechend hoch war die Reichweite des Posts: Knapp 1.000 Mal wurde er geteilt und über 2.000 Mal geliket. So ein Post hätte auch von jedem IT-Unternehmen stammen können ...

Kurioses funktioniert neben dem Lustigen auch immer gut bei Facebook. Was war zum Beispiel das ungewöhnlichste Erlebnis, das Sie in Projekten jemals hatten? Was läuft bei Ihnen ganz anders als üblicherweise? Was würden andere Ihnen niemals glauben? Aus solchen Kleinigkeiten lassen sich hochinteressante Postings machen, die garantiert Reichweite generieren.

Gewinnspiele führen bei Facebook auch zu einer hohen Reichweite. Im B2B-Sektor werden Gewinnspiele selten eingesetzt. Bei entsprechender Anpassung des Konzepts können sie aber durchaus funktionieren.

Hier können Sie prinzipiell auf zwei verschiedene Weisen vorgehen:

Erstens können Sie das Gewinnspiel in einer App auf Ihrer Facebook-Seite durchführen. Dabei können Sie wieder einen Fangate etablieren, also nur Fans am Gewinnspiel teilnehmen lassen. Dann haben Sie in der App die Möglichkeit, Kontaktdaten der Teilnehmer abzufragen, was im Sinne der Lead-Generierung sehr wertvoll ist.

◀ **Abbildung 5-14**
Sehr gelungener Facebook-Post zu
Weihnachten mit großer Reich-
weite

◀ **Abbildung 5-15**
Cisco zeigt jeden Mittwoch ein Foto
eines außergewöhnlichen Server-
raums mit dem Hashtag #Cable-
Wednesday.

In so einer App können Sie äußerst kreative Gewinnspiele durchführen. Den technischen Möglichkeiten sind dabei fast keine Grenzen gesetzt, außer durch die Kosten für so eine App natürlich. Fertige Baukastensysteme gibt es bei www.sweepstake-app.com und www.halalati.com aber schon für wenige hundert Euro. Die Bandbreite reicht von einfachen »Trag dich hier ein und nimm an der Verlosung teil«-Aktionen bis hin zu ausgefeilten Wettbewerben mit User-generated Content, bei dem zum Beispiel das beste hochgeladene Video gewinnt.

Tabelle 5-2
Vor-und Nachteile von
Gewinnspielen in Apps

Vorteile	Nachteile
Lead-Generierung möglich	Aufwendig in der Erstellung
Kreative Ideen möglich	Teuer
Gestaltung nach CI-Vorgaben	Relativ hohe Hürde für die Teilnehmer
Einfache Erfüllung rechtlicher Vorgaben	
Hohe virale Reichweite möglich	

Abbildung 5-16 ▶
Eine Managementberatung verlost
Tickets zu einer Personalentwick-
lungs-Konferenz und kombiniert
die Aktion mit einer Meinungs-
umfrage.

Die zweite Option ist erst seit 2013 bei Facebook zugelassen: Sie können auch ein Gewinnspiel unter allen Personen durchführen, die zum Beispiel einen Ihrer Facebook-Beiträge liken oder kommentieren. Oder Sie verlosen etwas für den Kommentar, der seinerseits die meisten Likes erhält. Solche Aktionen haben allerdings die Tendenz, Facebook-Nutzer irgendwann zu nerven, sie sollten also sparsam eingesetzt werden. Außerdem muss aus rechtlichen Gesichtspunkten jeder Teilnehmer vor der Teilnahme den Bedingungen zustimmen. Da es aber kein entsprechendes Häkchen gibt (anders als in Gewinnspiel-Apps, wo es automatisch enthalten ist), müssen Sie sich mit einem Link in Ihrem Posting begnügen, der zu extern festgehaltenen Teilnahmebedingungen führt (z. B. im Blog).

Solche kleineren Gewinnspiele eignen sich gut, um zwischendurch mal etwas spontan zu verlosen oder etwas Leben in Ihre Community zu bringen. Probieren Sie es ruhig einmal aus.

Vorteile	Nachteile
Schnell und einfach zu erstellen	Keine Datenabfrage möglich
Keinerlei Programmieraufwand	Link zu Teilnahmebedingungen erforderlich
Hohe virale Reichweite möglich	Sehr begrenzte Gestaltungsmöglichkeiten
	Höhere Betrugsgefahr durch unechte Likes

Tabelle 5-3
Vor- und Nachteile von Gewinnspielen im Newsfeed

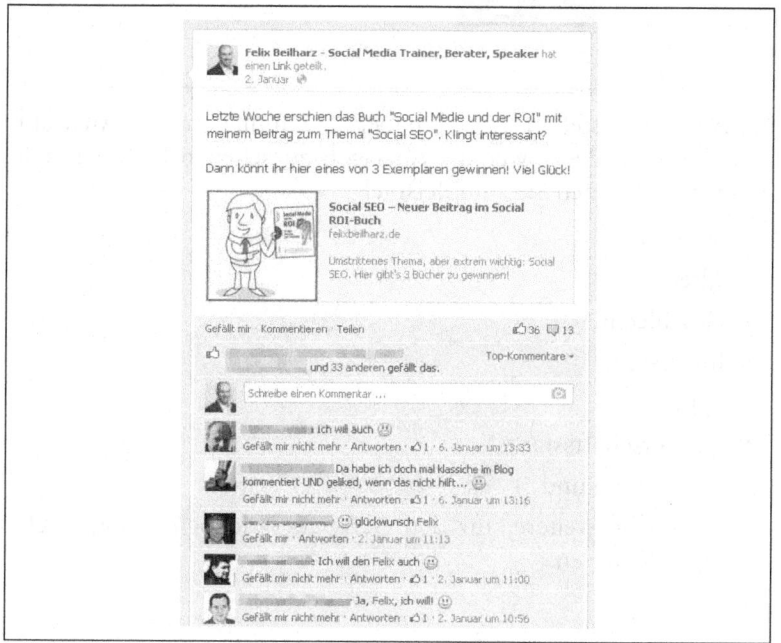

◀ **Abbildung 5-17**
Spontane Verlosungen unter allen Likes sollten mit Teilnahmebedingungen z. B. im Blog verknüpft sein.

Eine der wichtigsten und effektivsten Methoden, die Fanzahl zu erhöhen, ist das Schalten von Werbeanzeigen. Hierfür gibt es bei Facebook eine ganze Reihe von Möglichkeiten. Unter *www.facebook.com/ads* haben Sie die Möglichkeit, selbst Anzeigen zu buchen.

Die Anzeigen erscheinen entweder auf der rechten Seite des Newsfeeds der Zielgruppen oder direkt im Newsfeed als gesponsorter Beitrag.

Im Anzeigenerstellungs-Tool haben Sie umfangreiche Auswahlmöglichkeiten dazu, wer die Anzeigen zu sehen bekommen soll. Auswählen können Sie zum Beispiel

- Standort,
- Alter,
- Geschlecht,
- Interessen,
- Sprache,
- Partnerschaftsstatus,
- Ausbildung und
- zahlreiche weitere, für den B2B-Sektor jedoch weniger relevante Kriterien.

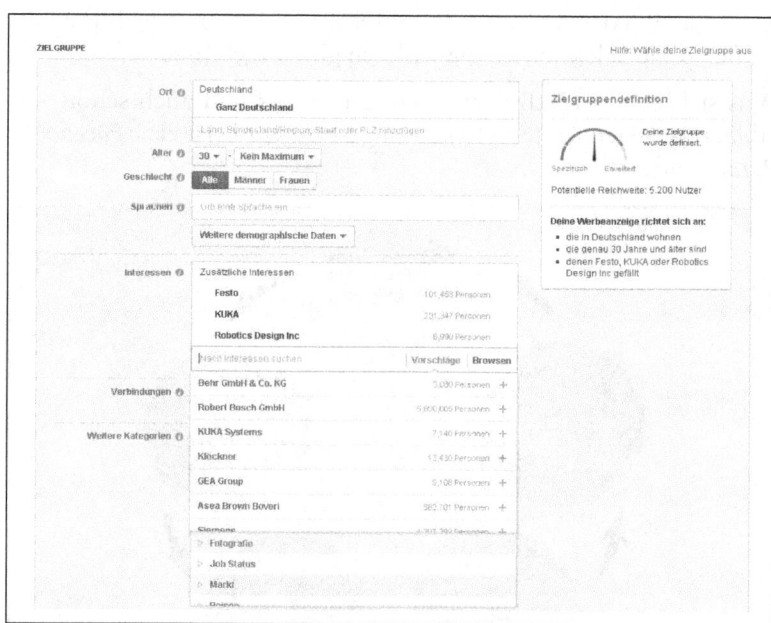

◀ **Abbildung 5-20**
Auch Fans von großen Wettbewer-bern lassen sich auswählen.

Facebook zeigt zu jeder Zielgruppenkonfiguration an, wie viele Personen sich ungefähr in der ausgewählten Gruppe befinden. Je genauer Sie auswählen, desto weniger Personen erreichen Sie logischerweise – aber desto geringer sind auch die Streuverluste.

Die Bezahlung erfolgt letztendlich auf Klickbasis: Sie legen ein maximales Tagesbudget fest und definieren, was Sie pro Klick maximal zu zahlen bereit sind. Der reale Klickpreis liegt dann irgendwo unter Ihrem Maximalgebot, je nach Qualität Ihrer Anzeigen und der Konkurrenzdichte. (Auch eine Bezahlung pro 1.000 Einblendungen ist möglich; diese Option ist in der Praxis jedoch meist deutlich teurer.)

Tipp   Verwenden Sie für Ihre Anzeigen Aufmerksamkeit erregende, starke Bilder. Testen Sie verschiedene Bilder gegeneinander und ermitteln Sie die Variante mit den höchsten Klickraten. Tauschen Sie die Bilder nach einiger Zeit aus, um die Zielgruppen mit frischen Bildern anzusprechen.

Im B2B-Sektor liegt häufig die Schwäche des Systems darin, dass die Nutzer über das sonst sehr wirksame Interessen-Targeting kaum zu erreichen sind. Fußballfans oder Musikliebhaber können darüber sehr gut angesprochen werden. Was aber, wenn Sie Mitarbeiter im Einkauf von Einzelhandelsunternehmen erreichen wollen? Oder Praxismanagerinnen mittelgroßer Arztpraxen? Meist gibt es hier keine Selektionen, die wirklich gute Ergebnisse liefern.

Was sich aber im B2B-Sektor sehr gut eignet und auch schon von einigen wenigen Unternehmen eingesetzt wird, ist das *Facebook-Retargeting.*

Abbildung 5-21 ▶
Der Ablauf des Facebook-Retargeting

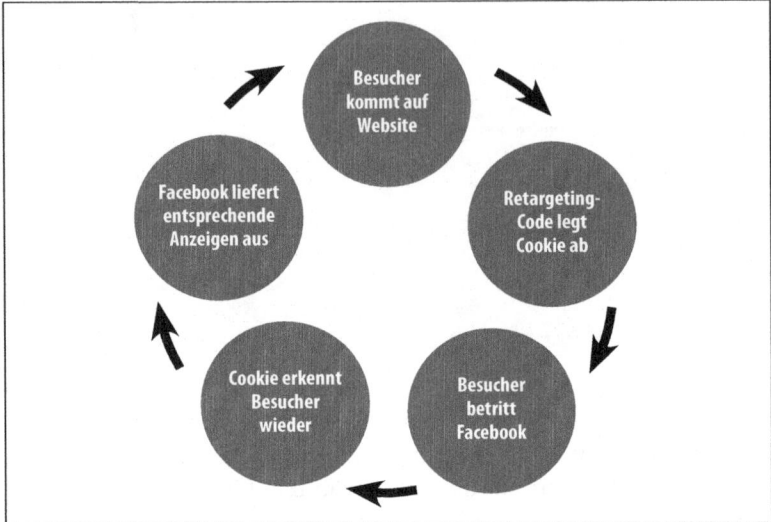

Das funktioniert so:

1. Sie nutzen dafür in der Regel einen Anbieter wie adroll.com, der sich auf Retargeting spezialisiert hat.

2. Dort legen Sie eine Facebook-Anzeigenkampagne an, inklusive Anzeigentexten und Bildern.

3. Der Anbieter generiert Ihnen dann einen kleinen Codeschnipsel, den Sie in Ihre Website einbauen müssen.

4. Sobald ein Besucher Ihre Website besucht, wird durch den Codeschnipsel ein Cookie auf dem Rechner des Besuchers abgelegt.

5. Dieser Cookie erkennt den Rechner des Besuchers wieder, wenn dieser mit demselben Rechner Facebook erneut besucht. Dort sieht der Besucher dann Ihre vorher definierte Anzeige.

6. Die Bezahlung erfolgt in der Regel auch hier pro Klick.

Der Vorteil dieses Systems liegt auf der Hand: Der Streuverlust tendiert gegen null. Sie zeigen die Facebook-Anzeigen nur Personen an, die vorher schon auf Ihrer Website waren und folglich offenbar Interesse an Ihrem Unternehmen oder Ihren Leistungen haben.

Tipp   Wenn Sie eine vielbesuchte Website haben, können Sie den Code auch nur auf einer speziellen Unterseite einbauen, zum Beispiel einer besonderen Produktseite oder Ihrem Kontaktformular. Dann können Sie die Anzeigen bei Facebook noch gezielter auf die Interessen der Besucher zuschneiden und die Streuverluste sinken noch weiter (weil zum Beispiel zufällige Besucher Ihrer Startseite ausgenommen werden).

Der Besucher sieht zwar Ihre Anzeige bei Facebook, erkennt aber nicht, warum er diese Anzeige eingeblendet bekommt. B2C-Anbieter wie Amazon, Zalando oder Otto nutzen Facebook-Retargeting bereits seit längerer Zeit sehr effektiv. Ich persönlich sehe im B2B-Markt noch größere Chancen für dieses System, da Sie nirgends so zielgenau werben können wie mit diesen Anzeigen.

◀ **Abbildung 5-22**
Diese Anzeige tauchte im News-feed auf, wenige Minuten nach-dem ich die Website von Simply Measured besucht hatte.

Die zweite Option bei Facebook-Anzeigen, die sich für die B2B-Branche relativ gut eignet, sind die *Custom Audiences*. Dafür müssen Sie den Power Editor nutzen, eine Erweiterung der normalen Anzeigenoberfläche, die nur über den Google-Browser Chrome aufrufbar ist.

Mit Custom Audiences legen Sie eigene Zielgruppen fest, denen Sie bei Facebook die Anzeigen vorsetzen möchten. Diese Zielgruppen können Sie zum Beispiel durch eine Liste von E-Mail-Adressen definieren.

Die Liste laden Sie in den Power Editor. Noch auf Ihrem PC werden diese E-Mail-Adressen codiert und dann unkenntlich gemacht an Facebook gesendet. Facebook prüft anhand der Codes (die E-Mail-Adressen erhält Facebook nicht!), ob mit diesen Adressen Facebook-Accounts angelegt wurden. Wenn ja, werden diesen Konten Ihre Werbeanzeigen eingeblendet.

Abbildung 5-23 ▶
Custom Audiences mit Facebook-
Anzeigen ansprechen

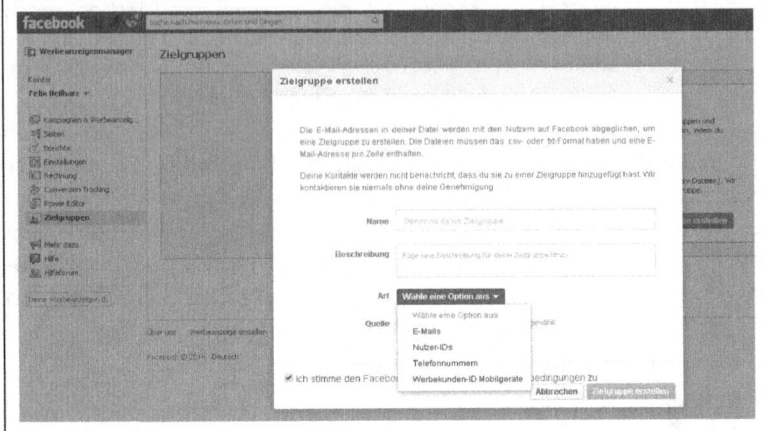

Auch hier: Null Streuverlust, da wirklich nur diejenigen Ihre Anzeigen sehen, deren Daten Sie selektiert haben.

Wenn das zu schön klingt, um wahr zu sein, haben Sie leider recht, denn zwei Einschränkungen gibt es dann doch:

1. Nur ein Teil der Kunden wird die Ihnen vorliegende E-Mail-Adresse auch zum Anlegen des Facebook-Accounts verwendet haben. Erfahrungswerte reichen hier von 5 bis 45 %, abhängig von den Branchen und Unternehmensgrößen. Sie werden also eine recht große E-Mail-Liste brauchen, um einigermaßen Reichweite zu erzeugen.

2. Rechtlich ist dieses Vorgehen schwierig, da Sie in der Regel nicht die Erlaubnis haben, diese Adressen für Werbeanzeigen zu verwenden. Lassen Sie sich von Ihrem Anwalt beraten.

 Tipp

Dieses Vorgehen funktioniert besonders gut in Verbindung mit Content-Marketing und Retargeting. Stellen Sie also auf Ihrer Website ein Whitepaper bereit, das so spezifisch ist, dass es wirklich nur Ihre Zielgruppe anspricht. Setzen Sie auf dieser Landingpage den Retargeting-Cookie ab und holen Sie die E-Mail-Adressen ein, um den Interessenten das Whitepaper zuzuschicken. Lassen Sie sich bei dieser Gelegenheit auch gleich die Einwilligung zur weitergehenden Nutzung der E-Mail-Adresse geben. Erstellen Sie dann Facebook-Kampagnen für die Retargeting-Ads und targetieren Sie die gesammelten E-Mail-Adressen mit Custom-Audience-Anzeigen.

Welche Tools sind hilfreich?

Prinzipiell sind für Facebook keine Tools zwingend notwendig, da der Administrationsbereich bereits alle relevanten Funktionen bietet, die Sie bzw. Ihr Team zum Bespielen der Seite benötigen. Facebook hat nach und nach Funktionen hinzugefügt, die früher nur über Drittanbieter-Tools verfügbar waren, zum Beispiel das Vordatieren und automatische Veröffentlichen von Beiträgen. Auch die Statistiken der Facebook-Seite lassen kaum Wünsche offen. Darüber hinausgehende Tools zur Analyse der Erfolge finden Sie im Kapitel über Monitoring und Erfolgsmessung.

◀ Abbildung 5-24
Die Boston Consulting Group hat ihren YouTube-Channel als App in die Fanseite integriert und den Tab auf den dritten Platz verschoben.

Besonders hervorzuheben sind jedoch die Apps, die Facebook für Ihre Fanseite anbietet. Genauer gesagt, werden die meisten Apps von anderen Entwicklern angeboten, nicht von Facebook direkt. Die Apps können in Tabs auf Ihrer Facebook-Seite integriert werden und erweitern so die Funktionalität Ihrer Seite. Im Facebook-App Center (https://www.facebook.com/appcenter/) finden Sie Tausende von Apps, von denen viele auch für Seiten verfügbar sind (der Rest richtet sich an Personen, die die Apps mit ihren Profilen nutzen wollen).

Im App-Center finden Sie zum Beispiel Apps, die es Ihnen ermöglichen, Ihr Blog, Ihren Twitter-Feed oder Ihren YouTube-Channel in Ihre Seite zu integrieren. So optimieren Sie die Verknüpfung der Kanäle und machen mehr Nutzer auf Ihre Social-Web-Präsenzen aufmerksam.

Wenn die App erfolgreich installiert ist, wird automatisch ein neuer Tab in die Fanpage eingefügt. Die Reihenfolge der Tabs können Sie als Administrator verändern, so dass Sie wichtige Tabs nach vorne verschieben und unwichtige erst nach dem Aufklappen anzeigen lassen können.

Beim Klick auf den Tab öffnet sich die Unterseite der App mit dem jeweiligen Inhalt, eben zum Beispiel Ihrem YouTube-Channel. Alle Videos sind dann direkt bei Facebook betrachtbar.

Abbildung 5-25 ▶
Der YouTube-Channel der BCG
erscheint nach dem Anklicken des
Tabs als Unterseite.

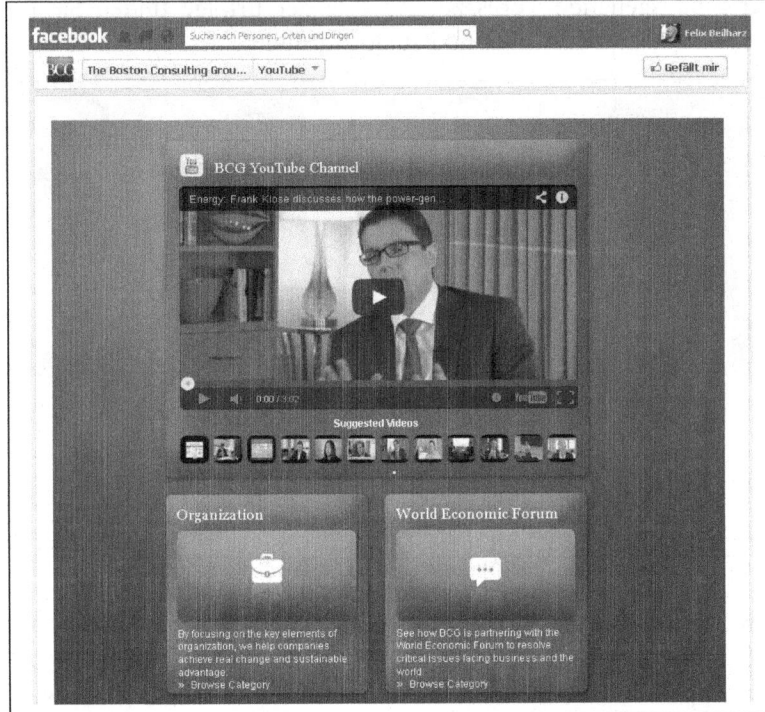

Wie bereits angesprochen, existieren viele Analysetools für Facebook. Wenn Sie Facebook als Marketingkanal ernst nehmen, sollten Sie auf jeden Fall eines oder einige davon einsetzen, um Ihre Seite und die Ihrer Wettbewerber zu untersuchen und daraus Schlüsse für Ihr eigenes Marketing zu ziehen. Ein solches Tool ist zum Beispiel Fanpagekarma (www.fanpagekarma.com), das auch als kostenlose, eingeschränkte Version verfügbar ist. Fanpagekarma liefert Ihnen eine ganze Reihe von wertvollen Informationen über die Fanseiten Ihrer Konkurrenten. Sie erfahren zum Beispiel,

- wie schnell eine Facebook-Seite wächst und wie interaktiv sie ist,
- wie häufig die Seite Inhalte publiziert,
- welche Art von Inhalten sie veröffentlicht,
- welche Arten von Inhalten wie gut funktionieren und
- wie intensiv und zeitnah sie Beiträge von Fans beantwortet.

Fanpagekarma gibt auch Aufschluss darüber, welche Fans auf einer Fanpage in den vorangegangenen 30 Tagen am aktivsten waren, was interessante Rückschlüsse gerade bei der Analyse von Konkurrenzseiten ermöglicht.

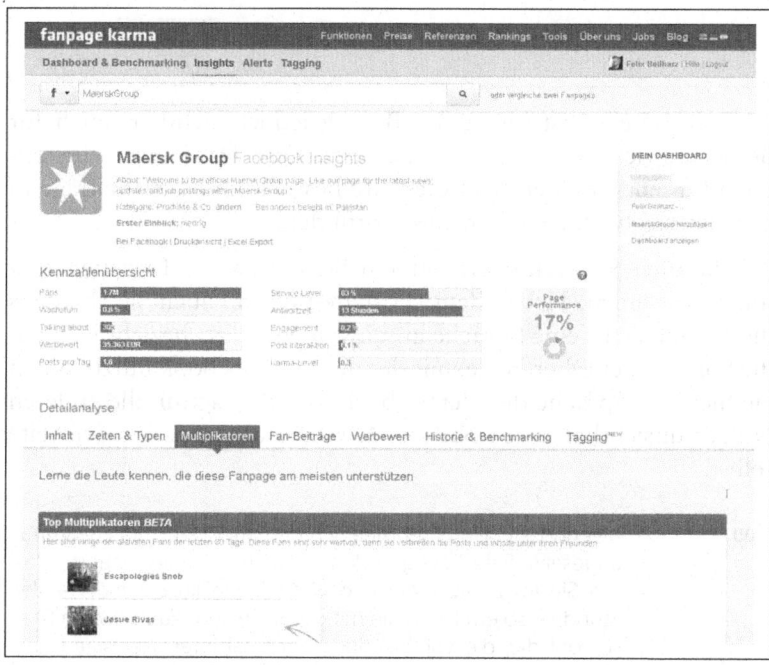

◀ Abbildung 5-26
Fanpagekarma ist eines der hilfreichsten Facebook-Tools am Markt.

Tipps und Tricks für Ihr Facebook-Marketing

Wenn Ihr Unternehmen in verschiedenen Ländern aktiv ist, stellt sich schnell die Frage, ob Sie für jedes Land eine eigene Fanpage betreiben müssen, gerade wenn Sie in unterschiedlichen Sprachen arbeiten. Wenn das vom Aufwand her für Sie handhabbar ist, sollten Sie diese Option wählen, da Sie dann jede Fanpage auf das jeweilige Land zuschneiden können. Sie können allerdings auch unterschiedliche Sprachen von derselben Fanpage aus bespielen. Die Möglichkeit zur Auswahl der Sprache (und weiterer Kriterien)

Ihrer Fans haben Sie beim Posten jedes Beitrags. Nur Fans, die in ihrem Facebook-Account die ausgewählte Sprache angegeben haben, erhalten den Beitrag im Newsfeed angezeigt.

Abbildung 5-27 ▶
Auswahl der Zielsprache eines Face-book-Postings

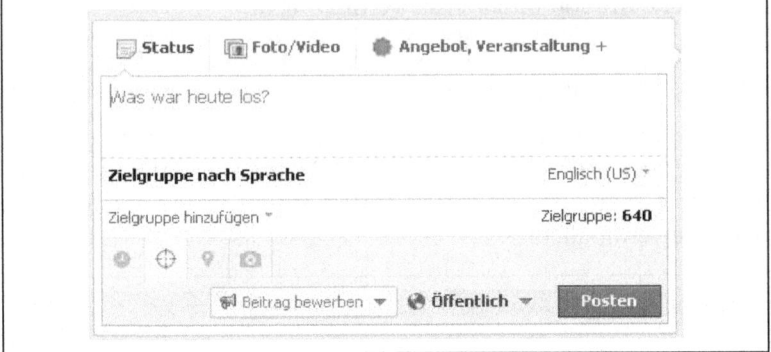

Auf der Seite selbst bleibt der Beitrag jedoch sichtbar, auch für Besucher, die eine andere Sprache verwenden. Das kann zu Irritationen führen, wenn ein Fan die Seite besucht und dort Beiträge in ganz unterschiedlichen Sprachen vorfindet.

Das können Sie verhindern, indem Sie die zweite Targetierungsfunktion wählen: Neben dem »Posten«-Button haben Sie ebenfalls die Möglichkeit, eine Sprache auszuwählen. Diese bezieht sich auf die Sprache der Oberfläche, mit der der Fan Facebook nutzt. Wenn Sie hier eine Sprache definieren, bleibt der Beitrag für alle anderen Nutzer unsichtbar – sowohl im Newsfeed als auch auf der Seite selbst.

 Tipp Meetings in Unternehmen werden meist zur vollen Stunde angesetzt. Sehr häufig enden sie auch zur vollen Stunde. Posten Sie im B2B-Umfeld also überwiegen kurz vor der vollen Stunde – so erreichen Sie mit der höchsten Wahrscheinlichkeit sowohl die, die vor Meetings nochmal ihren Newsfeed checken, als auch die, die gerade aus einem Meeting kommen.

Nutzen Sie auf jeden Fall Ihr Blog, um Facebook-Fans zu gewinnen. Eine effektive Möglichkeit ist, unter jedem Beitrag nicht nur einen Like/Share-Button einzubinden, der die Reichweite erhöht, sondern auch eine Like-Box, die den Nutzer beim Klicken des »Gefällt mir«-Buttons direkt zum Fan macht. Wer sich den Blogbeitrag bis zum Ende durchgelesen hat, ist mit hoher Wahrscheinlichkeit so angetan, dass er auch Fan werden möchte.

Wenn Sie auf Ihrer Seite mit Spammern zu kämpfen haben, können Sie diese einzeln blockieren, so dass sie auf Ihrer Seite nichts mehr posten können. Manchmal gibt es aber regelrechte Wellen, die von Aktionisten ausgelöst werden und alle großen Fanseiten überrollen. Engagierte Tierschützer posten dann zum Beispiel auf allen Fanseiten unter jeden Beitrag einen Kommentar mit einem Aufruf, eine Petition zu unterschreiben oder ein Video anzusehen. Solche Wellen gibt es alle paar Wochen, meist zu Tierschutz- oder politischen Themen. Dessen können Sie Herr werden, indem Sie bestimmte Wörter auf Ihrer Fanseite blockieren. Sobald eines dieser blockierten Wörter in einem Posting auftaucht, wird der Post automatisch unsichtbar geschaltet. Da die Kommentare meistens einen standardisierten Text enthalten, kann man mit der Stoppwort-Funktion (zu finden in den Seiteneinstellungen) dieses Problem recht gut bekämpfen. Nehmen Sie häufig verwendete Stoppwörter nach dem Abklingen der Spamwelle jedoch wieder aus dem Filter, um andere Beiträge nicht dauerhaft zu blockieren.

Bei Facebook darf die Ansprache der Nutzer ruhig etwas lockerer ausfallen, auch im B2B-Sektor. Überlegen Sie, ob ein »Du« oder »Ihr« bei Ihnen sinnvoll sein könnte. Auf jeden Fall aber dürfen Sie hier auch mal etwas Lustiges oder Ausgeflipptes einfließen lassen, was bei LinkedIn oder auf Ihrer Firmenwebsite nicht angebracht wäre. Trauen Sie sich ruhig einmal etwas – auf Facebook wird man Ihnen das nicht verübeln, im Gegenteil.

Abbildung 5-29 ►
Stopplisten können zum Verhindern von Spamkommentaren verwendet werden.

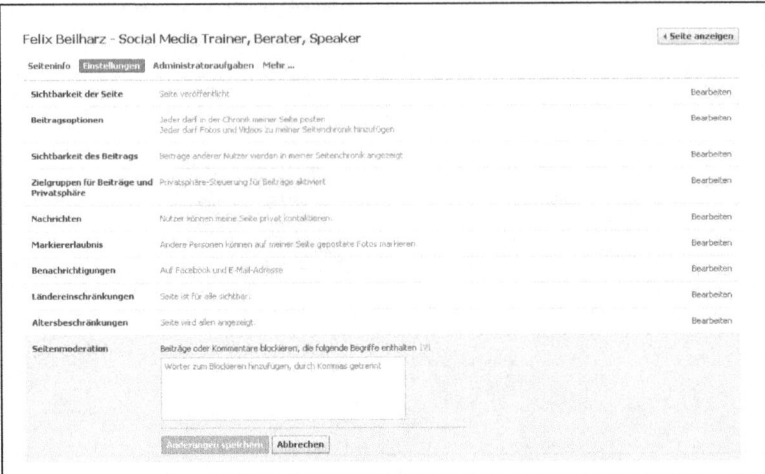

Abbildung 5-30 ►
Auf Facebook sind auch einmal lustige und weniger geschäftsbezo-
gene Beiträge erlaubt.

Zu der Frage, was Sie posten sollten, gibt es eine interessante Studie von salesforce. Für die Untersuchung wurde eine Reihe von B2B-Seiten auf Facebook auf Likes, Shares und Kommentare hin analysiert. Anschließend wurde ausgewertet, welche Art von Beiträgen die meisten Interaktionen generieren konnte. Die Ergebnisse können auch Ihnen als Leitfaden dienen:

- Beiträge mit Bildern erhielten im Schnitt 5,5-mal mehr Likes.
- Beiträge mit Fragen konnten doppelt so viele Kommentare generieren wie Posts ohne Fragen.
- Beiträge mit Links wurden doppelt so häufig geteilt wie Beiträge ohne Links.

Posten Sie also häufiger Bilder, Fragen und Links, um die Anzahl Ihrer Interaktionen zu erhöhen.

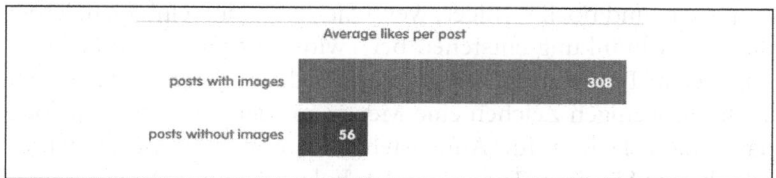

◀ **Abbildung 5-31**
Bilder erzielen die meisten Likes und damit eine hohe Reichweite. (Quelle: http://www.salesforce.com/de/loesungen/kleinunternehmen/erfolgreiche-facebook-seiten-fuer-kleinbetriebe.jsp)

Twitter

Twitter ist eine Art Mischform aus Blog und Social Network und wird oft zur Kategorie Microblog gezählt, genauso oft aber auch zu den Social Networks. Für die Praxis ist diese Unterscheidung natürlich irrelevant.

Erfolgsbeispiele aus der B2B-Branche sind bei Twitter noch spärlich gesät, zumindest in Deutschland. Hier ist die Zurückhaltung noch sehr groß. Dabei profitieren Unternehmen in anderen Ländern schon lange von den Vorteilen des Microblogs. Eine von Compete durchgeführte Studie untersuchte beispielsweise, wie B2B-Tech-Unternehmen aus den USA von Twitter profitieren. Die Ergebnisse in Kürze: Internetnutzer, die mit einem Tweet eines B2B-Tech-Unternehmens in Kontakt gekommen waren,

- besuchten die Website des Unternehmens mit einer 47 % höheren Wahrscheinlichkeit (Traffic-Steigerung),
- suchten mit 150 % höherer Wahrscheinlichkeit nach dem Firmennamen (Branding) und

- füllten mit einer 168 % höheren Wahrscheinlichkeit ein Lead-Formular auf der Website aus (Lead-Generierung).

(Quelle: Tweets in Action: Mobile/Tech«, Compete 2013)

Damit erfüllt Twitter die wichtigsten Hauptziele des B2B-Marketing vorbildlich. In Deutschland werden Sie wohl mit geringeren Werten rechnen müssen – aber auch hierzulande machen einige Unternehmen bereits vor, wie man mit Twitter Reichweite, Bekanntheit und Leads generiert.

Was ist das Besondere an Twitter?

Der Clou an Twitter ist die rigorose Beschränkung der Beiträge auf 140 Zeichen. Egal, wie viel Sie zu sagen haben, müssen Sie sich auf 140 Zeichen beschränken. Das reicht gerade einmal für zwei bis drei Sätze, und noch weniger, wenn Sie einen Link einbauen. Trotz dieser Beschränkung entstehen bei Twitter lebhafte Gespräche oft mit vielen Teilnehmern. Dank verschiedenen Kürzeln lässt sich auch mit wenigen Zeichen eine Menge aussagen. Das führt jedoch dazu, dass Twitter für Außenstehende oftmals kryptisch wirkt, oder hätten Sie einen Tweet wie den Folgenden ohne Weiteres verstanden?

Abbildung 5-32 ▶
Tweet mit einigen Besonderheiten

Wenn Sie Twitter als Marketingkanal nutzen möchten, sollten Sie sich also Zeit nehmen, die besondere Sprache und die Funktionen zu verstehen. Ich sehe in der Praxis häufig Unternehmen, die bei Twitter einfach Pressemitteilungen veröffentlichen, und das oft auch noch automatisiert. Da darf man sich nicht über mangelnde Resonanz beschweren. Twitter muss intelligent und aktiv bespielt werden, Sie müssen sich auf den Dialog einlassen und willens sein, die Sprache der Community zu sprechen. Dann werden Sie bei Twitter auch Rückmeldungen und Interaktionen erhalten.

Abkürzungen bei Twitter

Aufgrund der Beschränkung der Zeichenanzahl finden Sie bei Twitter sehr häufig Abkürzungen. Manche davon stellen spezielle Funktionen dar, andere sollen einfach Emotionen ausdrücken. Abkürzungen, die Ihnen häufiger begegnen werden, sind folgende:

- FF: Steht für den FollowFriday.
- DM: Bezeichnet eine »Direct Message«. Damit können Sie jemandem, der Ihnen folgt, eine Direktnachricht senden, die nur Sie beide sehen können.
- RT: Retweet, also das Weiterreichen eines fremden Tweets
- MT: Modified Tweet. Gibt an, dass Sie einen fremden Tweet abgewandelt retweeten.
- PRT: Partial Retweet. Sie reichen einen Tweet verkürzt weiter.

- RTHX: Retweet Thanks. Damit bedanken Sie sich für einen Retweet.
- OH: Steht für Overheard und bezeichnet etwas, das Sie mündlich aufgeschnappt haben und jetzt bei Twitter zitieren.
- HT: Hat Tip oder Heard through. In jedem Fall erwähnen Sie damit jemanden, von dem Sie etwas im echten Leben gehört haben. Ein solcher Tweet wäre also zum Beispiel nach dem Muster »Tweettext HT @username« aufgebaut.
- BTW: By the way, also zu Deutsch »Übrigens«. Stammt nicht von Twitter, wird hier aber häufig benutzt.
- TMB: Tweet me back, also der Aufruf, zu antworten, wenn z. B. eine bestimmte Information eingegangen ist.

Tipp   Eine @-Antwort auf einen Tweet, die mit @username beginnt, können nur diejenigen sehen, die sowohl dem Absender als auch dem Empfänger folgen (und natürlich Absender und Empfänger selbst). Wenn Sie diese Einschränkung der Reichweite vermeiden wollen, stellen Sie das @ nicht an den Anfang des Tweets oder, wenn doch, setzen Sie einen Punkt direkt vor das @-Zeichen. Dann sehen auch Ihre anderen Follower den Tweet wie einen ganz normalen Tweet von Ihnen.

Twitter ist ein sehr schnelles Medium, bei dem Gespräche (nahezu) in Echtzeit ablaufen. Während in einem Forum manche Antworten erst nach Tagen eingehen, ist ein Tweet meist sehr kurzlebig und wird entweder sofort beantwortet oder überhaupt nicht mehr. Darauf müssen Sie sich also einstellen, wenn Sie Twitter nutzen möchten: Sie müssen in der Lage sein, sehr zeitnah Beiträge zu schreiben und zu beantworten. Lange Abstimmungsprozesse sind der Tod der Twitter-Kommunikation.

Eine Unterscheidung zwischen Unternehmens- und privaten Profilen gibt es bei Twitter übrigens nicht. Es gibt nur eine Art von Account mit den gleichen Funktionen für Unternehmen und Privatpersonen.

Wer nutzt Twitter?

Wie viele Menschen in Deutschland Twitter nutzen, ist nicht genau bekannt. Fast alle Zahlen, die durch die Medien geistern, sind Schätzungen oder Hochrechnungen. Die Zahlen schwanken zwischen 500.000 und 1,2 Millionen aktiven Accounts, wobei die Gesamtzahl der deutschen Accounts wohl bei ca. 5 Millionen liegt (Stand Anfang 2014). Twitter selbst gibt über 210 Millionen aktive Nutzer und ca. 900 Millionen registrierte Accounts weltweit an. Sicher ist, dass Deutschland, was die Twitter-Nutzung angeht, im weltweiten Vergleich stark zurückliegt.

Der Schwerpunkt der Twitter-Nutzer dürfte bei Technik- und onlineaffinen Menschen und Unternehmen liegen. Über die genaue Twitter-Nutzerstruktur ist wenig bekannt, da Twitter selbst keine Daten dazu veröffentlicht und es auch keine Analysemöglichkeiten wie bei Facebook gibt.

Die ARD-ZDF-Onlinestudie 2013 zeigt, dass 7 % der Deutschen Twitter gelegentlich nutzen, Männer stärker als Frauen. Der Altersschwerpunkt liegt jedoch bei den jüngeren Zielgruppen (14–39 Jahre), bei den über 40-Jährigen nutzen nur noch wenige Menschen Twitter aktiv. Was natürlich nicht heißt, dass es sich nicht lohnen kann, wenn Ihre Zielpersonen zu dieser kleinen Gruppe gehören.

Um das herauszufinden, können Sie hervorragend die Twitter-Suche (http://search.twitter.com) nutzen. Suchen Sie nach Namen von Personen in Ihren Zielunternehmen oder direkt nach den Unternehmensnamen.

Prüfen Sie, welche Wettbewerber bereits aktiv sind. Wie viele Follower haben diese bereits? Mit einem Klick auf die Follower-Zahl können Sie sich auch die Follower selbst anzeigen lassen. Sind darunter für Sie spannende Personen oder Unternehmen?

◀ Abbildung 5-33
Durchsuchen Sie die Follower Ihrer
Wettbewerber nach interessanten
Accounts.

Welche Funktionen sind wichtig?

Neben der Suchfunktion und der bereits angesprochenen Analyse der Follower bietet Twitter noch eine Reihe von Funktionen, die Sie kennen und nutzen sollten, allen voran die Möglichkeiten der Interaktion bei Twitter.

Immer, wenn Sie erwähnt wurden, erfahren Sie davon in der Spalte »Verbinden« (bzw. in der App in der @-Spalte).

Dort tauchen alle Erwähnungen Ihres Accounts sowie Retweets und Favorisierungen auf. Außerdem erfahren Sie dort, wenn Ihnen jemand folgt.

Abbildung 5-34 ▶
Letzte Interaktionen in der
»Verbinden«-Spalte

Die *@-Erwähnungen* gehören zu den zentralen Elementen. Wann immer Sie einen anderen Account erwähnen und/oder auf sich aufmerksam machen möchten, stellen Sie seinem Usernamen in Ihrem Tweet ein @-Zeichen voran. Das Ergebnis ist das gleiche wie bei einer Markierung bei Facebook: Der Inhaber des anderen Accounts erfährt davon und wird sich vielleicht bei Ihnen bedanken. Auf jeden Fall aber nimmt er Sie zur Kenntnis und folgt Ihnen mit etwas Glück sogar.

Mit dieser Methode können Sie zum Beispiel

- Journalisten,
- potenzielle Kunden,
- Blogger,
- Branchendienste und
- Experten

erwähnen und auf sich aufmerksam machen.

Retweets sind nichts anderes als das »Teilen« bei Facebook. Sie reichen einen für gut befundenen Tweet an Ihre Follower weiter. Damit zollen Sie dem Urheber des Tweets Respekt und sorgen gleichzeitig für guten Content für Ihre Follower. Retweeten Sie ruhig großzügig alles, was Ihren Followern einen Mehrwert bietet.

Die *Favoriten* können mit dem Like-Button bei Facebook verglichen werden. Einen guten Tweet können Sie mit einem Klick auf den Stern als Favorit markieren. Das führt zum einen wieder zu einer Meldung beim Absender, was Ihre Bekanntheit Stück für

Stück erhöht. Zum anderen können Sie auch später in der Liste Ihrer favorisierten Tweets stöbern und interessante Tweets leichter wiederfinden.

Folgen und Zurückfolgen

Das Verhältnis von Followern und Gefolgten (auch »Freunde« genannt) sagt etwas über die Qualität eines Twitter-Accounts aus. Im Idealfall folgen Ihnen deutlich mehr Menschen, als Sie anderen folgen. Das zeigt, dass Sie offenbar einen interessanten Account haben, der von selbst Follower generiert.

Wenn Sie mehr Leuten folgen, als Ihnen selbst folgen, sehen Sie schnell wie ein Spammer aus. Der Grund dafür ist, dass solche Verhältnisse, vor allem bei Zahlen jenseits der 10.000, meist durch automatisierte Programme zustande kommen, die im großen Maßstab Accounts folgen in der Hoffnung, von möglichst vielen zurückgefolgt zu werden. Meist folgen aber nicht alle zurück, so dass sich die Zahlen zuungunsten der Follower verschieben.

Bei deutschen Accounts mit 50.000 und mehr Followern und Gefolgten stecken meist solche automatisierten Mechanismen dahinter.

Folgen Sie also nur Personen, die für Sie wirklich interessant sind.

Die *Hashtags* spielen bei Twitter natürlich eine große Rolle, schließlich sind sie ursprünglich hier entstanden. Hashtags ermöglichen die Nachverfolgung und Einordnung von Gesprächen im sonst undurchdringbaren Tweet-Dschungel. Immer mehr Unternehmen setzen auch Hashtags in ihrer Kommunikation ein. Beim Superbowl 2014, dem jährlichen Football-Megaevent, wurden von 18 TV-Spots, die in den Pausen liefen, gleich bei acht Hashtags eingeblendet ...

Außerdem haben Sie die Möglichkeit, Twitter-Nutzer zu *Listen* hinzuzufügen. So können Sie zum Beispiel eine Liste mit potenziellen Kunden erstellen, eine mit Bestandskunden, eine mit Twitterern zu Social-Media-Themen und eine mit Journalisten. Mit einem Klick auf die jeweilige Liste werden dann nur die Tweets von Personen aus der Liste angezeigt, was die »Unordnung« im Newsstream deutlich reduziert.

Tipp

Twitter-Listen können Sie sowohl öffentlich als auch privat anlegen. Öffentliche Listen können gut als »Kompliment« dienen, wenn Sie zum Beispiel Journalisten in eine öffentliche Liste namens »Top-Journalisten – Must Follow« legen – da fühlt sich wohl jeder geschmeichelt. Private Listen eignen sich dagegen gut, um zum Beispiel über die Aktivitäten von Konkurrenten auf dem Laufenden zu bleiben oder interessante Schlüsselpersonen in Zielunternehmen im Auge zu behalten.

Abbildung 5-35 ▶
Mit der Zeit werden immer mehr Nutzer Sie zu Listen hinzufügen.

Twitter einrichten

Bei der Wahl Ihres Account-Namens müssen Sie je nach Firmenname etwas tricksen, wenn Ihr Wunschname schon vergeben ist. Sorgen Sie dafür, dass der Name leicht zu merken und einprägsam ist. Ein Account wie @RSBonzGmb-HHR wird sich niemand merken können. Erlaubt sind im Account-Namen übrigens nur Buchstaben, Unterstriche und Zahlen. Auf letztere sollten Sie nach Möglichkeit verzichten, um es mobilen Nutzern nicht allzu schwer zu machen, Ihren Account aufzurufen.

Sorgen Sie zu Beginn dafür, dass Ihr Account ansprechend aussieht. Dafür sorgen ein Hintergrundbild im Corporate Design, ein passendes Profilfoto und ein aussagekräftiger Beschreibungstext. Vergessen Sie auch nicht den Link zum Impressum in Ihrer Bio.

Wie kann Twitter im B2B-Marketing eingesetzt werden?

Wie bei allen Kanälen gilt auch bei Twitter: Erhoffen Sie sich keine gigantischen Follower-Zahlen. Als B2B-Unternehmen in Deutschland werden Sie vermutlich nicht viel mehr als fünf- oder zehntausend Follower erreichen können, wahrscheinlich eher deutlich weniger. Auch hier kommt es aber vor allem darauf an, die richtigen Follower um sich zu scharen.

Sie können Twitter gezielt als Kanal für HR-Maßnahmen, für Pressearbeit oder für das Marketing einsetzen. Auch Servcie-Accounts gibt es. Das bekannteste Beispiel ist hier @telekomhilft, der sich allerdings auch an eine riesige Zielgruppe richtet. Für Sie wird ein reiner Servicekanal sich vermutlich nicht lohnen.

Stattdessen können Sie eine Mischform wählen: Lassen Sie HR-Themen und PR-Meldungen in Ihren Twitter-Mix einfließen, ohne sich auf einen Bereich zu spezialisieren. Falls Sie sehr aktive Pressearbeit betreiben, sollten Sie jedoch durchaus einen eigenen Twitter-Account dafür in Erwägung ziehen – Pressemeldungen nerven die anderen Follower irgendwann. Es spricht auch nichts dagegen, mehrere Twitter-Accounts zu betreiben, wenn das für Sie handhabbar ist. Ab einer bestimmten Unternehmensgröße und damit Kommunikationsdichte werden Sie darum ohnehin nicht herumkommen.

Tipp
Sie können sich entscheiden, ob Sie als Unternehmen twittern oder eine Person in den Vordergrund stellen möchten. Letzteres wirkt in der Regel persönlicher und sympathischer. Wenn mehrere Personen unter diesem Account twittern, sollten Sie die Autoren mit Bildern und Namen (z. B. im Hintergrundbild) vorstellen und die Urheber der einzelnen Tweets mit Kürzeln kenntlich machen. So können sich andere bei Bedarf auf sie beziehen.

In jedem Fall sollten Sie Twitter auf Erwähnungen Ihres Unternehmensnamens und Ihrer Markennamen überwachen. Hierzu können Sie die im Kapitel über Monitoring und Erfolgsmessung gezeigten Tools verwenden. Sehr hilfreich ist hier zum Beispiel Tweetbeep (www.tweetbeep.com), das Ihnen eine E-Mail schickt, wenn ein Wort, ein Username oder ein Hashtag bei Twitter erwähnt wurde.

Abbildung 5-36 ▶
Tweetbeep hält Sie über
Erwähnungen Ihrer Marken auf
dem Laufenden.

Hashtags im Marketing einsetzen

Grundsätzlich haben Sie zwei Möglichkeiten, Hashtags im Marketing zu verwenden. Das gilt für alle Kanäle, die Hashtags zulassen (z. B. Twitter, Facebook, Google+, Instagram und einige andere).

Sie können einen Hashtag verwenden, der gerade akut oder generell häufig verwendet wird. Damit schalten Sie sich in bestehende Gespräche ein und machen Ihren Twitter-Account besser sichtbar. Im besten Fall können Sie so sogar Interaktionen und Follower generieren. Allerdings besteht bei häufig verwendeten Begriffen der Nachteil, dass Ihr Tweet recht schnell untergeht.

Die andere Herangehensweise ist, einen eigenen Hashtag zu kreieren und zu verwenden. Damit besetzen Sie quasi ein Thema. Immer wenn Personen den Hashtag verwenden, wissen Sie, dass diese über Sie sprechen. So lassen sich Gespräche über Ihre Marken bzw. Themen sehr leicht nachvollziehen. Gleichzeitig hat es einen Imageeffekt, wenn Ihr Hashtag immer bekannter wird.

Einige Beispiele für eigene Hashtags, die auch im Marketing eingesetzt werden:

- #machdichwahr: Dieser Slogan der Fitnessstudio-Kette McFit prangt auf den Spiegeln im Studio, auf Plakaten und in Werbespots.

- #EIGAseminar: Die Linde Gruppe verwendete diesen Hashtag zur Kommunikation über ein Seminar.

- #destigram: Die Fluglinie Qatar Airways ruft mit diesem Hashtag dazu auf, Bilder von Urlaubsdestinationen zu posten.

- #SAPcloud: SAP hat diesen Hashtag für Diskussionen rund um die Cloud-Leistungen des Unternehmens eingeführt.

Übrigens: Die Groß- und Kleinschreibung spielt bei Hashtags keine Rolle. Allerdings müssen Hashtags aus einem einzigen Wort (oder mehreren zusammengeschriebenen Wörtern) bestehen – Leerzeichen und Bindestriche gibt es in Hashtags nicht.

Besonders gut lässt sich Twitter mit seinen Hashtags für Veranstaltungen einsetzen. Vielleicht haben Sie schon einmal eine *Twitterwall* auf einer Messe oder Konferenz gesehen. Dabei handelt es sich um einen Bildschirm oder eine Leinwand, worauf in Echtzeit die abgeschickten Tweets mit einem bestimmten Hashtag angezeigt werden. Auf diese Weise können Sie (und die Besucher) auf einen Blick nachverfolgen, was gerade über die Veranstaltung getwittert wird, was häufig noch mehr Teilnehmer dazu veranlasst, mitzutwittern. Wenn man es geschickt anstellt, lässt sich die Reichweite der Veranstaltung so enorm steigen. Über Twitter können so auch Nicht-Teilnehmer von der Veranstaltung profitieren und bekommen vielleicht Lust, beim nächsten Mal ebenfalls vor Ort dabei zu sein.

Eine solche Twitterwall können Sie zum Beispiel auch auf einem Flachbildschirm an Ihrem Messestand nutzen und so Besucher des Standes zum Mitschreiben auffordern.

Damit das jedoch funktioniert, müssen die Aktion und vor allem der Hashtag entsprechend bekannt gemacht werden. Nutzen Sie hierfür möglichst schon im Vorfeld die Ankündigungsmedien, damit möglichst viele Teilnehmer Smartphone, Tablet oder Laptop dabei haben. Weisen Sie auch vor Ort immer wieder auf den Hashtag hin, zum Beispiel in Ihrer Eröffnungsrede, auf Aufstellern oder in den Veranstaltungsunterlagen. Natürlich können Sie auch eine Verlosungsaktion starten und unter allen Teilnehmern, die an diesem Tag den Hashtag verwendet haben (und vor Ort waren), einen kleinen Preis als Anreiz verlosen.

◀ **Abbildung 5-37**
Weisen Sie ruhig auffällig auf den Hashtag hin – hier ein etwas außergewöhnlicher Aufsteller meiner »Social Media Kanzlei Konferenz 2013«.

Tipp   Wenn Sie »Twitterwall Software« googeln, werden Sie viele Anbieter finden, auch kostenlose. Der Trend geht seit der Einführung von Hashtags bei Facebook sogar zu so genannten Social Walls, die neben Twitter auch Facebook, Google+ und Instagram darstellen können.

Wie vergrößert man seine Anhängerschaft?

Wie bei allen Kanälen gilt auch hier: Posten Sie hochwertige Inhalte, die für Likes und Interaktionen sorgen. Je mehr Interaktionen Sie generieren, desto mehr Reichweite erzielen Sie, desto mehr Menschen kommen mit Ihrem Account in Kontakt und desto mehr Follower werden daraus resultieren.

Achten Sie darauf, dass Ihr *Twitter-Account ansprechend gestaltet* ist. Wenn jemand Sie retweetet und dessen Follower so auf Ihren Account aufmerksam werden, können diese dann auf einen Blick erkennen, wer Sie sind, was Sie tun und warum sie Ihnen folgen sollten?

Folgen Sie relevanten Personen. Viele davon werden Ihnen zurückfolgen, so dass dadurch bereits eine kleine Follower-Menge entstehen kann. Folgen Sie zum Beispiel Kunden, befreundeten Unternehmen, interessanten Nutzern aus Ihrer Branche, Multiplikatoren und ein paar Social-Media-Experten.

Beteiligen Sie sich an *Gesprächen* zu aktuell laufenden Hashtags und an Aktionen wie dem Follow Friday (#FF). Dadurch werden nach und nach immer mehr Nutzer auf Ihren Account aufmerksam.

Binden Sie Twitter in Ihre Kommunikationsmedien ein, insbesondere in Ihre *Website*. Ein verlinktes Logo ist das Mindeste. Besser funktionieren Twitter-Plugins bzw. Widgets, mit denen die Nutzer direkt folgen können, ohne erst Twitter besuchen zu müssen. Sie können auch eine Liste mit bisherigen Tweets hinzufügen, so dass die Website-Besucher direkt sehen, was in Ihrem Twitter-Account so los ist. Auch hier ist, wie bei allen Social-Media-Plugins, die datenschutzrechtliche Lage in Deutschland allerdings schwierig. Detaillierte und aktuelle Hinweise dazu erhalten Sie im Blog von Rechtsanwalt Thomas Schwenke (*www.rechtsanwalt-schwenke.de/blog*).

Warnung   Widerstehen Sie der Versuchung, sich Follower zu kaufen. Zwar gibt es im Internet zahlreiche Angebote, bei denen Sie Tausende von Followern für wenig Geld erwerben können. Das bringt aber nichts außer einem aufgeblähten Account, der spätere Interaktionsauswertungen unmöglich macht. Im Gegenteil: Wenn der Follower-Kauf auffällt, ist Ihr Ruf im Nu ruiniert.

◀ **Abbildung 5-38**
Twitter-Widgets zeigen Ihren Website-Besuchern Einblicke in den Twitter-Account und generieren Follower.

Wenn Sie Dependancen im englischsprachigen Ausland (USA, Großbritannien, Irland, Kanada) haben und auf Englisch twittern, haben Sie die Möglichkeit, *Werbung bei Twitter* zu schalten (*http:// ads.twitter.com*). Diese Option dürfte irgendwann auch auf andere Länder ausgerollt werden, vielleicht ist es ja bereits soweit, wenn Sie dieses Buch in Händen halten.

Möglich ist es, einzelne Tweets hervorzuheben oder Ihren Account zu bewerben und so mehr Follower zu generieren. Sie können die Zielgruppen nach Interessen auswählen. Besonders interessant ist die Option, ähnliche Nutzer wie die Follower anderer Twitter-Accounts anzusprechen. Sie können also Nutzer selektieren, die den Followern Ihrer Wettbewerber ähneln. Ähnlich wie bei Facebook können Sie auch direkt eine Liste von IDs oder E-Mail-Adressen bewerben (mit den damit verbundenen datenschutzrechtlichen Schwierigkeiten).

Bezahlt wird am Ende pro neu generiertem Follower bzw. pro Interaktion mit Ihrem Tweet. Sie legen einen maximalen Preis pro Interaktion und ein maximales Tagesbudget fest, so dass Sie eine gute Kontrolle über die Ausgaben sicherstellen.

Abbildung 5-39 ▶
Twitter-Anzeigen bieten umfangreiche Selektionsmöglichkeiten.

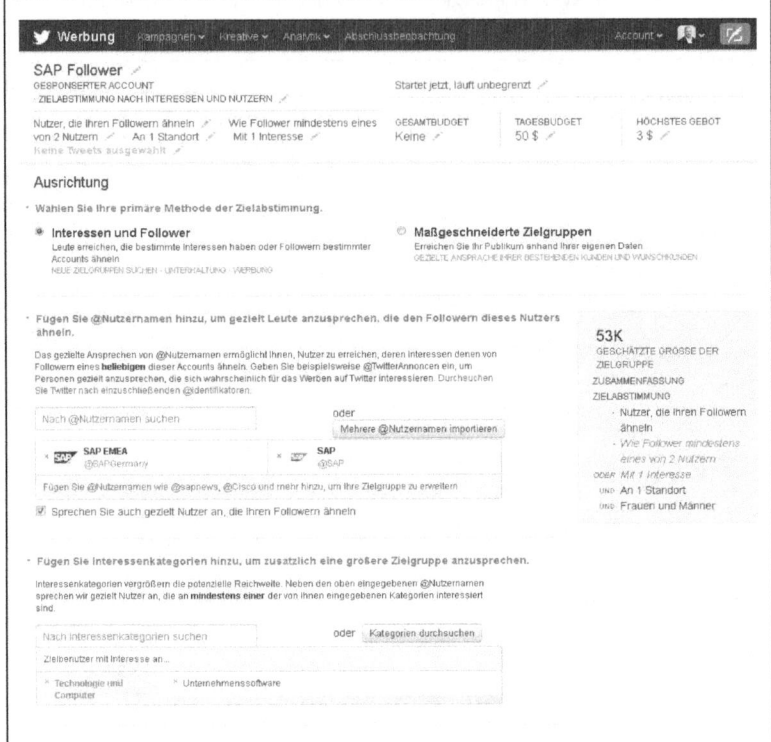

Welche Tools sind für Twitter hilfreich?

Das Twitter-Universum ist in den letzten Jahren gigantisch groß geworden. Tausende von Drittanbieter-Tools erweitern die Funktionalitäten des Microblogs enorm. Einige Tools, die bei der täglichen Arbeit enorm weiterhelfen, stelle ich Ihnen an dieser Stelle vor.

SocialBro ist ein Tool, das zur Analyse der eigenen Followerschaft eingesetzt wird. Mit diesem Tool können unzählige verschiedene Segmentierungen und Analysen durchgeführt werden, zum Beispiel:

- Wer sind die einflussreichsten Follower?
- Welche Accounts, denen Sie folgen, folgen Ihnen nicht zurück und sind seit mindestens X Monaten inaktiv?

- Wer ist Ihnen kürzlich entfolgt?
- Welche Accounts haben ein »unnatürliches« Follower-zu-Freunde-Verhältnis?
- Nach welchem Tweet haben Sie wie viele Follower gewonnen bzw. verloren?
- Welche Tweets haben wie viel Resonanz hervorgerufen?
- Um wie viel Uhr sollten Sie twittern, um die maximale Resonanz zu erhalten?

Sie können mit SocialBro Ihre Follower- und Freundeliste mit ein paar Klicks »aufräumen« und damit sicherstellen, dass Sie nur relevanten Personen folgen.

SocialBro können Sie unter *www.socialbro.com* in einer kostenlosen Version herunterladen. Die kostenpflichtige Onlineversion bietet mehr Funktionen, ist aber ebenfalls sehr günstig, so dass sich die Nutzung auf jeden Fall lohnt, wenn Sie mehr als ein paar hundert Follower gesammelt haben.

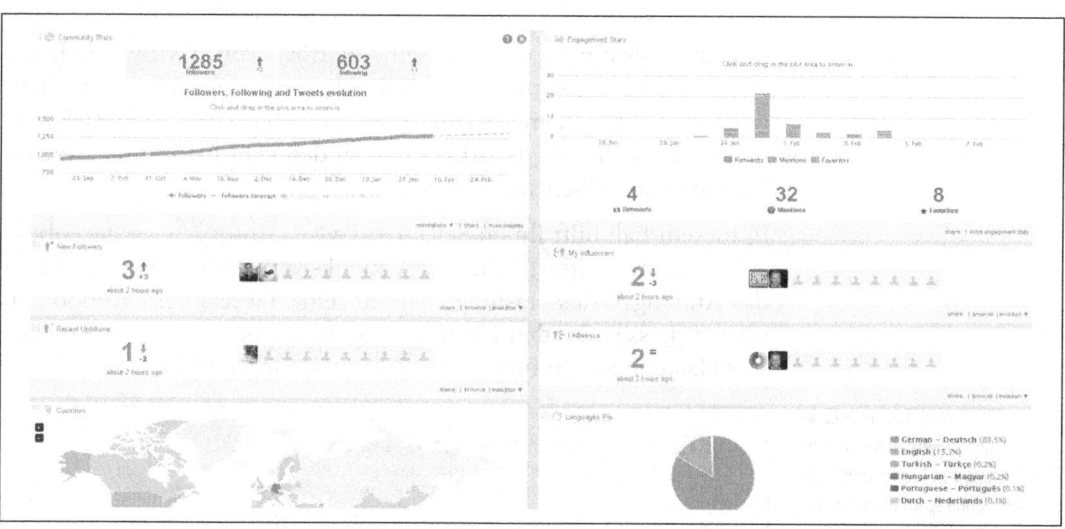

Wenn Sie Twitter zur Marktforschung einsetzen möchten, sollten Sie sich *Twtpoll* (*www.twtpoll.com*) einmal näher ansehen. Mit diesem Umfragetool können Sie kleinere und größere Umfragen direkt über Twitter durchführen. Der Link wird über Twitter verschickt, die Nutzer können sich direkt mit ihrem Twitter-Account einloggen. Zur Auswahl stehen schon in der kostenlosen Version verschiedene Fragetypen, zum Beispiel Mutliple Choice. Für größere Umfragen lohnt sich die kostenpflichtige Version, bei der dann jede

▲ **Abbildung 5-40**
SocialBro ist ein hervorragendes Twitter-Tool zur Analyse der eigenen Followerschaft.

Frage sieben Dollar kostet, aber keine Werbung eingeblendet wird und deutlich mehr Optionen zur Verfügung stehen.

Abbildung 5-41 ▶
Kostenlose Twitter-Umfrage mit
Twtpoll

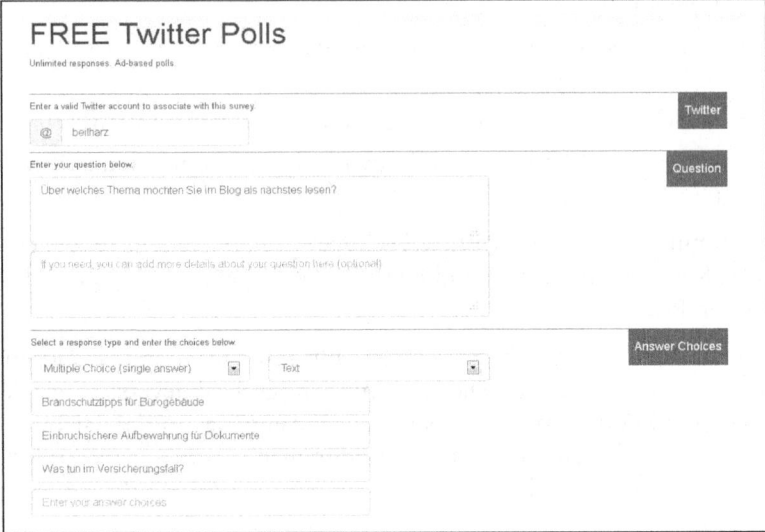

Manchmal kann es sinnvoll sein, Beiträge von Twitter auch auf Facebook zu veröffentlichen. Jeden Beitrag automatisch zweitzuverwerten, ist aber meist keine gute Idee, da sowohl die Zielgruppen als auch die Art der Ansprache in den verschiedenen Netzwerken unterschiedlich sein können.

In diesem Fall hilft Ihnen Selective Tweets. (http://www.faceobok. com/selectivetwitter). Diese Facebook-App ermöglicht es, durch das Anhängen des Hashtags #fb einzelne Tweets bei Facebook zu posten. Lassen Sie den Hashtag weg, bleibt der Tweet bei Twitter. Der Hashtag taucht im Facebook-Post natürlich nicht mehr auf.

Abbildung 5-42 ▶
Selective Tweets ermöglicht die
Verknüpfung von Twitter und Face-
book, ohne spammy zu wirken.

Tipps und Tricks für Ihr Twitter-Marketing

- Studien haben untersucht, wie der ideale Tweet beschaffen sein sollte, um maximale Resonanz zu erreichen. Ergebnis: Er sollte 120 Zeichen lang sein (um Platz für die RTs der Retweets zu lassen) und einen Link sowie ein bis zwei Hashtags enthalten, wobei der Link gekürzt sein sollte. Außerdem sollte der Tweet einen Handlungsaufruf (»Call to Action«) enthalten.

- Verwenden Sie beim Kürzen der Links am besten bit.ly. Dieser Dienst ist mittlerweile recht bekannt und generiert gute Klickzahlen.

- Twittern Sie ruhig häufiger. Bei Facebook können mehr als ein bis zwei Posts am Tag schnell zu viel sein, weil der Algorithmus auch ältere Beiträge gern wieder nach oben holt. Bei Twitter gibt es einen solchen Algorithmus nicht – alle Tweets tauchen sofort in der Timeline der Follower auf und rutschen dann schnell nach unten. Die durchschnittliche Sichtbarkeit eines Tweets in der Timeline beträgt nur ca. fünf Minuten. Das bedeutet, dass Ihre Tweets nur ein sehr kurzes Zeitfenster haben, in dem sie wahrgenommen werden können. Schicken Sie also gerne häufiger Tweets ab (fünf Mal am Tag ist durchaus angemessen).

Links kürzen mit bit.ly

Bit.ly ist einer von mehreren URL-Verkürzungsdiensten. Das Prinzip ist immer gleich: Sie tragen Ihren Link dort ein und erhalten einen kürzeren Link, der beim Klick auf den dahinterliegenden langen Link weiterleitet. Üblicherweise sieht ein Bit.ly-Link sehr kryptisch aus, zum Beispiel http://bit.ly/Hsf3Hf2TT. Wenn Sie einen (kostenlosen) Bit.ly-Account haben, können Sie den Link jedoch anpassen und ihm einen verständlichen Text geben, sofern dieser noch frei ist, zum Beispiel http://bit.ly/socialmedianutzer.

Bit.ly bietet aber noch zwei weitere sehr interessante Funktionen:

- Wenn Sie an den Bit.ly-Link ein Pluszeichen anhängen und dann auf Enter klicken, zeigt Bit.ly Ihnen die Klickstatistiken dieses Links an. Sie können damit also eine ganz einfache Erfolgsauswertung Ihrer (und auch fremder) Links durchführen.

- Hängen Sie statt des Pluszeichens ein ».qrcode« an, generiert bit.ly automatisch einen QR-Code. Wenn dieser gescannt wird, taucht dieser »Klick« ebenfalls in den Statistiken auf. Damit können Sie dann sogar ohne Aufwand die Nutzung Ihrer QR-Codes in Printmaterialien oder auf Plakaten überprüfen.

- Wenn Sie einen guten Blogbeitrag twittern möchten, können Sie denselben Link auch mehrmals abschicken, um sicherzustellen, dass er von so vielen Menschen wie möglich gesehen wird. Ändern Sie aber jedes Mal den Anreißertext im Tweet und lassen Sie etwas Zeit zwischen den einzelnen Tweets verstreichen.

- Sie können Tweets auch in Websites einbinden (an jedem Tweet finden Sie diese Option unter einem kleinen Auswahlpfeil). So können Sie zum Beispiel in einem Blogbeitrag auf einen guten Tweet hinweisen, ohne einen Screenshot machen zu müssen.

- Verwenden Sie Twitter Cards für Ihr Blog. Damit können Sie einstellen, welcher Text, welches Bild usw. erscheinen soll, wenn jemand Ihren Blogbeitrag twittert. Für WordPress gibt es verschiedene Plugins, die diese Funktion erleichtern.

- Kürzere Tweets erzielen – das ist statistisch belegt – mehr Interaktionen als längere. Beschränken Sie sich also gelegentlich auf unter 100 Zeichen (mit Link dürfen es auch 120 sein).

- Bei Twitter spielt die richtige Zeit eine große Rolle, da im Gegensatz zu Facebook die Nachrichten schnell wieder verschwinden. Finden Sie über SocialBro heraus, wann Ihre idealen Twitter-Zeiten sind, und nutzen Sie diese Zeitfenster, um Ihre Nachrichten zu verschicken.

- Treten Sie mit interessanten Followern auch per Direktnachricht in Kontakt. Dadurch erzielen Sie eine höhere Aufmerksamkeit und eine stärkere Imagewirkung bei den Angesprochenen.

- Twittern Sie von Events. Wann immer Sie eine Messe, einen Vortrag oder eine Tagung besuchen, nehmen Sie Ihr Smartphone mit und lassen Sie Ihre Follower am Geschehen teilhaben. Twittern Sie relevante Erkenntnisse, und Sie werden Reaktionen erhalten.

XING und LinkedIn

Für viele B2B-Unternehmen sind die Business-Netzwerke XING und LinkedIn auf den ersten Blick vielleicht die spannendsten. Tatsächlich unterscheiden sich diese Netzwerke von den großen Anbietern wie Twitter, Google+ oder Facebook in einigen Punkten.

Was ist das Besondere an XING und LinkedIn?

Zentrales Unterscheidungsmerkmal ist natürlich die grundsätzliche Ausrichtung: XING und LinkedIn haben einen eindeutigen Business-Fokus und dienen nicht dem privaten Austausch. Auch hier verschmelzen aber die Grenzen, wenn Menschen zum Beispiel XING als Adressbuchersatz oder Telefonbuch auf dem Smartphone verwenden.

Einen Unterschied zu vielen anderen Netzwerken macht die Existenz *kostenpflichtiger Accounts* aus. Zwar gibt es sowohl bei XING als auch bei LinkedIn Gratiszugänge. Deren Möglichkeiten sind aber stark eingeschränkt, so dass für die professionelle Nutzung ein Premium-Account zumindest bei XING auf jeden Fall ratsam ist. Die Kosten dafür liegen zwischen 5 (XING) und 30 Euro (LinkedIn) pro Monat, wobei auch noch teurere Zugangsarten existieren. Die Premium-Zugänge ermöglichen zum Beispiel das Versenden von Direktnachrichten an Nicht-Kontakte und erweitern die Suchfunktion. Außerdem erfährt man nur als zahlender Nutzer, wer das eigene Profil aufgerufen hat, was durchaus interessante Erkenntnisse bringen kann.

Wer nutzt XING/LinkedIn?

XING wird weltweit von ca. 14 Millionen Menschen genutzt, wovon etwa die Hälfte im deutschsprachigen Raum ansässig sind.

LinkedIn ist mit 277 Millionen Mitgliedern weltweit ungleich stärker aufgestellt, allerdings bewegen sich die Nutzerzahlen im DACH-Raum nur bei etwa vier Millionen. XING ist damit im deutschen Sprachraum noch deutlich stärker als LinkedIn, aber der amerikanische Konkurrent holt zunehmend auf. Es lohnt sich daher, sich bereits jetzt mit LinkedIn zu beschäftigen. Das gilt ohnehin, wenn Sie bzw. Ihr Unternehmen international tätig sind und sich mit Kontakten weltweit vernetzen möchten.

Welche Funktionen sind wichtig?

Ähnlich wie bei Facebook und Google+ können Nutzer in beiden Netzwerken *Statusmeldungen* schreiben, die dann im Newsfeed der Kontakte erscheinen. So können Sie zum Beispiel Links verbreiten oder Aktuelles aus Ihrem Unternehmen berichten. Kontakte können diese Meldungen wiederum kommentieren, favorisieren oder teilen. Erfahrungsgemäß werden diesen Funktionen jedoch deutlich schwächer genutzt, als es bei Facebook der Fall ist.

Abbildung 5-43 ▶
Statusmeldung bei LinkedIn

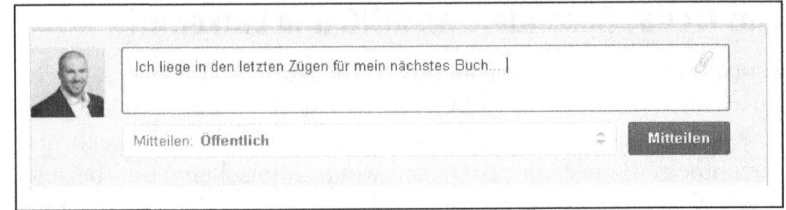

Tipp   Anders als bei Facebook sollten Sie sich bei LinkedIn und XING mit persönlichen Äußerungen zurückhalten und sich auf geschäftlich relevante Themen beschränken. Auch Lustiges, Kurioses oder Außergewöhnliches wird hier deutlich weniger Anklang finden.

Neben den persönlichen Profilen der Netzwerkmitglieder bieten beide Netzwerke auch *Corporate-Profile bzw. Seiten* an, auf denen sich Unternehmen präsentieren können. In beiden Netzwerken gibt es kostenlose Unternehmensprofile, bei XING darüber hinaus ein »Employer Branding«-Profil, das mit Kununu verknüpft ist und etwa 360 Euro pro Monat kostet. Der Preis steigt mit zunehmender Mitarbeiteranzahl bis zu knapp 1.100 Euro pro Monat bei über 5.000 Mitarbeitern. Dieser Aufwand lohnt sich erst dann, wenn das Employer Branding bzw. die Mitarbeitergewinnung von hoher Priorität in Ihrem Unternehmen ist. Da XING die Gratis-Unternehmensprofile aber ab fünf Mitarbeitern automatisch anlegt, sollten Sie sich in jedem Fall darum kümmern, dass die hier eingestellten Informationen korrekt sind.

Tipp   Achten Sie darauf, dass alle Mitarbeiter genau denselben Firmennamen in ihren Profilen angegeben haben. XING versucht zwar, Variationen zu erkennen und entsprechend zuzuordnen, häufig entstehen aber trotzdem Dubletten.

Als Unternehmen können Sie in beiden Netzwerken Neuigkeiten posten, genau wie als Privatperson. Diese tauchen dann im Newsfeed der Kontate bzw. Abonnenten auf. Bei XING fällt die Reichweite der Unternehmensseiten relativ gering aus. Betrachtet man die Abonnentenzahlen der meisten Seiten, liegen diese häufig kaum über der Anzahl der Mitarbeiter – die automatisch als Abonnenten eingetragen sind.

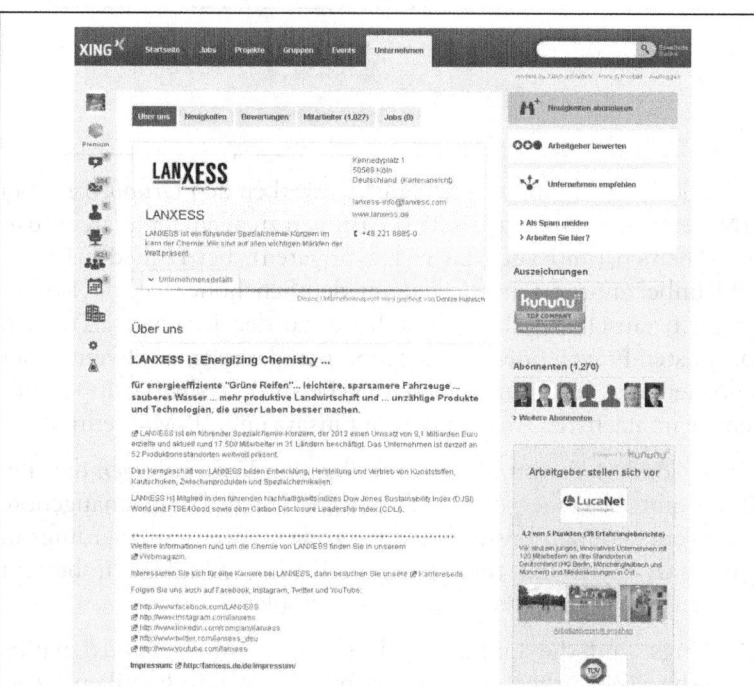

◀ **Abbildung 5-44**
»Employer Branding«-Unternehmensprofil von Lanxess

Kununu

Früher war Kununu.com eine eigenständige Plattform, bei der Unternehmen Profile anlegen konnten. Seit der Übernahme durch XING werden die Funktionalitäten beider Plattformen immer stärker zusammengelegt. So existiert mittlerweile nur noch eine Profilvariante, die automatisch zusammen mit einem »Employer Branding«-Profil bei XING gebucht wird.

Employer Branding ist auch der einzige Einsatzzweck eines Kununu-Auftritts. Sie haben die Möglichkeit, sich als Arbeitgeber vorzustellen. Arbeitnehmer können Sie bewerten und ihre Meinung zum aktuellen Job veröffentlichen.

Bei bestimmten Voraussetzungen (z. B. mehr als fünf Bewertungen, besonders positive Be-

wertungen) vergibt Kununu Siegel, die in die Website und alle Marketingmaterialien eingebaut werden können. Es lohnt sich also durchaus, Mitarbeiter aktiv zum Bewerten aufzurufen, um ein vollständigeres Bild zu präsentieren.

Die Arbeitgeberprofile können mittlerweile umfangreich ausgefüllt werden. Neben Fotos und Videos, der Angabe von gewährten Benefits oder offenen Stellen können Unternehmen zum Beispiel auch Tipps zur Bewerbung geben und die Standorte auf einer Karte eintragen.

Das Engagement auf Kununu.com ist allerdings nicht günstig. Zusammen mit dem »Employer Branding«-Profil bei XING fängt der Preis bei über 300 Euro pro Monat an und ist darüber hinaus nach der Mitarbeiterzahl gestaffelt.

Große Relevanz kommt in beiden Netzwerken den *Gruppen* zu. Bei XING existieren mehr als 50.000 Gruppen zu allen denkbaren Business-Themen (und auch zu vielen privaten), bei LinkedIn ist die Zahl unbekannt, sie dürfte jedoch deutlich höher liegen. In den Gruppen tauschen sich die Mitglieder zu den jeweiligen Themen aus, posten Fragen oder Stellenagebote und weisen auf Events oder Branchennews hin. Ein Anwendungsbeispiel zu den Gruppen finden Sie im nächsten Abschnitt zum Einsatz im B2B-Marketing.

Eine Besonderheit von LinkedIn stellen die *Werbeanzeigen* dar. Bei XING gibt es keine solchen Anzeigen, lediglich Stellenangebote und Events können kostenpflichtig promotet werden (allerdings in der Praxis meist mit nur geringem Erfolg). Ähnlichkeit besteht dagegen zum Anzeigensystem von Facebook.

Allerdings sind die LinkedIn-Ads (*www.linkedin.com/ads*) natürlich sehr viel stärker geschäftsorientiert. Anstatt Familienstatus, Interessen oder Hobbies stehen hier Targeting-Optionen wie

- Standort,
- Branche,
- Unternehmensname,
- Unternehmensgröße,
- Tätigkeitsbereich im Unternehmen,
- Karrierelevel,
- Ausbildungsstätte,
- Gruppenzugehörigkeit,
- Geschlecht und
- Alter

zur Verfügung. Aufgrund der noch nicht allzu starken Verbreitung von LinkedIn in Deutschland stößt man bei sehr kleinteiligem Targeting schnell an Grenzen, da bei zu geringer Zielgruppengröße keine Anzeigenschaltung mehr möglich ist. Mehr als 1.000 Personen muss die Zielgruppe schon umfassen – sonst wäre auch die Chance auf genügend Klicks sehr gering.

Einen Versuch sind die LinkedIn-Ads jedoch allemal wert, zumal mit ihrer Hilfe auch gezielt Mitarbeiter konkurrierender Unternehmen angesprochen werden können ...

◀ **Abbildung 5-46**
Genaue Zielgruppenansprache mit LinkedIn-Ads

Möglich sind normale Text- und Bildanzeigen, aber auch Videoanzeigen. Die Ads tauchen im LinkedIn-Backend an verschiedenen Positionen auf, zum Beispiel im Newsfeed am rechten Seitenrand.

◀ **Abbildung 5-47**
LinkedIn-Newsfeed mit Anzeigen rechts

Die Bezahlung der Anzeigen erfolgt pro Klick. Dabei ist ein Mindestklickpreis von zwei US-Dollar vorgesehen, was die Anzeigen deutlich teurer macht als solche bei Facebook. Dafür ist die Ausrichtung auch geschäftsspezifischer, was die Attraktivität für viele Unternehmen wiederum erhöht. Da kein hohes Mindestbudget erforderlich ist und die Anzeigen jederzeit wieder deaktiviert werden können, lohnt sich ein Versuch auf jeden Fall.

Wie können XING und LinkedIn im B2B-Marketing eingesetzt werden?

Diese Frage erübrigt sich eigentlich an dieser Stelle, da sämtliche Funktionen B2B-relevant sind. Einige ausgewählte Anwendungsmöglichkeiten möchte ich Ihnen dennoch vorstellen.

Ganz allgemein sind XING und LinkedIn hervorragend als sich selbst aktualisierende Adressbücher geeignet. Wenn Sie zum Beispiel auf einer Messe Visitenkarten sammeln, müssen Sie pro Jahr mit einem »Adresssterben« von 20 % rechnen. Menschen wechseln die Stelle oder das Unternehmen, ändern nach der Heirat ihren Namen und so weiter. Schon sind die Visitenkarten nicht mehr viel wert. Bei XING und LinkedIn halten die meisten Nutzer ihr Profil aktuell, so dass ein XING-Kontakt deutlich wichtiger als eine Visitenkarte sein kann.

Abbildung 5-48 ▶
LinkedIn-Profil von Charles Schmidt

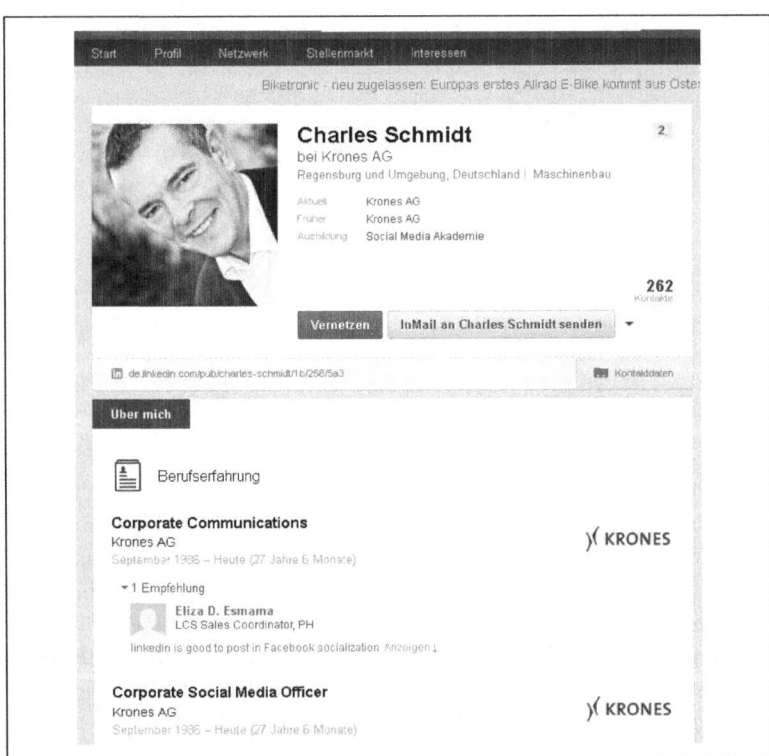

Damit das funktioniert, sollten Sie Ihr *Profil* erst einmal möglichst vollständig ausfüllen. Geben Sie so viel (Berufliches) von sich preis wie möglich. Berufserfahrung, Referenzen, Aus- und Weiterbildungen, Qualifikationen, Organisationen und so weiter. Je vollständiger Ihr Profil ausgefüllt ist, desto professioneller und aktiver wirkt es auf Besucher und desto leichter werden Sie auch in der Suche gefunden.

Vernetzen Sie sich im nächsten Schritt mit allen Menschen, die für Sie relevant sind. Beachten Sie dabei vor allem aktuelle und bisherige Kunden. Gerade zufriedene Kunden können über die Weiterempfehlungsfunktion in den Business-Netzwerken interessante Kontakte zu weiteren potenziellen Kunden herstellen.

Sorgen Sie dafür, dass so viele Mitarbeiter wie möglich (bzw. sinnvoll) ausgefüllte Profile haben. Gerade bei kleineren Unternehmen macht es für die Außenwirkung schon einen Unterschied aus, ob bei XING 5 oder 50 Mitarbeiter vertreten sind. Auf jeden Fall sollten Vertriebs- und Servicemitarbeiter vertreten sein, die ohnehin im Kundenkontakt stehen, idealerweise aber auch Mitarbeiter aus der Geschäftsleitung (inklusive CEO!), dem Marketing und weiteren Geschäftsbereichen. Orientieren Sie sich an dieser Faustregel: Wer auf der Unternehmenswebsite aufgeführt wird, sollte auch bei XING anzutreffen sein. Fügen Sie dann gleich noch einen Link zum jeweiligen XING-Profil zur Personenbeschreibung auf Ihrer Website ein. Das wirkt nicht nur transparent und authentisch, sondern gibt den Besuchern auch gleich die Möglichkeit, über XING Kontakt mit Ihren Mitarbeitern aufzunehmen.

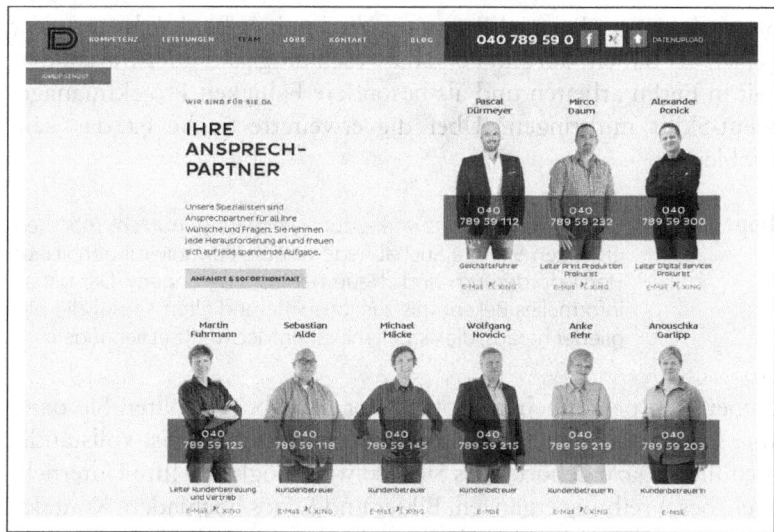

◀ **Abbildung 5-49**
Der Druckdienstleister Dürmeyer GmbH verknüpft die Mitarbeitervorstellung auf seiner Website mit den XING-Profilen.

Tipp   XING bietet unter https://www.xing.com/app/user eine ganze
Reihe von direkt mit dem Profil verlinkten XING-Buttons an, die
einfach in die Website kopiert werden können.

Nutzen Sie die *Suchfunktion*, um Menschen zu finden, die an Ihren
Leistungen Interesse haben oder die Sie in Ihre Gruppe einladen
könnten. Als Premium-Mitglied steht Ihnen dabei eine ganze Reihe
von Suchoptionen offen (inklusive Suchoperatoren wie AND und
OR, um Suchbegriffe miteinander zu verknüpfen).

Abbildung 5-50 ▶
Erweiterte Suche bei XING

Sie suchen zum Beispiel Personen, die in einer Bank arbeiten oder
gearbeitet haben, dort im Personalwesen tätig sind oder waren, derzeit in Berlin arbeiten und als besondere Fähigkeit Projektmanage-
ment-Skills mitbringen? Über die erweiterte Suche ist das kein
Problem.

 Tipp   Wenn Sie die Netzwerke zum Recruiting nutzen möchten,
ergänzen Sie Ihre Suchabfrage um die Formulierungen »Neue
Herausforderung« und »Neue Herausforderungen«. Das gilt als
informelles Bekenntnis zur Jobsuche und filtert so nur die Mitglieder heraus, die aktuell mit einem Jobwechsel liebäugeln.

Neben den persönlichen Profilen der Mitarbeiter sollten Sie dann
Ihre *Firmenseite bzw. Ihr Unternehmensprofil* möglichst vollständig
ausfüllen. Dazu gehört, dass Sie – so weit möglich – Ihre Unterneh-
mensbeschreibung ergänzen, Bilder und Logos hochladen, Kontaktdaten vervollständigen und alle weiteren unternehmensrelevanten
Daten angeben.

◀ Abbildung 5-51
LinkedIn-Firmenseite der Westaflex Werk GmbH

Bei LinkedIn können Sie darüber hinaus noch Produkte und Serviceleistungen anlegen und entsprechend vorstellen. Dadurch ergibt sich ein vollständigeres Bild Ihres Produktportfolios (siehe Abbildung 5-52).

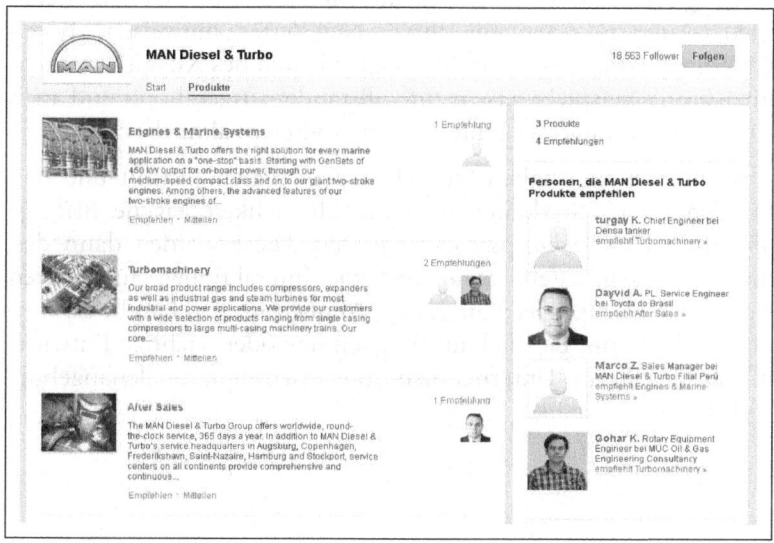

◀ Abbildung 5-52
MAN hat die Geschäftsbereiche der Sparte Diesel & Turbo bei LinkedIn angelegt und bereits Empfehlungen dafür erhalten.

Selbst wenn Sie das Netzwerk nicht aktiv nutzen, um dort Inhalte zu posten, sollten Sie Ihr Firmenprofil ansprechend gestalten. Es macht einfach keinen professionellen Eindruck, wenn das Profil nur ein »Gerippe« ohne Bild, Ansprechpartner und weitere Informationen ist (siehe Abbildung 5-53).

Abbildung 5-53 ▶
Die Tetra Pak GmbH & Co KG lässt
bei ihrem XING-Auftritt noch Luft
nach oben.

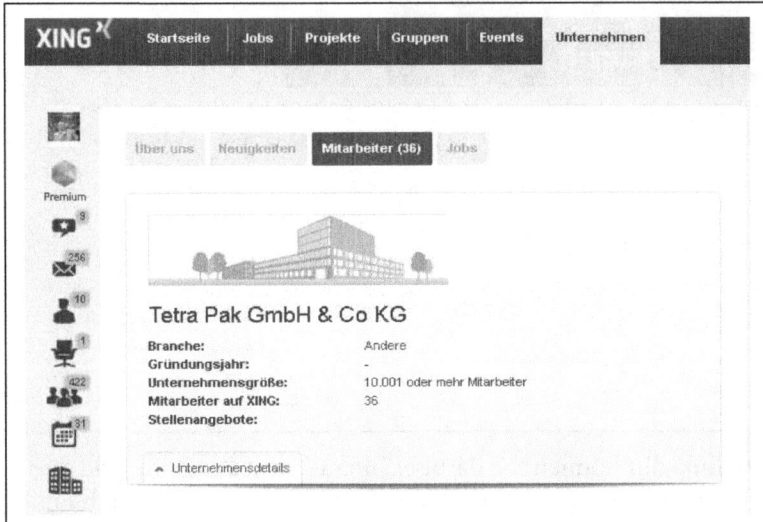

Nutzen sie die Möglichkeit, auch Links in den »Über uns«-Bereich zu integrieren. Dort können Sie auf Ihr Blog, Ihre weiteren Social-Media-Auftritte oder auf Ihren Newsletter hinweisen. Bosch Packaging Technology hat die Möglichkeiten des XING-Unternehmensprofils beispielsweise recht vollständig ausgeschöpft und auch einen Ansprechpartner hinterlegt. Sie sollten es ähnlich machen.

Als Unternehmen haben Sie neben dem reinen Auftritt und den Profilen Ihrer Mitarbeiter auch die Möglichkeit, eigene *Beiträge über Ihre Unternehmensseite zu posten*. Diese werden dann den direkten Abonnenten sowie über die Interaktionen auch deren Kontakten im Newsfeed angezeigt. Ähnlich wie bei Facebook können Sie hier zum Beispiel auf Blogbeiträge oder wichtige Entwicklungen in Ihrem Unternehmen hinweisen und Stellenangebote verbreiten.

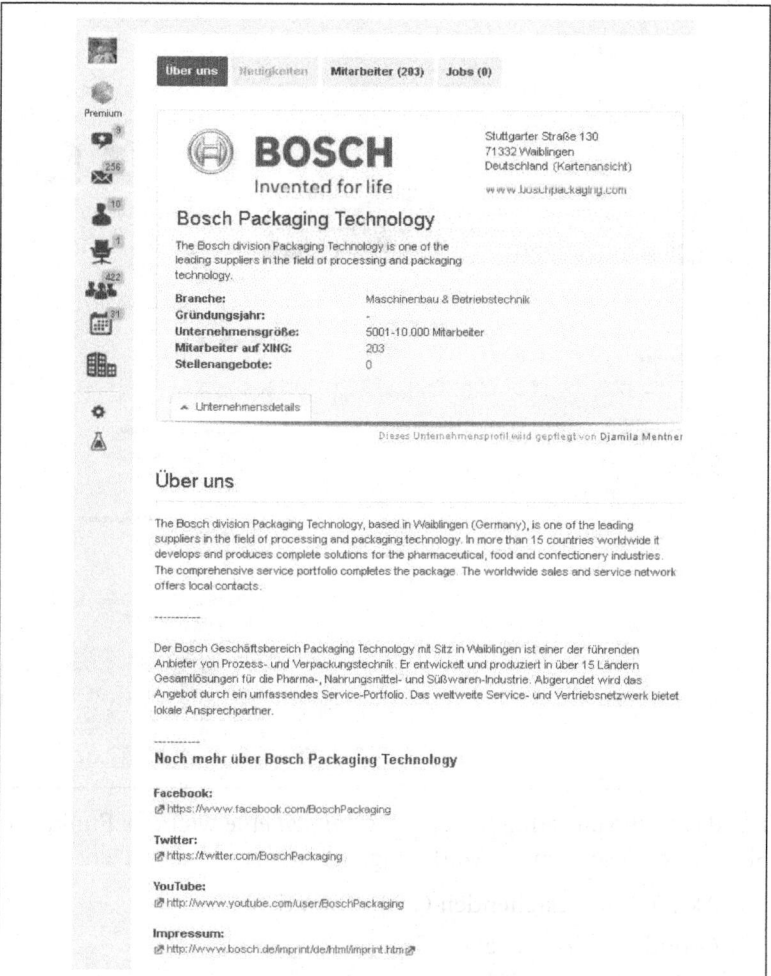

◀ Abbildung 5-54
Vollständig ausgefülltes Unternehmensprofil von Bosch Packaging Technology

Je aktiver Sie hier posten, desto größer ist die Chance, dass Interessenten, potenzielle Bewerber, Multiplikatoren oder sonstige Zielgruppen auf Ihr Profil aufmerksam werden und sich mit Ihnen verknüpfen. Nur so entsteht die Interaktion, die Sie im Social Web erreichen wollen. Und nur so kann daraus schlussendlich auch Geschäft entstehen.

Abbildung 5-55 ▶
BASF nutzt das LinkedIn-Profil vorbildlich und postet regelmäßig Beiträge, die zahlreiche Interaktionen hervorrufen.

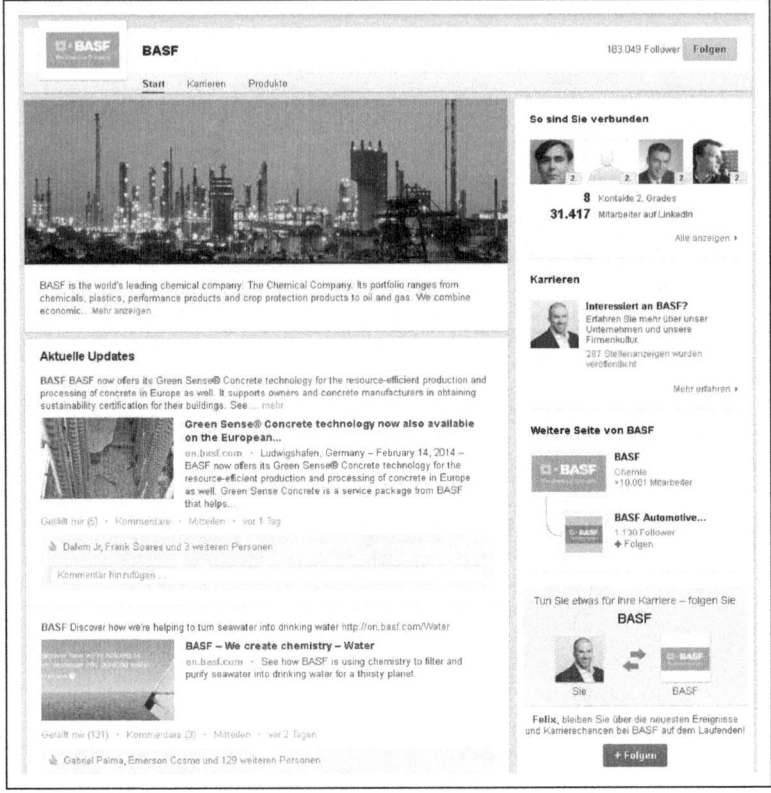

Für das B2B-Marketing haben die *Gruppen* eine wichtige Funktion. Sie können Gruppen im Marketing auf zwei Arten einsetzen:

1. Aktivität in bestehenden Gruppen und

2. Gründung einer eigenen Gruppe.

Wenn Sie sich in bestehenden Gruppen einbringen wollen, finden Sie über die Suchfunktion zu jedem Thema entsprechende Gruppen. Achten Sie darauf, dass sie ausreichend Mitglieder haben, damit sich ein Engagement auch lohnt. Stellen Sie sich auf jeden Fall nach der Aufnahme in die Gruppe vor. Damit machen Sie die Gruppenmitglieder auf sich aufmerksam.

Bringen Sie dann Ihr Fachwissen in Diskussionen ein. Halten Sie sich, vor allem anfangs, mit Werbung zurück. Einen gelegentlichen Link auf Ihre Website wird Ihnen – wenn er denn gerade passt – niemand übel nehmen, aber spammen Sie die Gruppe nicht zu. Wenn es Ihnen gelingt, sich durch hilfreiche Beiträge in der Gruppe zu etablieren, wird man früher oder später von selbst auf Sie zukommen. Diesbezüglich bestehen große Ähnlichkeiten mit den Foren außerhalb der Business-Netzwerke.

Eine eigene Gruppe zu gründen und ans Laufen zu bringen, ist deutlich mehr Aufwand. Sie müssen Mitglieder einladen, freischalten und in der Gruppe begrüßen, Beiträge in der Gruppe schreiben, Mitglieder zum Teilnehmen an den Diskussionen aufrufen und so weiter. Gruppen sind in der Regel keine Selbstläufer.

| Tipp | Legen Sie in der Gruppe verschiedene Diskussionsforen an, aber beschränken Sie sich auf einige wenige. Wenn zu viele Foren existieren, werden in jedem einzelnen nur wenige Beiträge stehen, was potenzielle Mitschreiber abschreckt. Besser fünf Gruppen mit jeweils 30 Beiträgen als 20 Gruppen mit nur zwei bis drei Postings. |

Trotzdem kann sich eine eigene Gruppe lohnen. Wenn es Ihnen gelingt, eine thematische Gruppe zu etablieren und diese mit möglichst vielen Vertretern Ihrer Zielbranche zu füllen, haben Sie einen hervorragenden Zugang zu dieser Zielgruppe. Die Mitglieder lernen Sie als Experten und Berater kennen und nehmen in der Folge auch Einladungen zu Veranstaltungen oder Produktvorführungen deutlicher leichter an, als wenn Sie es »kalt« versuchen würden.

Das Deutsche Institut für Marketing (DIM) hat mit der Gruppe »Marketing-Wissen« einen solchen Zugang geschaffen. In die Gruppe werden ausschließlich Mitarbeiter aus Marketing und Vertrieb eingeladen, also die direkte Zielgruppe. Berater und Marketingdienstleister haben keinen Zugang zur Gruppe, was den Teilnehmern ein akquisefreies Umfeld sichert. Auch das DIM selbst hält sich mit Akquise zurück. Lediglich die Seminare werden als Termine in die Gruppe eingetragen und gelegentlich erfolgt eine Einladung zu Veranstaltungen wie dem Kölner Marketingtag.

In der Gruppe finden in verschiedenen Foren Diskussionen rund um das Thema Marketing statt. Die Beiträge aus dem Marketingblog werden direkt über einen RSS-Feed in die Gruppe eingebunden, was nicht nur Anregungen für Diskussionen, sondern auch Blogbesucher generiert. Die Gruppe ist nicht über die normale Suche auffindbar, sondern wird nur eingeladenen XING-Nutzern angezeigt.

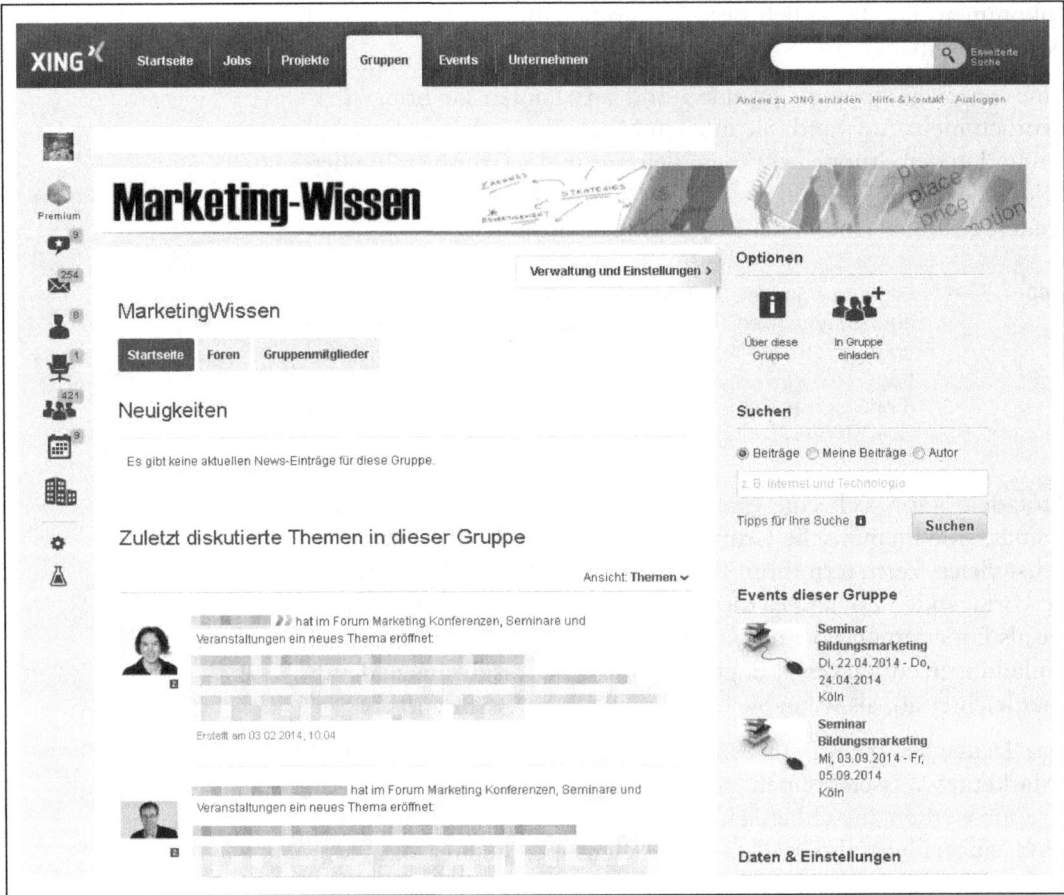

Abbildung 5-56 ▲
Eine eigene XING-Gruppe stellt
einen guten Zugang zur
Zielgruppe dar.

Für das Recruiting und Employer-Branding bieten beide Netzwerke eine Vielzahl von Möglichkeiten. Neben den bereits erwähnten Unternehmensprofilen und spezifischen Jobgruppen können Sie sowohl bei XING als auch bei LinkedIn außerdem *Stellenanzeigen* schalten. XING bietet eine stark abgespeckte Anzeigenvariante sogar kostenlos an. Diese wird allerdings nur an das eigene Kontaktnetzwerk gepostet und ist nicht über die Jobsuche auffindbar.

Die ausgereifteren Varianten kosten dann entweder pro Klick auf die Anzeige (Textversion) oder pro Laufzeit (Logo/Design-Version) Geld. Im Vergleich zu einer Anzeigenschaltung in den großen Jobbörsen oder gar einer Printanzeige fallen die Kosten jedoch immer noch moderat aus.

◀ **Abbildung 5-57**
Stellenanzeigen-Optionen bei XING

Wie vergrößert man seine Anhängerschaft?

Wie erwähnt, werden Sie in den Business-Netzwerken um das persönliche Netzwerken nicht herumkommen. Hier gibt es verschiedene Herangehensweisen. Manche Netzwerker versuchen, jeden, der sprichwörtlich nicht bei drei auf den Bäumen ist, in ihr Netzwerk zu ziehen, nach dem Motto »Wer weiß, wann sich einmal eine Gelegenheit daraus ergibt?« Als Begründungen für die Kontaktaufnahme werden dann häufig gemeinsame Gruppenmitgliedschaften, gemeinsame Interessen oder auch nur die gemeinsame XING-Mitgliedschaft genannt. In der Regel finden die so Kontaktierten in der begleitenden Mail dann Formulierungen wie »gemeinsame Synergien nutzen« oder »Kontakte schaden nur dem, der keine hat«. Ganz ehrlich: Für mich sind das untrügliche Signale dafür, dass es besser ist, den Kontakt abzulehnen. In meiner achtjährigen XING-Nutzung ist aus solch einer Anfrage noch nie eine Synergie entstanden. Vielmehr wurde ich fast immer mit Event-Einladungen überhäuft oder zu befremdlichen Gratis-Webinaren zu mehr Lebenserfolg und Glück eingeladen. Aus der Rücksprache mit Kollegen weiß ich, dass es vielen genauso geht. Vor allem XING krankt an dieser Kontaktspammerei, bei LinkedIn dürfte sie irgendwann auch losgehen.

Ich gehe bei XING und LinkedIn anders vor. Jeden Menschen, den ich im echten Leben kennengelernt habe, versuche ich nach Möglichkeit auch bei XING zu kontaktieren. Denn dann gibt es einen »richtigen« Ansatzpunkt für eine Vernetzung und keine Pseudobegründungen wie fadenscheinige Synergien. Aus solchen Vernetzungen erwächst durchaus auch mal ein Geschäft, sowohl für mich als auch für die Gegenseite.

Auch Menschen, die ich nicht persönlich kenne, mit denen ich mich aber zum Beispiel in Gruppen oder auf anderen Plattformen intensiver ausgetauscht habe, passen gut in mein Netzwerk.

Wenn Ihnen dieses Vorgehen zusagt, sammeln Sie also ruhig Kontakte aus Ihrem beruflichen Alltag bei XING ein: aktuelle und ehemalige Kollegen, Kunden, Partner, Freunde. So wird Ihr Netzwerk mit der Zeit automatisch auf eine stattliche und damit auch gewinnbringende Größe anwachsen.

Welche Tools sind hilfreich?

Gerade für XING existiert eine Vielzahl von Spam-Tools, mit denen das eigene Netzwerk vergrößert werden soll. So besuchen manche Tools zum Beispiel große Mengen fremder Profile. Wenn der Besuchte über ein Premium-Profil verfügt, wird er vielleicht wissen wollen, wer ihn da besucht hat, und seinerseits das Profil des anderen aufrufen. Und schon hat man einen Anknüpfungspunkt für ein Gespräch (»Ich habe gesehen, dass Sie auf meinem Profil waren« etc.).

Meine Empfehlung: Sparen Sie sich diese Tricks. Erstens geht XING gegen diese Tools aktiv vor, so dass die Möglichkeiten der Automatisierung nach und nach eingeschränkt werden und solche Tools daher schon nach kurzer Zeit wertlos werden können. Und zweitens hat das mit ehrlichem, authentischem Social-Media-Marketing nicht mehr viel zu tun.

Ein ganz nützliches Tool ist dagegen xing.to. Dieser Dienst, der nicht direkt zu XING gehört, verkürzt die leider sehr umständliche URL Ihres Profils auf eine Wunsch-URL (sofern diese noch frei ist). So wird aus https://www.xing.com/profile/Felix_Beilharz ganz schnell http://xing.to/beilharz. Der verkürzte Link leitet dann direkt weiter auf die eigentliche Profil-URL, sieht aber z. B. auf Visitenkarten besser aus und lässt sich auch leichter merken.

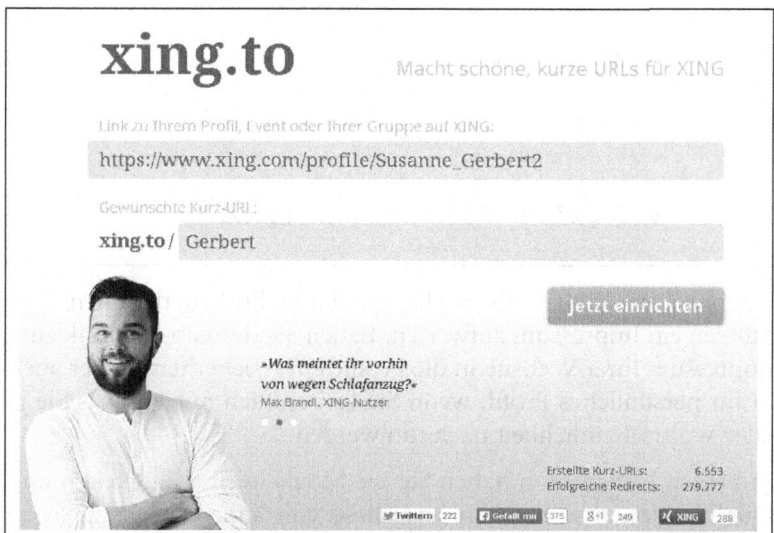

◀ Abbildung 5-58
Xing.to ist ein hilfreicher Adressver-
kürzer für XING-URLs.

Ebenfalls hilfreich ist die Möglichkeit, das Netzwerk mit Outlook zu verknüpfen. So gleichen Sie automatisch Ihre Netzwerkkontakte mit Ihrem E-Mail-Programm ab und haben immer die aktuellste Adresse im Adressbuch.

Unverzichtbar sind die mobilen Apps beider Netzwerke. Zwar weisen beide noch Kinderkrankheiten auf, aber ist es einfach praktisch, sämtliche Kontakte als Quasi-Adressbuch immer bei sich zu führen. Für Messen und Konferenzen ist hier auch die »Handshake-Funktion der XING-App interessant. Per Knopfdruck lässt sich überprüfen, wer außerdem noch in der Nähe ist (und die Funktion aktiviert hat). Bei größeren Events kann es durchaus vorkommen, den einen oder anderen alten Bekannten darüber wiederzutreffen oder auf neue, interessante Kontakte zu stoßen, die man dann gleich vor Ort persönlich kennenlernen kann.

Tipps und Tricks für Ihr XING-/LinkedIn-Marketing

Sowohl für XING als auch für LinkedIn gibt es einen Social-Media-Button, der das einfache Sharen im jeweiligen Netzwerk ermöglicht. Auch wenn die Share-Raten längst nicht so hoch ausfallen wie bei Twitter, Facebook oder Google+, sollten Sie den Einbau der Buttons erwägen. Denn wenn jemand etwas teilt, erreicht der Share das Business-Netzwerk des Klickenden und damit vielleicht auch viele Ihrer Zielpersonen. Der XING-Button entspricht sogar deutschem Datenschutzrecht, übrigens als einziges der Social-Media-Plugins.

Sowohl eine XING- als auch eine LinkedIn-Unternehmensseite müssen ein Impressum aufweisen. Bauen Sie deshalb den Link zum Impressum Ihrer Website in die Profile ein – sicherheitshalber auch in Ihr persönliches Profil, wenn Sie es beruflich nutzen, was Sie ja aller Wahrscheinlichkeit nach tun werden.

In beiden Netzwerken haben Sie die Möglichkeit, Fähigkeiten und Qualifikationen anzugeben und diese von anderen bestätigen zu lassen. Sorgen Sie ruhig dafür, dass Ihre wichtigsten Qualifikationen von Kollegen und Bekannten bestätigt werden, dann werden schnell auch die ersten selbstständigen Bestätigungen kommen. Ein Profil ohne solche Bestätigungen sieht einfach »leer« aus.

Abbildung 5-60 ▶
Nutzen Sie die Optionen zur Gestaltung Ihrer Profile aus.

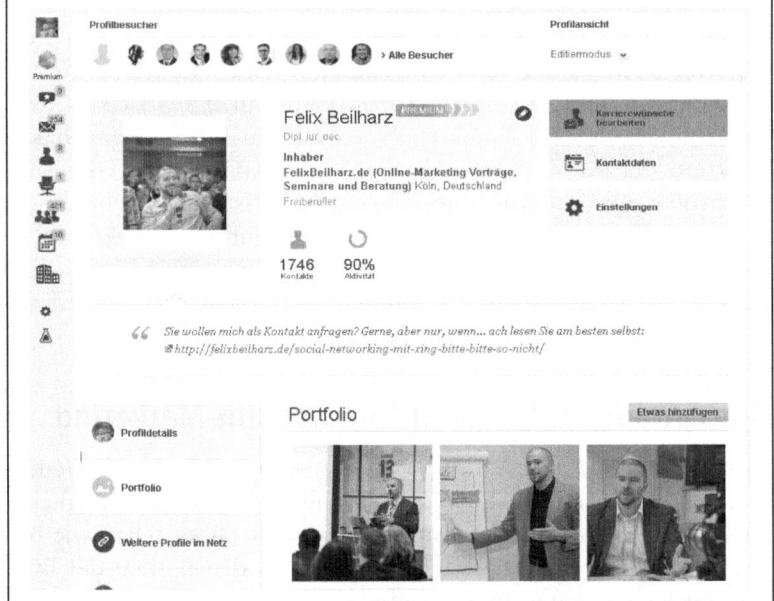

Nutzen Sie die Ihnen zur Verfügung stehenden Gestaltungsmöglichkeiten voll aus. Bei XING stehen Ihnen beispielsweise ein Zitatefeld, in dem Sie auch einen Link unterbringen können, sowie das Portfolio offen, das sich zum Beispiel zum Einbinden von Bildern, Leistungsbeschreibungen und sogar Videos eignet.

Google+

Google hat das Thema Social Media lange Zeit nicht in den Griff bekommen. Mehrere Versuche, ein eigenes Social Network zu etablieren, scheiterten über die Jahre. Mit Google+ gelang Google aber endlich ein größerer Wurf – zumindest teilweise. In Deutschland fristet Google+ immer noch ein Schattendasein, in manchen Teilen der Welt sieht das schon anders aus. Für das B2B-Marketing jedenfalls bietet Google+ einige wichtige Funktionen.

Was ist das Besondere an Google+?

Der größte Mehrwert resultiert zweifellos aus der Verknüpfung mit den diversen anderen Google-Diensten. Google verfügt ja über eine ganze Armada an Angeboten: die Suche, YouTube, Gmail, Android, Chrome, Google Maps/Earth, den Playstore, Picasa und so weiter. Schon jetzt lässt sich beobachten, wie Google nach und nach Google+ in diese Dienste integriert. Große Auswirkungen hatte zum Beispiel die Einführung folgender Features:

- Google-Places-Einträge wurden automatisch in Google+-Local-Profile umgewandelt.
- Apps im Playstore können nur noch mit Google+-Konto bewertet und kommentiert werden.
- Ein YouTube-Channel kann nur noch mit Google+-Account angelegt werden. Videokommentare werden über Google+ abgegeben.
- Bei angemeldeten Nutzern werden die Suchergebnisse basierend auf den Inhalten des eigenen Google+-Netzwerks personalisiert.

Solche Änderungen zeigen, wie wichtig Google+ für Google ist. Und auch, welche Möglichkeiten sich künftig im Marketing bieten werden. Selbst wenn jetzt also noch nicht die großen Reichweiten erzielbar sind, lohnt es sich, sich schon heute im Netzwerk zu etablieren, um künftig den Anschluss nicht zu verpassen.

Wer nutzt Google+?

Zu den Nutzerzahlen liegen leider keine verlässlichen Erhebungen vor. Derzeit (Anfang 2014) kursiert die Zahl von 500 Millionen Accounts, was etwa 40 % der Nutzerzahl von Facebook ausmachen würde. Allerdings kämpft Google+ sehr stark mit der geringen Aktivität der User. Dadurch, dass man für viele Google-Dienste mittlerweile zwingend einen Google+-Account benötigt, legen zwar viele Nutzer einen an – nutzen das Netzwerk selbst jedoch nie aktiv. Nur ein relativ geringer Teil der 500 Millionen dürfte also wirklich regelmäßig und aktiv teilnehmen.

Aus bisherigen Erhebungen und Erfahrungswerten lassen sich jedoch einige Charakteristika über die Google+-Nutzer herausstellen: Sie sind

- überwiegend (sehr) technikaffin,
- überwiegend männlich und
- häufig in der Online- oder Medienbranche tätig.

Google selbst arbeitet natürlich daran, dass auch mehr »normale« Nutzer das Netzwerk für sich entdecken. Immerhin hängt von den dadurch generierten Daten eine Menge für Google ab. Für Unternehmen wäre das ebenfalls wünschenswert.

Trotz allen Unkenrufen, die man in Blogs und Newsportalen über Google+ liest, kommt man um einen Fakt nicht herum: Google+ ist schon heute das zweitgrößte Social Network und hat alteingesessene Player wie Twitter bereits überholt.

Welche Funktionen sind wichtig?

Ähnlich wie bei Facebook stehen Ihnen bei Google+ grundsätzlich zwei Möglichkeiten zur Verfügung: Sie können als Privatperson mit einem Profil agieren oder für Ihr Unternehmen eine Seite anlegen. Beides sollten Sie tun (da Sie mit Ihrem Profil dann Administrator der Seite werden können), der Fokus im Marketing liegt jedoch klar auf der Seite. Anlegen können Sie Seiten unter http://www.google.com/+/business/.

Seiten und Profile sind im Prinzip gleich aufgebaut. Die Besonderheit bei Google+ ist das Konzept der Kreise, in die Nutzer gelegt werden können. Ursprünglich war das das wichtigste Unterscheidungsmerkmal zu Facebook – bevor Facebook nachgezogen und die Listenfunktion stärker promotet hat.

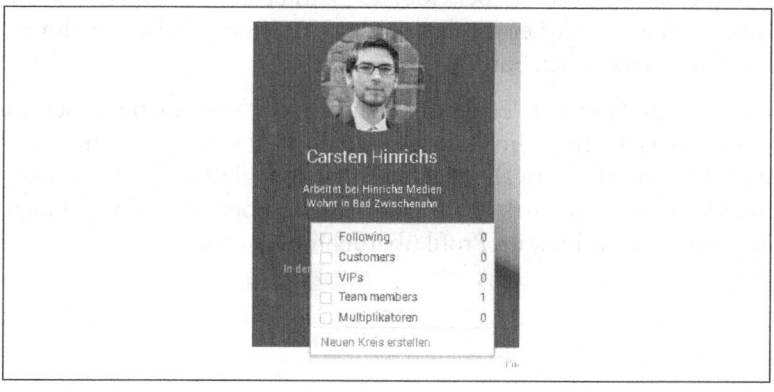

◀ **Abbildung 5-61**
Google+-Seite von IBM Research

In Ihrem Profil und auf Ihrer Seite können Sie beliebig viele Kreise definieren. Zum Beispiel einen Kreis für Kunden, einen für interessante Blogger, einen für private Kontakte etc. Wenn Sie dann ein Profil oder eine andere Seite aufrufen, können Sie diese in einen dieser Kreise ablegen. Die Person bzw. Seite erfährt über eine Benachrichtigung, dass sie von Ihnen eingekreist wurde, aber nicht, in welchen Kreis sie hinzugefügt wurde.

Tipp　　Legen Sie zum Beispiel einen Kreis für Multiplikatoren an, einen für Journalisten usw. So können Sie gezielt diese Personen informieren und die eingehenden Informationen auch besser strukturieren.

◀ **Abbildung 5-62**
Einige Kreise sind bereits vordefiniert, weitere Kreise können Sie beliebig anlegen.

Wenn Sie nun etwas als Person oder Seite posten, können Sie definieren, welche Kreise Sie damit ansprechen möchten. Die Kreise helfen also dabei, Informationen gezielt den richtigen Empfängern zuzuspielen, statt sie wie bei den Facebook-Seiten prinzipiell an alle zu versenden.

Abbildung 5-63 ▶
Gezielte Ansprache ist bei Google+ dank den Kreisen gut möglich.

 Tipp

Auf die gleiche Weise verschicken Sie bei Google+ auch Direktnachrichten. Wählen Sie beim Posten eines Beitrags statt Kreisen einfach einen einzelnen Nutzer aus. Den Beitrag erhält dann nur er als private Nachricht angezeigt. Vergessen Sie aber nicht, den standardmäßig vorausgewählten Kreis »öffentlich« vorher zu entfernen.

Wie kann Google+ im B2B-Marketing eingesetzt werden?

Während viele Konversationen auf Facebook privater Natur sind, unterhalten sich Nutzer bei Google+ stärker über Fachthemen, die Ausrichtung ist stärker geschäftsorientiert. Ihnen als Unternehmen kommt das natürlich entgegen.

Egal, ob Sie Google+ letztendlich zur aktiven Ansprache einsetzen wollen oder nicht – Ihr Google+-Local-Profil sollten Sie auf jeden Fall pflegen. Höchstwahrscheinlich hat Google für Ihr Unternehmen bereits ein solches Profil angelegt. Sie können das über einen entsprechenden Link im Profil übernehmen (»claimen«).

◀ **Abbildung 5-64**
Nicht geclaimtes Google+-Local-Profil eines Maschinenbau-Unternehmens

Das ist deshalb wichtig, weil dieses Profil bei einer Suche nach Ihrem Firmennamen in den Google-Trefferlisten auftaucht und somit von jedem potenziellen Kunden abgerufen werden kann. Präsentieren Sie ihm dort lieber ein ansprechendes Profil mit korrekten Adressdaten, Produkt- und Teambildern, Öffnungszeiten, Produktportolio usw. (siehe Abbildung 5-65).

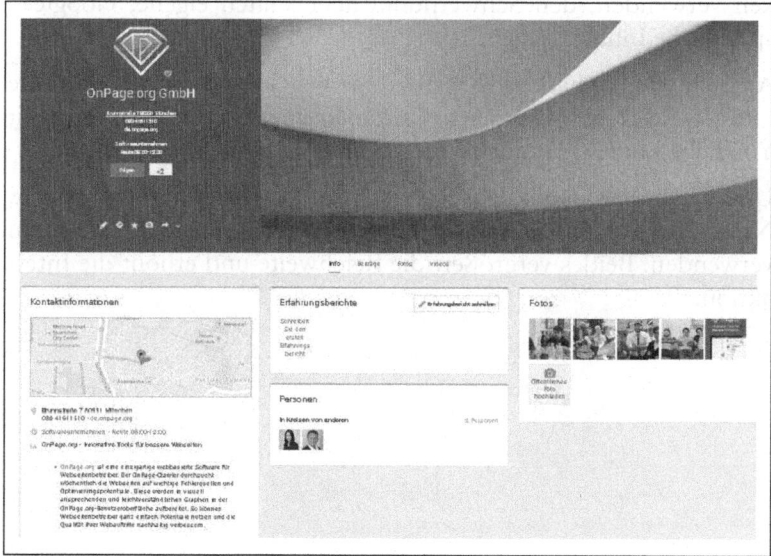

◀ **Abbildung 5-65**
Ausgefülltes Google+-Local-Profil der Onpage.org GmbH mit Logo, Bildern und vielen Informationen

Besonders stechen im Google+-Local-Profil auch die Kundenbewertungen hervor, da Google die Anzahl und Qualität der Bewertungen mit Sternen darstellt. Sorgen Sie dafür, dass wenigstens einige Kunden Sie bewertet haben. Es spricht nichts dagegen, zufriedene Kunden anzusprechen und aktiv um eine ehrliche Bewertung zu bitten (siehe Abbildung 5-66).

WILDE BEUGER SOLMECKE Rechtsanwälte | Kanzlei **WBS**
www.wbs-law.de/ ▾
Besuchen Sie die **WILDE BEUGER SOLMECKE** Rechtsanwälte. Hier finden Sie Infos
zur Kanzlei und den Tätigkeitsbereichen wie z.B. Internet-, Urheber-, ...
4,6 ★ ★ ★ ★ ⯪ 20 Google-Bewertungen · Bericht schreiben

Kaiser-Wilhelm-Ring 27-29, 50672 Köln
0221 9515630

Wenn Sie im Rahmen Ihrer Strategiefindung Google+ als relevanten Kanal identifiziert haben, benötigen Sie eine eigene Content-Strategie. Viele Unternehmen posten einfach den kompletten Facebook-Content parallel auch auf Google+. Zwar spart das Zeit und Ressourcen, ist aber selten von nachhaltigem Erfolg gekrönt. Die Zielgruppen und die Art der Kommunikation sind dafür zu unterschiedlich.

Stattdessen sollten Sie für Google+ eine eigene Strategie definieren. Einige Inhalte können Sie durchaus auf beiden oder allen Netzwerken verwenden, den Schwerpunkt aber sollten eigene, Google+-spezifische Inhalte bilden.

Ähnlich wie bei Facebook werden Sie bei Google+ mit Bildern die größten Reichweiten erzielen. Durch die spezielle Verknüpfung mit YouTube können Sie auch Videos von dort sehr einfach teilen.

Und wie bei Facebook existiert auch bei Google+ die Möglichkeit, Nutzer und Seiten in Beiträgen zu markieren sowie Hashtags zu verwenden. Beides vergrößert die Reichweite und erhöht die Interaktion.

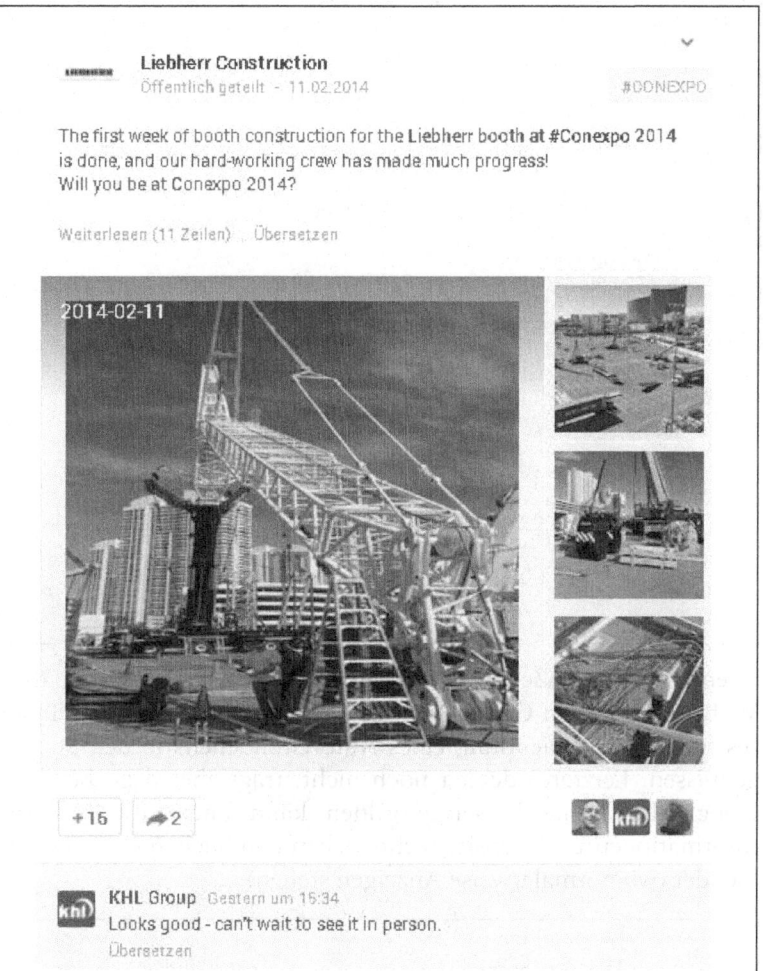

◀ **Abbildung 5-67**
Beitrag von Liebherr Construction
mit gut gewählten Hashtags

Streben Sie auf jeden Fall an, die Zahl Ihrer Abonnenten zu erhöhen und Diskussionen am Laufen zu halten. Google ergänzt die Suchergebnisse der normalen Google-Suche nämlich seit Kurzem um Treffer aus Google+. Das gilt jedoch nur für Nutzer, die mit Ihnen bei Google+ bereits verbunden sind. Je mehr Follower Sie also generieren können, desto höher ist auch Ihre Abdeckung in den Suchergebnissen für relevante Begriffe, was wiederum zu mehr Followern und Interaktionen führt. SEO ohne Google+ wird zukünftig nicht mehr nachhaltig funktionieren.

Abbildung 5-68 ▶
Dank der Aktivität von Krones und
Charles Schmidt tauchen bei der
Google-Suche nach »Abfüllung«
gleich zwei Google+-Treffer in den
Suchergebnissen auf.

Ebenfalls von großer SEO-Bedeutung ist die Verknüpfung Ihrer
Website mit Ihrem Google+-Profil und Ihrer Google+-Seite. Erste-
res führt zur Einblendung eines Autorenbildchens in den Suchergebnissen. Letzteres derzeit noch nicht, trägt aber dazu bei, dass
Google Ihre Seite besser zuordnen kann und teilweise sogar
Informationen zur Website rechts neben den Suchergebnissen ein-
blendet (wo normalerweise Anzeigen stehen).

Abbildung 5-69 ▶
Die Google+-Seite von Otto Office
wird neben den Suchergebnissen
eingeblendet.

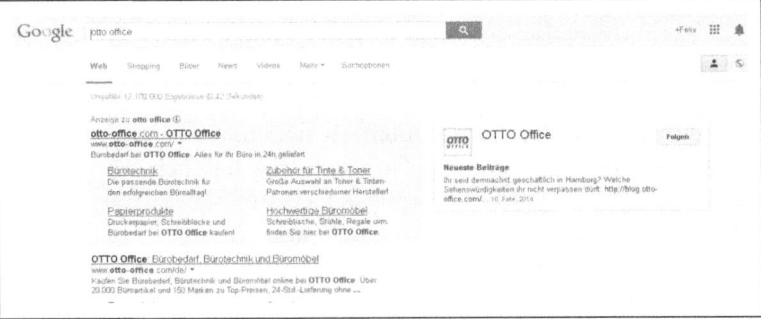

Ob und welche Verknüpfungen zwischen Google+ und Ihrer Website bereits bestehen, können Sie im »Test-Tool für strukturierte
Daten« überprüfen (http://www.google.com/webmasters/tools/
richsnippets).

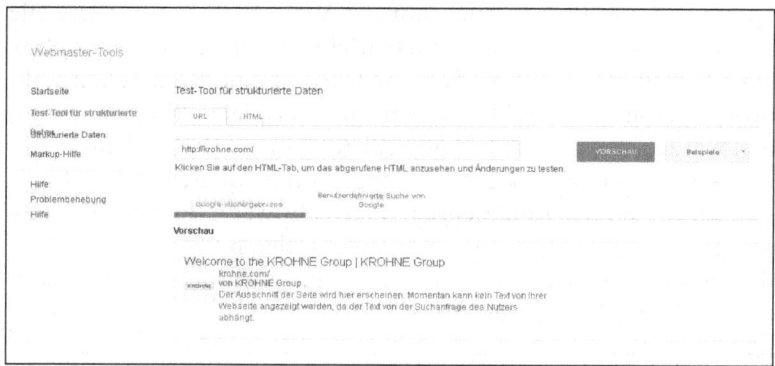

◄ **Abbildung 5-70**
Bei Krohne.com besteht eine Publisher-Verknüpfung mit der Google+-Seite.

Wie Sie die entsprechenden Verknüpfungen anlegen, ist in den Google+-Hilfeseiten ausführlich beschrieben – das ist für jede gute Webagentur schnell erledigt.

Ebenfalls eine wachsende Bedeutung im B2B-Sektor nehmen die *Google+ Hangouts* ein. Dabei handelt es sich um Videokonferenzen unter Google+-Nutzern, an denen bis zu zehn Personen teilnehmen können. Mit zunehmender Verbreitung von Google+ wird Google auch hier die Funktionalitäten erweitern, so dass die Hangouts zu einer ernstzunehmenden Konkurrenz für Anbieter von Konferenzsoftware werden dürften.

Wie vergrößert man seine Anhängerschaft?

Die erste und einfachste Maßnahme ist das Einkreisen von relevanten Personen. Hier gehen Sie genauso vor wie bei Twitter – wer zur Zielgruppe gehört, wird eingekreist. Da die Eingekreisten davon erfahren, besteht eine gute Chance, dass Sie ebenfalls eingekreist werden.

Ansonsten gelten die gleichen Tipps wie bei den anderen Social Networks: regelmäßig gute Inhalte produzieren, zu Diskussionen aufrufen, Google+ mit der eigenen Website verknüpfen und die Seite in allen zur Verfügung stehenden Kanälen und Medien bekannt machen.

Tipp   In der »Links«-Sektion Ihrer Google+-Seite können Sie eine »hübschere« URL für Ihre Seite nach dem Muster »google.com/+Unternehmensname« anlegen. Doch Vorsicht: Ist der Name einmal angelegt, kann er nicht mehr geändert werden.

Speziell für die Verknüpfung mit der Website stehen mittlerweile einige Tools zur Verfügung. Neben einem der Facebook-Likebox ähnlichen Plugin hat Google+ vor Kurzem eine Kommentarfunktion eingeführt. Dieses Plugin kann zum Beispiel in Blogs eingebunden werden. Bei Google+ angemeldete Nutzer können dann direkt im Blog mit ihrem Google+-Account kommentieren. Das erleichtert zum einen das Kommentieren an sich, wenn die Nutzer ohnehin bei Google+ eingeloggt sind, zum anderen aber erhöht es die Reichweite drastisch, da jeder Kommentar nicht nur im Blog, sondern auch bei Google+ erscheint.

Abbildung 5-71 ▶
Kommentarfunktion via Google+
ins Blog eingebunden

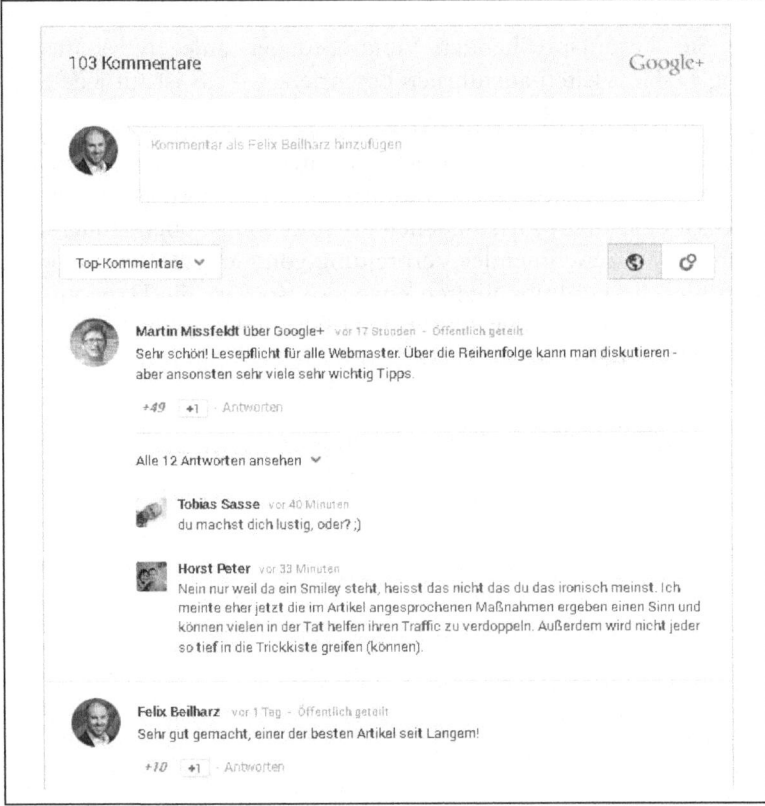

Ein besonderer Leckerbissen, der in dieser Form nur bei Google+ existiert, sind die *Google+ Ripples*. Dabei handelt es sich um eine Funktion, die die Verbreitung eines Links bei Google+ grafisch dargestellt zeigt. Sofern ein Link öffnetlich geteilt wurde, taucht er hier auf. Interessant bei dieser Auswertung ist vor allem, wie sich der Link von einzelnen Shares ausgehend weiter verbreitet hat. Dadurch wird relativ schnell klar, wer Influencer und Multiplikator war und wen man daher in Zukunft besonders im Auge haben sollte. Die Google+-Ripples können Sie für jede beliebige URL unter *http://bit.ly/google-ripples* ansehen. Dieser Kurzlink führt zur eigentlichen Adresse, die mit einem Gleichzeichen endet. Tragen Sie dahinter einfach den Link ein, den Sie überprüfen möchten. Dabei könnte es sich um einen Blogbeitrag, ein YouTube-Video oder einfach eine Website handeln.

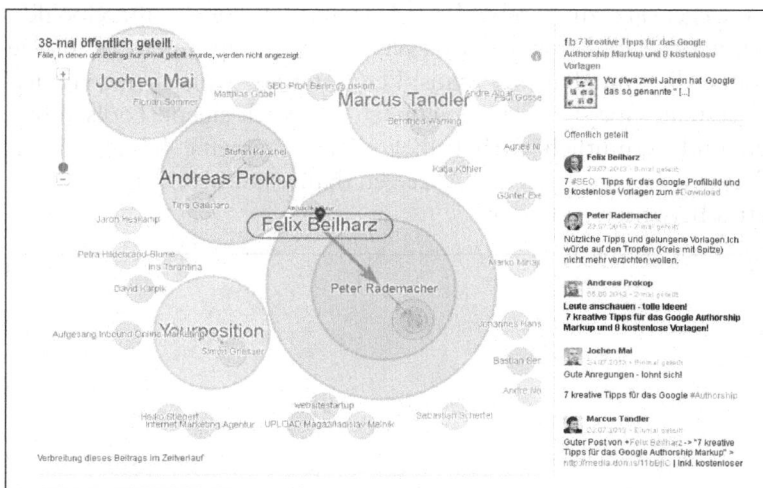

◀ **Abbildung 5-72**
Ripples-Auswertung eines Blogbeitrags

Die großen Kreise in den Ripples sagen aus, dass von dort ausgehend der Link weitergeteilt wurde. Es handelt sich dabei also um Multiplikatoren, die für eine weitergehende Verbreitung gesorgt haben. Je nach Thema und Branche können so Ketten von bis zu zehn oder mehr Personen entstehen, die alle auf einen einzigen Share zurückgehen.

Wenn Sie Ihre Follower-Zahlen bei Google+ vergrößern wollen, sollten Sie vor allem verfolgen, welche Möglichkeiten Google dazu nach und nach freischaltet. Bereits seit einiger Zeit können zum Beispiel Google-AdWords-Anzeigen mit Google+-Seiten verknüpft werden. Das Ergebnis ist dann eine zusätzliche Zeile in der Anzeige, die bei Klick direkt zur Seite führt und so neue Follower generieren kann. Außerdem kann eine (im Vergleich zur Konkurrenz) hohe Follower-Zahl zu einer höheren Klickrate führen – eine große Anzahl von Followern ist auch bei Google+ ein Vertrauenssignal.

Abbildung 5-73 ▶
Google-AdWords-Anzeige mit Verknüpfung zu Google+

KUKA-Robotics.com - **KUKA Roboter**
www.**kuka**-robotics.com/ ▾   0800 5893430613
Unsere **Roboter** sind ganz schön ehrgeizig! Warum erfahren Sie hier:
789 Personen folgen KUKA Robotics auf Google+

Welche Tools sind hilfreich?

Im Gegensatz zu Facebook und Twitter existieren für Google+
kaum externe Tools zur Auswertung oder Optimierung. Einige
Tools, die zum Beispiel Statistiken lieferten, wurden inzwischen
eingestellt. Google wird jedoch nach und nach eigene Tools anbieten und vermutlich auch früher oder später eine Integration in
Google Analytics anbieten. Anzeigen dafür sind bereits in den Ana-
lytics-Berichten zu finden.

Abbildung 5-74 ▼
Google Analytics zeigt einige Auswertungen zur Verbreitung von Seiten in Google+.

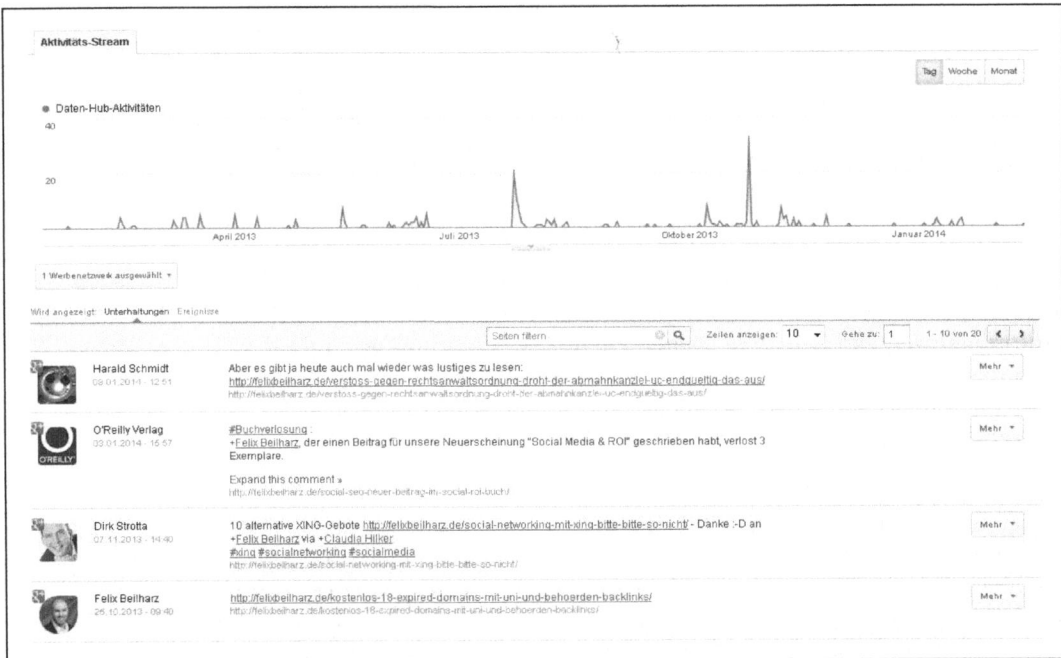

Tipps und Tricks für Ihr Google+-Marketing

Die Links aus den meisten Social Networks sind automatisch mit
»nofollow« markiert. Das bedeutet, dass Google diese Links nicht
in die Relevanzberechnung für Ihre Website mit einbezieht – diese
Links verbessern Ihr Suchmaschinenranking nicht. Bei Google+

gibt es eine Ausnahme: Links, die über den Google+-Button oder das Linkfeld geteilt wurden (anstatt einfach den Link in das Textfeld beim Posten zu kopieren), sind »echte« Dofollow-Backlinks.

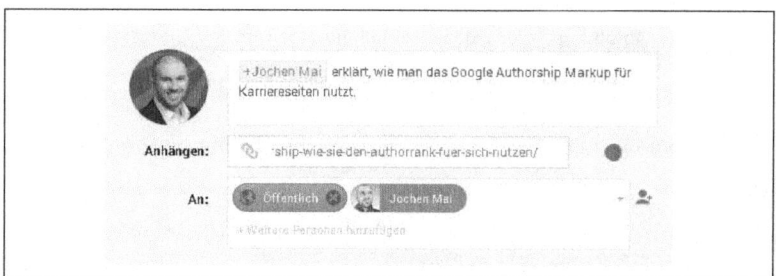

◀ **Abbildung 5-75**
Die Nutzung des Linkfelds bei Google+ generiert echte Backlinks.

Wenn bereits eine Google+-Local-Seite besteht und Sie nun eine Unternehmensseite anlegen möchten, mussten Sie bisher mit zwei separaten Seiten leben. Seit einiger Zeit kann man beide Auftritte zu einem zusammenführen. Wie das geht, ist unter http://bit.ly/ Google-Seiten-zusammenfuehren Schritt für Schritt beschrieben.

Auch bei Google+ sagt das Verhältnis von Followern und Gefolgten etwas über die Qualität Ihres Profils aus. Zwar sollten Sie relevanten Accounts folgen – achten Sie aber darauf, dass Sie deutlich mehr Follower haben.

◀ **Abbildung 5-76**
Das Verhältnis von Followern und Gefolgten ist ein Signal für die Relevanz eines Nutzers bzw. einer Seite.

Wenn Sie sich dafür entscheiden, auch als Person bei Google+ aktiv zu werden, können Sie die Autorenverknüpfung mit Ihrer Website nutzen. Dafür ist es erforderlich, dass Sie Ihr Google+-Profil mit Ihrer Website koppeln, so dass Google Sie als »Autor« der Seite erkennt. Wenn das geglückt ist (das können Sie wieder mit dem Test-Tool für strukturierte Daten überprüfen), besteht eine gute Chance, dass Google Ihr Profilbildchen in die Suchergebnisse übernimmt.

Sterile **Abfüllung** - OPTIMA pharma
www.optima-packaging-group.de/opg/pharma/de/.../technology.php5?... ▾
OPTIMA pharma - Sterile **Abfüllung** [OPTIMA, Der Spezialist für **Abfüll**- und
Verpackungsmaschinen in den Branchen Pharma, Cosmetics, Food und Nonwovens]

Jobs **Abfüllung** Stellenangebote **Abfüllung** Jobangebote ... - Kimeta
https://www.kimeta.de/Jobs?q=**abfüllung** ▾
Jobs **Abfüllung** Jobangebote **Abfüllung** - mit der Kimeta Jobsuche aus 1.757.951
aktuellen Jobs die richtigen **Abfüllung** Stellenangebote finden.

Abfüllung // HOYER
www.hoyer-group.com/chemie/logistik/scs/**abfuellung**/ ▾
HOYER ist als Spezialist für die **Abfüllung** von Gefahrstoffen in der Lage, nahezu alle
Produkte abzufüllen, unabhängig davon, ob das Produkt hochtemperiert, ...

Schonende Systeme für sensible Getränke http://www.krones.com ...

https://plus.google.com/.../posts/79rmvf3wWncX ▾
Krones AG
08.11.2013 - http://www.krones.com/de/produkte/**abfuellung**/krones-
fuellsysteme-fuer-saftgetraenke.php?category=3&subcategory=4. Säfte und
safthaltige #Getränke wollen ...

Wirtschaftlich und wirkungsvoll: IT-Lösungen für Brownfield-Projekte ...

https://plus.google.com/.../posts/YUCHuEr5wxY ▾
CHARLES SCHMIDT
17.10.2013 - Krones AG originally shared this post: Transparenz in der
Abfüllung. Das wünscht sich jeder ...

Wenn Sie sich für diese Strategie entscheiden, muss in Ihrem Unternehmen jemand bereit und in der Lage sein, mit seinem Gesicht das Unternehmen nach außen zu repräsentieren. Das könnte zum Beispiel der Geschäftsführer, der Pressesprecher, Marketingleiter oder jemand aus dem Kundenservice sein. Sie können auch für verschiedene Unterseiten Ihrer Domain unterschiedliche Autoren anlegen (aber pro Seite immer nur einen).

Übrigens: Wenn Sie solche Bildchen in den Google-Suchergebnissen sehen, achten Sie einmal darauf, was Ihnen daran auffällt. Auf vielen Bildern schauen die Personen nach rechts in Richtung Beschreibung. Das wirkt sich in der Regel deutlich klickratensteigender aus als wenn sie vom Ergebnis wegblicken würden. Mit einigen Tricks kann man zusätzlich Aufmerksamkeit auf die Beschreibung oder den Link leiten. Was fällt Ihnen zum Beispiel an Abbildung 5-78 auf?

Suchmaschinenoptimierung Seminar - Das **SEO-Seminar** in Köln

www.suchmaschinenoptimierung-**seminar**.net/ ▾
von Felix Beilharz - in 1.376 Google+ Kreisen
Das **Seminar** Suchmaschinenoptimierung in Köln macht Sie in 2 Tagen zum
SEO-Profi. Praxis-Workshop mit Zufriedenheits-Garantie und erfahrenem
Trainer.

Für die Verknüpfung Ihrer Website mit Ihrer Google+-Seite bietet Google, ähnlich wie Facebook, sogenannte Google+-Boxen an. Diese können Sie unter https://developers.google.com/+/web/badge/ selbst kreien und das Layout der Box in gewissen Grenzen anpassen.

◀ Abbildung 5-79
Google+-Box im Google Enterprise Blog

Foren und Communities

Die Mehrzahl der Foren im Internet dient dem privaten Austausch zwischen Menschen. So existieren Foren mit Millionen von Mitgliedern, die sich über Themen wie Videospiele, Fitness, Automarken oder Briefmarken austauschen. Für das B2B-Geschäft sind dagegen meist eher die kleineren, spezifischeren Foren interessant, oder direkt selbst aufgebaute Communities.

Was ist das Besondere an Foren und Communities?

Foren gab es auch schon lange vor dem Auftreten der ersten eigentlichen Social Networks. Sie gehören zu den Urgesteinen des Social Web und haben bis heute überdauert.

Im Gegensatz zu den großen Social Networks, die keine spezifischere thematische Ausrichtung haben, sind viele Foren thematisch eingegrenzt. Zwar gibt es auch in diesen Foren Unterforen mit Off-topic-Beiträgen; prinzipiell liegt der Schwerpunkt aber häufig auf einem bestimmten Thema. Dadurch entstehen tiefergehende Diskussionen von oft höherer fachlicher Qualität, als es in den Social

Networks der Fall ist. Eine solche Diskussion kann durchaus auch über Monate und Hunderte von Seiten geführt werden. In Social Networks treten solche Phänomene nur äußerst selten auf.

Die Geschwindigkeit ist in Foren ebenfalls deutlich geringer als in Social Networks. Während bei Facebook oft viele Beiträge in wenigen Minuten eingehen, kann es in Foren schonmal mehrere Tage dauern, bis die ersten Antworten geschrieben werden. Bei Facebook wäre eine solche Antwortzeit aus Unternehmenssicht tödlich, die Nutzer sind es dort einfach gewohnt, innerhalb von wenigen Stunden (wenn überhaupt) eine Antwort zu erhalten.

Im Gegensatz zu Social Networks gibt es in den meisten Foren jedoch keine Unternehmensauftritte. Wenn also ein Unternehmen ein externes Forum für das Marketing nutzen möchte, sollte sich ein Mitarbeiter anmelden und für das Unternehmen sprechen. Dabei muss er sich aber den Regeln des jeweiligen Forums unterwerfen. Plumpe Werbung zum Beispiel wird in der Regel gelöscht oder anderweitig geahndet. Bei Facebook ist das zwar ebenfalls nicht die ideale Strategie, steht einem Unternehmen auf der eigenen Seite aber frei.

Eine wichtige Besonderheit der Foren ist die Beständigkeit und damit auch dauerhafte Auffindbarkeit der Beiträge. Während bei Twitter zum Beispiel alte Beiträge irgendwann über die Suche nicht mehr auffindbar sind und auch bei Facebook alte Beiträge ins Nirvana verschwinden und nur noch mühsam wieder hervorgeholt werden können, werden Foreneinträge über Google auch nach Jahren noch wiedergefunden. Das kann bei entsprechendem Inhalt einen dauerhaften Kundenstrom und Imagegewinn bedeuten, oder eben auch Kunden kosten.

Das Betreiben einer eigenen Community bringt einen unbestreitbaren Nutzen: Sie gehört Ihnen. Sie können dort im Prinzip tun und lassen, was Sie möchten. Ihre Beiträge können nicht wegen kommerzieller Inhalte gelöscht werden, wie das in manchen Foren schnell der Fall ist. Niemand kann Ihnen verwehren, auch mal auf ein Angebot hinzuweisen. Nutzer, die Fremdwerbung posten oder sich als Troll entpuppen, können Sie ohne großen Aufwand sperren. Diese Kontrolle spricht eindeutig für eine eigene Community.

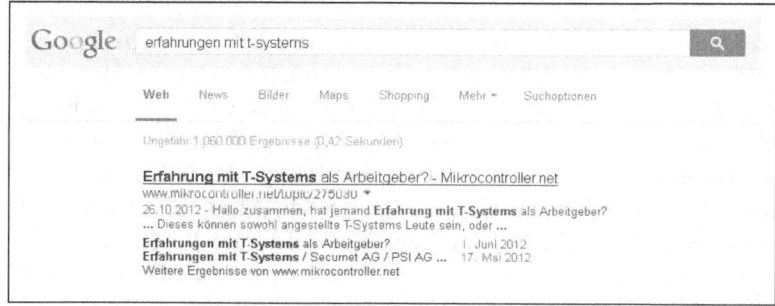

◀ Abbildung 5-80
Ein Foreneintrag rankt bei der Frage nach Erfahrungen auf dem ersten Platz bei Google.

Wer nutzt Foren?

Eine spezielle Nutzergruppe für Foren gibt es nicht. Die Zielgruppen unterscheiden sich je nach Forum deutlich, Foren werden aber über alle Altersklassen, Berufsgruppen, Geschlechter und Nationalitäten hinweg genutzt. Zwar hat sich durch das Aufkommen der Social Networks einiges an Kommunikation von den Foren wegbewegt; trotzdem findet nach wie vor eine unglaubliche Menge an Gesprächen tagtäglich in Foren statt. Die größten deutschen Foren wie motor-talk.de (Auto und Motorrad), hifi-forum.de (Audio und Hifi) oder Gulli.com (IT und Internet) beherbergen jeweils eine zweistellige Millionenanzahl an Posts und jeweils um eine Million Mitglieder.

Wie können Foren im B2B-Marketing eingesetzt werden?

Grundsätzlich haben Sie, wie bereits angesprochen, zwei Möglichkeiten, um Foren für Ihr Marketing einzusetzen: Sie können ein eigenes Forum bzw. eine eigene Community betreiben oder sich in fremde Foren einbringen.

Tipp Wenn Sie sich in fremden Foren engagieren möchten, halten Sie sich mit Werbung zurück und fragen Sie bei Bedarf zuerst den Foreninhaber. Nutzen Sie aber die Ihnen zur Verfügung stehenden Möglichkeiten, zum Beispiel die Forensignatur, die dann unter jedem Ihrer (hoffentlich hilfreichen) Beiträge angezeigt wird.

Ein *eigenes Forum*, also eine *eigene Community*, stellt zweifellos eine sehr fortgeschrittene Form des Social-Media-Marketing dar. Nicht nur, dass Sie das Forum komplett einrichten, absichern, layouten und hosten müssen, was einen nicht zu unterschätzenden technischen Aufwand bedeutet. Das Forum ans Laufen zu bringen und am Leben zu erhalten, stellt den noch größeren Arbeitsaufwand dar. Denn anders als in Social Networks, wo die Menschen ja ohnehin »da« sind, müssen Sie sie in Ihr Forum erst hineinbekommen, inklusive der Hürde der Registrierung. Auch Gespräche zu initiieren, erfordert gerade anfangs großen Moderationsaufwand. Sie müssen Nutzer einladen, begrüßen und zum Posten einladen, eigene Beiträge verfassen, bestehende Beiträge beantworten und so weiter. Das übersteigt den Aufwand, den beispielsweise eine Facebook-Seite erfordert, in der Regel deutlich.

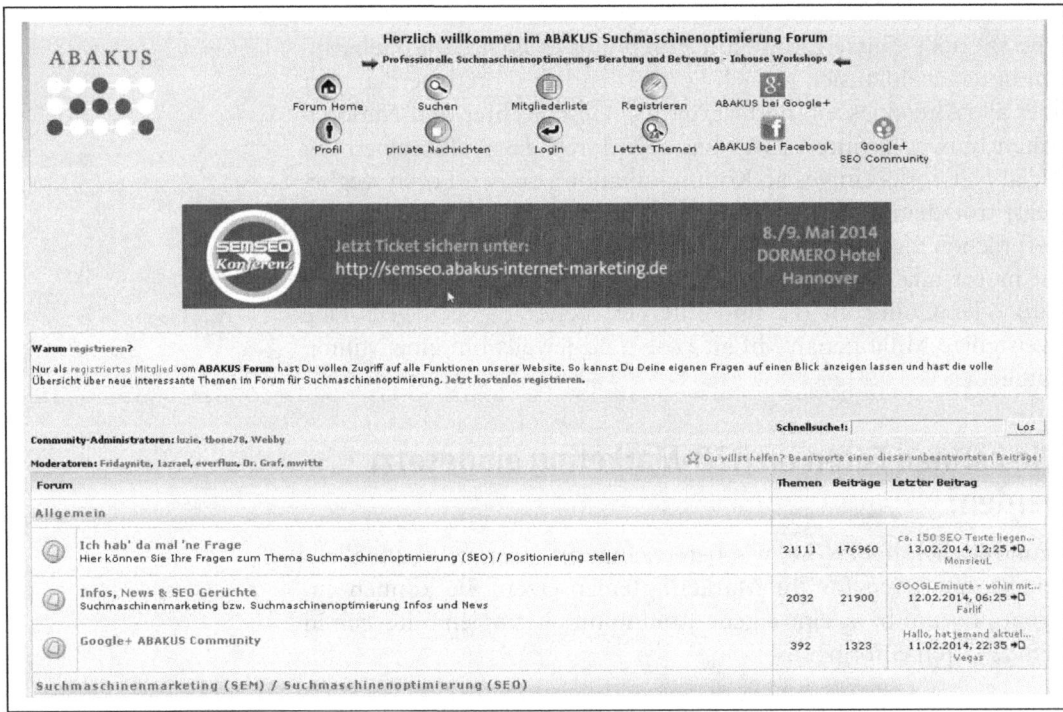

Abbildung 5-81 ▲
Die SEO-Agentur Abakus Internet Marketing betreibt seit vielen Jahren eines der größten deutschen SEO-Foren.

Ihre Community kann unterschiedlichen Zielen dienen. Zum einen können Sie einfach den fachlichen Austausch in Ihrer Branche fördern und das Ganze dann »branden«, also unter Ihrer Flagge laufen lassen. Der Auftritt ist dabei in der Regel relativ neutral, die Produkte und Angebote des Unternehmens spielen keine große Rolle.

Oft, aber nicht immer, werden für solche Foren auch eigenständige und neutrale Domains genutzt, die nicht sofort auf den dahinterstehenden Anbieter schließen lassen.

Ansatzpunkte dieser Herangehensweise sind eher das Sammeln von Informationen und Daten sowie die gelegentliche Ansprache der Nutzer, z. B. über hervorgehobene eigene Beiträge oder Newsletter-Aussendungen.

Zum anderen können Sie ein entsprechendes Forum auch zur direkten Vernetzung mit Kunden und Interessenten nutzen. Dort finden dann überwiegend Gespräche über Ihre Produkte, Anwendungsmöglichkeiten und Neuentwicklungen statt. Dort können Sie auch stärker moderierend eingreifen. Viele große B2B-Konzerne wählen diese Art der Communities zum Beispiel zur Serviceoptimierung oder Kundenbindung.

Mit einer eigenen Community (egal, welche der obigen Strategien Sie wählen) haben Sie das Ohr ganz dicht an der Zielgruppe. Sie sind live dabei, wenn sich Ihre Zielpersonen austauschen, Fragen stellen und von Problemen berichten. Lassen Sie diese Erkenntnisse unbedingt in die Produkt- und Marketingstrategie einfließen.

Wie vergrößert man seine Anhängerschaft?

In einem fremden Forum haben Sie keinen Einfluss auf die Mitgliederzahl, und so etwas wie Follower gibt es ebenfalls nicht. Durch hochwertige und hilfreiche Beiträge und eine regelmäßige Aktivität erhöhen Sie aber Ihren Popularitätsgrad im Forum und damit auch das Ansehen Ihres Unternehmens.

Für ein eigenes Forum gilt: Hier werden Sie investieren müssen. Schon beim Aufbau einer XING-Gruppe haben wir festgehalten, dass es einen nicht unerheblichen Aufwand bedeutet, solch eine Community ans Laufen zu bekommen und aktiv zu halten. Dort haben Sie aber den Vorteil, dass zumindest schon Millionen von Nutzern angemeldet sind und Sie leichten Zugriff auf diese Menschen haben.

Eine eigene Community müssen Sie von Grund auf bekannt machen. Hier werden Sie ohne Marketingbudget und Pressearbeit nicht weit kommen. Nutzen Sie alle Ihnen zur Verfügung stehenden Möglichkeiten, um die Community bekannt zu machen:

- Pressemeldungen
- Hinweise auf Ihrer Website
- Mailing an Ihre Kunden
- Ankündigung in Social-Media-Kanälen
- Werbeanzeigen und -banner auf relevanten Seiten
- Kooperationen mit Bloggern
- Anzeigen in Printmedien
- Promotion auf Veranstaltungen und Messen

Bevor Sie starten, sollten Sie sich einen guten Grund dafür überlegt haben, dass man in dieser Community Mitglied werden sollte. Definieren Sie einen klaren Mehrwert, den Sie damit den Mitgliedern bieten, und betonen Sie diesen Mehrwert bei jeder Gelegenheit.

Vor allem anfangs müssen Sie selbst aktiv im Forum mitposten und Beiträge anreißen. Wenn direkt von außen erkennbar ist, dass in einem Forum nur eine Handvoll Beiträge stehen, hat ein neuer Nutzer sofort den Eindruck, dass sein Beitrag wohl ohnehin nicht gelesen wird. Binden Sie Ihre Mitarbeiter mit ein, damit diese ebenfalls Beiträge schreiben, beantworten und moderieren.

Wenn Sie dann mehr Mitglieder haben, überlegen Sie, wie Sie zum Beispiel Forentreffen auch auf Branchenveranstaltungen durchführen können. Sicher gibt es in Ihrer Branche Messen, auf denen sich Unternehmen und Mitarbeiter begegnen. Vielleicht kann es sinnvoll sein, im Rahmen einer solchen Messe für die Mitglieder Ihrer Community ein spezielles Treffen zu organisieren. Damit stärken Sie die Bindung an das Forum und machen es gleichzeitig interessant für neue Mitglieder.

Tipps und Tricks für Ihr Forenmarketing

Bieten Sie in Ihrem Forum nach Möglichkeit einen Facebook- oder Twitter-Login an. Den (vielen) Menschen, die bereits über einen Facebook- oder Twitter-Account verfügen, erleichtern Sie so die Registrierung und Anmeldung, was die Hemmschwelle zum Mitmachen senkt.

Nicht alle Foren lassen Beiträge von Unternehmen bzw. Unternehmensvertretern zu. Teilweise will man lieber unter sich bleiben. Diese Foren sind dann meist unternehmensunabhängig und werden von Verlagen oder ähnlichen Herausgebern betrieben. In der Regel sind diese dann aber werbefinanziert, was Ihnen eine neue Möglichkeit eröffnet: das Schalten von Werbeanzeigen. Die überwiegende Mehrheit der Foren nimmt am Google AdSense-Programm teil. Dabei handelt es sich um das Gegenstück zum AdWords-Programm. Webmaster, die mit ihrer Seite Geld verdienen wollen, können Werbeflächen zur Verfügung stellen. Sie als Werbender können entweder breit gestreut auf thematisch passenden Seiten werben oder gezielt einzelne Seiten (in diesem Fall Fachforen) auswählen. So tauchen Ihre Werbeanzeigen in einem thematisch hochrelevanten Umfeld auf. Denkbar wäre sogar, Ihre eigene Community mit diesen Anzeigen in fremden Foren zu bewerben – schließlich treffen Sie hier auf Menschen, die offensichtlich in der Branche aktiv und Foren gegenüber aufgeschlossen sind.

 Spedition + Fracht Forum für Logistik|Transport|Cargo|LKW Autohof - Allgemeine - Rubriken - Transportauskunft -

Forum für Spediteure - Transportunternehmer - Versender und Verlader
Fragen und Meinungen im Bereich Landtransporte national und international

1 2 3 4 5 6 7 8 9 10 11 12 13 14 15 16 17 18 19 20 21 22 23 24 ... 29

Ankündigungen und wichtige Themen

Thema	Bewertung	Antworten	Zugriffe	Letzte Antwort ▽
BAR Ankauf: Wir Kaufen LKW u. Nutzfahrzeuge aller Art ! Von Perin Nutzfahrzeuge (22. August 2012, 13:06)		1	2 617	Von Perin Nutzfahrzeuge (6. September 2012, 19:54)
LKW Ankauf: Wir Kaufen Nutzfahrzeuge aller Art ! Von Wasel LKW Zentrale (7. Februar 2012, 21:59)		0	2 342	keine Antwort

Abbildung 5-83 ▲
Speditionsforum mit Google-Werbeanzeigen (Image-Banner und Textanzeigen)

Generell gilt: Werfen Sie nicht zu schnell das Handtuch. Aller Anfang ist schwer – und nirgends gilt das so stark wie beim Aufbau einer eigenen Community. Das ist definitiv kein »One-Man-Job«, der mal eben nebenbei erledigt werden kann. Wenn Sie zu dem Schluss kommen sollten, dass der Aufwand den Nutzen für Sie übersteigt, können Sie (zumindest vorerst) immer noch auf Communities in existierenden Gruppen wie XING oder LinkedIn zurückgreifen.

Recherche ist das A und O für kreative Ideen – Interview mit Irina Hey von OnPage.org

▲ **Abbildung 5-84**
Irina Hey

Irina Hey ist Head of Marketing & Communications von OnPage.org, einem Tool zur professionellen Suchmaschinenoptimierung.
Die Wirtschaftsinformatikerin schreibt Fachbeiträge rund um das Thema Onlinemarketing und ist Suchmaschinenoptimiererin aus Leidenschaft.

1. Bitte beschreib einige der Aktionen, die ihr im Marketing bisher gemacht habt. Wie seid ihr vorgegangen?

Im Social Media handeln wir meist kurzfristig und reagieren schnell. Natürlich kann man einige Aktionen schon im Voraus planen, die spontanen Einfälle sind jedoch meist die besten, weil sie zusätzlich den aktuellen Bezug haben. Videos, Bilder und Grafiken, also visuelle Mittel, sind dabei unabdingbar und tragen nicht unerheblich zum Erfolg bei.

Fotoaktion »You are awesome« auf einer Konferenz

Für die Verbreitung der Inhalte im Social Media eignen sich natürlich Konferenzen und externe Veranstaltungen besonders gut. Dabei wird der Alltag unterbrochen und man erlebt etwas. Ein Kunde oder ein Interessent, der auf einer Veranstaltung war, würde vermutlich das Fotoalbum ansehen, um sich selbst auf den Bildern zu sehen. Ist man selbst auf einem Foto abgebildet, wird dieses auch gerne geteilt.

Dies brachte uns auf die Idee, unsere erste – und im Nachhinein auch sehr erfolgreiche – Aktion im Social-Media-Bereich durchzuführen. Damals war unser Produkt noch relativ neu auf dem Markt und man kannte es noch nicht wirklich. Wir haben für die Aktion eine Fotowand erstellt und haben alle Interessenten mit unserer Maskottchen-Figur Captain OnPage ablichten lassen. Der Clou dabei war der Slogan »This guy is awesome«. Damit haben wir genau den Nerv der Sache getroffen und den Nutzer in den Mittelpunkt gestellt. Später veröffentlichten wir die Fotos in einem Facebook-Album, wo sich jeder selbst taggen konnte. Das haben viele auch gern getan.

▲ **Abbildung 5-85**
Fotowand mit »Captain Onpage« (Quelle: tagseoblog.de)

▲ **Abbildung 5-86**
Hostessen unterstützen den Messestand
(Quelle: Facebook OnPage.org)

Der Erfolg war enorm und die Anzahl der Interaktionen sehr hoch – viele haben das Foto
sogar als ihr Profilbild verwendet. Auch die
Wiederholung dieser Aktion auf einer anderen
Konferenz kam erneut sehr gut an. Die Vorbereitung war zwar vergleichsweise aufwendig
aufgrund der Captain-Figur, die Umsetzung
jedoch sehr einfach und erfolgreich.

»Schlaf ist ein schwacher Ersatz für Koffein« – Direct Mailing

Eines unserer Merchandising Artikel ist ein Ener-
gydrink namens »Liquid SEO«, den wir im Rahmen eines Direct Mailing an Kunden verschickt
haben. Die Story dahinter: Wer dieses Getränk zu
sich nimmt, erhält besondere Kräfte, um besser
und leichter mit unserer Software zu arbeiten.
Die nachfolgende Social-Media-Aktion haben
wir für die heißen Sommermonate geplant, wo
es den Menschen besonders schwer fällt, sich zu
konzentrieren. Viele unserer Kunden haben sich
für das Mailing bedankt und Fotos der verschick-
ten Pakete auf Facebook, Twitter oder auch Instagram geteilt. Die Vorbereitung war insofern
aufwendig, als Pakete zusammengestellt und
verschickt werden mussten, was letztlich auch
recht kostenintensiv war. Der Erfolg auch dies-

mal: viele Postings auf der eigenen Timeline und
großer Branding-Effekt.

▲ **Abbildung 5-87**
Foto des erhaltenen Mailings (Quelle: Facebook OnPage.org)

▲ **Abbildung 5-88**
Auch Unternehmer.de haben ein Foto des Energydrinks auf
Twitter gepostet.

SEOPT e. K. @seopt   15. Jan
Danke @Mediadonis und Team @OnPage_org. Wir machen jetzt mal
Kaffeepause mit etwas **Liquid** #SEO. fb.me/3HQnYYkcX
Öffnen   ← Antworten ⇄ Retweeten ★ Favorisieren ••• Mehr

▲ **Abbildung 5-89**
Tweet eines Kunden von OnPage.org

Weihnachtsaktionen

Die Vorweihnachtszeit ist eine gute Zeit, um
Social-Aktionen zu starten, weil die Menschen
in dieser Zeit sehr emotional sind. Hier war es
uns wichtig, unseren Kunden und Interessenten Freude zu bereiten und sie zum Lachen zu
bringen. Hierzu entstand ein »Dankeschön
Video« mit einem kleinen Gag am Ende (*http://
www.youtube.com/watch?v=1e_LEBDxq-c*).

▲ **Abbildung 5-90**
Blogbeitrag mit lustigem Weihnachtsvideo und bemerkens-
werten Share-Zahlen

Wir haben Weihnachtskarten an Kunden und
Freunde verschickt, die persönlich vom Team
unterschrieben waren. Wir haben mit anderen
Portalen kooperiert und starteten ein Twitter-
Gewinnspiel, bei dem die Nutzer ein Video auf
unserer Website finden mussten. Sowohl das
Video als auch die Geschenke kamen sehr gut
an. Täglich erreichte uns jede Menge Feedback,
und viele bedankten sich für die Aufmerksamkeiten. Die Weihnachtskarte haben wir eher
außergewöhnlich gestaltet, damit Groß und
Klein Freude daran haben. Das bunt bedruckte
3D-Pop-up-Motiv stach aus der Masse heraus.

▲ **Abbildung 5-91**
Kreative Weihnachtskarten haben zahlreiche Facebook-
Postings nach sich gezogen.

Kreative 404-Fehlerseiten mit ShareButton

Bei Social Media ist es stets eine Herausforderung, den Nutzer nachhaltig zu begeistern.
Dies ist uns mit der 404-Aktion gelungen. Bei
dieser Aktion haben wir die Thematik der 404-
Fehler, die in unserer Software eine Rolle spielt,
mit einer Prise Humor verbunden (siehe *http://
de.onpage.org/fehler*). Die Idee dazu gab es
jedoch schon länger. Die Umsetzung, also der
Dreh des Videos, war aufwendig, das Feedback
aber unglaublich. Damit konnten wir eine sehr
große Anzahl an Aufrufen generieren (über
5.000 Aufrufe).

▲ **Abbildung 5-92**
Kreative 404-Fehlerseiten generieren zusätzliche Aufmerksamkeit.

Alle Aktionen werden sorgfältig und möglichst perfekt vorbereitet. Unvorhersehbare Entwicklungen oder Unstimmigkeiten können jederzeit passieren. Wir versuchen, sie zu vermeiden, haben aber auch keine Angst davor. Die Vorbereitung für eine Aktion dauert meist ein paar Wochen. Dabei bleiben wir bewusst sehr flexibel und ändern unsere Meinung z. B. beim Wording oder beim Veröffentlichungsdatum bis zuletzt. Der Hintergrund ist, die Zielgruppe zur rechten Zeit und am rechten Ort zu erreichen und einen passenden Inhalt zu bieten.

2. Welche Rolle spielen Social Media für euer Marketing? Welche Kanäle funktionieren besonders gut, welche nicht? Welche Erfolge habt ihr erzielt?

Social-Media-Marketing ist für uns ein sehr wichtiger Marketingkanal, da wir dadurch sehr viele Nutzer erreichen und unser Branding gezielt stärken. Dabei spielt für uns Facebook eine besonders wichtige Rolle, da dort unsere Fangemeinde am größten ist (5.000 Fans). Wir haben sie bewusst ausgebaut und uns darauf konzentriert, Anreize dafür zu setzen, Fan unserer Marke auf Facebook zu werden. Wir machen uns bei jedem Posting viele Gedanken und achten auf die Interaktionsentwicklung und auf

die Fan-Base. Unsere Kunden stellen dort auch in den privaten Nachrichten Fragen zum Produkt, weil sie genau wissen, dass wir dort sehr schnell auf Fragen reagieren.

Google+ ist für uns als Social-Media-Kanal mindestens genauso wichtig wie Facebook und Twitter, wir veröffentlichen dort regelmäßig Beiträge und versuchen, auch diesen Kanal besser auszubauen. Der Rest wird verhältnismäßig weniger benutzt. XING und LinkedIn sind eher Netzwerke, in denen einzelne Personen im Vordergrund stehen und weniger die Firma an sich. Pinterest und Instagram werden nicht sehr häufig von unseren Nutzern zur Kommunikation verwendet, da wir dafür zu wenig Bildmaterial verwenden und unser Fokus im B2B-Business liegt.

Wir verbreiten alle Informationen rund um unser Unternehmen über die Social-Media-Kanäle und erreichen dadurch auch sehr viele Leser bzw. Nutzer. Das bedeutet, dass wir mittlerweile eine sehr große Reichweite dort haben und der Bereich Social für uns als Marketingstrategie nicht mehr wegzudenken ist. Vor allem redaktionelle Inhalte und Videos werden extrem gut verbreitet.

So erreichten wir mit dem Artikel »Die ganze Wahrheit über das Hummingbird Update – So tickt der Kolibri« über 220 Facebook-Aktivitäten, 58 Tweets und 92 +1-Markierungen auf Google+.

Das oben erwähnte Weihnachtsvideo »Danke für das Jahr 2013 – OnPage.org« erreichte innerhalb weniger Stunden nach der Veröffentlichung über 700 Aufrufe und wurde mittlerweile über 1.500 Mal angesehen.

Es freut uns wirklich, dass unsere Inhalte Zustimmung finden, und wir versuchen stets, interessante Inhalte zu finden, die für unsere Besucher bzw. Fans nützlich und unterhaltsam zugleich sind.

3. Welche Fehler siehst du andere B2B-Unternehmen im Social Media machen?

Social Media bringt natürlich enormes Potenzial und frischen Wind in die Unternehmenskommunikation. Es kann jedoch auch mächtig in die Hose gehen. Sollten zu wenig Ressourcen oder Know-how in bestimmten Bereichen vorhanden sein, dann sollte man lieber nichts tun, als mit Pauken und Trompeten zu scheitern.

Fehler #1: Falsche Ausrichtung

Häufig wird der Kanal an sich falsch genutzt, beispielsweise als Support-Kanal. Hier bekommt man dann natürlich viel bzw. fast ausschließlich Negatives zu hören, woraufhin das Ganze recht schnell wieder eingestellt wird. Auch eine falsche Zielgruppenansprache kann der Grund für Unmut sein: Man muss in erster Linie wissen, welche Themen die Kunden bzw. Interessenten beschäftigen, und diese möglichst sinnvoll aufbereiten.

Fehler #2: Vermeintlicher Humor

Häufig stellt man in den sozialen Netzwerken humorvollen Content bereit, den letztlich keiner lustig findet. Manchmal versuchen Unternehmen auf Teufel komm raus, lustig zu sein, was wiederum nicht mehr authentisch wirkt. Man muss viel ausprobieren und austesten, was dem User gefällt, und dies künftig berücksichtigen. Der Bezug zum eigenen Unternehmen darf nicht verloren gehen.

Fehler #3: Zu viel »Produkt«

Es gibt Unternehmen, die sich zu sehr auf Produkt- und Company-Infos versteifen und das Miteinander und die Interaktion einfach vergessen. Viele denken noch zu klassisch und betreiben eine einseitige Kommunikation, wie sie früher in den Printmedien üblich war. Der Nutzer von heute will jedoch nicht nur über Produktneuerungen informiert werden, sondern das Unternehmen auch »erleben«.

Fehler #4: Zu wenig Aktionen und Reaktionen

Viele Unternehmen legen ein Social-Profil an und machen sich nicht weiter Gedanken darüber. Die Kontinuität fehlt und es finden zu wenig interaktive Aktionen statt. Manchmal gibt es keine Reaktionen auf Kundenmeinungen oder Feedback – weil man Angst vor einem Shitstorm hat. All das merken die Nutzer und interagieren dann letztendlich nicht mehr mit dem Unternehmen.

4. Welche Tools und Kennzahlen zieht ihr für eure Erfolgsmessung heran?

Wir benutzen Tools wie Alert.io, Facebook Insights, GooglePlus Ripples, Hootsuite und Google-Analytics-Kennzahlen, um den Erfolg der verschiedenen Social-Kampagnen zu messen.

5. Wie kommt ihr auf neue und kreative Ideen für Aktionen, Content und Kampagnen?

Grundsätzlich hilft viel Recherche und Augen offen halten für Neues. Wir denken immer darüber nach, was wir machen könnten, und holen uns Inspirationen aus ganz anderen Lebensbereichen. Oft kommt man durch Filme, Kinder oder Bekannte auf Ideen. Aber Recherche ist das A und O und hilft bei der Grundidee, die dann nach unserem Gusto angepasst wird. Wir brainstormen auch im Team und überlegen uns verschiedene Aktionen. Am häufigsten kommen die Einfälle sehr spontan und werden dann zeitnah umgesetzt.

6. Inwiefern unterscheiden sich euer Marketing und Social-Media-Marketing von dem eines endkundenorientierten Unternehmens? Gibt es Besonderheiten und Dinge, die besser oder schlechter funktionieren?

Wir sind zwar ein B2B-Softwareanbieter, aber unsere Kunden sind letztlich die gleichen, die im Internet Hemden oder Pullover kaufen. Das heißt für uns, dass wir sie auch für die Software emotional begeistern müssen. Vermutlich haben wir aber insgesamt weniger zu bieten als viele andere Unternehmen, weil unsere Software ja eher etwas Abstraktes ist und man sie sich nicht physisch nach Hause bestellen kann. Deshalb versuchen wir, unsere Mission durch Werbung und Merchandising greifbar zu machen, damit die Nutzer sich an uns erinnern und bei Bedarf an uns wenden.

7. Wie wird sich das Social-Media-Marketing deiner Meinung nach in den kommenden Jahren verändern? In welche Richtung entwickelt es sich?

Wir beobachten stark, dass die Postings privater Natur immer weniger geteilt werden. Die Zeit, wo alle mit dabei waren und mitgemischt haben, ist vorbei. Sehr wenige Nutzer haben etwas öffentlich zu sagen oder trauen sich zu kommentieren. Viele lesen einfach nur mit, sind selbst jedoch kaum aktiv. Das verstärkt vor allem die kommerzielle Nutzung der Medien für Unternehmen und Medienportale.

Inhaltlich werden Foto-Content, Werbung, Shopping, Erlebnisse und Videos weiterhin existieren und bei den Nutzern Gefallen finden. Viel Interaktion findet aber in geschlossenen/geheimen Gruppen/Veranstaltungen und/oder in Privatnachrichten statt. Meinungsführer werden nach wie vor ihre Meinung öffentlich kundtun, die wiederum von anderen Nutzern diskutiert wird. Die sozialen Netzwerke sind also keinesfalls tot und werden keine Nutzungsrückgänge verzeichnen. Innerhalb des Netzwerks werden sich die Prioritäten etwas verschieben, so dass Privates in den Hintergrund rückt.

KAPITEL 6

Content-Sharing-Dienste: YouTube, Slideshare & Co.

Neben den Social Networks und Communitys besteht ein großer Teil des Social Web aus Content-Sharing-Diensten. Dabei handelt es sich um Plattformen, bei denen das Teilen von Inhalten im Vordergrund steht. Zwar werden auch bei Facebook und Twitter Inhalte geteilt, aber eigentlich sind sie mehr auf das Netzwerken und Posten von Textbeiträgen ausgerichtet.

In diesem Kapitel betrachten wir zwei der für den B2B-Sektor relevantesten Plattformen genauer: YouTube und Slideshare. Beide werden bereits eingesetzt, in Deutschland allerdings nur von einer Minderheit der B2B-Unternehmen. Zu Unrecht, denn die Möglichkeiten und Chancen, die beide Plattformen bieten, sind enorm.

YouTube

YouTube hat in den letzten Jahren maßgeblich zu massiven Medienumbrüchen beigetragen. Die Reichweite mancher Channels übersteigt diejenige klassischer TV-Kanäle deutlich. Und selbst in öffentlich-rechtlichen Nachrichtensendungen sind YouTube-Videos als Quellen für News keine Seltenheit mehr. Und ein Ende ist nicht in Sicht: Jede Minute werden 100 Stunden neues Material bei YouTube hochgeladen, eine Milliarde Nutzer sehen sich monatlich sechs Milliarden Stunden Videos bei YouTube an. Kein Wunder also, dass Unternehmen sich ebenfalls immer stärker für YouTube als Marketingkanal interessieren.

Was ist das Besondere an YouTube?

YouTube stellt eine Art Zwischending zwischen Social-Media-Kanal, Suchmaschine und klassischem Broadcasting-Medium (also eher einem Ein-Weg-Kanal) dar. Auch Unternehmen, die mit dem »typischen« Social-Media-Marketing nicht viel anfangen können, also weniger Wert auf Interaktion und interaktive Kommunikation legen, können über YouTube Nutzer ansprechen, zum Beispiel können die Videos hochgeladen und dann in eine Website eingebunden werden. Um die maximale *Reichweite* sowie Effekte wie *Kundenbindung* und *Markenstärkung* zu erzielen, sollten Sie aber auch hier die üblichen Social-Media-Regeln beachten. Versuchen Sie, soweit möglich, Interaktion in Form von Kommentaren, Bewertungen oder Shares zu erzielen, und halten Sie sich mit aufdringlicher Werbung zurück. Die Videoaufrufe, die Sie mit den Weiterleitungen durch andere Nutzer erreichen können, toppen in vielen Fällen alles, was Sie selbst generieren oder durch zusätzliche Werbeschaltungen einkaufen können.

YouTube ist nach Google die *zweitgrößte Suchmaschine der Welt* (und gehört obendrein noch zum Google-Konzern). Unternehmen, die es verstehen, hier gefunden zu werden, vergrößern die Chance auf zusätzliche Kundenkontakte enorm.

Dazu kommt, dass Google YouTube-Videos in der Google-Suche auflistet und mit einem relativ großen Vorschaubild darstellt. Auch ohne mit Ihrer Website für einen bestimmten Suchbegriff in der Google-Suche aufzutauchen, können Sie so Kunden auf sich aufmerksam machen.

Der eigentliche Clou bei YouTube ist aber, dass tatsächlich jeder, der es möchte, einen Account anlegen und Videos hochladen kann. Diese Videos stehen dann sofort und automatisch einem weltweiten Publikum zur Verfügung. Von YouTube selbst gibt es so gut wie keine Videos, fast alle von den Milliarden Videos wurden von einfachen Nutzern hochgeladen. Durch YouTube ist endlich jeder ein potenzieller Sender geworden. Wer keine Website programmieren kann und wem auch ein Blog zu aufwendig ist, der nimmt einfach mit dem Smartphone ein Video auf und lädt es per Knopfdruck hoch. Für junge Menschen ist das heute Alltag. YouTube nennt diese Nutzer »Generation C«, die um das Jahr 2000 geboren, mit YouTube aufgewachsen sind und sich eine Welt ohne diesen Kanal gar nicht mehr vorstellen können. Sie sehen weniger fern als der Durchschnitt der Bevölkerung und konsumieren dafür doppelt so viele YouTube-Videos, und zwar auf allen denkbaren Endgeräten (dazu gehören auch Videospielkonsolen, Smartphones und bald auch Smartwatches und andere »Wearables«). In wenigen Jahren werden diese Menschen in das Berufsleben eintreten und ihre Nutzungsgewohnheiten dahin mitnehmen. Welche Auswirkungen das für Unternehmen haben wird, können Sie sich vielleicht ausmalen.

◀ Abbildung 6-1
Ein YouTube-Video rankt bei Google und fällt durch das Bild stark ins Auge.

Wer nutzt YouTube?

Weltweit kommt YouTube auf *eine Milliarde Nutzer pro Monat*. Dabei handelt es sich wohlgemerkt nicht um die Anzahl der Seitenbesuche, sondern tatsächlich um die Anzahl an Menschen. 80 Prozent der Videoaufrufe finden außerhalb der USA statt. In Deutschland gehört YouTube ebenfalls zu den am stärksten genutzten Social-Media-Plattformen, auch wenn verlässliche Nutzerzahlen und -statistiken schwer zu erhalten sind. Verschiedene Umfragen zeigen zum Beispiel, dass ca. die Hälfte der deutschen Internetnutzer YouTube verwendet. Andere Studien aus 2011 und 2012 sprechen von ca. 25 Millionen Nutzern.

Bei YouTube können Sie aber auch recht gut selbst herausfinden, wer den Kanal nutzt, und zwar anhand Ihrer eigenen Statistiken. Sobald Ihr Video einige hundert Male aufgerufen wurde, stehen Ihnen demografische Auswertungen zu den Zuschauern zur Verfügung. Hier können Sie sehen, ob Ihr Video die richtigen Leute erreicht hat. Solche individuellen Auswertungen sind in der Regel deutlich relevanter als allgemeine Statistiken über Nutzer eines Social Network.

Abbildung 6-2 ▶
Statistiken eines YouTube-Videos, das sich an eine überwiegend männliche Zielgruppe richtet

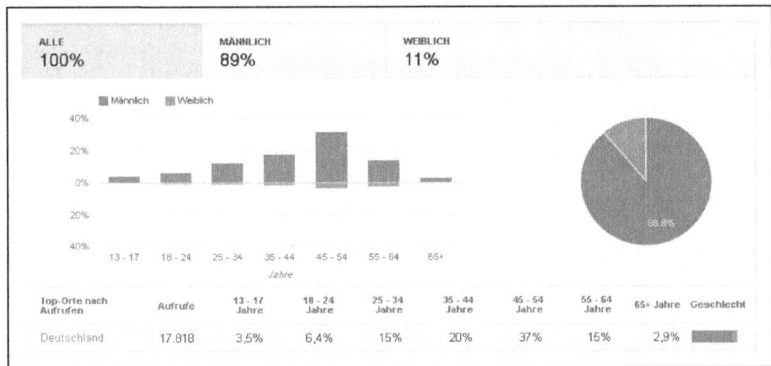

Welche Funktionen sind wichtig?

Die zentrale Funktion bei YouTube sind natürlich die *Videos*. Mit einem verifizierten Konto (dafür reicht die Angabe und Bestätigung einer Handynummer aus) können Sie auch lange Videos von über einer Stunde Dauer hochladen.

 Tipp   YouTube-Videos müssen nicht zwingend kurz sein. Je nach Inhalt und Zweck des Videos werden auch längere Videos angesehen (z. B. Vorträge, Lehreinheiten usw.). Grundsätzlich sollten Sie sich bei den Videos aber kurzfassen, eine Dauer von maximal fünf Minuten ist in der Regel am besten.

Die Videos werden beim Aufrufen der Videoseite automatisch abgespielt. Unter dem Video können die Zuschauer das Video mit einem Daumen hoch oder Daumen runter bewerten, Kommentare zum Video abgeben sowie das Video in Social Networks teilen und zu eigenen Playlisten hinzufügen.

◀ Abbildung 6-3
Festo nutzt YouTube für das
Employer-Branding.

Alle Ihre Videos werden in Ihrem *Kanal* zusammengefasst. Dort haben Sie die Möglichkeit, sich Ihrem Publikum zu präsentieren. Den Kanal können und sollten Sie mit einem ansprechenden Header-Bild versehen sowie ihm ein einprägsames Kanallogo geben (in der Regel dürfte das Ihr Firmenlogo sein).

Tipp   Die URL Ihres Kanals können Sie in den Einstellungen festlegen. Verwenden Sie einen kurzen, leicht merkbaren Kanalnamen. Der Kanal ist dann direkt über youtube.com/username aufrufbar.

Was auf Ihrer Kanal-Startseite zu sehen sein soll, können Sie ebenfalls (mit-)bestimmen. Sie haben dort die Möglichkeit, ein Begrüßungsvideo einzubinden, das beim Aufruf des Kanals automatisch abgespielt wird. Nutzen Sie diese Chance, um Kanalbesucher (genauer gesagt: Nicht-Abonnenten) neugierig auf mehr zu machen. Besucht ein Abonnent Ihren Kanal, erhält er nicht mehr das Begrüßungsvideo, sondern Ihre aktuellsten Videos angezeigt. Idealerweise produzieren Sie für die Begrüßung ein spezielles

Video, das neue Nutzer auf die Vorteile Ihres Kanals hinweist und zum Abonnieren einlädt. Bis ein solches Video fertig ist, können Sie aber auch einen Unternehmensfilm verwenden – die Erfolgsraten sind bei der ersten Variante jedoch meist höher.

Abbildung 6-4 ▶
YouTube-Kanal der Krones AG mit Begrüßungsvideo

In Ihrem Kanal können Sie auch weitere Social-Media-Auftritte sowie eine Website verlinken. Denken Sie auch daran, einen Link zum Impressum in Ihrer Website unterzubringen.

 Tipp   Das Titelbild wird in der Breite je nach Endgerät angepasst. Achten Sie also darauf, dass alle wichtigen Elemente mit jeder Auflösung zu sehen sind. Je nach Ihren Unternehmenszielen können Sie zum Beispiel das Bild eines Ansprechpartners und direkte Kontaktdaten in das Titelbild integrieren.

Besondere Bedeutung für die Nutzer- und Kundenbindung kommt auch der *Abonnement-Funktion* zu. Die Möglichkeit zum Abonnieren haben Nutzer unter jedem Video sowie auf der Kanalseite durch den auffällig rot gefärbten Abonnieren-Button. Wenn jemand einen Kanal abonniert hat, erhält er bei jedem neuen Video des Kanals eine Meldung in seinem Backend und sogar per E-Mail. Außerdem erscheinen die News der abonnierten Kanäle direkt beim Besuch von YouTube bzw. nach dem Einloggen in den Account. Sie vergrößern damit also die Wahrscheinlichkeit enorm, dass Nutzer Ihre Videos überhaupt finden, und sollten der Abofunktion hohe Priorität einräumen. Doch dazu später mehr.

YouTube zeichnet sich auch dadurch aus, dass die Videos nicht nur bei YouTube selbst angesehen werden können, sondern sich auch auf fremden Websites *einbinden* lassen. Damit werden auch Nutzer erreicht, die YouTube nie aufrufen. Das Einbetten von Videos ist extrem einfach. Den fertigen Code liefert YouTube jedem Nutzer auf Knopfdruck aus. Der Code muss einfach in das Blog bzw. die Website kopiert werden. Damit ist das Video automatisch eingebunden und kann direkt auf der Website angesehen werden.

Tipp   Wenn Sie ein Video in Ihre Website einbinden, werden normalerweise am Ende des Videos weitere ähnliche Videos vorgeschlagen. Diese Funktion können und sollten Sie beim Generieren des Einbettungscodes deaktivieren, um den Nutzer nicht von Ihrem Angebot abzulenken.

◀ **Abbildung 6-5**
Die KUKA Roboter GmbH verwendet ein YouTube-Video direkt auf der Startseite.

Mit etwas Glück und Strategie kann es Ihnen sogar gelingen, dass nicht nur Sie selbst Ihre Videos einbinden, sondern auch andere, zum Beispiel Blogs, Branchenmagazine oder Fachzeitschriften auf ihren Internetauftritten. Damit ist Ihnen eine weite Verbreitung in der relevanten Zielgruppe sicher.

Tipp

Über die YouTube-Analytics können Sie einsehen, auf welchen Websites Ihre Videos eingebunden wurden. Bedanken Sie sich bei den Verwendern und fragen Sie höflich nach, ob – falls noch nicht geschehen – auch ein Link zu Ihrer Website integriert werden könnte. Dadurch stärken Sie gleichzeitig noch Ihre Suchmaschinenoptimierung und vergrößern den direkten Traffic.

Wie kann YouTube im B2B-Marketing eingesetzt werden?

Einige der Einsatzzwecke im B2B-Marketing sind ja bereits angeklungen. Grundsätzlich bietet sich YouTube auf viele verschiedene Arten und Weisen an.

Ein möglicher Einsatzbereich könnte das *Recruiting* bzw. *Employer-Branding* sein. In diesem Fall sollten Sie in Ihren Videos Einblicke in den Arbeitsablauf geben, aktuelle Mitarbeiter vorstellen und zu Wort kommen lassen oder Impressionen von Arbeitsausflügen oder Messebesuchen zeigen – eben alles, was Sie als Arbeitgeber interessant macht.

Abbildung 6-6 ▶
Die Bechtle AG nutzt YouTube zur Ansprache von Azubis.

Vor allem, wenn es Ihnen um Produktinformation geht und Sie Ihre Produkte oder Dienstleistungen vorstellen und erklären möchten, spielt YouTube seine Stärken aus. Dank den Multimedia-Inhalten können auch komplexe und erklärungsbedürftige Angebote hervorragend dargestellt werden. Derzeit sind *Erklärvideos* im Trend, bei denen die Story von einer Off-Stimme gesprochen wird, während die dazugehörigen Bilder entweder live gezeichnet (und im Zeitraffer wiedergegeben) oder aus vorgezeichneten Bildern gelegt wird. Diese Videos sind verhältnismäßig günstig zu produzieren, haben einen hohen Nutzwert und werden von interessierten Zuschauern gerne angesehen. Auch animierte Filme oder Filme mit »echten« Darstellern können genutzt werden. Die Form ist hier weniger entscheidend als der Inhalt (auch wenn ein gut gemachtes Video natürlich höhere Aufmerksamkeit erfährt und ein besseres Image generiert).

◀ Abbildung 6-7
Erklärvideos eignen sich auch für komplexe Produkte und Prozesse.

Mit einem solchen originellen Video können Sie zum Beispiel Ihr Geschäftsmodell, spezifische Produkte oder auch den Ablauf erklären, den der Kunde erwarten kann, wenn er Sie beauftragt.

Die wohl am einfachsten zu produzierenden Videos in diesem Bereich sind so genannte *Screencast*s. Hierbei wird einfach mit entsprechender Software Ihr Bildschirm »mitgefilmt«, während Sie zum Beispiel eine Software erklären oder sich durch eine Power-Point-Präsentation klicken. Gleichzeitig wird über die Tonspur Ihre Stimme aufgenommen, so dass sich ein simples, aber professionelles Video mit hohem Erklär- und Nutzwert ergibt.

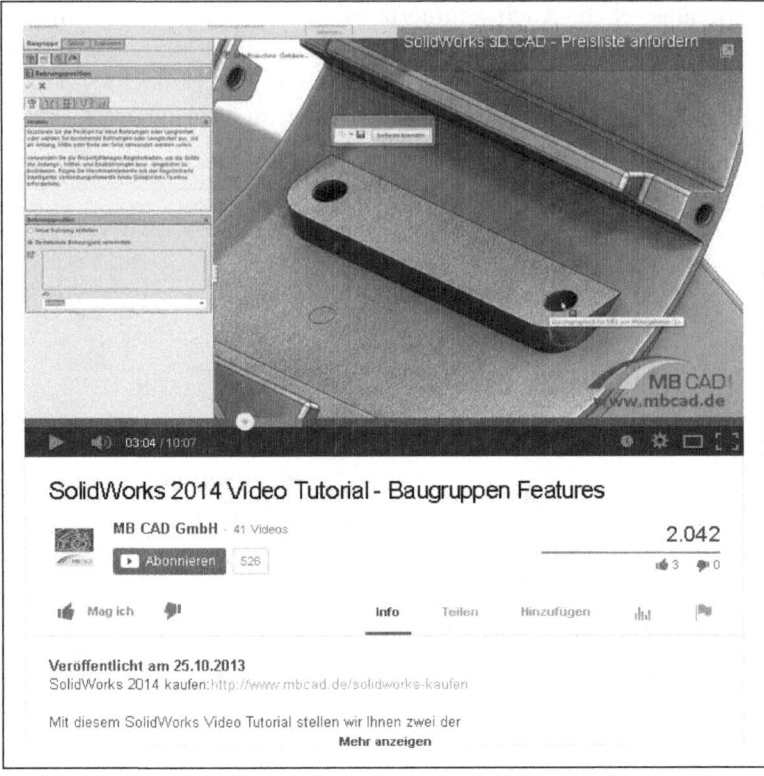

Abbildung 6-8 ▶ Vorstellung spezifischer Funktionen eines CAD-Programms mithilfe eines Screencasts

Das Video in Abbildung 6-8 stellt hierfür ein gutes Beispiel dar. Es dient dem Kundensupport, indem es wichtige Funktionen erklärt. Gleichzeitig unterstützt es den Verkauf, da im Video (als Anmerkung) sowie unter dem Video der Link zur Verkaufsseite der Software integriert wurde. Und schließlich kommen solche Videos dem Image des Unternehmens zugute: Von wem würden Sie lieber kaufen, von einem Unternehmen mit einer schlichten Verkaufswebsite oder von einem Unternehmen, das sich die Mühe macht, Ihnen mit Rat und Tat bei der Anwendung der Produkte zur Seite zu stehen und das bereits vor dem eigentlichen Kauf transparent über alle Funktionen der Software aufklärt?

Erklärende und informative Videos, Produkt- und Funktionsbeschreibungen etc. stellen eine ideale *Vertriebsunterstützung* dar. Kunden können sich so auch abseits von Außendienstbesuchen oder Messekontakten über neue Entwicklungen informieren. Die Kundenbindung wird dadurch ebenfalls gestärkt, wenn Bestandskunden regelmäßig Tipps über vielleicht weniger bekannte Funktionen eines Produkts oder innovative Einsatzmöglichkeiten erhalten. Die Verschmelzung dieser Effekte (Vertrieb, Service, Kundenbindung, Reichweitenaufbau, Imageeffekte etc.) ist eine der ganz großen Stärken von YouTube als Marketingkanal.

Auch *aufgezeichnete Webinare* bieten sich im B2B-Umfeld für YouTube-Content an. Den Aufwand hatten Sie ja bereits, warum also nicht das Webinar auf diese Weise zweitverwerten und einer größeren Zielgruppe zugänglich machen? Sofern es sich um ein Thema handelt, das nicht exklusiv bleiben soll (z. B. weil es ein Incentive für Bestandskunden war), können Sie häufig im Nachhinein deutlich mehr Reichweite mit den Webinaren erzielen als bei der eigentlichen Durchführung.

Abbildung 6-10 ▶
Aufgezeichnetes Webinar bei You-
Tube

Wie vergrößert man seine Anhängerschaft?

Bei YouTube gibt es zwei grundsätzliche Ziele, die mit der Reichweite zu tun haben. Zum einen wollen Sie *mehr Videoaufrufe* in der richtigen Zielgruppe generieren. Zum anderen spielt die *Anzahl der Abonnenten* eine Rolle. Je mehr Menschen Ihren Kanal abonniert haben, desto leichter verbreitet sich Ihr Video. Hier bestehen naturgemäß große Ähnlichkeiten mit Ihrem E-Mail- oder Postverteiler. Wenn Sie für jedes Mailing alle Adressaten neu generieren müssten, wäre das ein mühsames Unterfangen. Streben Sie also auch bei YouTube danach, nicht nur Videoaufrufe zu bekommen, sondern auch Ihre Abonnentenzahlen zu maximieren.

Beides gelingt Ihnen – Sie ahnen es schon – mit guten Inhalten. Wenn Sie nur Imagevideos hochladen, wird sich niemand veranlasst sehen, Ihre Videos zu abonnieren. Durch Content zu überzeugen, ist bei YouTube, mindestens so sehr wie auf anderen Social-Media-Plattformen, oberstes Gebot. Doch was können Sie darüber hinaus konkret tun?

Nutzen Sie ganz bewusst die Interaktionsmöglichkeiten, die You-Tube bietet. Sie können zum Beispiel andere Videos kommentieren. Dann taucht Ihr Channel-Name unter relevanten Videos auf. Wenn Sie sich durch hilfreiche Antworten auszeichnen, wird das auch zu Aufrufen und Abonnenten bei Ihnen führen.

Tipp Rufen Sie auch im Video dazu auf, Ihren Kanal zu abonnieren, und binden Sie Anmerkungen ein, die einen Link zur Abofunktion enthalten.

Besonders gut funktionieren in der Praxis auch *Kooperationen mit anderen YouTubern.* Dazu müssen Sie allerdings bereits eine gewisse Reichweite erzielt haben, damit die Kooperation für den anderen auch interessant ist. Dabei gehen Sie folgendermaßen vor:

1. Suchen Sie nach YouTube-Accounts, die die gleiche Zielgruppe bedienen wie Sie. Dabei kann es sich um andere Unternehmen handeln, aber auch um Themenkanäle, die nicht unbedingt kommerziell betrieben werden müssen.

2. Sprechen Sie den Kanalinhaber darauf an, ob er an einer Kooperation Interesse hat. Kommunizieren Sie dabei von Anfang an klar, worum es Ihnen geht und was er davon hat.

3. Definieren Sie Themen, die Ihre gemeinsame Zielgruppe interessieren und die Sie gemeinsam abdecken können. Zum Beispiel könnten Sie ein Thema aus Ihren unterschiedlichen Blickwinkeln vorstellen oder ein Oberthema definieren, zu dem Sie jeweils einen Beitrag leisten.

4. Erstellen Sie gemeinsame Videos, die zum Beispiel abwechselnd von Ihnen und vom Kooperationspartner veröffentlicht werden. So profitiert jede Partei von der Reichweite der anderen – und Ihre Nutzer von besonders attraktiven Inhalten.

Rechtsanwalt Christian Solmecke geht ziemlich genau so vor im Rahmen seiner Kooperation mit dem Strafrechtsanwalt Rainer Pohlen (strafblog.tv). Beide produzieren gelegentlich Videos, die dann ein Thema aus unterschiedlichen Perspektiven (zum Beispiel aus Sicht des Privatrechts und des Strafrechts) untersuchen. Dadurch ergeben sich die vielzitierten Synergieeffekte und ein hoher Mehrwert für den Zuschauer.

Abbildung 6-11 ▶
Kooperation zweier Rechtsanwälte
bei YouTube

Oben habe ich gesagt, dass YouTube die zweitgrößte Suchmaschine der Welt sei. Wenn das so ist, sind auch bei *YouTube* SEO-Maßnahmen wichtig, damit die Videos entsprechend gut auffindbar sind. Ähnlich wie im Google-Ranking ist auch hier die genaue Art der Festlegung des Ranking von Videos nicht bekannt. Trotzdem können Sie aber viel dafür tun, dass Ihre Videos in der YouTube-Suche besser gefunden und entsprechend häufiger angesehen werden.

• Definieren Sie Suchbegriffe, für die das Video in der Suche auftauchen soll. Beschränken Sie sich dabei auf ein bis zwei, maximal drei Begriffe pro Video.

• Verwenden Sie diese Suchbegriffe im Videotitel, in der Beschreibung sowie in den Schlagwörtern (Tags), die Sie für das Video anlegen. Achten Sie auf einen aufmerksamkeits- und klickstarken Titel, der das Keyword enthält.

• YouTube wertet auch die Bild- und Tonspur der Videos aus. Achten Sie nach Möglichkeit also darauf, den entsprechenden Suchbegriff am Anfang des Videos deutlich auszusprechen und mit einer Texteinblendung zu bestätigen.

• Auch die Anzahl an Aufrufen, Kommentaren und Daumenbewertungen spielt eine Rolle. Sorgen Sie dafür, dass Ihre Videos rege kommentiert und bewertet werden.

- Wenn ein Video häufiger in Websites eingebunden wird, ist das ebenfalls ein Qualitätssignal für YouTube, das das Ranking beeinflussen kann.
- YouTube erstellt automatisch ein Transkript des Videos. Meist kommt dabei aber relativ viel Kauderwelsch heraus. Überarbeiten Sie das Transkript manuell, um YouTube auch hier genug »Futter« für die Ranking-Berechnung zu liefern.

Diese Faktoren können Sie, im Gegensatz zu manchen anderen Faktoren, recht gut beeinflussen. Nutzen Sie so viele Chancen wie möglich. Wenn Sie für Ihre Themen bzw. Ihre Suchbegriffe weit oben ranken, werden Sie ganz von alleine viele Aufrufe erzielen, und zwar von Menschen, die nach diesen Begriffen gesucht haben, also wirklich Interesse am Thema haben.

◀ **Abbildung 6-12**
Das Transkript finden Sie direkt unter den Videos

Wenn Sie zusätzlich etwas Geld in die Hand nehmen möchten, können Sie bei YouTube sehr kostengünstig *Werbeanzeigen buchen*. Der Zugang dazu ist über Google AdWords zu erreichen (*http://adwords.google.com/video*).

Bei YouTube können Sie sogenannte *Preroll-Ads* buchen, also vorgeschaltete Werbevideos. Diese Videos werden entweder in von Ihnen ausgewählten oder in thematisch passenden Channels vor die dortigen Videos geschaltet, sofern diese Kanäle die Monetarisierung aktiviert haben. Sie als Anzeigenkunde bezahlen dann pro erfolgtem Aufruf einen Betrag, den Sie vorher in der maximalen Höhe begrenzen können.

YouTube bietet aber dazu noch eine ganz besondere Funktion. Mit dem eigens entwickelten *TrueView-Verfahren* hat der Zuschauer die Möglichkeit, das Vorschaltvideo nach fünf Sekunden wegzuklicken, um zum eigentlichen Video zu gelangen. Sie als Anzeigenkunde bezahlen in diesem Fall nichts (sondern nur, wenn der Besucher Ihr Werbevideo bis zum Ende oder mindestens 30 Sekunden lang angesehen hat). Das bedeutet: Wenn es Ihnen gelingt, Ihre Markenbotschaft in den ersten fünf Sekunden zu transportieren, profitieren Sie von einer gesteigerten Wahrnehmung und bezahlen dafür nichts. Wenn Sie den Einstieg so spannend gestalten, dass der Besucher dranbleibt, steigern Sie so Ihre Videoaufrufe, Markenbekanntheit und vielleicht auch die Zahl der Abonnenten noch deutlicher.

Die Videoaufrufe sind im Verhältnis zu Google-AdWords-Klicks sehr günstig. Häufig bezahlen Sie pro Aufruf nur wenige Cent. Wenn Sie dabei bedenken, dass ein Videokontakt eine deutlich stärkere Wirkung auf die Markenwahrnehmung und -erinnerung hat als eine bloße Textanzeige, wird deutlich, welches Potenzial in diesen Werbeclips steckt.

Übrigens können Sie bei YouTube nicht nur Preroll-Ads kaufen, sondern auch Text- und Bildanzeigen, die dann in dafür freigeschalteten Videos eingeblendet werden. Hier bezahlen Sie nur pro Klick auf Ihre Anzeige und auch hier in der Regel nur einen Bruchteil dessen, was Sie beispielsweise bei AdWords ausgeben müssten.

◄ **Abbildung 6-14**
Datev schaltet eine Werbeanzeige in einem Video von T-Systems. Hier besteht zwar kein direktes Wettbewerbsverhältnis, trotzdem riskiert T-Systems mit der Freigabe der Anzeigen, dass Zuschauer durch den Klick das Video verlassen.

Besonders interessant ist das für Sie, wenn Sie in den Videos der Konkurrenz werben können. Viele Unternehmen schalten die Werbeanzeigen »aus Versehen« frei oder versuchen, damit ein paar Euro zu verdienen, ohne sich zu überlegen, dass eben Wettbewerber dort ebenfalls werben könnten. Vielleicht ist das ja auch für Sie eine Chance, die vom Wettbewerber erzielte Reichweite für sich zu nutzen.

Sie selbst sollten in Ihren Videos bzw. in Ihrem Kanal die Monetarisierung übrigens deaktivieren. Zwar entgehen Ihnen dann ein paar Euro Einnahmen über die Werbeanzeigen, aber das ist ja auch nicht Ihr Ziel mit YouTube. Verhindern Sie auf jeden Fall, dass andere Unternehmen in Ihrem Channel und vor allem in Ihren Videos werben. Abbildung 6-15 zeigt anschaulich, was sonst die Folge sein kann. ROPA Fahrzeug- und Maschinenbau macht im Social Web einiges richtig – das Zulassen von Anzeigen in den eigenen Videos gehört jedoch nicht dazu. In diesem Fall wirbt ein esoterischer Dienstleister mit Hellseher-Angeboten im Video.

Abbildung 6-15 ▶
ROPA Fahrzeug- und Maschinenbau lässt im YouTube-Channel Fremdanzeigen zu – für das Image sicherlich nicht sonderlich förderlich.

 Tipp Neben Ihren YouTube-Videos blendet YouTube weitere ähnliche Videos ein – oft auch von Fremdanbietern. Um das zu verhindern oder zumindest zu reduzieren, sollten Sie Ihren Channel-Namen als Schlagwort zu Ihren Videos hinzufügen. Dann steigt die Chance, dass YouTube (nur noch) Ihre eigenen Videos als ähnliche Videos anzeigt.

Welche Tools sind hilfreich?

Vielleicht haben Sie derzeit nicht die Ressourcen, ein professionelles Video produzieren zu lassen. Trotzdem können Sie bereits mit YouTube-Videos starten. Dafür eignen sich die oben erwähnten Screencasts. Im Prinzip reicht es dafür aus, wenn Sie über ein (gutes) Mikrofon und eine Screencast-Software verfügen. Dann können Sie PowerPoint-Präsentationen starten, währenddessen Ihre Stimme aufnehmen und das Ganze als Video abspeichern und bei YouTube hochladen. Im Internet finden Sie eine ganze Reihe kostenloser Softwareangebote zu diesem Zweck, die jedoch meist stark eingeschränkt in ihrer Funktionalität sind. Eine bessere Lösung dafür ist *Camtasia Studio*, das Sie für unter 250 Euro erhalten (*http://www.techsmith.de/camtasia.html*), sowohl für Windows als auch für Mac. Mit dieser Software können Sie Ihren Bildschirm aufzeichnen und erhalten dazu noch eine Vielzahl von Videobearbeitungsfunktionen, die wirklich professionelle Videos ergeben.

Eine andere Option, mit Videos zu arbeiten, ohne Videos drehen (lassen) zu müssen, ist *ClipVilla* (*www.clipvilla.com*). Dabei handelt es sich um einen Dienst, der verschiedene Videovorlagen bereithält, in die Sie nur noch Bilder, Texte oder eigene kurze Videoclips laden müssen. Daraus entsteht dann ein zwar standardisiertes, aber hochwertig aussehendes Video, zum Beispiel um Produkte vorzustellen. Zur Auswahl stehen auch Erklärvideo-Vorlagen im oben beschriebenen Handlege-Stil sowie zahlreiche weitere Formate. Die Preise variieren je nach Art, Qualität und Anzahl der Videos. Ein 30-Sekunden-HD-Video erhalten Sie schon für 99 Euro.

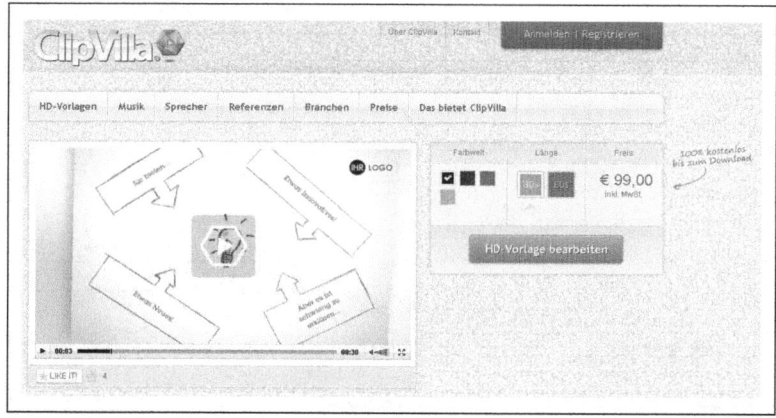

◀ **Abbildung 6-16**
ClipVilla eignet sich zum einfachen Erstellen von Produkt-, Unternehmens- und Erklärvideos.

Zusätzlich verfügt ClipVilla über eine Sprecherdatenbank. Sie können sich einen passenden Sprecher bzw. eine Sprecherin aussuchen. Der von Ihnen vorgegebene Text wird dann in das Video eingebaut, wofür noch einmal ab 99 Euro Kosten anfallen. Letztendlich erhalten Sie dann in wenigen Klicks ein professionelles kurzes Video in HD-Qualität für unter 200 Euro.

Wenn Sie passende Themen für Ihre Videos recherchieren und dafür die richtigen Suchbegriffe herausfinden möchten, bietet Google zwei Tools für YouTube an. Zum einen ist das *Google Trends* (*www.google.de/trends*). Dort finden Sie die Entwicklung der Suchvolumina bei YouTube. Mit etwas Recherche stoßen Sie so auf Themen, die sich für Ihre Videos eignen könnten.

Abbildung 6-17 ▶
Entwicklung des Suchbegriffs »IT Security« in der YouTube-Suche

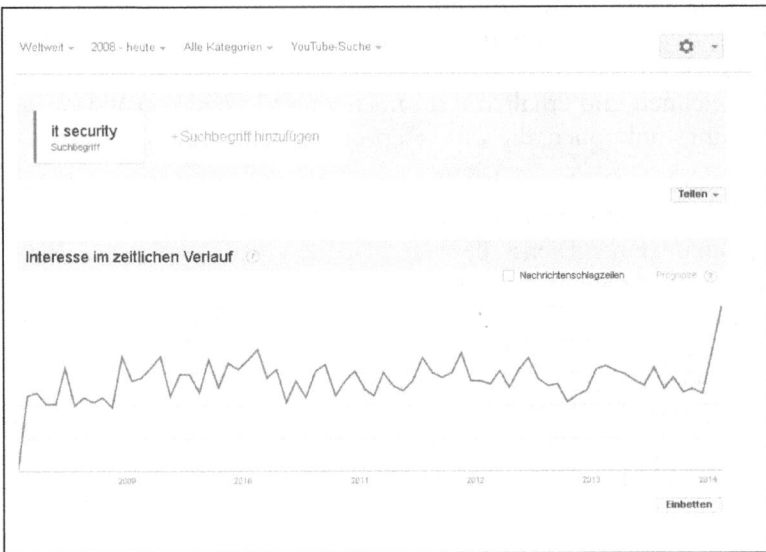

Abbildung 6-18 ▶
Suchvolumina im Keyword-Tool von YouTube

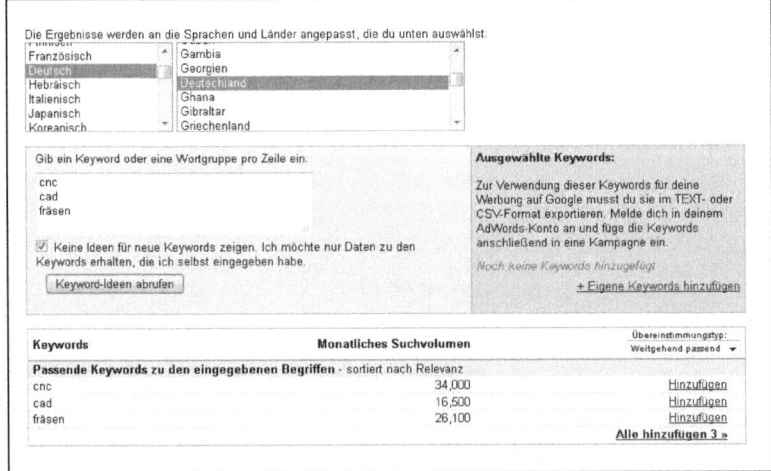

Genauere Angaben zum aktuellen Suchvolumen liefet das *Keyword Tool bei YouTube* (*https://www.youtube.com/keyword_tool*). Leider sind die Daten hier sehr unvollständig, so dass erst bei häufiger gesuchten Begriffen überhaupt Suchwerte auftauchen. Trotzdem erhalten Sie einen recht guten Einblick, welche Themen es zu beachten gilt und welche Begriffe Sie in Ihrem Video-SEO verwenden könnten.

Tipps und Tricks für Ihr YouTube-Marketing

Um die Reichweite Ihrer Videos zu erhöhen, sollten Sie sie in Ihren Marketingkanälen teilen: in Social Networks, im Newsletter usw. Manchmal möchten Sie aber vielleicht eine bestimmte Stelle im Video hervorheben. In diesem Fall können Sie einstellen, dass das eingebundene Video erst *ab einer bestimmten Zeitmarkierung* beginnt anstatt von vorne.

Ihr Video können Sie mit *Anmerkungen* versehen. Diese Anmerkungen werden an von Ihnen definierten Stellen eingeblendet, zum Beispiel in Form von Kästchen oder Sprechblasen. In Abbildung 6-19 sehen Sie eine solche Anmerkung mit Hinweis auf die Facebook-Seite. Diese Anmerkungen können Sie an passenden Stellen einbinden, um zum Beispiel zusätzliche Informationen zu geben, andere Videos zu verlinken oder auf die Abonnementfunktion Ihres Channels hinzuweisen.

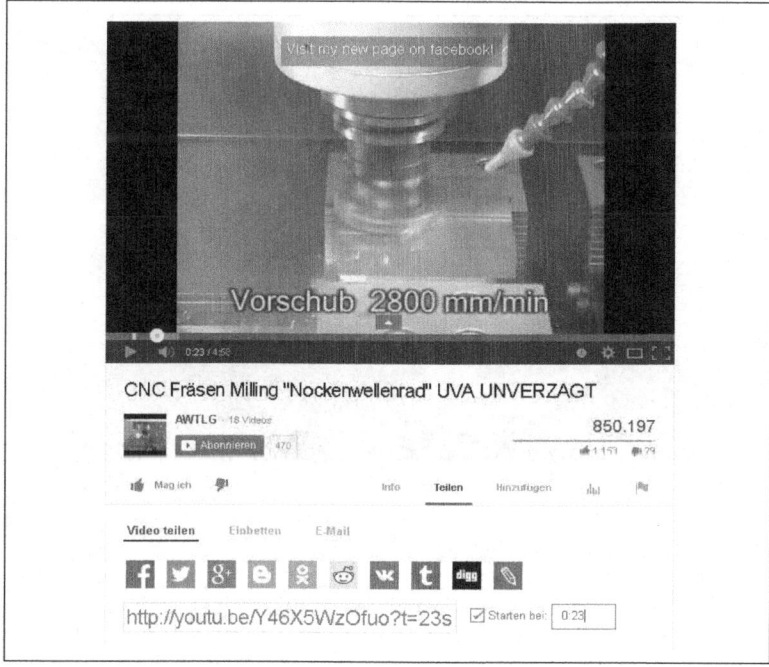

◀ **Abbildung 6-19**
Ein geteiltes Video kann, wenn gewünscht, an einer bestimmten Stelle beginnen.

Tipp Im Beschreibungstext Ihres Videos können Sie einen Link zu Ihrer Website unterbringen. Stellen Sie diesen Link ganz an den Anfang und fügen Sie das http:// hinzu. Dann wird der Link auch in der Kurzfassung der Beschreibung angezeigt und ist direkt anklickbar.

Abbildung 6-20 ▶
Anmerkungen im YouTube-Video erweitern den Informationsgehalt oder ergänzen es um aktuelle Neuerungen.

Abbildung 6-21 ▶
Video mit Wasserzeichen rechts oben

Ihrem Video können Sie auch ein »*Wasserzeichen*« hinzufügen. Dabei handelt es sich um Ihr Kanallogo, das wie das Logo eines Fernsehsenders in einer Ecke Ihrer Videos platziert wird (diese Funktion können Sie in Ihren Kanaleinstellungen unter »InVideo-Programme« festlegen). Beim Mouseover erscheint eine Möglichkeit, Ihren Kanal zu abonnieren. Dieses Wasserzeichen stärkt also nicht nur das Branding Ihres Channels innerhalb der Videos, sondern vergrößert gleichzeitig den Abonnentenkreis.

YouTube bietet mittlerweile übrigens eine beeindruckende Funktionsvielfalt, was die Bearbeitung von Videos angeht. So können Sie in Ihren Videos nicht nur Anfang und Ende wegschneiden, um sie auf die richtige Länge zu kürzen, und Bauchbinden und Texte hinzufügen, sondern auch die Qualität der Aufnahmen nachträglich korrigieren oder aus mehreren Videos mit benutzerdefinierten Übergängen eine Videocollage erstellen. Sogar eine Musikdatenbank mit lizenzfreien Hintergrundmusiken steht Ihnen im *YouTube-Editor* (*www.youtube.com/editor*) zur Verfügung.

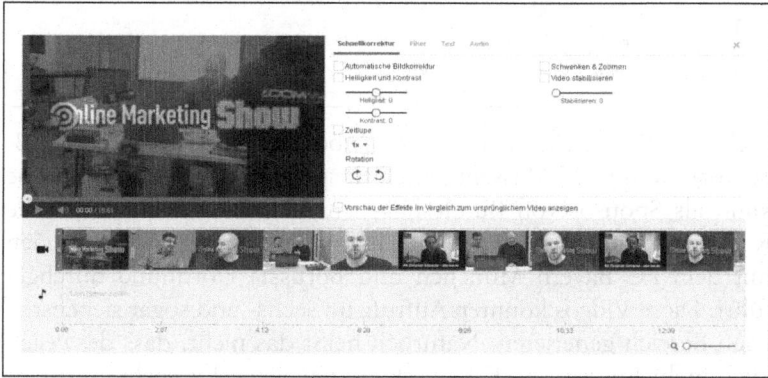

◀ **Abbildung 6-22**
Der YouTube-Editor ermöglicht zahlreiche Änderungen und Optimierungen Ihrer Videos.

Wenn Ihr YouTube-Konto verifiziert, also bestätigt wurde (auch das können Sie in den Kanaleinstellungen vornehmen), haben Sie die Möglichkeit, das kleine *Vorschaubild*, das für Ihr Video in der Suche angezeigt wird, selbst festzulegen. Ohne Bestätigung stehen Ihnen nur drei von YouTube vorgegebene Schnappschüsse zur Auswahl.

Nutzen Sie diese Chance auf jeden Fall, da Sie mit einem ansprechenden Vorschaubild (Thumbnail) die Klicks auf Ihr Video und damit Ihre Zuschauerzahl beträchtlich steigern werden. Als Beispiel kann hier wieder Rechtsanwalt Christian Solmecke dienen, der seine Videos mit attraktiven Thumbnails und abgerundeten Ecken auffällig und klickstark gestaltet (siehe Abbildung 6-23).

Abbildung 6-23 ▶
Welches Video würden Sie wohl am
ehesten anklicken?

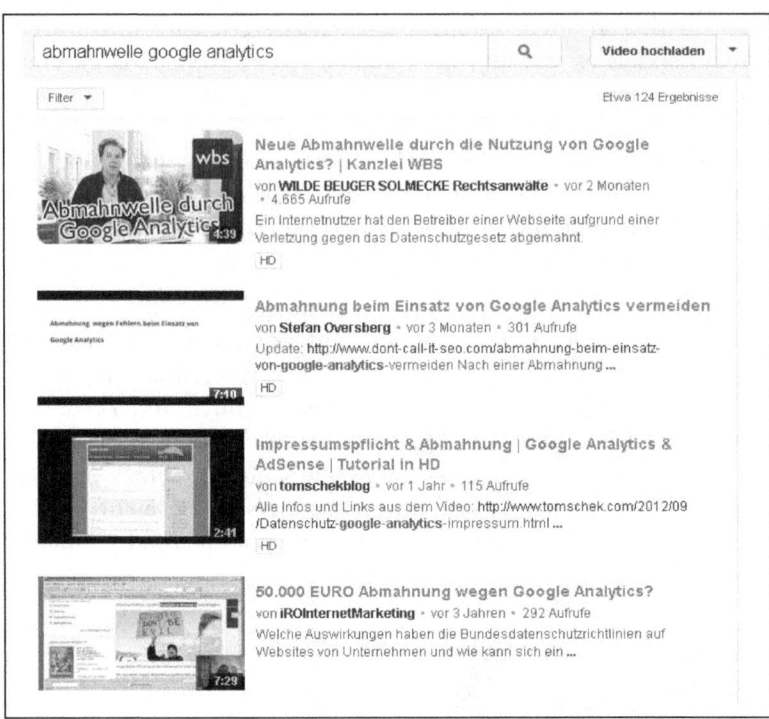

Richtig große Reichweiten bei YouTube erhalten Sie (auch im B2B-Sektor), wenn Sie Massenthemen ansprechen. Die MAN-Gruppe kann als Sponsor von Bundesliga-Vereinen zum Beispiel auf tolle Ressourcen zurückgreifen und hat unter anderem Videoaktionen mit dem FC Bayern München und Borussia Dortmund durchgeführt. Diese Videos konnten Aufrufe im sechs- und sogar siebenstelligen Bereich generieren. Natürlich heißt das nicht, dass deswegen auch mehr Busse und LKWs verkauft wurden – hier geht es primär um die Bekanntheit der Marke und das Aufladen der Marke mit Emotionen.

Bei solchen Aktionen reicht es ja aus, wenn unter der Million Betrachtern eines Borussia-Dortmund-Videos nur eine Handvoll potenzieller Kunden ist, die sich durch eine solche Imagewerbung positiv beeinflussen lassen – und schon kann sich die Aktion gelohnt haben. Wenn Sie die Videos der MAN-Gruppe betrachten, werden Sie aber auch feststellen, dass MAN immer wieder sehr geschickt die Vorteile der Produkte mit spielerischen und emotionalen Elementen verknüpft. Dadurch wirken die Videos nicht wie Werbung, obwohl sie eigentlich natürlich genau das sind. MAN hat YouTube auf jeden Fall verstanden.

◀ **Abbildung 6-24**
Dortmunder Fußballspieler werden bei MAN als Sympathieträger genutzt, um die Markenbotschaft zu transportieren.

Slideshare

Slideshare gehört zu den eher weniger bekannten Plattformen, die im Schatten von Facebook und Twitter existieren. Doch in den letzten Jahren konnte Slideshare immer mehr Fans gewinnen, da es auf einer Funktion basiert, die sonst keines der großen Netzwerke aufweist: Es wandelt hochgeladene Powerpoint-Präsentationen oder PDF-Dokumente in Flash-Animationen um und ermöglicht dann das Teilen dieser Dateien. Damit eignet es sich ganz besonders gut für das B2B-Marketing, denn in welchem Unternehmen kursieren keine Powerpoints zur Kundenansprache, zur Produktpräsentation oder im Kundenservice?

Was ist das Besondere an Slideshare?

Kurz gesagt: Die Art der Inhalte. Mit wenigen Klicks macht Slideshare aus einem offenen PowerPoint-Dokument eine Animation, durch die sich der Betrachter Folie für Folie klicken kann. Dadurch stellt dieser Content eine Art Hybrid aus Video, Text und Bild dar, auf jeden Fall unterscheidet sich Slideshare dadurch stark von anderen Plattformen.

Abbildung 6-25 ▶
Slideshare-Präsentation von Salesforce über guten Kundenservice

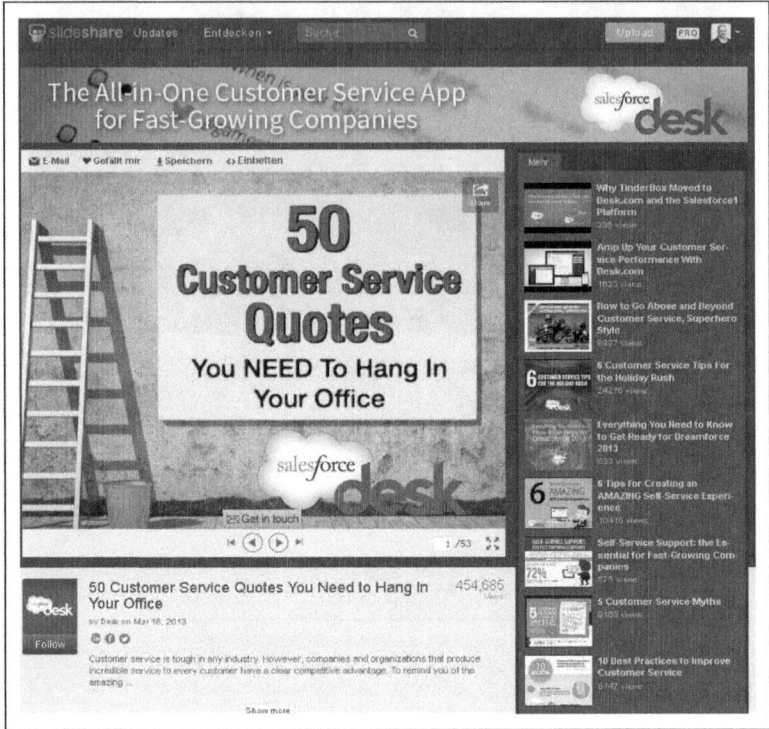

Dass Slideshare im B2B-Marketing wichtig werden könnte, hat auch LinkedIn erkannt, was schließlich 2012 in der Übernahme der Plattform durch das Business-Netzwerk mündete. Übernahme-preis: 119 Millionen Dollar. Slideshare gehört zu den 120 meistbe-suchten Websites der Welt und beherbergt mehr als 15 Millionen Uploads von Unternehmen und Organisationen wie IBM, der NASA, dem Weißen Haus und Millionen anderer Nutzer.

Die Erwartungen an Slideshare sind dementsprechend hoch. Bei einem Streifzug durch die B2B-Blogosphäre stellt man fest: Es gibt Hoffnungen, dass Slideshare das Marketing revolutionieren werde, sowie die Meinung, dass Slideshare die am stärksten unterschätzte B2B-Social-Media-Plattfom sei. Ob Sie dem letztendlich zustimmen oder nicht: Slideshare bietet zahlreiche Möglichkeiten, die Sie auf jeden Fall in Betracht ziehen sollten.

Wer nutzt Slideshare?

Über die oben genannten Zahlen hinausgehende Nutzerzahlen sind leider schwer zu erhalten. Für das B2B-Marketing gibt es jedoch eine interessante Studie, die allerdings noch aus dem Jahr 2011 stammt. Nichtsdestotrotz zeigt sie anschaulich, welche Bedeutung Slideshare im B2B-Segment hat. Untersucht wurde, welche Netzwerke von welchen professionellen Nutzern besucht werden. Auch wenn sich die Werte inzwischen etwas verschoben haben werden, ist die Dominanz von Slideshare bei kleinen und großen Unternehmern, Führungskräften und Einzelkämpfern unbestreitbar. Teilweise ist der Traffic dieser Gruppen auf Slideshare fünfmal so hoch wie in den anderen Netzwerken. Bei Angestellten kleiner Unternehmen fällt der Unterschied dagegen sehr gering aus. Das heißt in Kürze: Wer Unternehmer und Geschäftsführer erreichen will, ist bei Slideshare gut aufgehoben.

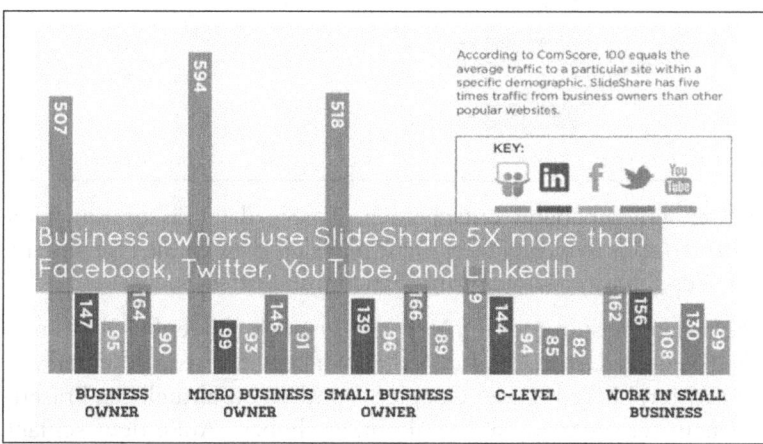

◀ **Abbildung 6-26**
Slideshare ist insbesondere bei Unternehmern und Führungskräften beliebt. (Quelle: http://de.slideshare.net/slidesharepro/slideshare-infographic-the-quiet-giant-of-content-marketing)

Welche Funktionen sind wichtig?

Zentrale Bedeutung hat natürlich das *Hochladen und Teilen von Slides*. Damit die Präsentationen hochwertig aussehen und gut gefunden werden, sollten Sie ihnen ansprechende Titel sowie aussagekräftige Beschreibungen geben und einige relevante Schlagwörter ergänzen.

Tipp   Mit einem kostenpflichtigen Pro-Account können Sie Präsentationen auch versteckt hochladen. Sie sind dann nur für Nutzer sichtbar, die den direkten Link erhalten haben oder über das von Ihnen vergebene Passwort verfügen.

Abbildung 6-27 ▶
Optionen beim Hochladen eines
Slideshare-Dokuments

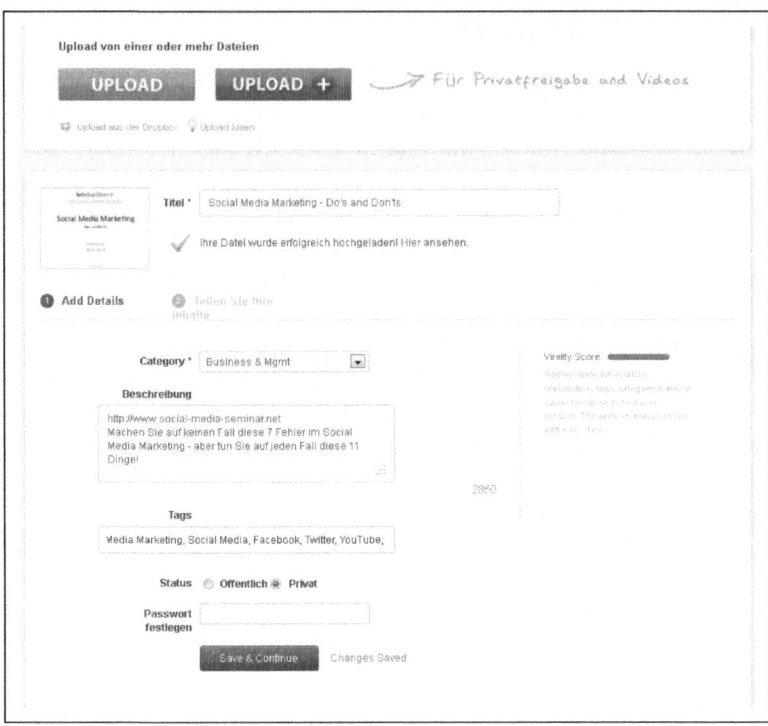

Sie können sich dann entscheiden, ob Sie die Präsentation *zum Herunterladen freigeben* oder nicht. Falls ja, können die Nutzer eine PDF-Version Ihrer PowerPoint-Datei downloaden.

Wie in den meisten anderen Netzwerken auch, gibt es bei Slideshare einen *Newsfeed*. Dort erhalten Sie jedoch keine Statusmeldungen wie bei Twitter, LinkedIn oder Google+, sondern die aktuellsten Präsentationen der Nutzer, die Sie abonniert haben. Außerdem schlägt SlideShare Ihnen interessante Präsentationen vor. Und schließlich erfahren Sie hier noch, was es in Ihrem Netzwerk Neues gibt. Es lohnt sich also, immer mal wieder in den Newsfeed zu schauen, um auf dem Laufenden zu bleiben und weitere interessante Nutzer zu finden.

Über die *Suchfunktion* finden Sie schließlich weitere Präsentationen. Wenn Ihnen eine Präsentation gefällt, können Sie diese mit einem »Gefällt mir« versehen, sie herunterladen – sofern das vom Anbieter freigegeben wurde – oder dem Kanal direkt folgen, um über seine neuen Uploads auf dem Laufenden gehalten zu werden.

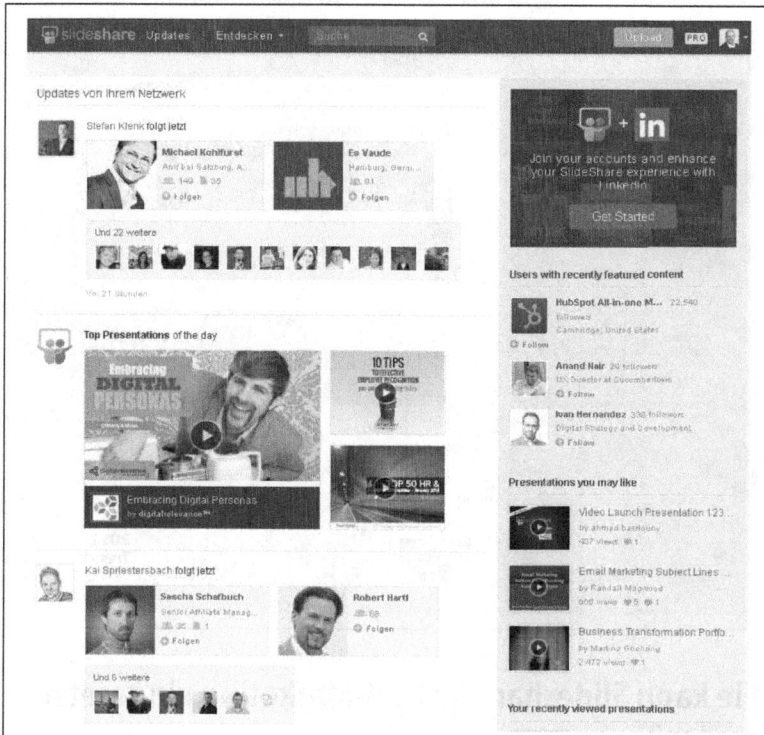

◀ **Abbildung 6-28**
Auszug aus dem Slideshare-News-feed

Ihren Kanal sollten Sie, soweit das möglich ist, genau wie bei You-Tube passend zu Ihrem Corporate-Design gestalten. Slideshare bie-tet unter anderem die Möglichkeit, ein Hintergrundbild sowie ein Logo und eine Header-Grafik für Ihren Kanal festzulegen. Außerdem natürlich den obligatorischen Beschreibungstext und Links zu Ihren weiteren Social-Network-Auftritten. Für manche Einstellungen ist allerdings ein über den günstigsten kostenpflichtigen Pro-Account (Silver) hinausgehender Gold- oder Platinum-Account erforderlich, der mit höheren Kosten zu Buche schlägt. Die meisten Unternehmen werden mit einem Silver-Account (Kosten pro Monat 19 US-Dollar) am besten fahren – die kostenlose Variante eignet sich mangels Ana-lyse- und Gestaltungsmöglichkeiten eher für Privatpersonen. Außer-dem werden in der kostenlosen Variante Werbeanzeigen und Präsentationen fremder Anbieter eingeblendet, was im Business-Umfeld nicht gewünscht sein dürfte.

Abbildung 6-29 ▶
Der Slideshare-Auftrit von SAP ist
professionell und CI-gerecht
gestaltet.

Wie kann Slideshare im B2B-Marketing eingesetzt werden?

Denkbar sind viele verschiedene Einsatzzwecke für Slideshare:

- Marketing
- PR/Öffentlichkeitsarbeit
- Vertriebsunterstützung/Lead-Generierung
- Recruiting/Employer-Branding
- Support/Kundenservice
- Investor Relations
- Knowledge Management
- Expertenpositionierung

Je nach Ihrer Zielsetzung müssen Sie sowohl die Inhalte der Präsentationen als auch die Vermarktungsstrategie anpassen.

Wenn es Ihnen zum Beispiel darum geht, Leads zu generieren, sollten Sie in Ihren Slides Case Studies zeigen – Beispiele erfolgreicher Projekte, den Einsatz Ihrer Produkte bei Kunden etc. Die Präsentation sollte Lust auf mehr machen, Kompetenz demonstrieren und das Gefühl vermitteln, dass Sie das, was Sie in Ihrer Werbung versprechen, auch tatsächlich einhalten werden. Und dann bauen Sie an der richtigen Stelle das Lead-Formular in die Präsentation ein – genau dann, wenn der Betrachter »richtig heiß« ist. Im Extremfall heißt das, dass Sie in den Slides nur Fragen aufwerfen oder Problemstellungen beschreiben, mit denen sich der Betrachter identifizieren kann, und die Problemlösung dann erst nach dem Lead-Formular preisgeben.

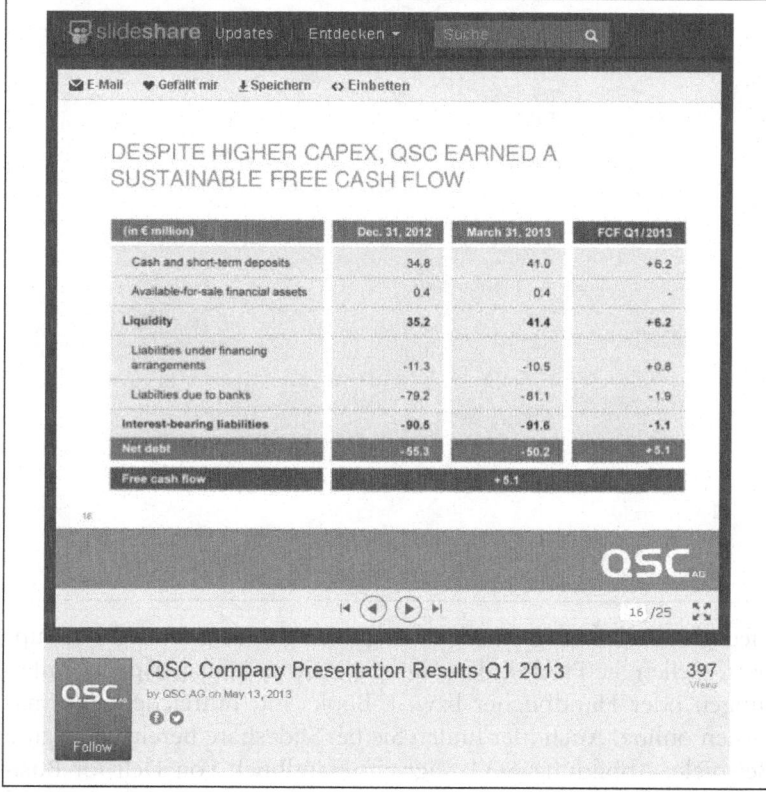

◀ Abbildung 6-30
Die QSC AG veröffentlicht unter anderem Geschäftsberichte und Wirtschaftsdaten auf Slideshare.

Fragen Sie nur die Daten ab, die Sie wirklich benötigen, um den Lead nachzufassen. Je länger das Formular ist, desto weniger Interessenten werden es ausfüllen. Verzichten Sie auf die Postadresse – zum Nachfassen reicht die E-Mail und eventuell die Telefonnummer völlig aus.

Tipp   Leads können Sie nur mit einem kostenpflichtigen Slideshare-Account erfassen. Bei der günstigsten Silver-Variante sind 30 Leads pro Monat inklusive.

Abbildung 6-31 ▶
Lead-Formular in Slideshare
erstellen

Liegt das Ziel eher in einem verbesserten Kundenservice bzw. Support, stellen Sie Produktdatenblätter, Anwendungsbeispiele, Anleitungen oder Handbücher bzw. E-Books mit hilfreichen Informationen online. Auch hier finden Sie bei Slideshare bereits viele gute Beispiele. Abbildung 6-32 zeigt ein Handbuch von Dell for Business, das für Lagermanager und Logistiker wichtige Tipps und Informationen enthält. Hier kommen Content-Marketing und Kundenservice zusammen.

Wie vergrößert man seine Anhängerschaft?

Genau wie bei YouTube können Sie die Reichweite bei Slideshare auf zweierlei Weise definieren: durch die Anzahl der Views und die Anzahl der Abonnenten. Beide Kennzahlen sind wichtig und sollten Ihre Beachtung finden.

Damit Ihre Präsentation in der Slideshare-Suche gut gefunden wird, beachten Sie die gleichen Tipps wie schon bei YouTube: Definieren Sie einen Titel und eine Beschreibung, die die wichtigsten Suchbegriffe enthalten. Legen Sie die richtigen Schlagworte fest.

Schenken Sie der *Titelfolie* Ihrer Präsentation besondere Beachtung. Hier entscheidet sich, ob der Nutzer die Präsentation ansieht oder nicht. Lassen Sie also ruhig einen fähigen Designer die Titelfolie erstellen – es lohnt sich.

Verwenden Sie in der Präsentation nicht nur Bilder, sondern auch *Text, der wiederum die Keywords enthält*. Denn Slideshare extrahiert den Text in der Präsentation und stellt unter dem Kommentarbereich noch ein Transkript der Präsentation zur Verfügung. Aller Wahrscheinlichkeit nach geht auch die Auswertung dieser Texte in die Ranking-Ermittlung ein. Relevanter Text mit den richtigen Suchbegriffen hilft also, die Präsentation in der Suche weiter oben anzeigen zu lassen.

Verknüpfen Sie Ihre *Social-Network-Profile* mit Slideshare. Für LinkedIn, Facebook und Google+ finden Sie entsprechende Einstellungen in Ihrem Kontomenü. Dann werden alle Aktivitäten (bzw. die, die Sie eingestellt haben) auch direkt in die anderen Netzwerke übertragen, zum Beispiel, wenn Sie eine Präsentation liken oder ein neues Dokument hochgeladen haben.

Abbildung 6-33 ▶
Verknüpfung von Slideshare und
den weiteren Social Networks

Und schließlich: Binden Sie Slideshare in Ihre Website und Ihr Blog ein. Bei Slideshare selbst ist die Reichweite im deutschsprachigen Raum noch begrenzt, aber über Ihr Blog, Facebook, Twitter etc. können Sie die Präsentationen einer breiten Öffentlichkeit bekannt machen. Bei vielen deutschen Unternehmen wird die überwiegende Mehrheit der Views über eingebundene Slides erzielt, nicht bei Slideshare direkt. Ermuntern Sie ruhig auch andere Blogger, die Slides bei sich einzubinden.

Tipp Angenommen, Sie haben eine Präsentation zum Thema »Big Data in der Tourismusbranche« bei Slideshare veröffentlicht, in der Sie Zahlen und Fakten zu diesem Thema vermitteln. Suchen Sie jetzt gezielt nach Blogs oder Fachportalen, die über dieses Thema geschrieben haben. Schreiben Sie die Inhaber/ Redakteure an und schlagen Sie ihnen vor, Ihre Slides als zusätzliche Quelle in den Artikel einzubauen. Nicht alle werden Ihrer Bitte nachkommen, aber einige schon. Das reicht oft schon, um sehr hohe Abrufzahlen zu generieren.

◀ **Abbildung 6-34**
In ein Blog eingebundene Slide-share-Präsentation

Tipps und Tricks für Ihr Slideshare-Marketing

Nicht nur Bilder, sondern auch Videos lassen sich in Slideshare-Slides einbetten. Damit ergänzen Sie die Präsentationen um weiteren wertvollen Content und erhöhen die Aufmerksamkeit Ihrer Besucher drastisch. Klicken Sie dazu einfach auf »Edit«, dann finden Sie dort die Option zum Einbinden eines Videos. Im Folgenden können Sie die YouTube-URL auswählen sowie die Stelle in der Präsentation, an der das Video erscheinen soll.

Abbildung 6-35 ▶
YouTube-Videos in Slideshare einbetten

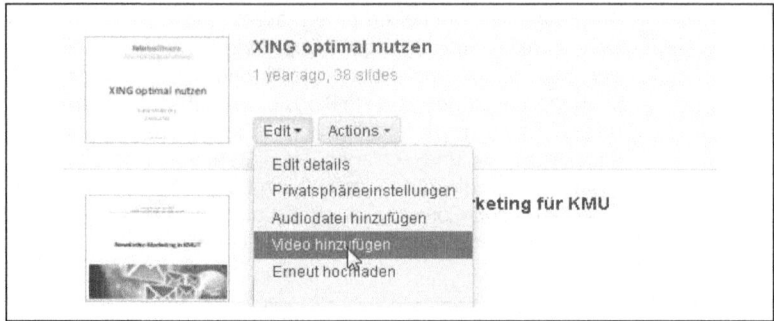

Mit dem Pro-Account können Sie *Präsentationen auch verstecken*. Sie tauchen dann in der normalen Suche nicht mehr auf, wohl aber in eingebetteten Seiten. Außerdem sehen Nutzer, die den direkten Link von Ihnen erhalten, die Präsentation ebenfalls. Das kann zum Beispiel hilfreich sein, wenn Sie die Slideshare-Präsentation auf einer Lead-Generierungsseite – z. B. nach einer Newsletter-Anmeldung – anzeigen oder neuen Abonnenten den Link zur Präsentation zuschicken möchten. Diese versteckten und selektiven Anzeigen sorgen für Exklusivität, die für erfolgreiche Lead-Generierung und Kundenbindung unabdingbar ist.

Gestalten Sie Ihre Präsentationen ruhig *umfangreicher*. Während bei YouTube häufig kurze Videos hohen Zuspruch erfahren, sind es bei Slideshare eher die längeren Präsentationen mit häufig 50 oder sogar 100 Slides. Je höher der wahrgenommene Nutzen, desto größer die Chance, dass Betrachter die Präsentation auch weiterempfehlen.

Achten Sie in Ihrer Präsentation auf *starkes Bildmaterial*. Reine Bulletpoint-Listen sind der Tod einer Slideshare-Präsentation. Nutzer erwarten ein schickes Design und passendes Bildmaterial. Legen Sie großen Wert auf das Layout Ihrer Folien, dann werden Sie auch mit höheren Share-Raten belohnt.

Seien Sie kreativ mit den Inhalten, die Sie auf Slideshare stellen. In der Regel befinden sich auf Ihren Unternehmensservern bereits zahlreiche Präsentationen, die Sie direkt verwenden können (nachdem Sie sie für das Social Web aufbereitet haben – bloße Bulletpoint-Listen werden keine große Resonanz erzielen). Erstellen Sie aber auch zu all Ihren wichtigen Produkten Präsentationen (sofern noch nicht vorhanden) und laden Sie sie hoch. Wenn jemand aus Ihrem Unternehmen auf Konferenzen gesprochen hat, laden Sie anschließend die Präsentation auf Slideshare hoch und bieten Sie sie zum Download an. Manche Unternehmen nutzen auch nur einseitige Präsentationen, um jeweils eine Erkenntnis aus einer Studie oder ein zentrales Ergebnis zu präsentieren – so entstehen anstatt eines längeren Slideshare eben viele kurze. Eine Abwandlung davon wäre, auf einer zweiten Folie einen Link zur vollständigen Version unterzubringen. Damit dienen die kurzen Präsentationen als Teaser für die lange Version.

Tipp

Sollten Sie auf Konferenzen oder Messen als Referent aktiv sein, hier ein kleiner Tipp: Erstellen Sie schon vor Ihrem Auftritt einen Blogbeitrag, in dem Sie die Kernpunkte Ihres Vortrags zusammenfassen. Laden Sie Ihre Präsentation bei Slideshare hoch, aber verstecken Sie sie dort. Binden Sie dann die Präsentation in den Blogbeitrag ein. Darunter packen Sie ein Lead-Formular, mit dem sich Interessenten die Präsentation gegen Eingabe ihrer E-Mail-Adresse (oder weiterer Daten) herunterladen können.

Veröffentlichen Sie den Blogbeitrag unmittelbar vor Ihrem Vortrag. Dann können Sie direkt am Ende Ihres Vortrags auf den Beitrag hinweisen und auf die Möglichkeit, die Präsentation dort herunterzuladen. So ziehen Sie den Traffic auf Ihre Website, statt ihn Slideshare zu »schenken«, und sammeln darüber hinaus auch noch wertvolle Leads ein.

Nach einiger Zeit können Sie die Präsentation dann auch bei Slideshare veröffentlichen, um weitere Reichweiteneffekte zu nutzen.

◀ **Abbildung 6-36**
Der Technologiekonzern SCHOTT veröffentlicht sein Magazin »SCHOTT Solutions« auch über Slideshare. Die Präsentationen sind auch in die Website eingebunden und können heruntergeladen oder als Printversion bestellt werden.

Bei Slideshare können Sie nicht nur Powerpoint-Präsentationen, sondern auch PDF-Dokumente und kurze Videos veröffentlichen (letzteres nur mit einem kostenpflichtigen Account). Damit eröffnen sich weitergehende Perspektiven: Sie können alle Arten von (Image-)Broschüren, Flyern, Zeitschriften bei Slideshare veröffentlichen und alles, was Sie im PDF-Format vorliegen haben und was für die Öffentlichkeit bestimmt ist.

Seit einiger Zeit bietet Slideshare auch die Möglichkeit an, *Infografiken* hochzuladen. Diese werden dann in voller Länge angezeigt, ohne dass sich der Nutzer wie bei den Präsentationen durchklicken oder bei den Dokumenten durchscrollen müsste. Wenn Sie also in Ihrem Unternehmen Infografiken verwenden, stellen Sie diese auf jeden Fall auch bei Slideshare zur Verfügung. Damit sichern Sie sich die maximale Verbreitung Ihres Contents.

Abbildung 6-37 ▶
Infografik von SAP bei Slideshare

Wenn Sie über einen Pro-Account verfügen, stehen Ihnen außerdem umfangreiche Statistiken und Analysen zu Ihren Slideshares zur Verfügung. Sie sehen zum Beispiel

- die Entwicklung der Views,
- welche Präsentationen am häufigsten angesehen bzw. heruntergeladen wurden,

- aus welchen Ländern Ihre Nutzer kommen und
- wie die Betrachter auf Ihre Präsentationen gestoßen sind.

Im Kapitel über Controlling und Analytics gehe ich auf diese Auswertungsmöglichkeiten noch ausführlicher ein.

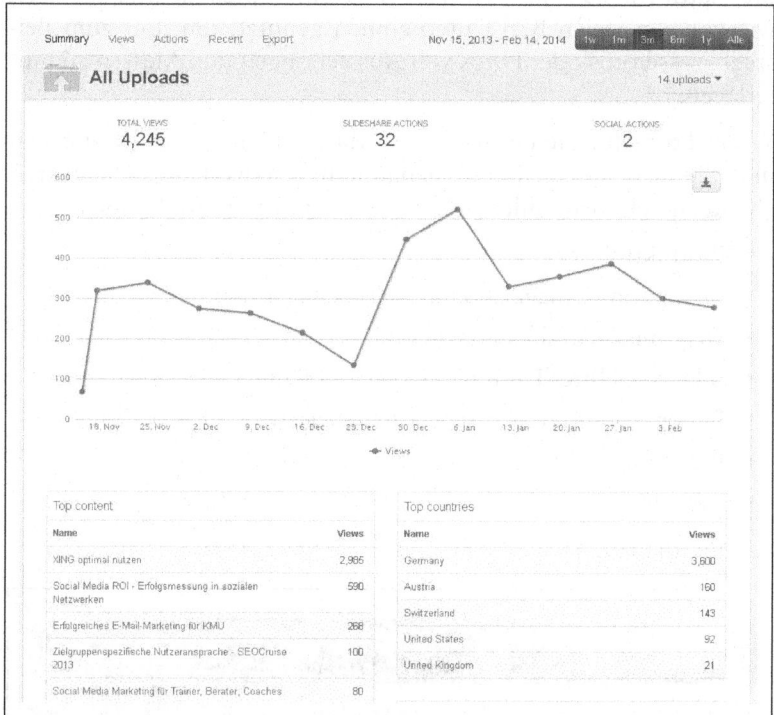

◀ Abbildung 6-38
Auszug aus den Slideshare-Analytics

Sonstige Content-Sharing-Dienste

Mit Slideshare und YouTube haben Sie schon zwei der für den B2B-Sektor wichtigsten Plattformen abgedeckt. Hier können Sie unbegrenzt Inhalte hinterlegen und gute Reichweiten in der relevanten Zielgruppe generieren. Darüber hinaus existiert natürlich noch eine ganze Reihe weiterer Content-Sharing-Plattformen, die Sie nutzen könnten. Eine Kosten-Nutzen-Abwägung wird jedoch häufig zu dem Ergebnis führen, dass die Reichweiten dort einfach zu gering sind und die Relevanz in der Zielgruppe nicht ausgeprägt genug. Das lässt sich jedoch nicht pauschalisieren. Je nach Zielsetzung und Zielgruppe können sich auch kleinere Plattformen lohnen. Deshalb möchte ich hier noch einige Dienste ansprechen, die Sie bei Bedarf unter die Lupe nehmen sollten.

Flickr

Flickr (www.flickr.com) ist eine Bildplattform, die zu Yahoo gehört. Durch die immer stärkere Verbreitung von Facebook und Google+, wo ebenfalls Milliarden von Bildern geteilt werden, hat die Plattform stark an Relevanz verloren. Trotzdem wird sie nach wie vor von vielen B2B-Unternehmen genutzt, um dort zum Beispiel Pressefotos oder Fotos von Ausstellungen und Messen zu hinterlegen.

Wenn Fotos für Sie ein wichtiges Marketinginstrument darstellen und Sie sich in den bisher genannten Netzwerken nicht ausreichend aufgehoben fühlen, können Sie bei Flickr zum Beispiel

- Produktbilder,
- Bilder von Managern (Unternehmensleitung),
- Diagramme und Charts,
- Bilder aus Ihrer Unternehmensgeschichte,
- Bilder von Auszeichnungen und Preisen,
- Pressefotos und
- Eventbilder

veröffentlichen.

Abbildung 6-39 ▶
Boeing stellt bei Flickr unter anderem Fotos seiner Flugzeuge und weiterer Produkte online.

Pinterest

Pinterest (www.pinterest.com) als bildlastiges Social Network bzw. als Content-Plattform ist definitiv im Kommen, die absoluten Reichweiten sind jedoch noch sehr gering. So gibt es auch kaum B2B-Unternehmen, die Pinterest einsetzen, und wenn, dann mit sehr eingeschränkten Reichweiten.

Pinterest ist eine Art virtueller Pinnwand und dient zum Austausch von Bildern, Grafiken oder kurzen Videos. Die Elemente können in Pinnwänden organisiert und mit den Nutzern geteilt werden. Sie könnten zum Beispiel eine Pinnwand mit Bildern aus Projekten, eine mit Infografiken, eine mit Messeeindrücken und eine mit Mitarbeitern im Einsatz anlegen. Interessierte Nutzer können sich die Bilder ansehen, dem Board oder Ihrem ganzen Account folgen und Bilder liken oder als eigenen Pin übernehmen (ähnlich einem Retweet oder Share auf Twitter und Facebook).

Pinterest eignet sich dann für Ihr Unternehmen, wenn Bilder bzw. Grafiken eine hohe Bedeutung in Ihrer Marketingstrategie haben. Darüber hinaus können Sie Pinterest mit Facebook verknüpfen und zum Beispiel jeden Pin automatisch bei Facebook teilen.

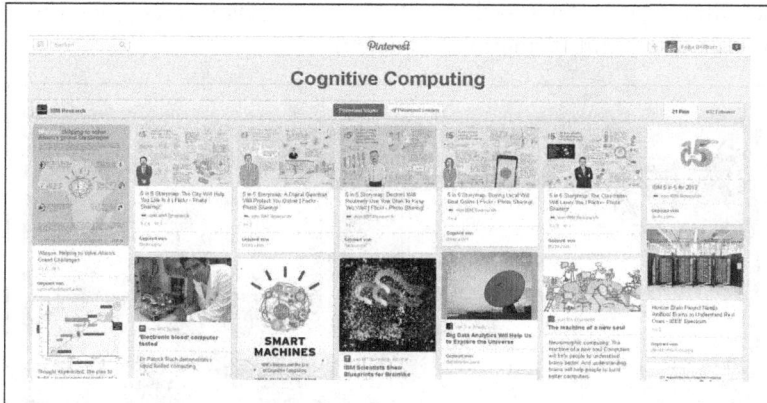

◀ **Abbildung 6-40**
Pinterest-Auftritt von IBM Cognitive Research

◀ **Abbildung 6-41**
Salzgitter nutzt Pinterest für das Personalmarketing, allerdings bisher eher zurückhaltend.

Ein großer Vorteil bei Pinterest ist der, dass jedes Bild direkt mit einer Website verknüpft werden kann. Dann führt ein Klick auf das Bild zur Website. Sollte es Pinterest also schaffen, die Nutzermenge zu erhöhen, kann es sich als interessanter Traffic-Kanal erweisen, der Unternehmen kostenlos Besucher liefert.

Instagram

Instagram (www.instagram.com) ist eigentlich eine Foto- und Video-App für Smartphones und basiert auf dem Trend, dass vor allem Jugendliche sehr starken Gebrauch von den Kameras ihrer Smartphones und Tablets machen. Über die App können die so erstellten Fotos mit wenigen Klicks über zahlreiche Filter bearbeitet und dann direkt in das Netzwerk hochgeladen werden. Über Schnittstellen zu Facebook, Twitter und Co. lassen sich auch diese Kanäle direkt mit Instagram bespielen.

Abbildung 6-42 ▶
Instagram-Auftritt von Cisco Systems

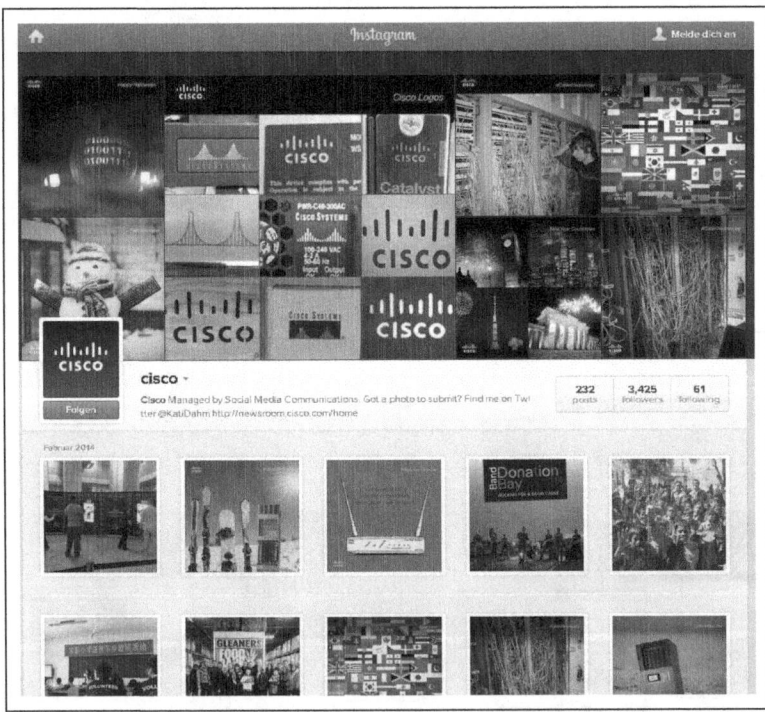

Im B2B-Sektor ist Aktivität auf Instagram noch eine Seltenheit. Lohnen könnte sie sich zum Beispiel zur Ansprache potenzieller Azubis. Allerdings muss bei diesem Netzwerk noch mehr als bei den etablierten Plattformen darauf geachtet werden, sich auf die

Gegebenheiten von Instagram einzustellen. Das bedeutet: Schnapp-schüsse, lustige/außergewöhnliche Inhalte, schnelle Interaktionen, hohes Tempo. Das dürfte viele traditionelle Unternehmen an die Grenzen des Möglichen bringen. Überlegen Sie daher genau, ob sich Instagram für Ihre Marketingstrategie eignet und Sie diesen Kanal regelmäßig und zielgruppengerecht bespielen können.

»Stellen Sie sich vor, wir würden im Jahr 2014 Dialogstärke auf unsere Fahnen schreiben und wären nicht auf Facebook aktiv« –Interview mit Charles Schmidt

Charles Schmidt ist Corporate Social Media Officer der Krones AG und damit zentraler Trei-ber hinter den Social-Media-Aktivitäten des Konzerns. Als starker Verfechter einer niedrig-schwelligen Kommunikation stellt Charles Schmidt bei diesen Aktivitäten immer den Men-schen in den Mittelpunkt (»B2H«). Sein Engage-ment wurde 2011 mit dem »Social Media Perso-nalmarketing Innovator«-Award ausgezeichnet.

▲ Abbildung 6-43
Charles Schmidt

Die Krones AG hat mit facebook.com/kronesag und youtube.com/kronestv zwei sehr innova-tive Kanäle ins Netz gebracht und verfolgt auch darüber hinaus eine integrierte und konsi-stente Social-Media-Strategie. Dies ist insbe-sondere deshalb bemerkenswert, da die Krones AG hiermit für die deutsche B2B-Branche echte Pionierarbeit geleistet hat.

1. Was war der Grund für Krones, im Social Web aktiv zu werden? Welche Ziele standen im Vordergrund?

Einer der Kernwerte von Krones ist die Dialog-stärke. Wir sehen es als unsere Aufgabe, diese Aussage mit Leben zu füllen. Die Krones AG steht daher täglich in einem globalen Dialog mit Kunden, Fachpublikum, interessierter Öffent-lichkeit, potenziellen und eigenen Mitarbeitern.

Wir versprechen uns auf den Social-Media-Plattformen daher echte und wertige Kommu-nikation mit Menschen. Unser Unternehmen ist im Social Web nicht B2B, sondern B2H (Busi-ness to Humans). Dabei ist es uns wichtig, die Menschen auf den Kanälen anzusprechen, auf denen sie sich auch bewegen.

2. Wie ist das Social-Media-Marketing im Unternehmen organisiert? Wer macht mit, wer macht was etc.?

Ein Team von drei Kollegen aus dem Bereich Corporate Communications (CC) betreut die Social-Media-Aktivitäten der Krones AG. Es arbeiten im Rahmen der integrierten Kommuni-kation jedoch mehr Kollegen der CC an der Erstellung des Contents für Social Media. Zudem engagieren sich Mitarbeiter der Krones AG und auch externe Markenbotschafter sehr stark und beliefern die Kanäle mit interessanten Inhalten.

---

3. Welche Kanäle werden aus welchen Gründen bespielt? Und welche bewusst ausgelassen?

Wir engagieren uns u. a. auf Facebook, YouTube, Twitter, Pinterest, Instagram, Google+, Flickr, LinkedIn, Xing. Darüber hinaus bespielen wir noch ein Corporate-Blog und ein Azubi-Blog sowie einige Kanäle für bestimmte regionale Märkte.

Wir probieren zunächst viele neue Kanäle einfach aus. Unsere Zielgruppen sind so speziell, dass man im Vorhinein z. B. anhand demografischer Daten nicht entscheiden kann, ob sichunsere Zielgruppen dort aufhalten. Wer hätte z. B. gedacht, dass wir Hunderte Maschinenbediener aus aller Welt für unsere Facebook-Seite begeistern können?

Nach einer ersten Anlaufphase bewerten wir dann unser Engagement und verteilen unsere Prioritäten gemäß der Resonanz der Nutzer auf unsere Inhalte.

Kundenäußerungen sind uns auf allen Netzwerken gleichermaßen wichtig. Aber natürlich gewichten wir unsere eigene Aktivität nach der Relevanz der einzelnen Auftritte.

So hat Content für unsere Facebook-Fanpage mit über 85.000 Fans natürlich mehr Priorität als Inhalte für Pinterest.

Wichtig ist, neugierig und flexibel zu bleiben und sich nicht auf bestimmte Kanäle festzulegen. Wir sind da, wo jemand mit uns sprechen möchte. Das ist gelebte Dialogstärke. Im Moment beobachten wir z. B. Messenger von Snapchat bis Whatsapp mit Neugier und fragen uns, ob wir als Krones AG auch dort ein Teil der Kommunikation sein müssen.

4. Welche Art von Inhalten funktioniert am besten? Und woran macht ihr den Erfolg fest?

Das kann man so pauschal gar nicht sagen. Das ist zum einen abhängig vom Kanal und dessen »Spielregeln« und zum anderen natürlich vom Nutzerfeedback.

Wir versuchen grundsätzlich, ein gutes »Programm« zu machen. Wir haben im Hauptprogramm Inhalte um die »Grundversorgung« der Kanäle zu gewährleisten. Das sind oft visuell ansprechende Gesprächsanlässe für unsere »Kronesen«. Das kann mal ein »Guten Morgen aus Thailand« oder ein Bild vom Aufbau eines Messestandes sein.

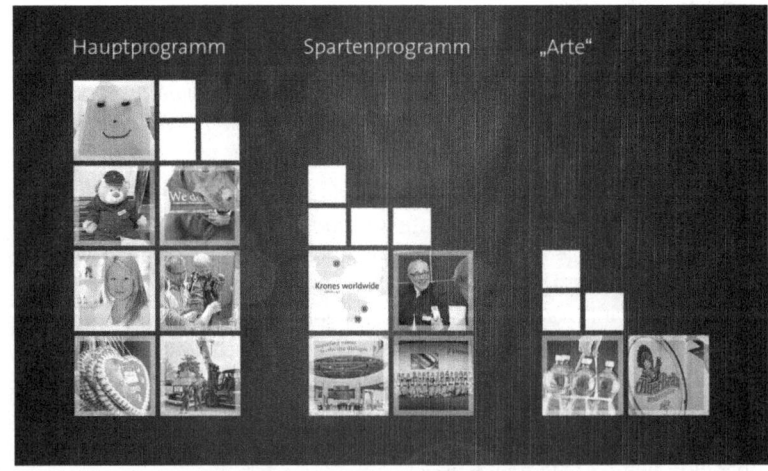

◀ **Abbildung 6-44**
Kommunikationsprogramm der Krones AG

Daneben haben wir im Spartenprogramm anspruchsvolle Geschichten, oft mit Blick auf unsere Fachcommunity. Das sind dann Messeberichte, Produktvorstellungen und Referenzgeschichten sowie Experteninterviews. Wichtig ist uns aber auch die Reihe »Menschen bei Krones«. Unter dieser Flagge entstehen vielbeachtete Inhalte mit Blick auf unsere Arbeitgebermarke.

Stolz machen uns zudem unsere Experimente (Programm »Arte«), die man unter Forschung und Entwicklung verbuchen könnte. Das ist dann z. B. eine Werksführung via Instavideo oder eine mehrteilige YouTube-Serie, erzählt aus Kundensicht zur Einführung einer neuen Brautechnik.

5. Nochmal zum Thema Erfolg: Welchen Wertbeitrag leistet Social-Media-Marketing für das Unternehmen insgesamt? Was wäre ohne Social Media schlechter/weniger/anders?

Wir messen den Erfolg unserer Inhalte auf den einzelnen Netzwerken, um unsere Inhalte kontinuierlich zu verbessern. Wir versuchen aber nicht, den Beitrag eines Tweets zum Abverkauf einer Abfüllanlage mit Invest im Millionenbereich in Relation zu setzen. Ich spreche im Hinblick auf die eingangs erwähnte Dialogstärke auch immer vom »Risk of Ignoring«.

Stellen Sie sich vor, wir würden im Jahr 2014 Dialogstärke auf unsere Fahnen schreiben und wären nicht auf Facebook aktiv: Wie stünden wir denn nun im Vergleich zum ebenfalls aktiven Wettbewerb da?

Die Krones AG konnte in den vergangenen vier Jahren wertvolle Erfahrungen in den sozialen Medien sammeln. Dies ist einer breit aufgestellten, interdisziplinären Unternehmenskommunikation zu verdanken, ein Asset, das viele Marktbegleiter jetzt zu erreichen suchen. Das ist eine Innovationsführerschaft, die auch den entscheidungsfreudigen Strukturen der Krones AG geschuldet ist, die den verantwortlichen Akteuren zu einem günstigen Zeitpunkt die notwendigen Handlungsspielräume ermöglicht sowie interne Barrieren abgebaut haben.

6. Welches sind aus deiner Sicht die hauptsächlichen Herausforderungen von B2B-Unternehmen im Social Web? Welche Unterschiede gibt es gegenüber B2C-Unternehmen?

Dem CEO einer aktiennotierten Großbrauerei ist schnell klar, dass unter 25 Millionen deutschen Facebook-Nutzern der ein oder andere Biertrinker sein müsste.

Das ist dem CEO eines Maschinenbauers nicht sofort zu vermitteln.

Der Unterschied liegt jetzt darin, dass wir als B2B-ler unseren eigentlichen Vorteil, die Dialogstärke, ausleben können und gerne mit jedem Kunden auf Facebook reden würden. Das wiederum dürfte für den Großbrauer schwierig zu stemmen sein. Mit 2.000 Menschen redet es sich einfach persönlicher als mit zwei Millionen.

Der B2B-Bereich beruht nicht erst seit Social Media auf dem persönlichen Gespräch. Social Media ist neben Messen und dem Vertrieb einfach ein weiterer toller Ort, diese Gespräche zu führen.

7. Warum ist bei B2B-Unternehmen oft so eine große Zurückhaltung bezüglich der sozialen Medien vorhanden?

Das war in der Vergangenheit so, und ich konnte es aus oben genannten Gründen nie so recht verstehen.

Ich würde aber sagen, dass da gerade ein Wandel stattfindet. Die Frage ist in vielen Unternehmen gar nicht mehr, »ob«, sondern »wie und für wen«.

So gibt es im MDAX z. B. mehr aktive B2B-Unternehmen als B2C-Unternehmen (*http://lingner.com/themen/mdax-studie-2013*).

8. Was würdest du den B2B-Unternehmen raten, wenn sie vor der Entscheidung stehen, Social Media zu etablieren?

Machen, aber richtig. :-)

Content und Content-Marketing im Rahmen des Social-Media-Marketing

Content-Marketing ist sicherlich eines *der* Schlagworte der letzten ein bis zwei Jahre gewesen und wird uns auch in den nächsten Jahren begleiten. Wer sich mit Onlinemarketing befasst hat, ist früher oder später mit Sicherheit auf diesen Begriff gestoßen. Immerhin werden mittlerweile ganze Konferenzen abgehalten, die sich mehr oder weniger ausschließlich um Content-Marketing drehen (Content Marketing Conference in Köln, Content Day in Salzburg etc.). Dabei ist Content-Marketing eigentlich nichts Neues. Für das Social-Media-Marketing ist diese Form der Kundenansprache aber zwingend notwendig – im B2B-Sektor gilt das umso mehr.

Was ist Content-Marketing?

Die klassische Art, wie Unternehmen für mehr Reichweite und Bekanntheit sorgen, ist Werbung. Ob online oder offline, bezahlte Werbung ist berechenbar, skalierbar und kontrollierbar. Sie hat nur einen Haken: Die Glaubwürdigkeit und Wirkung von Werbung nimmt immer mehr ab.

Jeder Mensch, egal ob im B2B- oder B2C-Umfeld, ist jeden Tag mehreren tausend Werbebotschaften ausgesetzt. Nur ein Bruchteil davon wird überhaupt bewusst wahrgenommen. Ich habe mir mal den Spaß gemacht und an einem Bahnhof sämtliche Werbeflächen gezählt, die mir auf dem Weg vom Zug zum Ausgang auffielen – deutlich über 50 waren es. Und das auf vielleicht 30 Metern. Rechnet man dazu sämtliche Broschüren, Flyer, Radio- und TV-Spots, Plakate, Bus- und Bahnwerbetafeln, Litfaßsäulen, Werbeanrufe, Onlinebanner oder Zeitungsanzeigen, kommen manche Studien auf über 20.000 Werbebotschaften pro Tag. Weniger als ein Prozent wird davon aktiv verarbeitet. Denken Sie mal an Ihr Büro: Wie viele Mailings gehen Ihnen jeden Tag zu? Wie viele Kugelschreiber, Wandkalender, Imagebroschüren, Postkarten usw. landen so im Durchschnitt einer Woche auf Ihrem Schreibtisch? Unwahrscheinlich, dass Sie auf jede davon noch reagieren (können) ...

Content-Marketing versucht, die Aufmerksamkeit der Kunden auf einem anderen Weg zu gewinnen: Statt mit Werbung sollen Kunden über wertvolle und hilfreiche Inhalte angesprochen und überzeugt werden. Statt in die Welt hinauszurufen, was Sie alles können und wie gut Sie in dem sind, was Sie tun (was schließlich jedes Unternehmen von sich behauptet), geben Sie dem Kunden Inhalte an die Hand, die ihm direkt einen Mehrwert bringen – ein Problem lösen, ihn auf neue Ideen bringen, ihm Wissen vermitteln. Dadurch demonstrieren Sie Kompetenz und Expertenstatus und positionieren sich als potenzieller Anbieter für weitere Leistungen in diesem Themenfeld. Auch hier können Sie einmal selbst überlegen: Wenn Sie aus drei Anbietern einen aussuchen müssen und von zweien eine Werbebroschüre und vom dritten ein hochwertiges Whitepaper vorliegen haben, für wen würden Sie sich eher entscheiden? Wenn zwei von ihnen Werbeanzeigen bei Facebook schalten und einer in seinem Blog schon unzählige Male demonstriert hat, dass er Ihre Situation, Ihre Problemlage versteht und eine Fülle von Lösungsansätzen dafür anbieten kann?

Genau darum geht es im Content-Marketing. Und wahrscheinlich betreiben Sie Content-Marketing schon lange, ohne sich darüber Gedanken zu machen. Eine Kundenzeitschrift mit Fallbeispielen und Tipps, Vorträge auf Messen, Buchveröffentlichungen, all das sind Beispiele für Content-Marketing, nur wurde es bisher eben nicht so genannt. Erst durch die Verknüpfung mit Online-Instrumenten wurde es auch für kleinere Unternehmen möglich, Content in großem Maßstab kostengünstig zu produzieren.

Beim Social-Media-Marketing steht Content im Mittelpunkt. Das Blog sollte mit Content (statt Werbung) befüllt werden. Ihre YouTube-Videos sind Content, und Downloads, die Sie anbieten, ebenfalls. Bei LinkedIn, Facebook oder Twitter weisen Sie auf Ihren Content hin und stellen ihn zur Diskussion. Ohne die passenden Inhalte funktioniert keine Social-Media-Strategie.

Content-Marketing im B2C

Content kann durchaus auch unterhaltsam sein. Im B2C-Bereich wird Content-Marketing von manchen Unternehmen schon lange ein gesetzt.

Kennen Sie zum Beispiel noch »Lurchi«? Die Comicfigur und ihre Abenteuer wurden von der Schuhmarke Salamander erfunden. Die Hefte lagen in den Schuhgeschäften aus. Dadurch gelang es Salamander, Kindern nicht nur das lästige Schuhekaufen schmackhaft zu machen, sondern es bewegte auch viele Eltern dazu, in Salamander-Geschäften einzukaufen, um den quengelnden Kindern die Lurchi-Hefte abzuholen.

Die Apothekenzeitschriften sind ebenfalls ein Beispiel für Content-Marketing. Sowohl für Kinder als auch für Erwachsene gab und gibt es verschiedene regelmäßig erscheinende Hefte, voll mit Gesundheitstipps, Ratgebern und Rätseln. Werbeanzeigen werden natürlich ebenfalls abgedruckt – neben den ansonsten hilfreichen Inhalten nehmen die Leser das jedoch hin und schenken der Werbung sogar mehr Aufmerksamkeit, als wenn sie sie separat irgendwo wahrnehmen.

Die Discounter-Ketten Lidl und Aldi veröffentlichen schon seit einiger Zeit Rezept- und Ernährungstipps, in gedruckter Form als Buch oder Broschüre und natürlich im Internet. Jedes Rezept lässt sich komplett mit Produkten aus dem jeweiligen Supermarkt realisieren.

Volksbanken und Sparkassen haben jahrzehntelang Kinderzeitschriften herausgebracht (»Knax« bei der Sparkasse und »Marc & Penny« von den Genossenschaftsbanken). Auch hier stand nicht die Werbung im Vordergrund, sondern unterhaltsame, lustige und lehrreiche Geschichten für Kinder.

Ein besonders beeindruckendes Beispiel für Content-Marketing lange vor dem allgemein zugänglichen Internet war die Zeichentrickserie »Masters of the Universe« mit ihrem Helden »He-Man«. Die Serie war eigentlich ein Ansatz, um den Verkauf der bereits existierenden Spielfiguren besser zu vermarkten. Beides war sehr erfolgreich, so dass sich aus der Comicserie eine eigenständige Einnahmequelle für Mattel entwickelt hat.

Content-Marketing im B2B-Sektor

Immer mehr Unternehmen erkennen den Wert des Content-Marketing. In den USA ist das Thema im B2B-Sektor bereits allgegenwärtig. So gaben in der Umfrage »2014 B2B Content Marketing Trends – North America« 93 % der B2B-Marketer an, Content-Marketing einzusetzen. Von diesen Marketern schätzten 42 % ihr Content-Marketing als effektiv oder sogar sehr effektiv ein. Nur zwei Prozent sahen die Methode als überhaupt nicht effektiv an. In 73 % der Unternehmen gibt es einen konkreten Ansprechpartner, der die Content-Marketing-Maßnahmen überwacht und koordiniert (übrigens bei kleinen Unternehmen deutlich häufiger als bei großen). Das Budget für Content-Marketing wächst ebenfalls an. Im Durchschnitt investieren die befragten Unternehmen 30 % ihres Marketingbudgets für Content.

Dabei setzen die Unternehmen eine ganze Reihe von Taktiken und Instrumenten ein. Social Media, Blogs, Newsletter, Events, Case Studies und Videos gehören zu den häufigsten Maßnahmen im B2B-Content-Marketing. Den größten Zuwachs seit 2013 erfuhren Infografiken, die mittlerweile von mehr als der Hälfte der B2B-Unternehmen eingesetzt werden.

Abbildung 7-1 ▼
Eingesetzte Aktivitäten im Content-Marketing amerikanischer B2B-Unternehmen (Quelle: 2014 B2B Content-Marketing Trends – North America)

Für Deutschland fehlen entsprechende Zahlen bisher leider. Es ist aber davon auszugehen, dass die Werte durchgehend deutlich niedriger liegen als in den USA, zumindest was die Online- und Social-Media-Instrumente im Content-Marketing angeht.

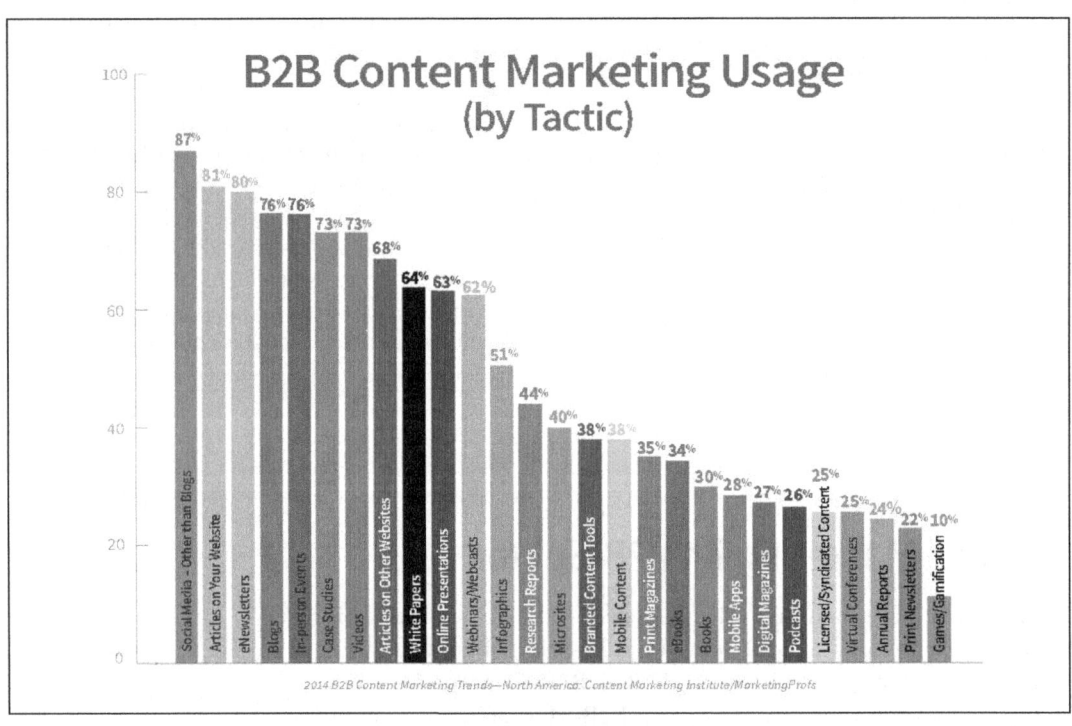

Sie sehen also: Content-Marketing ist keine neue Erfindung und schon gar kein vorübergehender Hype. In vielen Unternehmen ist Content-Marketing schon lange gelebte Praxis. Jetzt gilt es nur, diese Prinzipien auf das Internet zu übertragen und sie vor allem im Social Web gekonnt einzusetzen.

Der Content-Marketing-Prozess

Im Rahmen der in Kapitel 3 eingeführten Social-Media-Strategie findet die Content-Findung im fünften Schritt statt. Sie haben bereits entschieden, welche Kanäle Sie für welche Zielgruppen und mit welchen Zielsetzungen bespielen wollen. Nun machen Sie sich daran, die Inhalte zu produzieren und zu verbreiten.

Der Prozess des Content-Marketing hat mit der allgemeinen Social-Media-Strategie einige Ähnlichkeiten und kann gut in die Strategie integriert werden. Grundsätzlich kann ein Content-Marketing-Prozess ablaufen, wie in Abbildung 7-2 zu sehen ist.

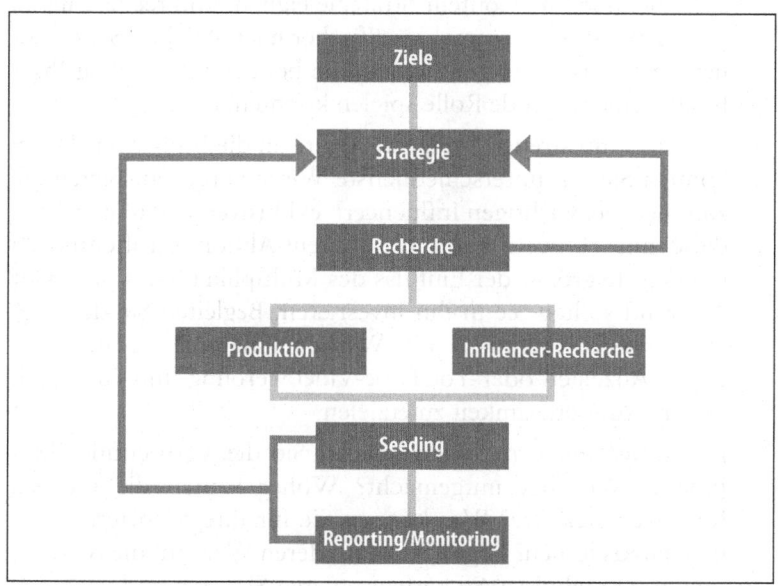

◀ Abbildung 7-2
Der Content-Marketing-Prozess
(Quelle: rankingCHECK GmbH)

1. *Ziele:* Die Ziele ergeben sich in unserem Fall bereits aus der Social-Media-Strategie. Häufig werden hier vor allem Lead-Generierung, größere Sichtbarkeit und Markenwahrnehmung, SEO-Verbesserungen und Produktverkauf genannt.

2. *Strategie:* Der Content muss zur Gesamtstrategie passen. Auch dieses Thema haben wir im Rahmen der bisherigen Analysen und Definitionen bereits abgehakt.

3. *Recherche:* Welche Themen eignen sich für Ihre Content-Strategie? Welche Probleme und Bedürfnisse haben Sie in Ihrer Zielgruppenanalyse erkannt und mit welchem Content können Sie diese Probleme lösen (helfen)? Welcher Content bietet sich auf den Kanälen an, die die Zielgruppe nutzt? Diese und weitere Fragen sollten Sie sich spätestens an diesem Punkt stellen.

4. *Content-Erstellung:* Im nächsten Schritt erstellen Sie den Content. Entweder fertigen Sie den Inhalt inhouse an oder Sie kaufen ihn oder Teile davon von Dienstleistern ein. Achten Sie aber immer auf einen hohen Nutzwert und eine ansprechende Aufmachung der Inhalte.

5. *Influencer-Recherche:* Im Rahmen der Zielgruppenanalyse Ihrer Social-Media-Strategie haben Sie sich bereits Gedanken über Influencer und Multiplikatoren gemacht. Prüfen Sie, ob diese sich auch für Ihre Content-Strategie eignen, und recherchieren Sie eventuell noch einmal spezifischer nach. Suchen Sie Personen bzw. Einrichtungen heraus, die bei der Verbreitung Ihrer Inhalte eine tragende Rolle spielen könnten.

6. *Seeding:* Nun streuen Sie diese Inhalte an die Influencer. Dabei können Sie auf unterschiedlichste Weise vorgehen. Bieten Sie zum Beispiel wichtigen Influencern exklusiven Content an, den diese mit Hinweis auf Ihre Content-Aktion veröffentlichen können. Je größer der Einfluss des Multiplikators, desto mehr Aufwand sollten Sie in ihn investieren. Begleiten Sie den Seeding-Prozess eventuell mit Werbemaßnahmen, z. B. Facebook-Anzeigen oder YouTube-Videowerbung, um eine noch höhere Aufmerksamkeit zu erzielen.

7. *Reporting/Monitoring:* Überwachen Sie die Verbreitung Ihrer Inhalte. Wer hat mitgemacht? Woher kamen die größten Reichweiteneffekte? Was können Sie für Ihre nächsten Aktionen daraus lernen? Legen Sie besonderen Wert auf die Auswertung der Ergebnisse. So perfektionieren Sie nach und nach den Prozess und erreichen jedes Mal bessere Ergebnisse.

Arten von Inhalten im Social Web

Da wir in diesem Buch über Social-Media-Marketing sprechen, beziehen wir uns beim Content-Marketing auch überwiegend auf Social-Media-Content. Verknüpfen Sie aber ruhig alle anderen Content-Arten, die Sie in Ihrem Unternehmen verwenden (könnten), mit den in diesem Buch vorgestellten Maßnahmen. Das spart Geld und schafft Synergien.

Grundsätzlich haben Sie im Social Web die Wahl zwischen folgenden Inhaltskategorien:

- Text
- Foto
- Grafik
- Video
- Audio

- Webinare
- Animation
- Software/Anwendung
- Spiele
- Downloads (die wiederum verschiedene Inhaltsarten umfassen können)
- Mischformen

Nicht alle Arten von Inhalten eignen sich gleich gut für jedes Social Network. Im Folgenden erhalten Sie eine Einschätzung zu den jeweiligen Content-Typen und wozu sie sich eignen.

Text

Das Internet besteht in seiner Grundform aus Texten. Websites, Blogs, Foren etc. basieren auf Text-Content. Wir sind es gewohnt, kurze und lange Texte zu lesen; längere Texte werden gerne auch ausgedruckt. Auch die immer stärkere Verbreitung von Bewegtbild-inhalten konnte an der Dominanz der Texte nichts ändern.

Auch in den meisten Social Networks besteht die Content-Grundlage aus Text: Facebook-Postings, Tweets, Gruppenbeiträge in Business-Netzwerken oder Posts in Google+ sind Textbeiträge, die eventuell um Bilder oder andere Inhalte erweitert werden.

Gerade im B2B-Sektor werden Sie verstärkt mit Texten arbeiten. Aufgrund der besonderen Struktur der Kaufprozesse beschäftigen sich die Zielpersonen ausführlicher mit den Inhalten – ein längeres E-Book, das im B2C vielleicht keinen Anklang finden würde, zieht hier das Interesse der Kunden auf sich.

 Tipp　Ein großer Vorteil von Texten ist die gute Auffindbarkeit in Suchmaschinen. Google & Co. brauchen Text, um die Inhalte indizieren und in das Ranking aufnehmen zu können. Mit einem Blogbeitrag oder einem Forumsinhalt haben Sie daher gute Chancen, dauerhaft gefunden zu werden.

Die Länge des Textes sollte sich jedoch an die jeweilige Plattform anpassen. Bei manchen Diensten sind Sie ohnehin von vornherein in der Zeichenanzahl beschränkt. Bei Twitter stehen Ihnen maximal 140 Zeichen zur Verfügung, bei XING-Statusmeldungen beträgt die Grenze 420 Zeichen. Hier sollten Sie sich also kurz fassen und Ihre Botschaft knackig auf den Punkt bringen.

Andere Social Networks erlauben zwar längere Beiträge, teilweise empfiehlt es sich aber trotzdem, sich kurz zu fassen. Gerade bei Facebook sind es die Nutzer gewohnt, Postings mit maximal 3 bis 5 Zeilen zu lesen. Längere Beiträge funktionieren erfahrungsgemäß nicht allzu gut, werden eher übersprungen und nicht gelesen. Fassen Sie sich also auch hier kurz.

Etwas anderes gilt in Ihrem Blog. Hier können Sie ruhig weiter ausholen. Solange der Inhalt gut aufbereitet, interessant und hilfreich ist, lesen Nutzer auch sehr lange Beiträge gern durch. Für Sie bedeutet das: hohe Verweildauern und damit auch eine höhere Bindung der Leser an Sie, Ihr Blog und Ihre Marke. Sehen Sie Ihr Blog in diesem Fall wie Ihr Ladengeschäft: Je häufiger der Kunde kommt und je länger er im Geschäft verweilt, desto höher ist die Chance, dass er Vertrauen zu Ihnen hat und auch etwas kauft (wie im echten Leben natürlich mit Ausnahmen).

Seite		Seitenaufrufe	Durchschn. Besuchszeit auf Seite
		92.872	**00:03:36**
		% des Gesamtwerts: 100,00 % (92.872)	Website-Durchschnitt: 00:03:36 (0,00 %)
1.	/xing-profil-optimieren-7-tipps-fuer-das-perfekte-xing-profil/	**11.006**	00:03:15
2.	/lustige-post-von-der-national-inkasso-gmbh-tele-billig-ltd/	**10.606**	00:04:38
3.	/	**6.852**	00:01:00
4.	/social-networking-mit-xing-bitte-bitte-so-nicht/	**6.279**	00:06:33
5.	/verstoss-gegen-rechtsanwaltsordnung-droht-der-abmahnkanzlei-uc-endgueltig-das-aus/	**5.574**	00:07:57
6.	/16-facebook-strategien-die-unternehmen-von-breaking-bad-lernen-koennen/	**5.096**	00:09:38
7.	/experten-tipps-fuer-virales-marketing/	**4.206**	00:17:02
8.	/7-kreative-tipps-fuer-das-google-authorship-markup-relauthor-beispiele/	**3.880**	00:07:15
9.	/seo-campixx-2013-recap-content-marketing-wikipedia-links-und-mehr/	**2.713**	00:10:38

In meinem eigenen Blog lässt sich der Zusammenhang von Beitragslänge und Verweildauer gut nachvollziehen. Lange, ausführliche Blogbeiträge haben teilweise Verweildauern von über 10 Minuten, insbesondere dann, wenn neben den Texten auch Videos eingebettet wurden.

Bedenken Sie jedoch gerade bei längeren Beiträgen, dass Menschen im Netz nicht wie auf gedrucktem Papier lesen. Die Texte werden eher »geskimmt«, also überflogen. Das Auge braucht dabei Fixpunkte, an denen es sich entlanghangeln kann. Lockern Sie einen Text dementsprechend auf:

- Absätze nach ca. fünf Zeilen
- Zwischenüberschriften nach drei bis vier Absätzen
- Aufzählungen (Bullet-Point-Listen)
- Fettgeschriebenes
- eingefügte Bilder, Übersichten, Tabellen
- kürzere Sätze
- kurze Zeilenbreiten
- kurze Zusammenfassungen am Anfang und Ende

Diese Maßnahmen verbessern nicht nur die Lesbarkeit des Beitrags und damit die Zufriedenheit der Leser, sondern sogar die Suchmaschinentauglichkeit, insbesondere wenn Sie noch wichtige Schlüsselwörter in die hervorgehobenen Elemente (Überschriften, Fettdruck etc.) einbauen.

Als Beispiel kann hier der Auszug aus einem Blogbeitrag von Rechtsanwalt Thomas Schwenke dienen. Er macht alles richtig: kurze Einleitung/Teaser, schmale Zeilenbreite, recht große Schrift, wichtige Wörter fettgedruckt, kurze Absätze, eingerückte Bereiche, Auflistungen. Vergleichen Sie das mal mit den Textwüsten, die Sie auf vielen B2B-Websites sehen ...

 Tipp   Bei Texten im Social Web benötigen Sie heute mehr und mehr Kompetenz im journalistischen Bereich – jemand, der Texte lebendig, anschaulich und kurzweilig, aber dennoch fundiert und kompetent schreiben kann. Wenn Sie hier inhouse keine ausreichende Kompetenz haben, können Sie einen Redakteur als Freelancer die Texte überarbeiten lassen. Vom Einkauf fertiger Texte aus Textbörsen sollten Sie im Regelfall Abstand nehmen, da die Qualität selten den Ansprüchen eines B2B-Unternehmens genügt.

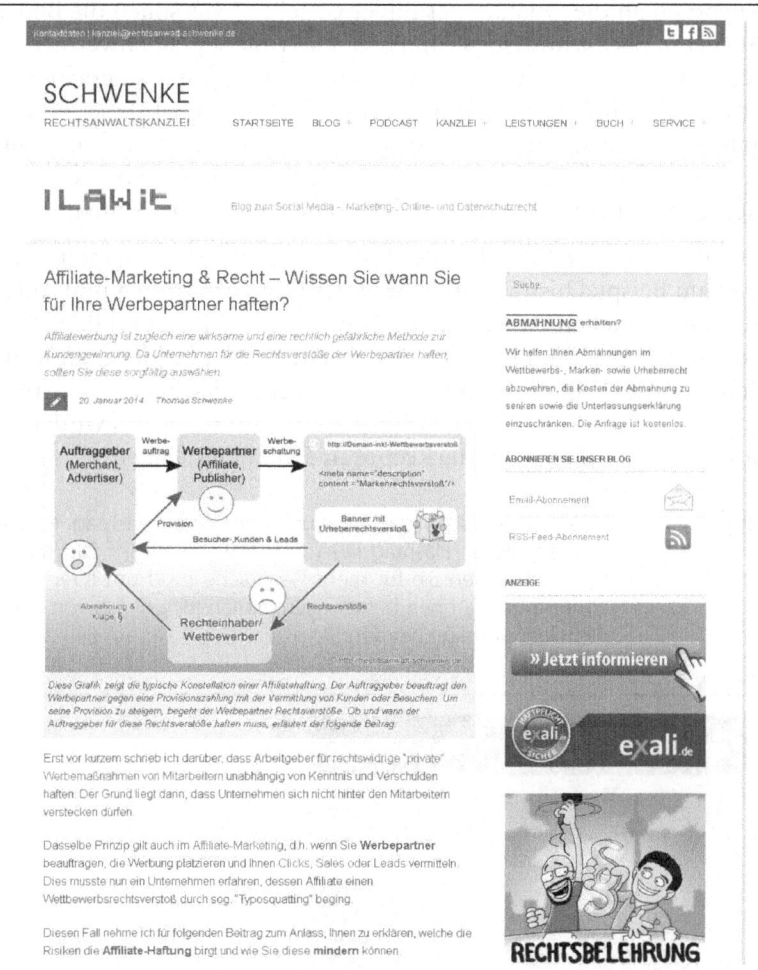

Fotos

»Ein Bild sagt mehr als tausend Worte« – dieses alte Sprichwort lässt sich auch aufs Social Web anwenden. Nicht umsonst haben sich in den letzten Jahren zahlreiche Plattformen herausgebildet, die ausschließlich oder überwiegend auf Bildinhalten basieren. Flickr, Instagram und Pinterest enthalten zusammengenommen mehrere Milliarden Fotos, die von Nutzern bereitgestellt und mit der Community geteilt wurden.

Die Rolle der Fotos im B2B-Sektor darf ebenfalls nicht vernachlässigt werden. Im Vergleich zum B2C-Umfeld wird hier ein höherer

Anspruch an die Qualität der Bilder gestellt. Zwar sollen die Bilder Authentizität vermitteln, sie müssen aber trotzdem hochwertig und seriös wirken. Eine gewisse Grundausstattung an Kameraausrüstung, Beleuchtung und Fotobearbeitungssoftware ist dabei unumgänglich. Aufwendig produzierte Bilder können durchaus um Schnappschüsse ergänzt werden, zum Beispiel live von Messen. Achten Sie aber immer auf eine gehobene Qualität der Aufnahmen.

Inhaltlich können Sie dabei aus dem Vollen schöpfen. Kombinieren Sie zum Beispiel historische Bilder Ihrer Geschäftsstätten und Anlagen mit aktuellen Aufnahmen. Verwenden Sie Produktbilder (am besten im Einsatz), Bilder von Mitarbeitern oder zufriedenen Kunden, kuriose Aufnahmen und so weiter. Achten Sie bei der Bildsprache immer darauf, dass Ihr gewünschtes Image unterstützt wird, und vor allem darauf, dass Sie die Rechte an den Bildern haben.

 Tipp   Versehen Sie die Bilder mit einem exklusiven Hashtag. Nutzer werden diesen Hashtag verwenden, wenn sie Ihr Bild teilen. Dadurch sorgen Sie für mehr Gespräche rund um Ihren Bildcontent und können besser nachvollziehen, wo und von wem die Bilder gesharet wurden.

Abbildung 7-5 ▶
Cisco zeigt interessante Bilder auf Instagram und verwendet exklusive Hashtags.

◀ **Abbildung 7-6**
Die Krones AG postet regelmäßig
Bilder der Mitarbeiter mit dem
Hashtag #smile.

Machen Sie nicht den Fehler, einfach nur Bilder aus der Imagebroschüre und dem Produktkatalog zu verwenden. Natürlich können
solche Fotos eine Ergänzung darstellen, als Hauptinhalt wirken sie
jedoch schnell zu werblich und schrecken die Nutzer ab. Zeigen Sie
lieber eine Maschine im Einsatz als eine Abbildung der Maschine
aus dem Katalog. Zeigen Sie lieber Mitarbeiter bei der Arbeit als
Aufnahmen aus dem Fotostudio. Und ergänzen Sie diese Bilder um
spontane Aufnahmen aus dem Arbeitsalltag. Besonders gut kommen auch Bilder von Veranstaltungen wie Mitarbeiter- oder Firmenausflügen, Konferenzen und sonstigen Ereignissen an. Wie so
oft gilt auch hier: Die Mischung macht's.

Tipp
Bilder sind der Content-Typ, der auf Facebook die größte Resonanz erzielt. Beiträge mit Bildern erhalten im Schnitt 5,5-mal
mehr Likes als Beiträge ohne Bild.

◀ **Abbildung 7-7**
Einblicke in den Alltag der Redaktion schaffen Sympathie, wie hier
beim Geschäftskundenmagazin der
Deutschen Telekom.

Grafiken

Neben Fotos stellen Grafiken den zweiten Baustein visuellen Contents im Social Web dar. Hier bieten sich enorme Möglichkeiten, auch für Unternehmen, die nicht über interessantes Bildmaterial verfügen (bzw. das zumindest glauben).

Gerade im B2B-Sektor können Sie mit Grafiken Zusammenhänge darstellen, Prozessabläufe verdeutlichen und Informationen anschaulich aufbereiten. Wer einen Grafikdesigner im Unternehmen hat, kann diese Inhalte äußerst kostengünstig erstellen. Aber auch extern lassen sich Grafiken recht günstig einkaufen.

Besonders gut funktionieren im Social Web (vor allem in Blogs und bildlastigen Social Networks) sogenannte Infografiken. Diese stammen bereits aus der Zeit vor Social Media, erlebten in den letzten Jahren aber einen regelrechten Boom.

Infografiken sind Grafiken, die zahlenlastige, eigentlich trockene Inhalte aufbereiten und anschaulich darstellen. Dadurch werden Zusammenhänge, Abläufe oder Größenverhältnisse auf einen Blick erfassbar. Nutzer – auch im B2B-Bereich – zeigen großes Interesse an gut gemachten Infografiken und verbreiten diese auch gerne weiter, was ihnen eine hohe Reichweite einbringt.

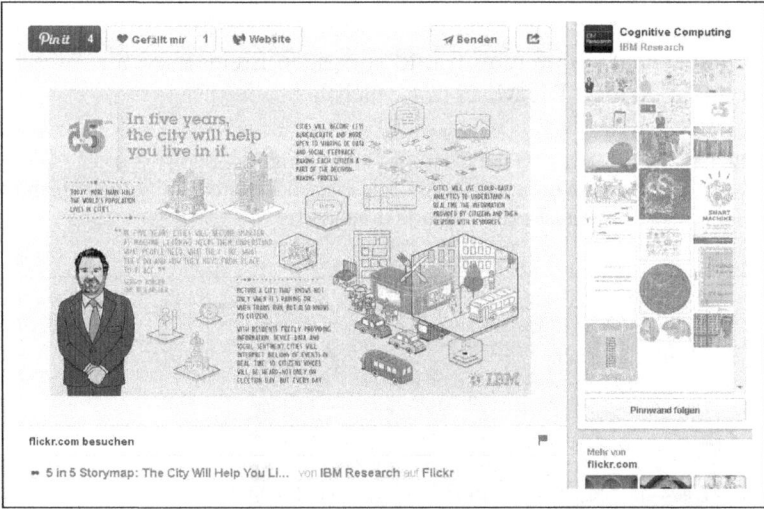

Abbildung 7-8 ▶
IBM Research verwendet Flickr und Pinterest, um Grafiken zu technischen und gesellschaftlichen Entwicklungen zu präsentieren.

Da diese Infografiken gerne von Bloggern aufgegriffen werden, können sie gut zum Linkbuilding, also zur Suchmaschinenoptimierung eingesetzt werden. Dazu ist es wichtig, klar zu kommunizieren, dass die Verwendung durch Blogger ausdrücklich erwünscht ist.

Machen Sie es den Bloggern so leicht wie möglich. Am besten stellen Sie unter der Infografik direkt den Code zum Einbetten der Grafik bereit. So muss der Blogger den Code nur noch in seinen eigenen Blogbeitrag einbetten – ein Link ist dann automatisch enthalten.

Der deutsche Spezialmaschinenhersteller Albrecht Bäumer GmbH & Co. KG hat in seinem Blog eine Infografik zu ungewöhnlichen Fakten rund um die Matratze veröffentlicht. Da das Unternehmen unter anderem Schneidemaschinen für Schaumstoff herstellt und damit Zulieferer der Matratzenindustrie ist, ist ein direkter Produktbezug gegeben. Das Thema ist interessant und kurios und betrifft außerdem jeden Menschen. Ideale Bedingungen für eine hohe Reichweite. Und tatsächlich hat die Infografik mehrere hundert Facebook-Likes angezogen.

◀ **Abbildung 7-9**
Oracle produziert ansprechende Infografiken zu IT-Themen und teilt diese auf Pinterest.

Durch den HTML-Code unter der Infografik können über Jahre hinweg Links auf den Blogbeitrag generiert werden. Wenn das Blog in die Unternehmenswebsite eingebunden ist (und das sollte es sein), stärkt jeder Backlink auf einen Blogbeitrag gleichzeitig die ganze Website und bringt sie im Google-Ranking nach vorne. Das ist ein nachhaltiger Einsatz von Social-Media-Instrumenten im Marketing.

Abbildung 7-10 ▶
Infografik mit HTML-Code zum Einbetten

Kapitel 7: Content und Content-Marketing im Rahmen des Social-Media-Marketing

Tipp

Zur Erstellung von Infografiken gibt es mittlerweile spezialisierte Agenturen (z. B. Infografiken.com), die die komplette Erstellung von der Ideengenerierung über die Recherche und die Erstellung bis hin zum Seeding übernehmen. Wenn Sie Grafikkapazitäten inhouse haben, können Sie sich stattdessen mit einem Infografik-Tool die Arbeit erleichtern (z. B. Piktochart.com). Wichtig ist, dass die Grafik am Ende professionell aussieht, nur dann wird sie von anderen übernommen.

Erfolgreiche Infografiken erstellen

Damit eine Infografik erfolgreich wird, genügt es nicht, einfach irgendwelche Zahlen zusammenzutragen und daraus eine Grafik zu basteln. Beachten Sie die folgenden Grundregeln, um die Chance auf eine signifikante Verbreitung zu erhöhen.

- *Themenrecherche*: Das Thema sollte aktuell und hochrelevant für Ihre Branche sein. Sie können sich an anderen Branchen orientieren, um erfolgversprechende Themen und Ansätze zu finden.

- *Überschrift:* Die Infografik braucht eine eindeutige, aussagekräftige und neugierig machende Überschrift (das englische Wort »catchy« trifft es sehr gut).

- *Aufbau:* Die Infografik muss übersichtlich aufgebaut sein. Ordnen Sie die Informationen block- bzw. modulartig oder anhand eines Ablaufpfeils an. Bereits auf den ersten Blick muss grob erfassbar sein, worum es in der Grafik geht.

- *Inhalt:* Streben Sie danach, einen echten Mehrwert zu liefern. Die Infografik sollte entweder neue Fakten beinhalten oder Fakten neu zusammenstellen und auf neue Art präsentieren. Belegen Sie Ihre Zahlen am Ende mit Quellenangaben.

- *Design:* Legen Sie großen Wert auf ein professionelles Design. Orientieren Sie sich hier vor allem an erfolgreichen Infografi-

ken, die Sie bei Pinterest oder über die Google-Suche finden.

- *Endkontrolle:* Löst die Infografik ein drängendes Problem Ihrer Zielgruppe? Würden Sie selbst die Infografik weiterreichen, wenn Sie Teil der Zielgruppe wären? Gewinnt derjenige, der die Grafik teilt, bei seinen Kontakten an Ansehen?

- *Veröffentlichung:* Stellen Sie dann die Infografik in Ihrem Blog online und verbreiten Sie sie über Ihre Social-Media-Kanäle. Achten Sie darauf, den HTML-Code zum Einbetten sowie ggf. Social-Media-Buttons für eine einfachere Verbreitung zu ergänzen.

- *Seeding:* Streuen Sie die Infografik an die wichtigsten Multiplikatoren. Veröffentlichen Sie eventuell eine (Online-)Pressemeldung dazu, schreiben Sie Blogger an und bewerben Sie sie vielleicht sogar mit Facebook-Anzeigen.

- *Controlling:* Überprüfen Sie nach einiger Zeit, wie gut sich Ihre Infografik verbreitet hat. Welche Social Networks haben die größte Reichweite gebracht? Welche Blogger haben die Infografik eingebunden? Über welchen Kanal kam der meiste Traffic? Die Antworten auf diese Fragen werden Ihnen beim nächsten Mal helfen, noch erfolgreichere Infografiken zu erstellen.

Audio und Video

Neben Text- und Bildcontent spielen Audio- und Videoinhalte eine wichtige Rolle.

Podcasts

Zu den bekanntesten Audioformaten im Social Web gehören Podcasts. Dabei handelt es sich um Audiodateien, meist im MP3-Format, die online bereitgestellt und abonniert werden können. Sobald ein neuer Podcast erscheint, erhalten die Abonnenten die aktuelle Ausgabe automatisch zugeschickt, zum Beispiel über iTunes oder andere Podcast-Verzeichnisse und -Börsen.

Allerdings muss hierzu gesagt werden, dass die Podcast-Nutzung in den letzten Jahren immer mehr abgenommen hat. Die ARD-ZDF-Onlinestudie 2013 stellt fest, dass nur noch zwei Prozent der Deutschen Podcasts konsumieren. Häufig handelt es sich dabei um aufgezeichnete Radiosendungen.

Im B2B-Sektor können Podcasts dagegen noch funktionieren. Erfahrungsgemäß gibt es nach wie vor zahlreiche Fach- und Führungskräfte, die Podcasts insbesondere auf der Fahrt zur Arbeit anhören, zum Beispiel im Auto oder in der Bahn. Mit interessanten Inhalten und der richtigen Content-Strategie wird man diese Gruppen mit Podcasts durchaus erreichen können. Eine Massenwirkung dürfen Sie sich allerdings von Podcasts nicht erhoffen.

Abbildung 7-11 ▶
PWC arbeitet seit Jahren durchgehend mit Podcasts.

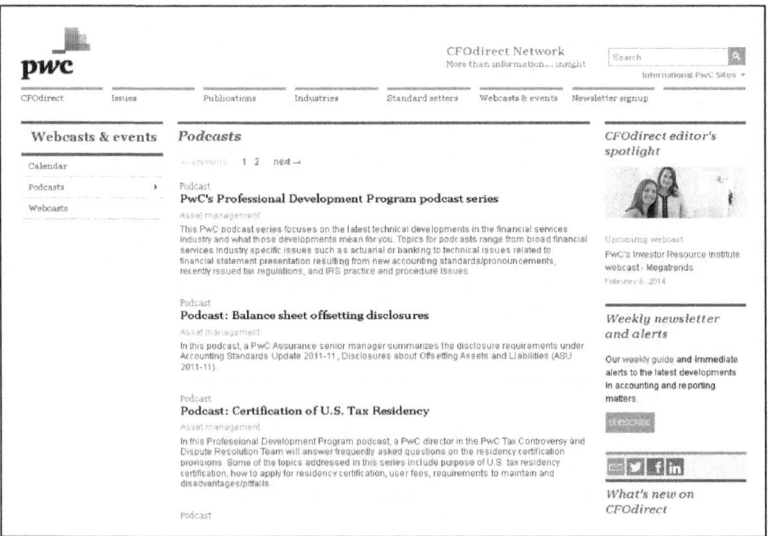

Die Wirtschaftsprüfungsgesellschaft PriceWaterhouseCoopers (PWC) bietet auf ihrer Website eine ganze Reihe von Podcasts zu den unterschiedlichen Themengebieten des Unternehmens an. Die Podcasts werden sowohl zur Weiterbildung der eigenen Mitarbeiter (»Professional Development Program Podcast«) als auch für die externe Kommunikation verwendet.

Videos

Im Gegensatz zu Podcasts hat das Bewegtbild in den letzten Jahren ein enormes Wachstum hingelegt. Etwa 32 % der Deutschen nutzen Videoportale, allen voran YouTube. Grund genug, Videos auch für das Marketing im B2B-Umfeld zu nutzen, wie ja schon in Kapitel 6 festgestellt wurde.

Vorteile von Video-Inhalten

Videos bergen eine ganze Reihe von Vorteilen:

- Sie vermitteln komplexe Inhalte besser als Text oder Bilder.
- Sie aktivieren stärker und bleiben besser in Erinnerung.
- Sie strahlen Kompetenz und Modernität aus, zumindest wenn sie gut gemacht sind.
- Sie vermitteln ein umfassenderes Bild vom Unternehmen und den Mitarbeitern und erzeugen Sympathie.
- Sie erzeugen hohe Weiterreichraten durch Mundpropaganda.
- Teilweise werden Videos sogar von Medien aufgegriffen und zitiert.
- YouTube-Videos können durch den Einbettungscode ganz einfach in andere Websites integriert werden, was die Reichweite noch einmal deutlich erhöht.
- Videos werden mittlerweile auch von Suchmaschinen in die Ergebnisse einbezogen. Häufig ist es einfacher, mit einem Video bei Google zu ranken als mit einer Website.

Ein gutes Beispiel für die erfolgreiche Nutzung von Video-Inhalten bietet die Kölner Rechtsanwaltskanzlei Wilde Beuger Solmecke. Mit dem YouTube Kanal der Kanzlei (http://www.youtube.com/KanzleiWBS) konnte Rechtsanwalt und Partner Christian Solmecke mehr als fünf Millionen Aufrufe erzielen. Die Inhalte richten sich wohl an Privatpersonen als auch an Unternehmen. Solmecke greift regelmäßig aktuelle Themen auf, die gerade in den Medien oder im Social Web diskutiert werden (z. B. Abmahnwellen, Gerichtsurteile, Sicherheitslücken usw.) und gibt dazu rechtliche Einschätzungen ab.

Abbildung 7-12 ▶
Für manche Begriffe ranken You-
Tube-Videos in den Top 5 der
Google-Ergebnisse.

Die Videos sind dabei sehr einfach gehalten. Solmecke wird mit einer einzigen Kamera gefilmt und nimmt in meist zwei bis fünf Minuten zum Thema Stellung. Entscheidend ist dabei eher, dass er die Sprache der Zielgruppen spricht und sich nicht in Juristendeutsch verliert. Das kommt offenbar an – manche Videos konnten Aufrufe im sechsstelligen Bereich erzielen.

Die Videoerstellung hat bei Christian Solmecke hohe Priorität. Jede Woche findet ein fixer Termin statt, an dem ein Werkstudent mit Background im Videobereich gleich mehrere Videos mit dem Rechtsanwalt aufnimmt. Mehr als eine gute Kamera, ein Ansteckmikrofon, Beleuchtung und Schnittsoftware ist dafür nicht nötig. Die Aufmachung ist bewusst schlicht gehalten, der Fokus liegt auf den Inhalten. Dass es funktioniert, zeigt sich nicht nur an den Aufrufzahlen, sondern auch daran, dass zahlreiche Fach- und Publikumsmedien (z. B. Focus Online, Express etc.) die Videos in ihre

Artikel einbinden und Solmecke nicht zuletzt durch die Videos die Aufmerksamkeit des Fernsehens auf sich gezogen hat und nun wöchentlich mindestens ein Mal dort zu sehen ist.

◀ **Abbildung 7-13**
Das Video zu einer Gerichtsentscheidung bezüglich Markenrechtsverstößen bei Google AdWords ist für viele Unternehmen interessant.

Das Hosting der Videos bei YouTube hat gleich mehrere Vorteile. Zum einen ist der Speicherplatz kostenlos. Die Server halten auch großen Datenmengen und hohen Zugriffszahlen stand. Gegen Hackerangriffe ist man bei vernünftigen Passwörtern relativ gut geschützt. Und schließlich sind die viralen Effekte durch einfache Möglichkeiten der Weiterleitung (Facebook-Share, Google+-Kommentar und +1, Tweet, Weiterleiten per Mail etc.) ausgeprägter als bei den meisten anderen Plattformen und erst recht beim Hosting auf dem eigenen Server. Dem stehen jedoch auch einige Nachteile gegenüber, vor allem, was die Einräumung von Rechten an Google (YouTube gehört zum Google-Konzern) sowie einen eventuellen Verlust der Kontrolle angeht. Sicherheitshalber sollten Sie daher bei YouTube gehostete Videos immer als Sicherheitskopie auf den eigenen Servern abspeichern – für den Fall, dass YouTube die Videos aus irgendeinem Grund löscht.

Ein großer Vorteil ist darüber hinaus die bereits erwähnte Einbettungsfunktion. Jedes YouTube-Video kann mit ein paar Klicks in Websites und Blogs eingebettet werden. Das erhöht die Verbreitung enorm, was Ihnen sicherlich entgegenkommt. Die Darstellung der eingebetteten Videos (z. B. die Abmessungen) lässt sich beim Einbetten leicht anpassen.

Abbildung 7-14 ▶
Eingebettetes Video im Blog von
T-Systems

 Tipp   Standardmäßig zeigt YouTube nach einem abgespielten Video kleine Vorschaubilder weiterer, ähnlicher Videos an. Das birgt die Gefahr, dass die Zuschauer auf andere Angebote aufmerksam werden und womöglich von Ihnen weggeleitet werden. Bei den Einbettungsoptionen können Sie diese Funktion jedoch abstellen, was Sie unbedingt tun sollten.

Abbildung 7-15 ▶
Entfernen Sie den Haken, um keine
anderen Videovorschläge nach
Ihrem Video anzeigen zu lassen.

Video-Content im Social Web

Vielleicht fragen Sie sich, welche Inhalte Ihre Videos haben sollten. Den Imagefilm bei YouTube hochzuladen, ist meist der erste Schritt und sicherlich sinnvoll – große Resonanz sollten Sie darauf jedoch nicht erwarten. Ein Imagefilm gehört sozusagen zur Grundausstattung moderner B2B-Unternehmen, bietet jedoch in der Regel keinen Mehrwert, der Kunden und andere Nutzer zum Teilen, Kommentieren oder Empfehlen anregt.

Deshalb sollten Sie im Rahmen Ihrer Video-Content-Strategie überlegen, was Sie in den Videos zeigen können. Im Idealfall unterstützen sie sowohl Ihre Expertenpositionierung als auch Ihr Image und Ihre Social-Media-Ziele. Mögliche Inhalte für Videos umfassen zum Beispiel folgende:

- Produktvorstellungen
- Produkte im Einsatz
- Tutorials und How-tos (!)
- Tipps und Tricks
- Interviews
- Vorträge auf Events
- aufgezeichnete Webinare
- Kundentestimonials
- Lustiges und Kurioses

Der Shop für Spezial-Fotozubehör EnjoyYourCamera (www.enjoyyourcamera.com), der sich überwiegend an Fotografen und Fotostudios richtet, zeigt sehr eindrücklich, wie solche Inhalte aussehen können. Auf seinem YouTube-Channel stellt er zahlreiche Produkte vor. Anstatt aber klassisch »Werbung« für das Produkt zu machen, zeigen die Mitarbeiter die Produkte in der praktischen Anwendung, zerlegen sie in ihre Bestandteile, erklären einzelne Funktionen und stellen die Einsatzmöglichkeiten vor. Die Videos sind dabei ähnlich einfach gehalten wie bei Wilde Beuger Solmecke. Sie zeigen nur das Produkt und meist die Hände des Vorführenden. Die Dauer beträgt in der Regel zwischen einer und sechs Minuten, selten auch länger.

Was sich damit erreichen lässt? Nun, die Videos wurden inzwischen knapp sechs Millionen Mal angesehen. Und wie bei allen Social-Media-Videos gilt: Sie wurden freiwillig angesehen, nicht wie bei klassischen Fernsehspots dem Zuschauer aufgedrängt. Die positiven Folgen für Markenbildung, Kundenbindung und Umsatz dürften enorm sein.

Abbildung 7-16 ▶
Die beliebtesten Videos des You-
Tube-Channels von EnjoyYourCamera wurden über 50.000 Mal
angesehen.

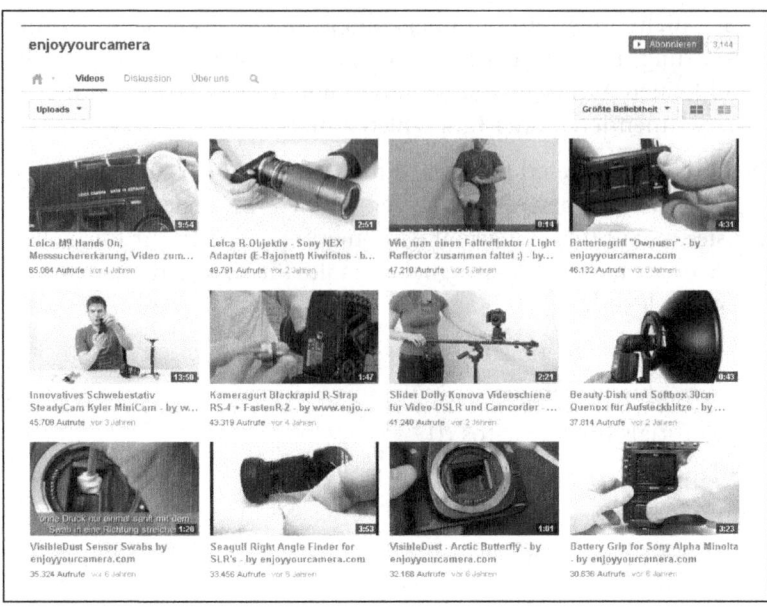

Neben dem bereits ausführlich vorgestellten YouTube bietet sich auch die Videoplattform Vimeo.com an, um dort Videos zu veröffentlichen. Hier werden überwiegend hochwertige und anspruchsvolle Videos geteilt, so dass sich Ihre eigenen Filme in einem »seriöseren« Umfeld befinden. Diesen Vorteil erkaufen Sie sich gleichzeitig mit einer geringeren Verbreitung, da Vimeo deutlich weniger Traffic aufweist als YouTube. Es spricht jedoch nichts dagegen, manche oder sogar alle Filme auf beiden Plattformen zu veröffentlichen.

Abbildung 7-17 ▶
Hochwertiges Produktvideo von
SAP auf Vimeo

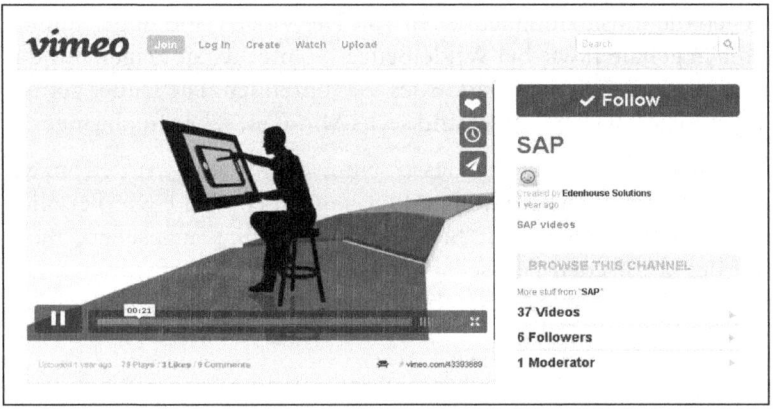

Animationen

Animationen verschiedener Art stellen sozusagen einen Mittelweg zwischen Bild, Text und Video dar. Sie eignen sich sehr gut, um andere Inhalte zu ergänzen und Textwüsten aufzulockern.

Ein klassisches Beispiel für Animationen sind die Inhalte auf Slideshare.net. Wie genau Sie Slideshare einsetzen können, haben Sie ja im Kapitel 6 bereits erfahren.

Der große Vorteil der Animationen ist, dass der Nutzer beim Durchklicken selbst etwas tun muss, anstatt sich nur Textbeiträge durchzulesen. Er wird also stärker aktiviert, als das bei einem Bild oder reinem Text der Fall wäre.

Auch Infografiken können animiert sein. T-Systems stellt in seinem Blog teilweise Infografiken zur Verfügung, die Animationen enthalten. Das zieht automatisch mehr Blicke auf sich und erhöht die Aufmerksamkeit des Betrachters.

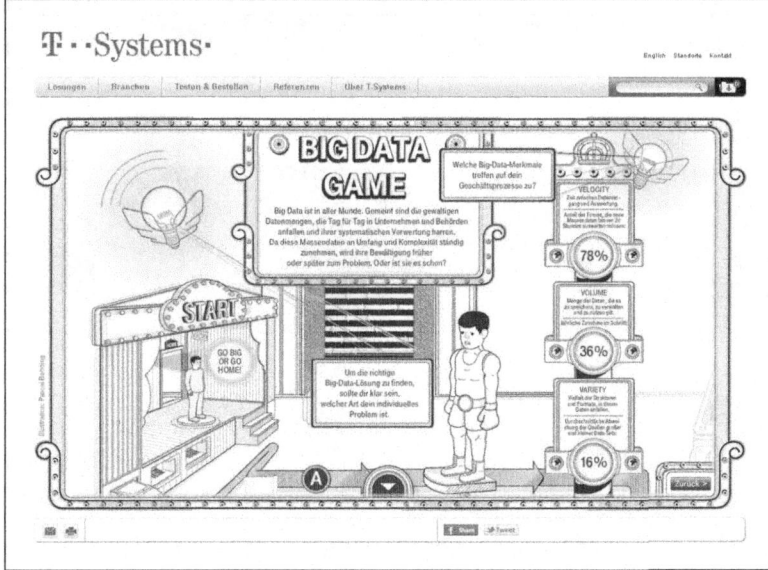

◀ **Abbildung 7-18**
Infografik mit animierten Inhalten

Eine sehr gelungene Animation verwendet Google, um die Funktionsweise der Suchmaschine vorzustellen (http://bit.ly/how-does-search-work). Im Prinzip handelt es sich um eine umfangreiche Infografik, die jede Menge anklickbarer Elemente enthält. Die einzelnen Teile der Grafik fliegen von den Seiten ein oder erscheinen aus dem Nichts. Statt also die Infografik nur zu lesen, kann der Benutzer mitmachen und die Grafik nach und nach entstehen lassen.

Webinare

Webinare gehören zweifellos zu den wichtigsten Inhalten, die Sie im B2B-Social-Media-Marketing anbieten können. Sie kommen einem Vertriebsgespräch im echten Leben so nahe, wie das online überhaupt möglich ist. In einem Live-Webinar haben Sie die Möglichkeit, die Vorteile Ihres Produkts persönlich vorzustellen und Anwendungsmöglichkeiten zu zeigen. Die Teilnehmer können Fragen stellen. Viele Webinar-Softwareprogramme bieten darüber hinaus die Möglichkeit für weitere Interaktionen, zum Beispiel Umfragetools, interaktive Whiteboards oder Chatfunktionen.

Der CRM-Anbieter Salesforce führt regelmäßig Webinare für aktuelle und potenzielle Kunden durch. Im Vordergrund stehen dabei Anwendungsmöglichkeiten der Software und Effizienztipps für den Vertrieb. Die Webinare werden teilweise nach der Durchführung online gestellt und können – wieder gegen Eingabe von Kontaktdaten – nachträglich angesehen werden.

Abbildung 7-19 ▶
Webinar-Center von Salesforce

Microsoft geht mit seinen Webinaren und Webcasts einen anderen Weg. In einer Datenbank, die sich an Unternehmenskunden richtet, sind mehr als 800 Aufzeichnungen hochgeladen, die fast alle online angesehen und größtenteils sogar heruntergeladen werden können. Dadurch entsteht eine enorme Wissensdatenbank, die in Unternehmen gerne weiterempfohlen und gebookmarkt wird. Damit trotzdem Leads daraus entstehen, befindet sich an der rechten Seite sowohl die Angabe eines Ansprechpartners als auch die Möglichkeit, sich zum Newsletter anzumelden.

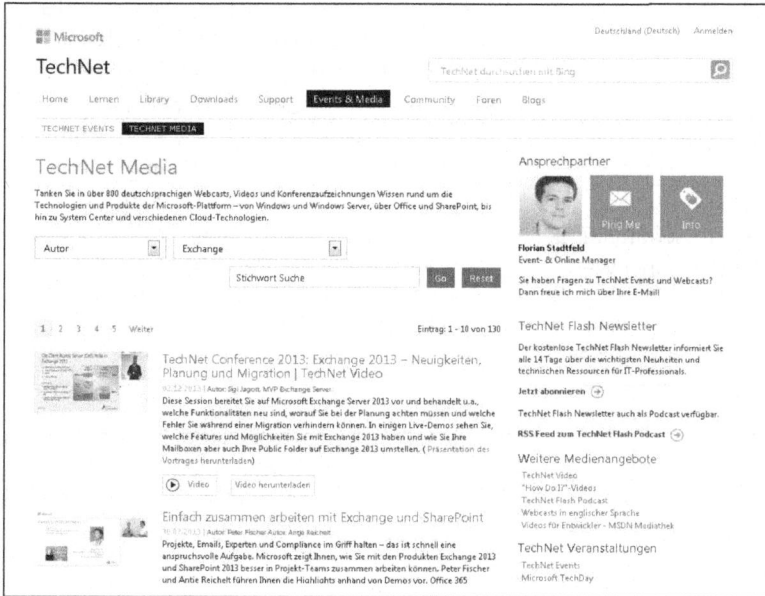

◀ **Abbildung 7-20**
Webinar-Datenbank bei Microsoft TechNet

Die »Entwicklergemeinde« spricht Microsoft darüber hinaus gezielt mit dem »Microsoft Developer«-Programm an. Die zugehörige Facebook-Seite zählt mit deutlich über 300.000 Fans nicht gerade zu den kleinen Unternehmensseiten. Hier weist Microsoft ebenfalls auf spezielle Webinare hin, die dann über die Website www.microsoftvirtualacademy.com besucht werden können.

Checkliste: Webinare

Damit Sie mit Ihren Webinaren im Social Web erfolgreich sind, beachten Sie die folgenden Tipps:

- Denken Sie stets von der Zielgruppe her, also statt »Was will ich verkaufen?« besser »Was hilft der Zielgruppe weiter?«

- Das bedeutet auch: Bieten Sie einen über Ihr Produkt hinausgehenden Mehrwert, zum Beispiel mit Tipps, die auch ohne Ihr Produkt angewendet werden können. Sollte sich jemand dieses Mal nicht entscheiden, Ihr Kunde zu werden, behält er Sie so trotzdem in guter Erinnerung.

- Promoten Sie die Webinare auf Ihren Social-Media-Kanälen. Weisen Sie mit einigem Vorlauf und dann noch einmal kurz vor dem Webinar auf die Veranstaltung hin.

- Schalten Sie zum Beispiel Facebook- oder LinkedIn-Anzeigen für Ihr Webinar. Damit erhöhen Sie die potenzielle Reichweite in der Zielgruppe deutlich.

- Denken Sie darüber nach, eine ganze Webinarreihe zu starten. Die Marketingwirkung ist damit deutlich stärker, ebenso die Wirkung für die Kundenbindung.

- Veröffentlichen Sie eine Pressemitteilung zum Start eines Webinars oder einer Webinarreihe.

- Wenn es irgendwie passt, stellen Sie im Anschluss eine Aufzeichnung des Webinars online, zumindest auszugsweise.

- Weisen Sie direkt im Webinar auf kommende Webinare oder weitere Ressourcen hin. Stellen Sie auch Ihre Social-Media-Kanäle vor, damit Sie unter den Teilnehmern direkt weitere Follower gewinnen.

- Optimieren Sie die Seiten, auf denen Sie Ihre Webinare ankündigen, für Suchmaschinen. Die Onlinemarketing-Agentur Bloofusion steht mit Ihrem Webinarportfolio für »Webinar Marketing« und ähnliche Begriffe direkt auf den ersten Plätzen bei Google, was einen dauerhaften Zustrom von potenziellen Kunden bewirken kann.

Abbildung 7-21 ▶
Gutes Google-Ranking erhöht die Teilnehmerzahlen in den Webinaren.

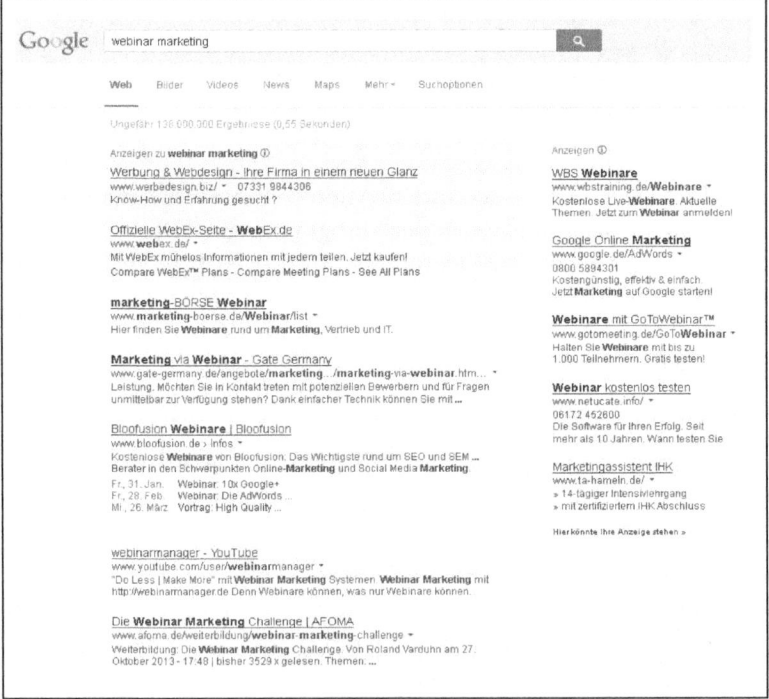

Neben kostenpflichtigen Webinar-Softwarelösungen von Anbietern wie Adobe Connect, Citrix GoToMeeting oder edudip.com eignen sich auch »Hangouts On Air« von Google+ zur Durchführung von Webinaren. Der große Vorteil liegt darin, dass dieser Dienst kostenlos ist. Darüber hinaus hat jeder, der einen Google+-Zugang hat, auch hierzu automatisch Zugang, es muss also keine Software heruntergeladen und kein Konto irgendwo angelegt werden. Die Zugangshürden sind somit denkbar niedrig. Die »Hangouts on Air« werden direkt bei YouTube gespeichert und sind sofort danach abrufbar, sofern das gewünscht ist.

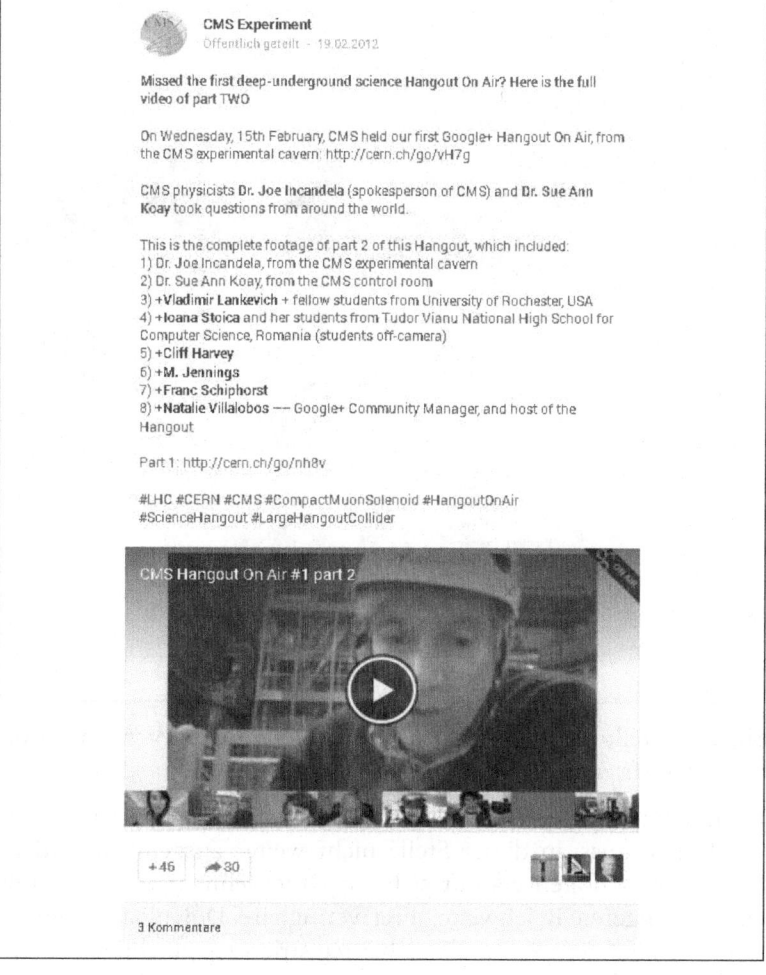

◀ **Abbildung 7-22**
Aufgezeichneter »Hangout On Air«
des Forschungszentrums CERN

Downloads

Downloads können ganz unterschiedliche Content-Typen beinhalten, zum Beispiel Videos, Bilder oder Software. In der Regel verwenden Unternehmen als Download jedoch Whitepaper oder Case Studies. Dabei handelt es sich um mehr oder weniger ansprechend gestaltete PDF-Dokumente, die zum Beispiel Fallbeispiele erfolgreicher Kundenprojekte oder hilfreiche Anwendungstipps enthalten.

Diese Dokumente können entweder frei zum Download angeboten oder zum Zweck der Lead-Generierung erst nach Eingabe von Kontaktdaten bereitgestellt werden.

Abbildung 7-23 ▶
T-Systems Multimedia Solutions gibt Whitepaper erst nach Eingabe von Kontaktdaten frei und generiert so wertvolle Leads.

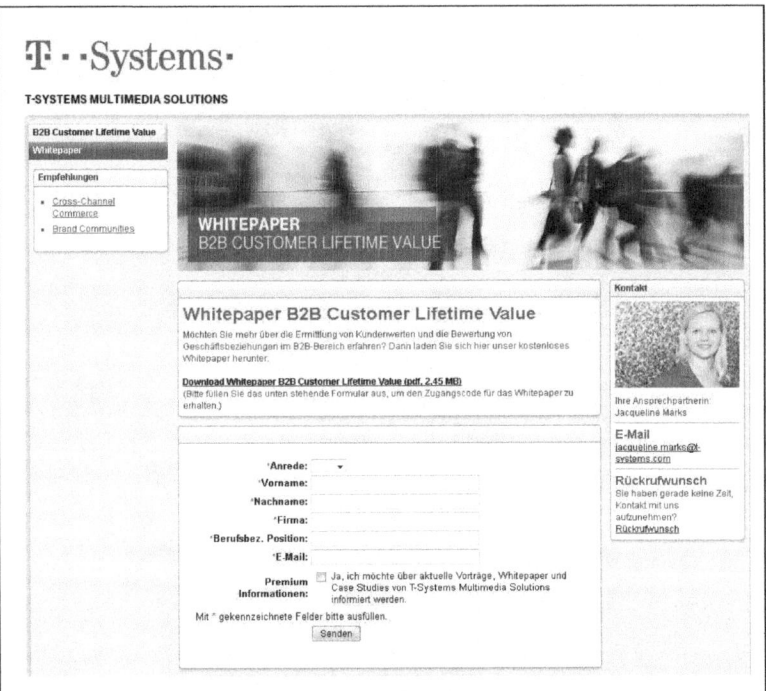

Siemens stellt die Whitepaper des Bereichs Industry Automation ohne Registrierungszwang zur Verfügung.

Beide Vorgehensweisen haben ihre Vor- und Nachteile. Der Nutzen der Leads muss an dieser Stelle nicht weiter ausgeführt werden. Diese Kontaktdaten erkauft sich ein Unternehmen allerdings mit einer geringeren Reichweite. Frei verfügbare Downloads werden sehr viel häufiger geteilt, als es bei registrierungspflichtigen Angeboten der Fall ist. Wenn es Ihnen also um maximale Reichweite in der Zielgruppe geht, sollten Sie auf die Abfrage von Kontaktdaten verzichten. Ein Mittelweg ist, das Lead-Formular abwechselnd zu aktivieren und zu deaktivieren. So profitieren Sie von einer gesteigerten Reichweite und können trotzdem phasenweise Leads einsammeln.

◀ Abbildung 7-24
Whitepaper Sammlung bei Siemens

Übrigens: Eine gute Idee für einen Blogbeitrag ist es, einfach mal im Netz zu recherchieren, welche Whitepaper andere Unternehmen in Ihrer Branche anbieten, die nicht im Wettbewerb mit Ihnen stehen (oder sogar auch solche, wenn Sie den Mut dazu haben), und diese in Ihrem Blog aufzulisten. Das Resultat ist ein Artikel, der Ihnen nicht allzu viel Arbeit macht, aber Ihren Lesern einen enormen Mehrwert bietet und dazu beitragen kann, Ihr Blog als den Knotenpunkt in Ihrer Branche zu positionieren. Ich habe dieses Vorgehen für eines meiner Blogs gewählt und 21 E-Books zum Thema E-Mail-Marketing vorgestellt, darunter auch von Anbietern, die das gleiche Ziel wie meine Website verfolgen, also direkte Konkurrenten darstellen. Das Ergebnis: Eine sehr hohe Weiterleitungsrate in Facebook und Twitter, ca. 3.000 Leser und eine gute Handvoll wertvoller, weil themenrelevanter Backlinks, darunter von einer großen Branchenzeitschrift und einem direkten Mitbewerber (dessen E-Book ich auch in die Liste aufgenommen hatte).

Abbildung 7-25 ▶
Auflistung 21 kostenloser E-Books
in einem Blogbeitrag

Checkliste für guten Content

- Bietet der Content echten Mehrwert? Löst er ein Problem des Kunden?
- Verwendet er die Sprache der Zielgruppe?
- Passt der Content zum Image, das Sie transportieren wollen?
- Fügt sich der Content in die Gesamtstrategie ein und unterstützt er die Kommunikationsziele?
- Hat er ein hohes Interaktionspotenzial?
- Betrachtet er gegebenenfalls ein Thema aus mehreren Blickwinkeln bzw. unter verschiedenen Gesichtspunkten?
- Ist auf den ersten Blick erkennbar, worum es geht und was der Empfänger davon hat, den Content zu konsumieren?
- Besteht die Möglichkeit, weitere Content-Typen zu integrieren?
- Haben Sie sich mit Werbung zurückgehalten?
- Hat der Inhalt Bezug zu einem aktuellen Thema oder Ereignis?
- Kann daraus ein »Evergreen« entstehen, der längere Zeit aktuell bleibt?

- Sind Sie auch in zwei bis drei Jahren noch stolz auf diesen Inhalt?

- Lässt sich der Inhalt eventuell auf anderen Plattformen in anderer Form weiterverwerten?

- Ist der Inhalt unterhaltsam oder lustig, hilfreich, polarisierend, informativ oder nützlich (oder eine Kombination daraus)?

Tipp Als Gedankenstütze hat sich das »KUDOS«-Modell eingebürgert. Guter Content soll »Knowledgable«, also wiedererkennbar und gut zu merken, »Useful« (nützlich), »Desireable« (begehrenswert, wertvoll), »Open« (ehrlich und authentisch, glaubwürdig) und »Shareable« (leicht zu teilen, leicht zugänglich) sein.

Redaktionsplanung

Die verschiedenen Arten von Inhalten, die Sie im Social-Media-Marketing verwenden können, sowie die diversen Kombinationen daraus, eröffnen Ihnen eine Vielfalt von Möglichkeiten für Beiträge aller Art. Jetzt geht es darum, nicht den Fehler zu machen, in den ersten vier Wochen voller Begeisterung täglich mehrere Beiträge zu schreiben, nur um dann ernüchtert festzustellen, dass das gar nicht so einfach durchzuhalten ist. Das Resultat ist in der Regel ein totes Blog bzw. ein inaktiver Facebook-Kanal. Der daraus entstehende Eindruck beim Kunden ist vielleicht sogar noch schlechter, als wenn gar kein Social-Media-Kanal vorzufinden wäre.

Damit Ihnen das nicht passiert und Ihre Social-Media-Kommunikation langfristig erfolgreich funktioniert, brauchen Sie einen grundlegenden Aktionsplan. Wir ziehen aus dem Journalismus den Begriff des Redaktionsplans heran.

Der Redaktionsplan sollte längerfristig angelegt sein. Der Zeithorizont sollte mindestens einige Monate bis hin zu einem Jahr betragen. Im Redaktionsplan halten Sie erst einmal wichtige und feststehende Ereignisse fest, für die sich Content erstellen lässt, zum Beispiel diese:

- Feiertage im Kalender (Weihnachten, Ostern usw.)

- Gedenktage (Weltfrauentag, Weltaidstag, Weltspartag usw.)

- kuriose Gedenktage (Weltbiertag, Welttoilettentag usw.)

- Jahrestage und Jubiläen in Ihrem Unternehmen

- Meilensteine im Unternehmen oder großen Projekten

- Messen, Konferenzen und ähnliche Veranstaltungen

- Produkt-Launches

Um diese Kernpunkte herum können Sie bereits die ersten Beiträge planen. Bei weiter entfernt liegenden Tagen ist es noch nicht nötig, den genauen Wortlaut der Beiträge festzulegen. Wichtig ist nur, dass Sie sie »auf dem Schirm« haben, damit Sie rechtzeitig Content dafür erstellen bzw. einplanen können.

Diese vorgegebenen Beiträge werden dann durch spontanere, zeitnah erstellte Beiträge ergänzt. Eine Social-Media-Präsenz muss »leben«, das bloße Abarbeiten eines Redaktionsplans wirkt wenig authentisch. Der Leser erkennt, ob ein Social-Media-Team es wirklich ernst meint oder bloß Vorgaben umsetzt.

Abbildung 7-26 ▶
Krones feiert den »Weltknuddel-tag« – auch im B2B ist ein Augen-zwinkern erlaubt.

Aufgaben des Redaktionsplans

Dem Redaktionsplan kommen einige wichtige Aufgaben zu:

- Er legt fest, wann bestimmte Inhalte veröffentlicht werden.
- Er definiert Zuständigkeiten und plant entsprechende Ressourcen ein (denken Sie dabei auch an Urlaubszeiten!).
- Er bestimmt, wofür und von wem Freigaben einzuholen sind.
- Er stellt sicher, dass wichtige Inhalte nicht untergehen und unwichtige nicht zu prominent platziert sind.
- Er sichert eine gleichmäßige Verteilung der Inhalte und vermeidet so längere Lücken oder Zeiten der Überproduktion von Inhalten.
- Er stellt sicher, dass jeder Kanal mit adäquaten Inhalten versorgt wird.

Tipp In WordPress-Blogs können Sie Artikel vorab schreiben und die Veröffentlichung planen. Zum gegebenen Zeitpunkt werden dann die Beiträge automatisch veröffentlicht. Es kann sinnvoll sein, einen »Schreib-Flow« auszunutzen und mehrere Beiträge auf einmal zu schreiben. Diese werden dann getimet und jeweils im gewählten Abstand veröffentlicht.

Aufbau des Redaktionsplans

Ein Social-Media-Redaktionsplan kann unterschiedlich detailliert ausfallen, das hängt stark von persönlichen Präferenzen und den Gegebenheiten Ihres Unternehmens ab. Im Netz finden Sie via Google eine ganze Reihe von Vorlagen im Excel-Format, die Sie beliebig an Ihre Bedürfnisse anpassen können.

Eine vereinfachte Version eines Redaktionsplans könnte zum Beispiel so aussehen:

Monat	Datum	Thema	Kampagne	Autor	Freigabe durch	Medien	Status
April	01.	Fake-Meldung über Gesetzesänderung (noch näher zu definieren)	Aprilscherz	Martina, Jan	Corporate Communications	Blog, FB, TW	Noch zu planen
	02.	Auflösung	Aprilscherz	Martina	Corporate Communiations	Blog, FB, TW	Noch zu planen
	05.	Ankündigung Webinar	Webinar 04	Jan	n.a.	Blog, TW, FB, XI, G+	Offen

Monat	Datum	Thema	Kampagne	Autor	Freigabe durch	Medien	Status
	06.	Artikel »30 Tipps«	Einführung Produkt Y	Jan, Fachkraft Abteilung 3	Corporate Communiations	Whitepaper, Blog, FB, XI, TW	In Auftrag gegeben
	08.	Rückblende, historische Maschine	Historisches	Martina	Corporate Communications	FB, TW	Fertig, Bereit
	11.	Video Vortrag	Einführung Produkt Y	Jan, CEO	CEO	YouTube, Blog, FB, XI, TW, G+	Offen

 Tipp   Damit der Redaktionsplan übersichtlich bleibt, können Sie gut mit Symbolen arbeiten, zum Beispiel Häkchen, Daumen oder Uhren.

Wenn Sie sehr detailliert vorgehen möchten, empfiehlt es sich, einen groben Jahresplan zu erstellen und dazu genauere Unterpläne. Dieses Vorgehen ist zwar aufwendiger, kann sich aber gerade bei größeren Ereignissen wie Firmenjubiläen oder wichtigen Messen als hilfreich erweisen.

 Tipp   Mit Tools wie Hootsuite.com können Sie Beiträge in allen relevanten Social Networks zeitverzögert posten. Sie können also beispielsweise einen Beitrag erstellen und dann erst Tage später zu einer bestimmten Uhrzeit gleichzeitig bei Twitter, XING und LinkedIn veröffentlichen.

Webinare werden noch sehr stiefmütterlich behandelt – Interview mit Michael Schmettkamp

▲ **Abbildung 7-27**
Michael Schmettkamp

Michael Schmettkamp arbeitet seit 1986 als Trainer, Moderator, Coach und Berater für viele Unternehmen in Deutschland, Europa und den USA.

Seit fünf Jahren unterstützt er Unternehmen im Aufbau von Webinaren und virtueller Projektarbeit. Dazu konzipierte er unter anderem die Ausbildung »So werden Sie ein Webinarprofi«. Insgesamt hat er 65 Bücher veröffentlicht. Sein aktueller Titel »So werden Sie ein Webinarprofi« erschien 2013 als E-Book.

1. Wie können Unternehmen Webinare im B2B-Marketing einsetzen?

Webinare sind sehr vielfältig im B2B-Bereich einsetzbar. Inzwischen gibt es einige, allerdings wenige Unternehmen, die Webinare als Instrument der Kundenpflege durchführen. Hier werden Webinare als Kurzinformation über Produktneuheiten, Produktänderungen oder Neuigkeiten aus dem Unternehmen oder der Branche eingesetzt.

Auch Neukundenakquisitionen sind durch Webinare möglich und machbar.

Erste Ansätze gibt es inzwischen auch, einen Teil der Weiterbildung in Webinare zu transportieren. Hier unternehmen die Firmen erste Gehversuche, Präsenzseminare mit Webinaren vor- oder nachzubereiten. Hier müssen die Webinaranbieter sehr viel Know-how und Überzeugungsarbeit einbringen, um diese Schulung vernünftig und gewinnbringend durchzuführen.

Persönlich habe ich mit dreien meiner Kunden Projekte zur Ausbildung von Webinarleitern aufgesetzt. In zweien dieser Projekte ging es konkret darum, Kunden die oben beschriebenen Informationen zukommen zulassen. In einem anderen Projekt drehte es sich darum, eine Fortbildung, bei der die Teilnehmer normalerweise aus ganz Europa nach Deutschland reisen müssen, komplett auf Webinarbasis umzustellen, was auch sehr gut gelungen ist.

2. Welche Möglichkeiten gibt es, Webinare mit Social Media zu verknüpfen?

Social Media lassen sich gut einbinden. Wer als Unternehmen im Social-Media-Bereich aktiv ist, kann diese Plattformen zur Werbung und Einladung nutzen. Es lassen sich beispielsweise schnell kleine Videoclips zum Thema erstellen und als Werbemedium oder Anreißer in die Social Media des Unternehmens einstellen.

3. Wie stark sind Webinare im Marketing schon verbreitet, und gibt es Unterschiede zu anderen Ländern?

In den Unternehmen werden Webinare noch sehr stiefmütterlich behandelt. Einerseits liegt das an fehlendem Wissen über die Planung und Durchführung, andererseits an fehlendem Know-how, wann, wo und wie Webinare als sinnvolles Marketinginstrument eingesetzt werden können. Natürlich gibt es einige wenige innovative Unternehmen, die Webinare unterschiedlich nutzen.

Soweit ich weiß, ist die Situation in anderen Ländern ähnlich.

4. Wie wirken sich Google+-Hangouts auf die Webinarnutzung aus? Hat diese Möglichkeit sich schon herumgesprochen?

Google+-Hangouts sind auf maximal zehn Teilnehmer beschränkt. Darüber hinaus benötigt jeder Hangoutnutzer einen Google-Account. Da nicht immer sichergestellt werden kann, dass der Empfänger einen Google-Account besitzt, schränkt sich der Gebrauch der Hangouts ziemlich ein. Wenn alle Voraussetzungen stimmen, können Hangouts als ganz spontaner Austausch genutzt werden.

Inzwischen gibt es eine Reihe guter, leistungsfähiger und preiswerter Webinarplattformen, mit denen es möglich ist, mehrere hundert Teilnehmer mit einem Webinar zu versorgen.

5. Welche Fehler machen Unternehmen häufig, wenn sie Webinare im Marketing einsetzen?

Erstens wird nicht sauber geplant, in welchem Marketingkontext die Webinare angeboten werden. Zweitens sind oft die Zielgruppe und das Webinarthema nicht deutlich eingegrenzt. Damit werden Webinare für manche Teilnehmer schnell langweilig. Allerdings können diese Teilnehmer das Webinar schnell verlassen. Drittens fehlt es an der Ausbildung der Webinarleiter. Die Webinarleiter wissen leider nicht, wie ein Webinar zu gestalten und durchzuführen ist. Webinare müssen komplett anders konzipiert und durchgeführt werden als beispielsweise

Präsentationen. Wenn die Webinarleiter mit der Technik überfordert sind, leidet darunter leidet meistens auch der Inhalt.

6. Auf welche künftigen Trends rund um die Webinare werden sich Unternehmen einstellen müssen?

Webinare werden in den nächsten Jahren aus dem Business nicht mehr wegzudenken sein.

Jene Unternehmen, die erkennen, wie sie Webinare heute schon professionell einsetzen können, werden bei den Kunden punkten.

Folgende Überlegungen sind dabei anzustellen:

- Wie passen Webinare in unser Marketingkonzept?

- Wie lassen sich Neukunden über Webinare gewinnen?
- Welche Inhalte wollen wir als Unternehmen transportieren?
- Können wir als Unternehmen mit Webinaren Geld verdienen? Wollen wir das?
- In welcher Frequenz/Häufigkeit bieten wir Webinare an?
- Wie viel wollen wir als Unternehmen in die Ausbildung von Webinarprofis investieren?
- Und schließlich: Wollen wir als Unternehmen Aufzeichnungen der Webinare auf den Websites und in den Social Media zur Verfügung stellen?

KAPITEL 8
Monitoring und Erfolgsmessung

In diesem Kapitel:
- Social-Media-Monitoring
- Erfolgsmessung im Social Web

Obwohl Social Media nun schon seit einigen Jahren in Unternehmen eingesetzt werden, können viele die Frage nach dem Erfolg der Maßnahmen noch immer nicht schlüssig beantworten. Aus meinen Erfahrungen weiß ich: In vielen B2B-Unternehmen finden weder Monitoring noch eine Erfolgsauswertung statt. Laut der eingangs zitierten Bitkom-Studie unter deutschen Unternehmen hatten nur zwei Prozent Kennzahlen zur Erfolgsmessung definiert, Monitoring betrieben nur zehn Prozent. Für die geringen Werte waren hauptsächlich die kleinen Unternehmen (bis 499 Mitarbeitern) verantwortlich, bei den großen überwacht immerhin jedes zweite die Erwähnungen des Unternehmens in den Social Media und 19 Prozent verfügen über ein Kennzahlensystem.

In diesem Kapitel finden Sie verschiedene Ansätze, die Sie für das Monitoring und die Erfolgsmessung verwenden können. Letztendlich werden Sie Ihr eigenes System entwickeln müssen, das auf Ihre spezifische Unternehmenssituation, Ihre Möglichkeiten und Ihre Ziele zugeschnitten ist.

Social-Media-Monitoring

Das Social-Media-Monitoring dient der Überwachung und Beobachtung der für Sie relevanten Gespräche im Social Web. Es geht darum, zuzuhören und zu prüfen, wo und wie über Sie gesprochen wird. Das Monitoring umfasst noch keine tiefergehenden Analysen oder Soll-Ist-Vergleiche, sondern es geht erst mal nur darum, das Ohr am Puls der Zeit zu haben. Allerdings sind die Übergänge zur Erfolgsmessung fließend. Für die Praxis sind die genauen Definitionen (Monitoring, Analyse, Messung usw.) wiederum nicht entscheidend. Wichtig ist, dass Sie die richtigen Schlüsse aus den Ergebnissen ziehen.

Aufgaben des Monitoring

Das Monitoring ist vergleichbar mit dem Clipping-Dienst, mit dem Unternehmen ihre Erwähnungen und die Ihrer Marken in den klassischen Medien beobachten lassen – nur, dass beim Social-Media-Monitoring die sozialen Netzwerke im Vordergrund stehen und die Anzahl der Fundstellen meist deutlich höher ausfällt.

Das Monitoring erfolgt bereits im Rahmen der Analysephase, bevor Sie sich an die Social-Media-Strategie machen, und sollte dann fortlaufend durchgeführt werden. Im Gegensatz zur Analyse, die in regelmäßigen Abständen erfolgt, findet das Monitoring kontinuierlich und maßnahmenbegleitend statt. Dabei können dem Monitoring verschiedene Aufgaben zukommen:

* Überwachung der Erwähnungen Ihrer Marken
* Beobachtung der Kommunikation über Konkurrenzmarken
* Früherkennung von Krisen (»Shitstorms«)
* Erkennung von Trends
* Identifikation relevanter Kanäle
* Identifikation möglicher Multiplikatoren und Kritiker
* Ideengenerierung für neuen Content

Grenzen des Monitoring

Social-Media-Monitoring stößt im praktischen Einsatz gleich an mehrere Grenzen – was Sie allerdings nicht abschrecken sollte.

Zum einen sind längst nicht alle Quellen auswertbar. Alles, was zum Beispiel bei Facebook oder Google+ nur an bestimmte Kreise, Listen oder Personen gepostet wird, kann von den Tools nicht erfasst werden. Das bedeutet, dass Sie meist erst relativ spät auf entstehende Kommunikationswellen stoßen, nämlich dann, wenn sie den direkten Freundeskreis der postenden Person bereits verlassen haben. Andere Diskussionen werden Sie überhaupt nicht mitbekommen, weil sie z. B. in geschlossenen XING-Gruppen oder Foren stattfinden, die von den Tools nicht durchsucht werden dürfen.

Auf der anderen Seite werden Sie manchmal einfach von der Anzahl an Fundstellen erschlagen. Gerade wenn Sie international aktiv sind und Begriffe überwachen, die im Sprachgebrauch häufiger vorkommen, wird eine sinnvolle Auswertung schnell schwierig bis unmöglich. Viele Firmennamen kommen zum Beispiel in anderen Sprachen in der Alltagssprache vor, was das Monitoring stark erschwert. Auch bei Namensgleichheit mit anderen Firmen müssen Sie sich damit abfinden, dass Ihr Firmenname (zumindest in der jeweiligen Kombination bzw. Schreibweise) nur schwer überwachbar ist.

◀ Abbildung 8-1
Der Firmenname Kuka entspricht in anderen Sprachen gängigen Wörtern, wie eine kurze Twitter-Analyse zeigt.

Wenn Sie versuchen, Stimmungen und Meinungen im Social Web auszuwerten, stoßen Sie auch hier bei automatisierten Abfragen schnell an Grenzen. Die sogenannte »Sentiment Analysis«, also die Ermittlung von Stimmungen zu einem bestimmten Begriff, ist zwar wichtig, aber in der Praxis sehr schwierig. Dafür müssen die Tools Zusammenhänge und Wortbedeutungen auswerten, was in einer fast unlösbaren Komplexität mündet. Schreibfehler, Ironie oder Doppeldeutigkeiten machen die Sentiment-Analyse zu einer großen Herausforderung für die Toolanbieter.

Schließlich stellen auch die Kosten für Monitoring-Tools häufig eine Hürde dar, die gerade kleine Unternehmen nicht nehmen können. Zwar existieren auch viele kostenfreie Tools (einige davon lernen Sie in diesem Kapitel kennen), die können aber sowohl im Funktionsumfang als auch in der Qualität der Ergebnisse in der Regel nicht mit denen der kommerziellen Anbieter mithalten. Für die großen Anbieter wie Brandwatch (www.brandwatch.com), Engagor (www.engagor.com) oder Radarly (www.linkfluence.com) fallen monatliche Kosten von mindestens 500 Euro schon in der kleinsten Version an. Das übersteigt das gesamte Social-Media-Budget vieler kleinerer Unternehmen bereits. In diesem Fall müssen Sie sich mit kostenfreien und/oder kostengünstigeren Tools begnügen.

Social-Media-Monitoring-Prozess

Das Social-Media-Monitoring sollte einem einfachen Ablauf folgen, der eine möglichst vollständige Abdeckung und ein effizientes Vorgehen gewährleistet.

Schritt 1: Zielklärung

Werden Sie sich darüber klar, warum Sie überhaupt Monitoring betreiben. Welche Zielsetzung verfolgen Sie damit? Und welche Kanäle möchten Sie überwachen? Antworten darauf ergeben sich aus Ihrer Social-Media-Strategie.

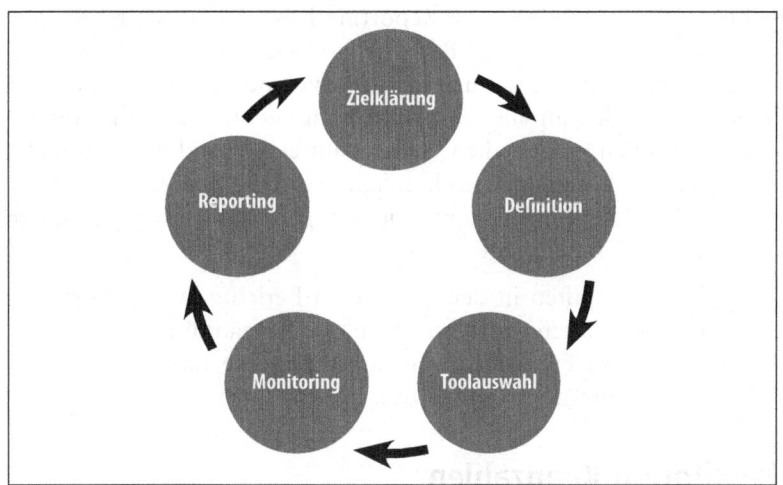

Schritt 2: Definition

Definieren Sie nun Begriffe, die Sie überwachen möchten. Das sollten auf jeden Fall Ihr Firmenname (u. U. mit und ohne Rechtsform, da verschiedene Varianten andere Ergebnisse zu Tage fördern werden) und Ihre Marken sein. Je nach Ressourcen können Sie auch Namen von exponierten Mitarbeitern, Schlagworte aus dem Geschäftsumfeld und die Namen von Wettbewerbern hinzufügen.

Schritt 3: Toolauswahl

Wählen Sie nun aus den verfügbaren Tools diejenigen aus, die Ihren Zielsetzungen und Möglichkeiten entsprechen. Achten Sie darauf, welche Kanäle von den Tools abgedeckt werden.

Wenn Sie ein kostenpflichtiges Tool oder einen professionellen Dienstleister in Erwägung ziehen, sollten Sie einen Blick in den »Social Media Monitoring Toolreport« der Online-Agentur Goldbach Interactive werfen. Die Agentur prüft jedes Jahr mehr als 300 Anbieter und stellt die besten auf ihrer Website vor. Die 2013er Version finden Sie unter *http://bit.ly/Toolreport2013*.

Schritt 4: Monitoring

Im vierten Schritt erfolgt das eigentliche Monitoring. Jetzt haben Sie die passenden Tools und wissen, was Sie wo überwachen möchten.

Schritt 5: Reporting

Höchstwahrscheinlich möchten verschiedene Personen in Ihrem Unternehmen Zugang zu den für sie jeweils relevanten Ergebnissen haben. Sie müssen also einen Reporting-Prozess etablieren, der den jeweiligen Stellen passende Berichte zuspielt. Bei wenigen Treffern reicht es aus, wenn eine Auswertung unverändert in z. B. wöchentlichen Intervallen an alle Ansprechpartner geht. Wenn die Anzahl der Fundstellen größer, die Quellen zahlreicher und die Unternehmensstruktur komplexer sind, erstellen Sie z. B. einen Kurzreport an die Geschäftsführung und einen längeren, ausführlicheren für Marketing, PR und andere Interessenten.

Diese Reports sollten in der Regel auch Berichte aus den Erfolgsmessungen enthalten, nicht nur die bloße Aufzählung oder Zusammenfassung von Fundstellen. Separate Berichte dazu sind nur in sehr großen Unternehmen sinnvoll.

Monitoring-Kennzahlen

Häufig begnügen sich Unternehmen damit, einfach die Erwähnungen ihrer Marken (»Mentions«) in den verschiedenen Social Media zu überwachen, um über Entwicklungen und Gespräche auf dem Laufenden zu bleiben. Mit den richtigen Tools bzw. Dienstleistern lassen sich aber auch im Monitoring Kennzahlen heranziehen, die weitere Aufschlüsse über die Gespräche im Social Web geben.

Reichweite

Die Reichweite gibt die Gesamtzahl der Menschen an, die durch die Social-Media-Maßnahmen erreicht wurden. Sie kann sich zum Beispiel aus einer Addition der Anzahl der Blogbesucher, der YouTube-Views und der Kennzahl »haben diesen Beitrag gesehen« bei Facebook ergeben, wobei es dabei natürlich Überschneidungen gibt.

Share of Voice

Der »Share of Voice« beschreibt, wie oft die eigenen Marken im Kontext der Gesamterwähnungen aller relevanten Wettbewerbsmarken erwähnt wurden. Die Kennzahl ist damit quasi der Marktanteil an der Kommunikation.

Audience Engagement

Diese Kennzahl beschreibt, wie aktiv die Fans sind. Ermittelt wird sie, indem die Aktivitäten der Fans (z. B. Likes, Shares etc.) durch die Anzahl der Fans geteilt werden. Je nach Netzwerk bestehen hierfür eigene Namen und Ausgestaltungen (bei Facebook z. B. die »Talking About«-Quote).

Sentiment Ratio

Mit der »Sentiment Ratio« wird die Stimmung der Beiträge ermittelt, die Erwähnungen enthalten. Dazu werden manuell oder toolbasiert die positiven, neutralen und negativen Beiträge zueinander ins Verhältnis gesetzt.

Active Advocats

Die Kennzahl »Active Advocats« beschreibt den Anteil der aktiven Nutzer an allen Social-Media-Kontakten. Je höher, desto interaktiver ist die Fangemeinde und desto größer damit auch die potenzielle Reichweite.

Social-Media-Monitoring-Tools

Wie gesagt, existieren Hunderte von kostenlosen und kostenpflichtigen Tools für Social-Media-Monitoring am Markt. Es würde den Rahmen dieses Buches bei Weitem sprengen, auch nur einen Teil davon tiefergehend vorzustellen. Mit den folgenden Beispielen will ich Ihnen einige Beispiele dafür nennen, was manche der kostenlosen Tools können. Einige Anforderungen können Sie damit bereits erfüllen. Im Rahmen des nächsten Abschnitts, der Erfolgsmessung, stelle ich Ihnen auch einige kostengünstige Analysetools vor, mit denen Sie zu vertretbaren Kosten tiefer in die Analyse und teilweise auch ins Monitoring einsteigen können.

Google Alerts

Eines der grundlegendsten Tools sind die Alerts von Google (*www.google.de/alerts*). Das Prinzip ist einfach: Sie tragen einen Begriff ein, über den Sie gerne auf dem Laufenden bleiben möchten. Nach der Eingabe Ihrer E-Mail-Adresse schickt Google Ihnen jedes Mal, wenn der Begriff im Netz irgendwo auftaucht, eine Mail mit der Fundstelle zu.

Tipp   Legen Sie eine spezielle E-Mail-Adresse für die Alerts an, wenn Sie mehrere Alerts einrichten, sonst stören die täglichen Mails irgendwann im Posteingang. Alternativ können Sie die Benachrichtigungen auch mit Ihrem Feedreader abonnieren.

Leider sind auch die Google Alerts nicht fehlerfrei. So verschickt Google längst nicht alle Fundstellen per Mail, und wenn, dann auch nicht immer ganz zeitnah. Der Fokus des Tools liegt eher auf Blogs, Foren, Websites und News-Artikeln als auf Facebook, Twitter & Co. Da es aber kostenfrei ist und trotz allem interessante Fundstellen liefert, gehört es auf jeden Fall zur Grundausstattung.

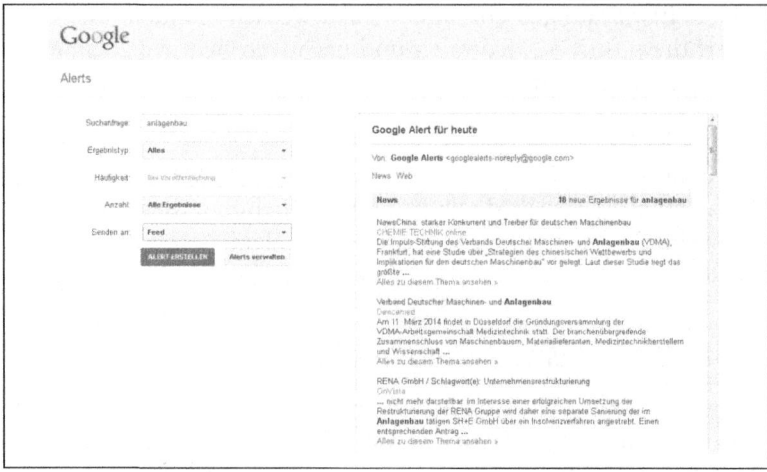

Hootsuite

Das bereits in Kapitel 3 vorgestellte Social-Media-Aggregationstool Hootsuite eignet sich nicht nur zum Bespielen verschiedener Kanäle von einem zentralen Zugang aus, sondern auch sehr gut als Monitoring-Lösung.

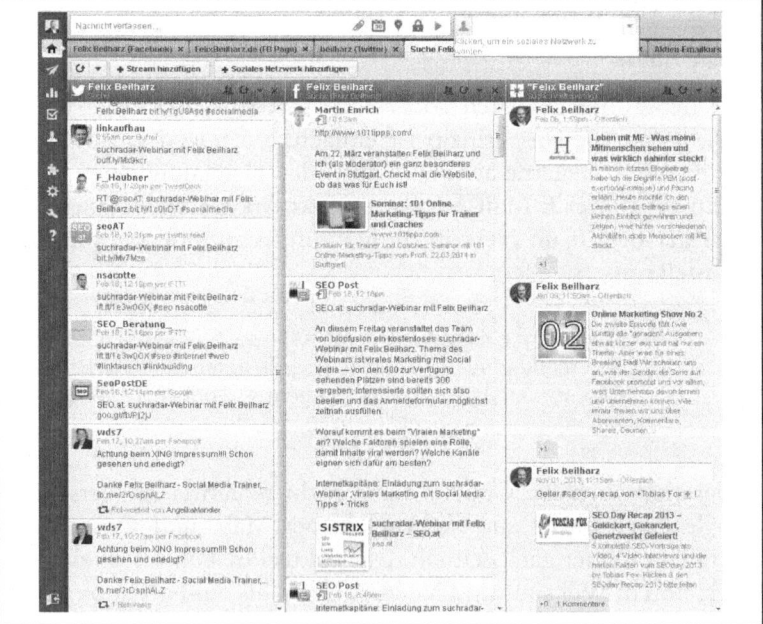

Sie können sich zu Facebook, Twitter und Google+ jeweils einen Suchstream (oder mehrere) anlegen. Sobald der angegebene Suchbegriff öffentlich im jeweiligen Netzwerk fällt, erscheint der Beitrag in der dafür vorgesehenen Spalte.

Hootsuite ist ebenfalls kostenlos bzw. in der Pro-Version sehr kostengünstig. Im unteren Preissegment ist Hootsuite auch als Monitoring-Lösung unschlagbar.

Topsy

Topsy.com ist eine Freemium-Lösung. Das bedeutet, es gibt eine kostenlose Grundversion und eine kostenpflichtige Version mit deutlich mehr Funktionen und einer längeren Suchhistorie. Das Tool durchsucht neben Twitter – das ist seine Hauptfunktion – auch das Web, Fotos und Videos. Die Ergebnisqualität kann sich sehen lassen, weshalb Sie Topsy auf jeden Fall zu Ihrer Toolsammlung hinzufügen sollten.

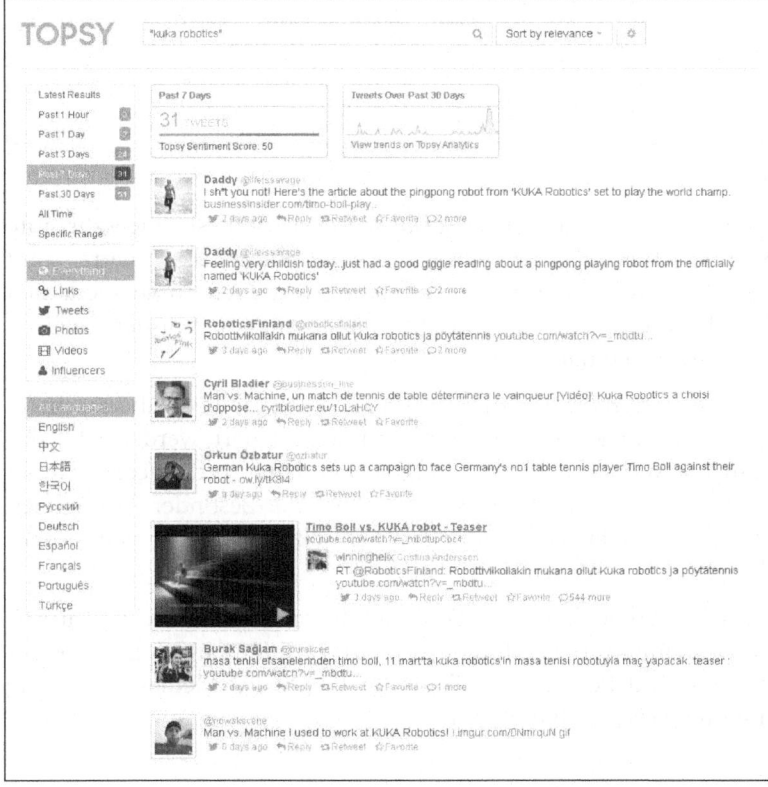

◀ **Abbildung 8-6**
Kanalübergreifendes Monitoring
mit Topsy

Tipp

Wenn Sie sich über Ihren Twitter-Account einloggen, können Sie die Suchergebnisse auch per E-Mail abonnieren. Dann haben Sie ähnliche Funktionalitäten wie bei den Google Alerts, teilweise aber mit besseren Ergebnissen.

Mit Topsy können Sie sich neben dem reinen Monitoring auch eine Auswertung des Erwähnungsverlaufs von bis zu drei Begriffen anzeigen lassen. Dadurch erkennen Sie auf einen Blick, wie oft gerade über einen Begriff gesprochen wird, welche Begriffe gerade im Trend liegen und wie Sie Ihren Wettbewerbern gegenüber abschneiden.

Abbildung 8-7 ▼
Monitoring via Häufigkeitsvergleich bei Topsy.com

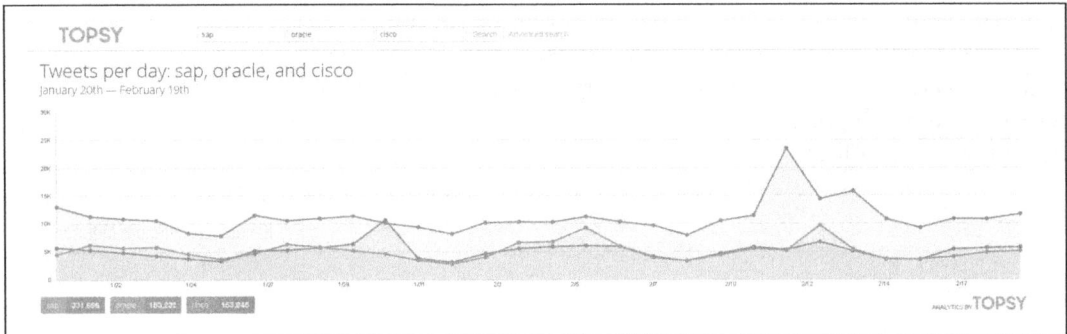

Social Searcher

Der Social Searcher (*www.social-searcher.com*) ist eine sehr gute Suchmaschine für die »großen Drei«: Facebook, Twitter und Google+. Neben der reinen Auflistung von Treffern versucht sich Social Searcher auch an einer Sentiment-Analyse, mit den bekannten Schwächen natürlich.

Für ein kostenloses Tool fällt der Funktionsumfang überraschend groß aus. So können auch Nutzer identifiziert werden, die das gesuchte Wort besonders häufig verwendeten (Influencer-Analyse) oder Beitragsarten (Bild, Text, Video), die besonders erfolgreich waren. Damit lässt sich auf jeden Fall schon von einer tiefergehenden Analyse sprechen.

Falls Sie sich noch weitere Tools anschauen möchten: Unter http://bit.ly/smmmonitoring finden Sie eine recht umfangreiche Liste mit überwiegend kostenlosen Tools für das Social-Media-Monitoring (und teilweise auch die Analyse).

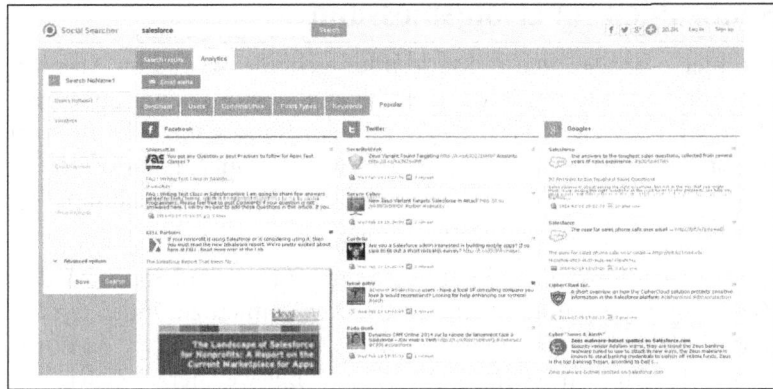

◀ Abbildung 8-8
Analyse populärer Beiträge mit
Social Searcher

Erfolgsmessung im Social Web

Die Erfolgsmessung geht einige Schritte weiter als das Monitoring. Zwar werden auch bei letzterem einige Kennzahlen eingesetzt, eine tiefergehende Analyse findet aber noch nicht statt.

Im Vordergrund der Erfolgsmessung steht die Auswertung, ob die gesteckten Ziele erreicht wurden, und falls nicht, welche Maßnahmen daraus für eine Optimierung abzuleiten sind. Soll-ist-Vergleiche spielen also eine wichtige Rolle.

Dafür werden Messgrößen (*KPIs*, d. h. *Key Performance Indicators*) eingesetzt. Diese KPIs drücken aus, inwiefern die gesetzten Ziele erreicht wurden – sie müssen also zu den jeweiligen Zielen passen. Mit anderen Worten: Sie benötigen Messgrößen, die Ihre Ziele möglichst gut abbilden. Gleichzeitig müssen die Social-Media-Ziele zu den Unternehmens- und Marketingzielen passen. Ein Beispiel für diesen Zusammenhang finden Sie in Abbildung 8-9.

◀ Abbildung 8-9
Verhältnis von Zielen und Kennzahlen (Beispiel)

Unternehmensziele	Marktführerschaft & Gewinnmaximierung							
Marketingziele	Bekanntheit			Image		Absatzsteigerung		
Social-Media-Ziele	Traffic	SEO	Reichweite	Reputation	Leadgenerierung		Sales	
KPIs	Besucher auf der Webseite, Blogbesucher	Google Rankings, Sichtbarkeit	Erwähnungen, Facebook-Fans, Talking About, Twitter-Follower, etc.	Sentiment Ratio, YouTube-Daumen, Facebook-Fans, positive Bewertungen, Verweildauer	Anzahl an vollständig ausgefüllten Leadformularen	Anzahl an generierten E-Mail-Adressen	Umsatz über Social-Media-Kanäle (Euro)	Anzahl an gewonnenen Neukunden

Kennzahlen zur Erfolgsmessung

Die hier herangezogenen Kennzahlen gehen über die im Monitoring erhobenen Kennzahlen meist hinaus, obwohl es wie angesprochen Schnittmengen gibt. Die Sentiment Ratio kann zum Beispiel sowohl im Rahmen der Erfolgsmessung als auch im Monitoring genutzt werden. In der Praxis finden beide Prozesse ohnehin häufig parallel oder gemeinsam statt.

Finden Sie Kennzahlen, die Ihre Unternehmens- und Social-Media-Ziele möglichst gut abbilden. Solche Kennzahlen zu finden, ist bei harten Zielen wie Umsatz oder Lead-Generierung leicht, da Euros und Adressen sich leicht zählen lassen. Bei weicheren Zielen wie Bekanntheit, Serviceverbesserung oder Imageentwicklung fällt das schon schwerer. In diesem Fall werden Sie häufig mit mehreren Kennzahlen arbeiten, die gemeinsam das Ziel abbilden.

Tabelle 8-1
Beispiele für Kennzahlen zu
bestimmten Zielsetzungen

Ziel	KPI
Serviceverbesserung	Anzahl Beschwerden, Anzahl erfolgreich bearbeiteter Beschwerden, positive Rückmeldungen, Aufrufe des FAQ-Bereichs
Recruiting	Anzahl Bewerbungen, Anzahl Neueinstellungen, Auszeichnung mit Employer Branding Awards, Qualität der Bewerbungen (definiert durch bestimmte Kriterien)
Markenbekanntheit	Erwähnungen in Postings/Tweets etc., Fans/Follower, Videoaufrufe, Erwähnungen in den Medien
Public Relations	Erwähnungen in Medien, Interviewanfragen, Journalisten als Follower
Kundenbindung	Wiederkäufer, Kauffrequenz, Anzahl RSS-/Feed-Abonnenten, Newsletter-Abonnenten, eingelöste Coupons, Anteil Facebook-Fans am Gesamtkundenbestand, Anzahl Teilnehmer an Firmenevents

Wenn Sie diese Kennzahlen definiert haben, können Sie die in der Social-Media-Strategie definierten Ziele endlich messbar gestalten. Füllen Sie jetzt Ihre Ziele mit Leben, indem Sie sie spezifizieren, also mit einem zeitlichen Horizont und einer Messgröße versehen.

Ihre Social-Media-Ziele könnten beispielsweise wie folgt lauten:

- »2015 generieren wir mindestens 200 qualifizierte Leads durch Slideshare und LinkedIn.«

- »Um unsere Bekanntheit im relevanten Markt zu steigern, werden wir in den nächsten 12 Monaten 24 Keyword-optimierte Blogbeiträge verfassen und damit für unsere zehn wichtigsten Suchbegriffe in die Google-Top-10 vorstoßen.«

- »Wir rücken näher an unsere Kunden heran, indem wir bei Facebook durch interaktiven Content eine ständige Talkabout-Quote von mindestens 10 % halten und unsere Fanzahl bis zum 31.12.2014 auf 5.000 steigern.«
- »2014 ziehen wir die 15 wichtigsten Fachjournalisten der Branche über Twitter und/oder Google+ in unser Netzwerk.«
- »Wir generieren über unsere XING-Gruppe in diesem Jahr mindestens 20 umsetzbare Verbesserungsvorschläge für den Produktbereich XY.«

Doch wie kommen Sie an die Daten für diese Auswertungen? – Dafür stehen Ihnen sowohl die internen Tools der einzelnen Kanäle als auch übergreifende externe Tools zur Verfügung. Die wichtigsten davon stelle ich im Folgenden vor.

Interne Tools der Kanäle

Viele der großen Netzwerke stellen Ihnen Auswertungen zur Verfügung, aus denen Sie eine ganze Menge herauslesen können.

Facebook Insights

Zu den bekanntesten Analysemöglichkeiten gehören zweifellos die Facebook Insights. Betreiber einer Fanpage können ab einer bestimmten Anzahl von Fans recht umfangreiche Statistiken zu den Nutzern und ihren Aktivitäten einsehen. Es wird unter anderem über Folgendes berichtet:

- Anzahl und Entwicklung der Fans
- Talk-about-Quote (Anzahl der Personen, die »darüber sprechen«, also Liken, Sharen oder Kommentieren)
- Beitragsreichweite und Entwicklung der Reichweite
- Anzahl und Art der Interaktionen
- Nutzeraktivität an Wochentagen und zu verschiedenen Tageszeiten
- demografische Angaben zu den Fans (Alter, Geschlecht, Stadt, Sprache)

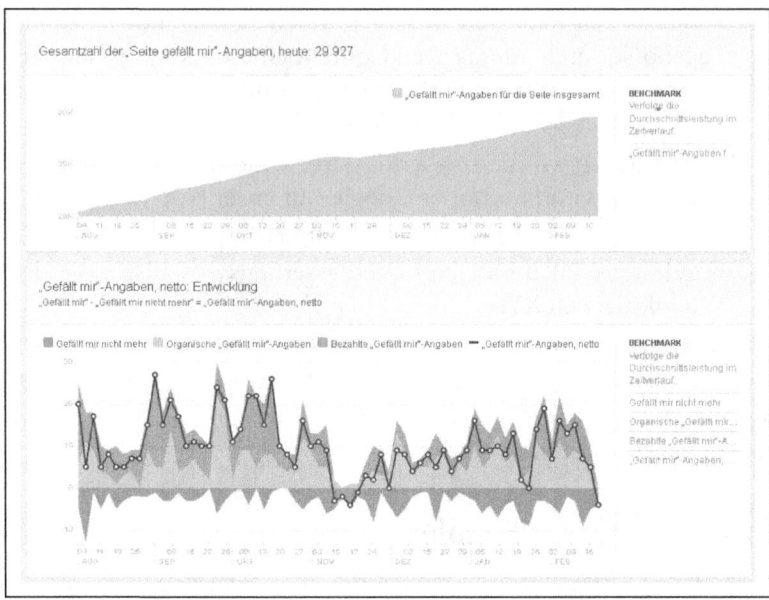

Besonders interessant ist die Auswertung der einzelnen Seitenbeiträge. Zu jedem Beitrag zeigt Facebook die Reichweite sowie die Interaktionen wie Klicks, Likes, Kommentare etc. an. Werfen Sie hier regelmäßig einen Blick hinein, um herauszufinden, welche Inhalte Ihre Nutzer interessieren und welche weniger.

 Tipp
In den Insights zeigt Facebook Ihnen auch an, wie viele Nutzer auf einen einzelnen Beitrag negativ reagiert haben, also den Beitrag oder die ganze Seite ausgeblendet oder sogar als Spam gemeldet. Wenn diese Zahl ansteigt, kann das ein Signal für schlechte Content-Qualität oder zu hohe Posting-Frequenz sein.

Abbildung 8-11 ▶
Interaktionen für jeden einzelnen Seitenbeitrag bei Facebook

Veröffentlicht	Beitrag	Typ	Zielgruppe	Reichweite	Interaktionen
19.02.2014 09:27	Schon wieder Abmahngefahr, dieses Mal wegen #Slideshare! Abhilfe gibt's hier:			502	53 / 7
18.02.2014 09:53	30 Tage für mehr Traffic? Mein Kollege Andreas Graap hat eine geniale und			896	99 / 8
17.02.2014 09:30	Rechtsanwalt Thomas Schwenke ist wegen fehlendem Impressum auf #XING			1,4K	185 / 92
15.02.2014 12:38	Absolut klasse Anzeigen. Da steckt echt Köpfchen drin... #marketing			2,5K	452 / 48
13.02.2014 11:15	Die Likebox zur Fan-Generierung im Blog. Zum Beispiel unter jedem Blogbeitrag -->			384	37 / 11
12.02.2014 11:50	"If this than that" vereinfacht Prozesse und verknüpft Social Media Kanäle. Schon			952	116 / 25

YouTube Analytics

Auch YouTube bietet sehr interessante Einblicke in das Nutzerverhalten. In den YouTube Analytics (*www.youtube.com/analytics*) erhalten Sie für Ihre eigenen Videos Statistiken zu

- den Aufrufen,
- den Bewertungen und sonstigen Interaktionen,
- den demografischen Merkmalen Ihrer Nutzer,
- den Wiedergabeorten und
- den Geräten, mit denen Nutzer Ihre Videos angesehen haben.

Hier sticht besonders der Bericht *»Zuschauerbindung«* hervor. Darin zeigt YouTube Ihnen, wo im Video Menschen abspringen. Damit erfahren Sie zum Beispiel, wo in Ihrem Video besonders interessante Stellen sind (die Kurve geht dann nach oben, wenn Nutzer die Stellen mehrfach ansehen), die vielleicht in einem neuen Video aufgegriffen werden sollten. Auch ob das Video zu lang war oder Anfang und/oder Ende packend genug, können Sie hier ablesen. Die blaue Linie des Berichts zeigt an, wie viel Prozent der Zuschauer an dieser Stelle noch dabei waren. Geht die Linie nach oben, haben sich Menschen die Stelle mehrfach angesehen, was ein Indiz für einen interessanten Inhalt sein kann.

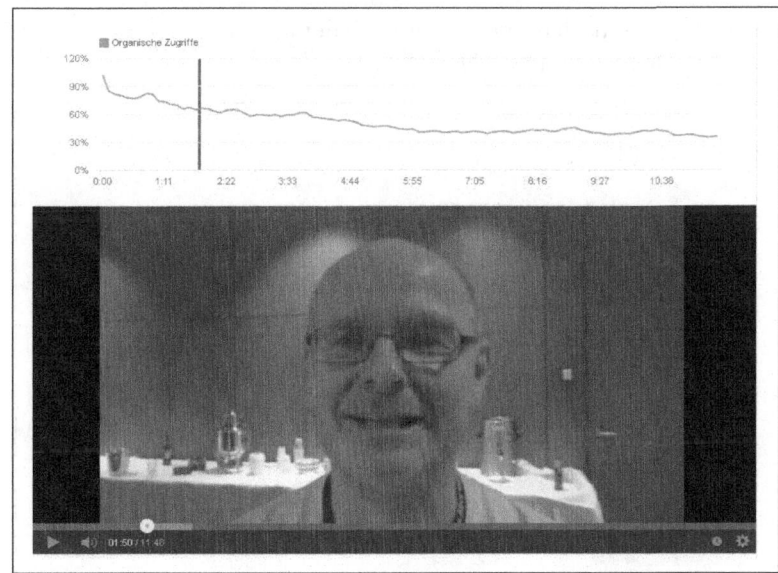

◀ **Abbildung 8-12**
Verweildauer bei YouTube-Videos

Slideshare-Analysen

Die Slideshare-Statistiken haben Sie ja in Kapitel 6 bereits kennen gelernt. Mit einem Pro-Account erhalten Nutzer Zugriff auf die Statistiken zu den eigenen Präsentationen, unter anderem mit folgenden Auswertungen:

- Wie haben sich die Zugriffszahlen entwickelt?
- Aus welchen Ländern kommen die Betrachter?
- Wie sind die Nutzer auf die Präsentationen gestoßen?
- Welche Präsentationen konnten die meisten Likes, Kommentare, Downloads, E-Mail-Shares etc. generieren?
- Wie viele und welche Leads konnten generiert werden?

Ein etwas versteckter Bericht dürfte für viele Unternehmen besonders interessant sein. Unter »Recent« lässt sich für die letzten 1.000 Betrachter der Präsentationen einsehen, woher sie kamen, wie sie auf die Präsentation gestoßen sind und vor allem, welchen Internet-Serviceprovider sie hatten. Das wird bei den meisten ein regionaler oder überregionaler Provider sein. Bei vielen Unternehmen taucht in dieser Spalte aber der Unternehmensname auf, wenn dieses Unternehmen über eine feste und bekannte IP-Adresse verfügt. Mit etwas Glück können Sie daraus ableiten, dass ein Zielunternehmen Ihre Slideshares angesehen und damit offenbar ein zumindest latentes Interesse an dem behandelten Thema hat. Was Sie daraus machen, bleibt Ihnen überlassen ...

Abbildung 8-13 ▶
Aufruf Nr. 85, 90, 91 und 100 könnten interessant sein ...

84	Jan 25 02:07 PM	Frankfurt Am Main, Germany	Vodafone DSL
85	Jan 24 01:14 PM	N/A, Germany	Verein zur Foerderung ▓▓▓▓ ▓▓▓▓
86	Jan 24 03:52 AM	Nürnberg, Germany	Hetzner Online AG
87	Jan 23 03:03 PM	N/A, Germany	Deutsche Telekom AG
88	Jan 23 03:02 PM	N/A, Germany	Deutsche Telekom AG
89	Jan 23 03:49 AM	N/A, Germany	Hetzner Online AG
90	Jan 22 05:21 PM	▓▓▓▓ ▓▓▓▓, Germany	▓▓▓▓ GmbH & ▓▓▓▓ KG
91	Jan 22 04:45 AM	▓▓▓▓, Germany	▓▓▓▓ ▓ ▓ Game- & Rootserver Hosting
92	Jan 22 02:58 AM	N/A, Germany	Hetzner Online AG
93	Jan 21 12:42 PM	N/A, Germany	Deutsche Telekom AG
94	Jan 21 12:42 PM	N/A, Germany	Deutsche Telekom AG
95	Jan 21 12:42 PM	Köln, Germany	NetCologne GmbH
96	Jan 21 12:42 PM	Köln, Germany	NetCologne GmbH
97	Jan 21 02:11 AM	Nürnberg, Germany	Hetzner Online AG
98	Jan 20 03:16 PM	Schwaig, Germany	Deutsche Telekom AG
99	Jan 20 11:17 AM	N/A, Germany	Deutsche Telekom AG
100	Jan 20 10:43 AM	N/A, Germany	▓▓▓▓ managed IT AG

LinkedIn Analytics

Auch LinkedIn bietet einige Analysen zu den Firmenseiten an. So können Sie bei Ihren Firmenseiten zum Beispiel einsehen,

- wie sich die Abonnentenzahlen entwickelt haben,
- wie die Reichweite der Beiträge und das Engagement (Klicks, Kommentare, Shares) aussehen,
- wie jeder einzelne Beitrag performt hat,
- wie viele neue Abonnenten nach jedem einzelnen Beitrag hinzugekommen sind und
- welche demografischen Eigenschaften die Follower aufweisen.

Google Analytics

Google Analytics liefert alle notwendigen Daten bezüglich Ihrer Website und Ihres Blogs. Damit passt es zwar nicht so ganz in die obige Reihe, aber doch gut genug.

Anstelle von Google Analytics können Sie hier natürlich auch andere Tracking-Anbieter wie etracker, webtrekk oder comscore verwenden.

Die Web-Analysetools liefern Ihnen zum Beispiel Antworten auf folgende Fragen:

- Welches Social Network hat den meisten Traffic gebracht?
- Wie viele Conversions (z. B. Leads, Sales, Downloads) wurden durch welches Netzwerk generiert?
- Welchen Stellenwert haben die Social-Media-Kanäle in der Customer Journey?
- Welche technische Ausstattung haben die Social-Media-Nutzer?
- Woher stammen Ihre Nutzer?
- Wie haben sich die Social-Media-Buttons auf die Websitenutzung ausgewirkt?

Abbildung 8-14 ▶
Social Media Conversion Report in
Google Analytics

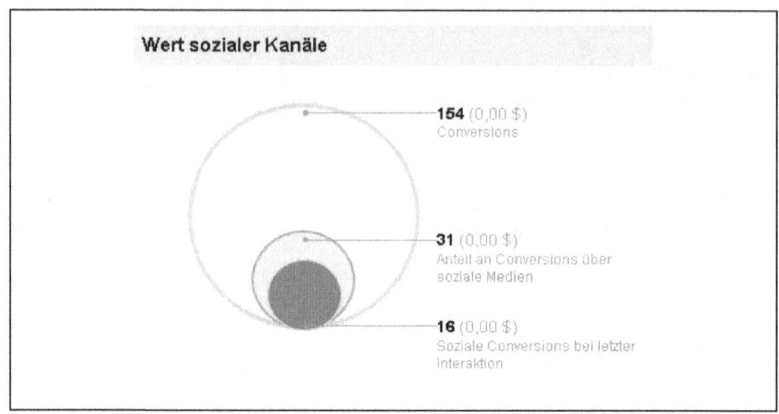

Gerade in Bezug auf die Conversions hilft Google Analytics enorm weiter. Aussagen wie »Ich habe das Gefühl, dass Facebook bei uns überhaupt nichts bringt« gehören damit der Vergangenheit an. Legen Sie Conversion-Ziele fest (z. B. das Absenden des Kontaktformulars) und werten Sie aus, welcher Kanal wie stark zur Conversion beiträgt.

Externe Analysetools

Externe Tools lohnen sich vor allem, um weitergehende Auswertungen zu den eigenen Auftritten durchzuführen, aber auch, um Wettbewerber zu analysieren. Die meisten Plattformen zeigen nämlich nur zu den eigenen Seiten und Profilen tiefergehende Daten an. Mit Drittanbietertools lassen sich diese Daten bis zu einem gewissen Grad um Infos zu Wettbewerbern ergänzen.

SimplyMeasured

SimplyMeasured (*www.simplymeasured.com*) bietet neben kostenpflichtigen Angeboten auch eine ganze Reihe an kostenlosen Analysen für unterschiedliche Netzwerke.

So können zum Beispiel für Facebook und Twitter Auswertungen erstellt werden, aber auch Traffic-Analysen über Google Analytics oder Nutzerauswertungen über Pinterest. Die Daten werden entweder online oder als Excel-Downloads bereitgestellt und können offline weiterverarbeitet werden.

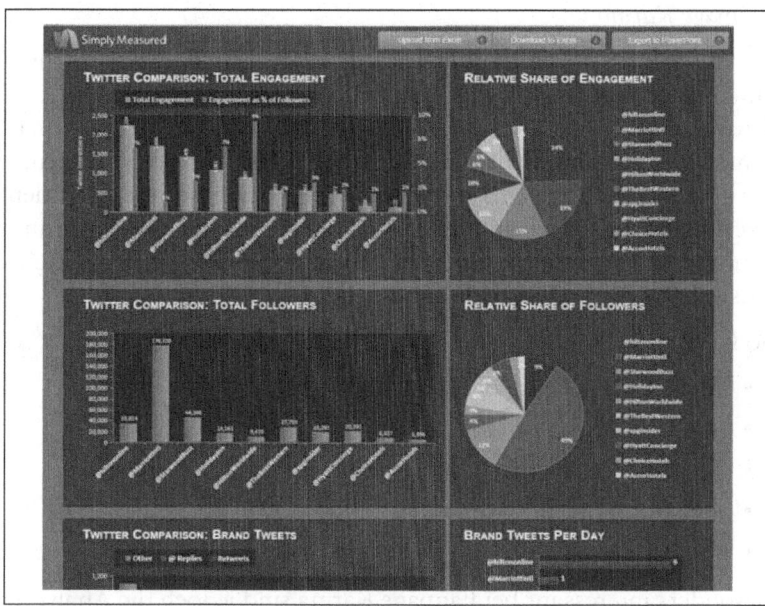

◀ Abbildung 8-15
Twitter-Auswertung mit Simply-
Measured

Twitalyzer

Gerade für Twitter haben sich viele Analysetools etabliert. Ein gutes Beispiel hierfür ist der Twitalyzer (*www.twitalyzer.com*). Dieser Dienst zeigt für jeden beliebigen Twitter-Account – auch ohne Anmeldung – Werte wie die aktuell erzielte Reichweite, den Einfluss und die Themen, über die geschrieben wird. Mehr Auswertungen erhalten Nutzer mit einem kostenlosen oder kostenpflichtigen Account.

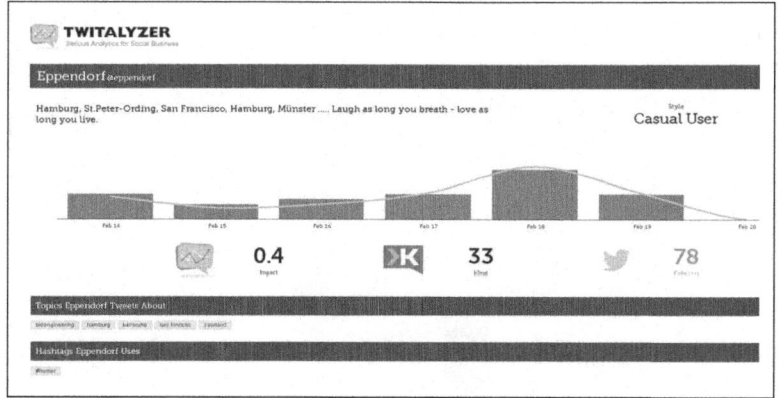

◀ Abbildung 8-16
Auswertungen mit dem Twitalyzer

Fanpage Karma

Zu den besten professionellen Analysetools für Facebook – und zunehmend auch für Twitter und YouTube – gehört das bereits erwähnte Fanpage Karma (*www.fanpagekarma.com*). Neben verschiedenen kostenpflichtigen Paketen wird auch ein eingeschränkter kostenloser Zugang angeboten. Eigene Seiten können mit den Facebook Insights verknüpft werden, um tiefergehende Auswertungen zu erhalten. Aber auch für fremde Seiten stehen umfangreiche Auswertungen zur Verfügung.

So lassen sich zum Beispiel folgende Werte analysieren:

- Anzahl und Entwicklung der Fans
- »Talking About«-Quote
- Beiträge pro Tag
- Prozent der beantworteten Fanbeiträge
- Antwortdauer

Besonders interessant bei Fanpage Karma sind jedoch die Analysen des Contents. So zeigt das Tool sowohl die Top- und Flop-Postings an als auch die Erfolge einzelner Beiträge und Beitragstypen. Daraus können Rückschlüsse darüber gezogen werden, welche Tageszeiten oder Content-Typen häufiger berücksichtigt werden sollten.

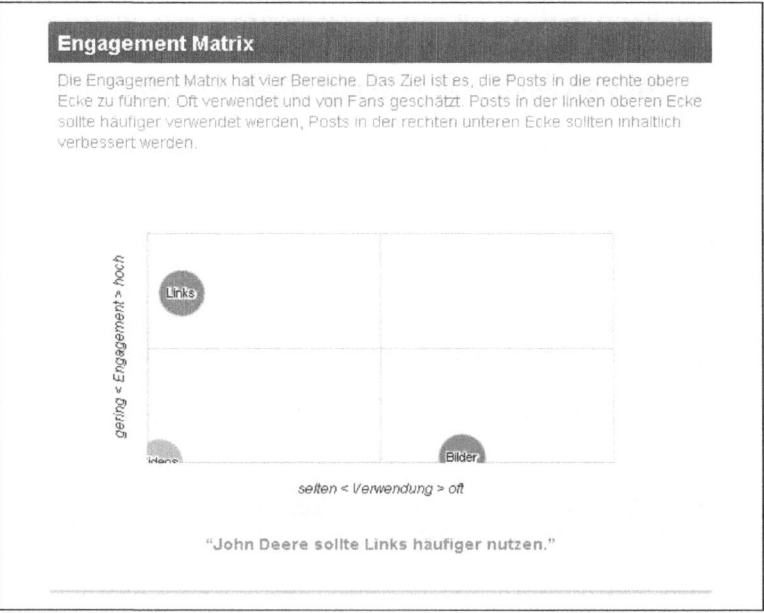

Abbildung 8-17 ▶
John Deere sollte auf seiner Facebook-Seite häufiger Links posten, da diese offenbar sehr hohe Interaktionsraten erzielen.

Mit Fanpage Karma sind auch interessante Vergleiche verschiedener Seiten möglich. So können Sie zum Beispiel das Fanwachstum vergleichen, die Erfolge einzelner Beiträge und die Interaktivität Ihrer Auftritte.

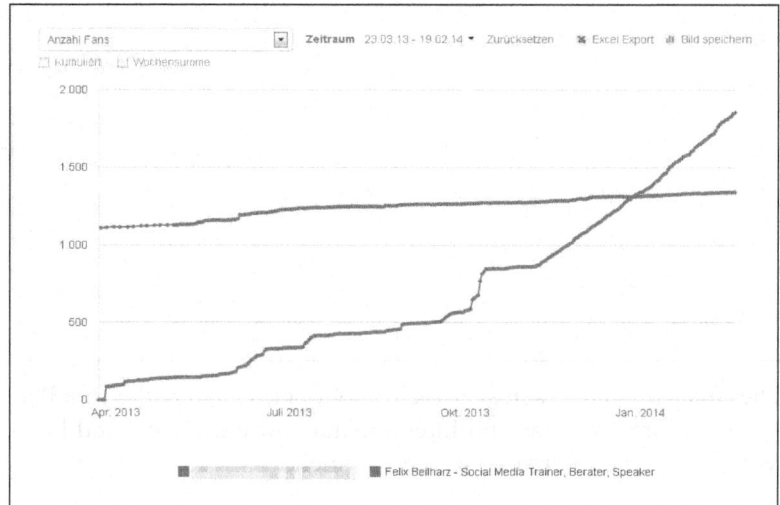

◄ Abbildung 8-18
Vergleich zweier Facebook-Seiten mit Fanpage Karma

SocialBench

SocialBench (*www.socialbench.de*) ist ein umfassendes professionelles Tool zum Monitoring und zur Erfolgsmessung von Facebook, Twitter, Google+, Instagram und YouTube, wobei der Fokus auf Facebook liegt. Auch hier können fremde Seiten beobachtet und analysiert oder eigene Seiten mit tiefergehenden Auswertungen untersucht werden.

SocialBench kann auch als Social Media Dashboard verwendet werden, d. h., dass man über das Tool nicht nur analysiert, sondern auch direkt Beiträge postet. Dafür stehen ein ausgefeilter Redaktionsplan sowie ein Wallmanager zur Verfügung, mit deren Hilfe Sie Beiträge von Fans beantworten und eigene Beiträge in den verschiedenen Netzwerken planen und veröffentlichen können. Gerade wenn verschiedene Personen einen Auftritt bespielen, kommen diese Funktionen gelegen.

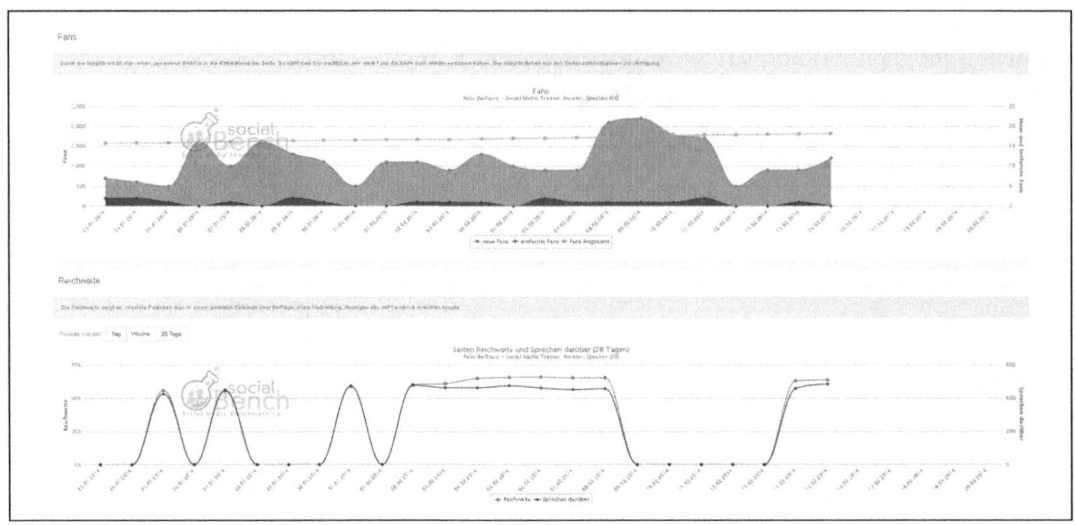

Abbildung 8-19 ▲
SocialBench bereitet die Daten aus
Facebook Insights anschaulicher auf
und ermöglicht tiefere Analysen.

Die Analysen erstrecken sich auch auf Google+-Seiten, die zum Beispiel auf ihre Aktivität und Interaktivität sowie das Fan- und Plus-
Wachstum hin untersucht werden können.

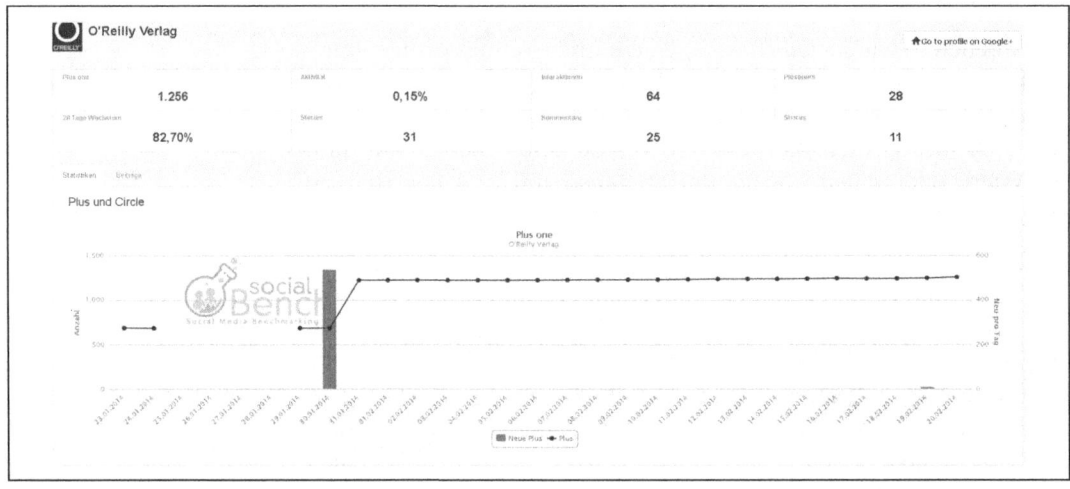

Abbildung 8-20 ▲
Google+-Seiten können mit Social-
Bench analysiert werden.

Quintly

Mit Quintly.com sind umfangreiche Analysen der eigenen Auftritte
möglich. Neben Facebook und Twitter können auch YouTube,
LinkedIn, Instagram und Google+ untersucht werden. Dabei können
jegliche Interaktionen der Fans, Wachstumszahlen und tiefgehende
Kennzahlen verglichen und ausgewertet werden. Wer wirklich tief in

die Analyse einsteigen möchte oder muss, ist mit Quintly auf jeden Fall gut bedient. Es steht auch ein Gratis-Account mit eingeschränkten Funktionen zur Verfügung.

▼ Abbildung 8-21
Umfangreiche Auswertungen sind mit Quintly problemlos möglich.

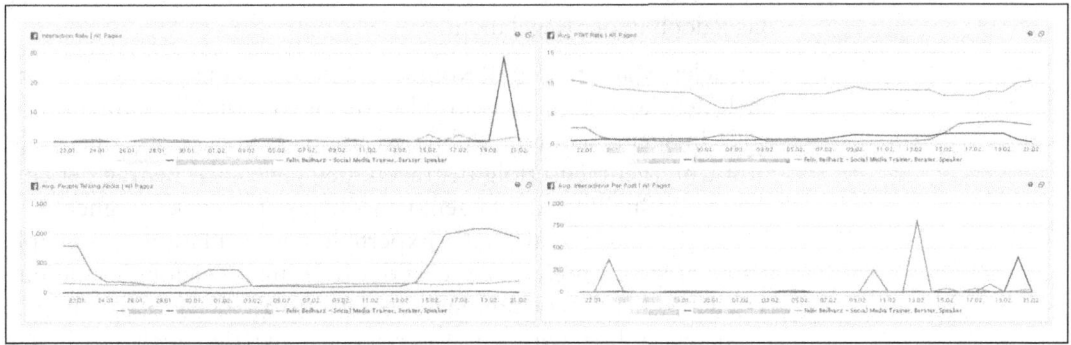

Soll-ist-Vergleich

Im Rahmen Ihrer Strategie haben Sie Ziele definiert, die nun auch quantifiziert wurden. Mit den vorgestellten Tools können Sie regelmäßige Auswertungen vornehmen und Soll-ist-Vergleiche durchführen.

Aus diesen Vergleichen sollten Sie anschließend Maßnahmen ableiten. Wurden die Ziele erreicht oder gar übertroffen? Dann setzen Sie sich höhere Ziele. Wurden die Ziele nicht erreicht? Dann müssen Sie vielleicht die Maßnahmen oder Ihre Vorgehensweise anpassen.

Führen Sie regelmäßige Benchmarks durch. Wie entwickeln sich Ihre Auftritte im Vergleich zu denen der Wettbewerber? Was machen diese besser als Sie? Was können Sie übernehmen?

Social-Media-ROI

Die Frage nach dem *Return On Invest (ROI)* von Social-Media-Maßnahmen interessiert Unternehmen natürlich brennend.

Der ROI ist in der Betriebswirtschaftslehre definiert als Verhältnis von Gewinn und Kosten und gibt an, wie viel Gewinn mit dem eingesetzten Budget erzielt werden konnte. Beide Elemente werden in Geldeinheiten bemessen.

Die Schwierigkeit liegt dabei aber darin, dass viele Effekte von Social Media eher »weicher« Natur sind: Bekanntheit, Image, Reputation. Das ist in harter Münze nur schwer messbar.

Darüber hinaus sind die Effekte sehr vielfältig. Höherwertige Bewerbungen, besseres Suchmaschinenranking, stärkere Präsenz in redaktionellen Medien, all das kann früher oder später zu mehr Umsatz und damit einem positiven ROI führen, direkt messbar ist das jedoch in der Regel nicht.

Bei vielen Marketing- und Kommunikationsmaßnahmen wird nicht nach dem ROI gefragt, man führt sie einfach durch. Sportsponsoring, Imagebroschüren, Public Relations, Events etc. sollen alle zum Unternehmenserfolg beitragen, den jeweiligen Beitrag der einzelnen Maßnahme zu erfassen, ist jedoch selten exakt möglich. Ein amerikanischer Social-Media-Experte hat zur Erklärung einmal folgende Frage formuliert: »Wie ist der ROI Ihres Telefons?« Und tatsächlich gehen viele Unternehmen dazu über, Social Media ähnlich zu sehen: Ohne wird ein Überleben schwierig, auch wenn der exakte monetäre Beitrag zum Unternehmenserfolg kaum zu ermitteln ist.

Anstatt nach »dem« ROI von Social Media zu fragen, brechen Sie die Kennzahl besser auf die verschiedenen Zielsetzungen herunter und fragen, wie gut Social-Media-Marketing hier funktioniert. Steigt Ihre Bekanntheit? Steigt die Kundenzufriedenheit? Steigt die Kundenbindung?

Und dann ziehen Sie sich einzelne, monetär messbare Elemente heran und ermitteln, wie hoch der Beitrag der Social-Media-Kanäle ausfällt. Wurden direkte Verkäufe oder Neukunden über Social Media realisiert? Konnten mehr Leads generiert und daraus Umsätze erzielt werden? Optimieren Sie diese Bereiche stetig. Aber vergessen Sie nicht die weiteren Vorteile, die Social Media für Ihr Unternehmen bieten.

 Tipp   Zum Thema »Social Media und der ROI« gibt es ein gleichnamiges Buch aus dem O'Reilly-Verlag, das das Thema aus unterschiedlichen Blickwinkeln betrachtet: *http://bit.ly/Social-MediaROIBuch*.

Ich sehe größere Chancen bei den B2B-Unternehmen – Interview mit Jochen Mai

▲ Abbildung 8-22
Jochen Mai

Jochen Mai zählt seit Jahren zu den einflussreichen Namen des Social Web. Der Strategieberater, Blogger und Bestseller-Autor leitete mehr als zehn Jahre das Ressort »Management + Erfolg« bei der WirtschaftsWoche und war danach einige Jahre als Social-Media-Manager in der Wirtschaft aktiv.

Bekannt wurde Jochen Mai vor allem als Gründer und Herausgeber der Karrierebibel (http://karrierebibel.de/), eines der renommiertesten deutschen Blogs mit mehr als 40.000 täglichen Lesern.

1. *Auf welche Herausforderungen treffen Unternehmen, wenn sie sich für Social-Media-Recruiting entscheiden?*

Die erste Herausforderung ist überhaupt, dass sich die Unternehmen mit den Medien und den einzelnen Kanälen nicht gut auskennen. Sie wissen zwar, dass es Twitter, Facebook und vielleicht Karriereblogs gibt, aber sie wissen nicht genau, wie sie diese Medien einsetzen, und auch nicht, welche Inhalte für diese Kanäle eigentlich die richtigen sind. Häufig wird einfach eine Seite bzw. ein Kanal eröffnet, um diesen dann mit irgendwelchen Inhalten zu bespielen, z. B. Jobangeboten oder Artikeln. In der Regel sind die Kanäle dann alle identisch, weil überall der gleiche Content verwendet wird. Das funktioniert in der Praxis nicht, da jeder Kanal spezifische Inhalte braucht, die auch anders aufbereitet werden müssen. Damit meine ich nicht nur kanalspezifische Restriktionen wie die 140-Zeichen-Grenze bei Twitter, sondern wirklich das Zuschneiden der Inhalte auf die jeweilige Community. Meiner Erfahrung nach gibt es da relativ wenig klare Strategien und Konzepte.

Die zweite Frage ist, wie aktiv eigentlich die Zielgruppen angesprochen werden können. Die Unternehmen wissen relativ wenig über die Interessen ihrer Zielgruppen und stellen eher ihre eigene Botschaft in den Mittelpunkt, die dann platziert werden soll. Aussagen nach dem Motto »Hier gibt's einen Job, bewerbt euch mal« funktionieren nicht – Unternehmen tun gut daran, sich zu überlegen, was sie tun können, um das Interesse der potenziellen Bewerber zu wecken. Spätestens hier kommt das Thema Employer-Branding ins Spiel. Dabei geht es darum, was ein Unternehmen als Arbeitgeber eigentlich attraktiv macht und welche Fragen sich die Zielgruppen stellen. »Was müssen wir den Bewerbern zeigen, damit wir als ernstzunehmender Arbeitgeber in Frage kommen?«, sollte die eigentliche Frage für Unternehmen lauten.

▲ **Abbildung 8-23**
Karriere-Twitter-Account des Sensorenherstellers SICK AG

2. Welche Social-Media-Kanäle eignen sich erfahrungsmäßig gut für das Recruiting?

Das lässt sich so pauschal nur schwer beantworten, da das immer von der Zielgruppe her abgeleitet werden sollte. Für Azubis im handwerklichen Bereich sind andere Plattformen relevant als für den SAP-Berater oder den Java-Programmierer. Entsprechend müssen dann auch die Inhalte aufbereitet sein.

Hier sollte noch eine weitere Unterscheidung vorgenommen werden: Das Trendthema des Jahres 2014 lautet im Recruiting »Active Sourcing«. Dabei geht es darum, aktiv nach Mitarbeitern zu suchen, statt darauf zu hoffen, selbst als Arbeitgeber gefunden zu werden. Das setzen Unternehmen zunehmend auch im Social Web um.

Zu den passiven Kanälen gehören die »klassischen« Maßnahmen, zum Beispiel eine Karriereseite auf Facebook, ein Twitter-Kanal oder ein Karriereblog. Man versucht, mit guten Inhalten Kandidaten zu erreichen, mit denen man dann einen Dialog startet. Darüber können Kandidaten begeistert und ein Bewerbungsprozess initiiert werden. Auch über Events wie Karrieremessen, Tage der offenen Tür oder ähnliche Veranstaltungen kann hier informiert werden.

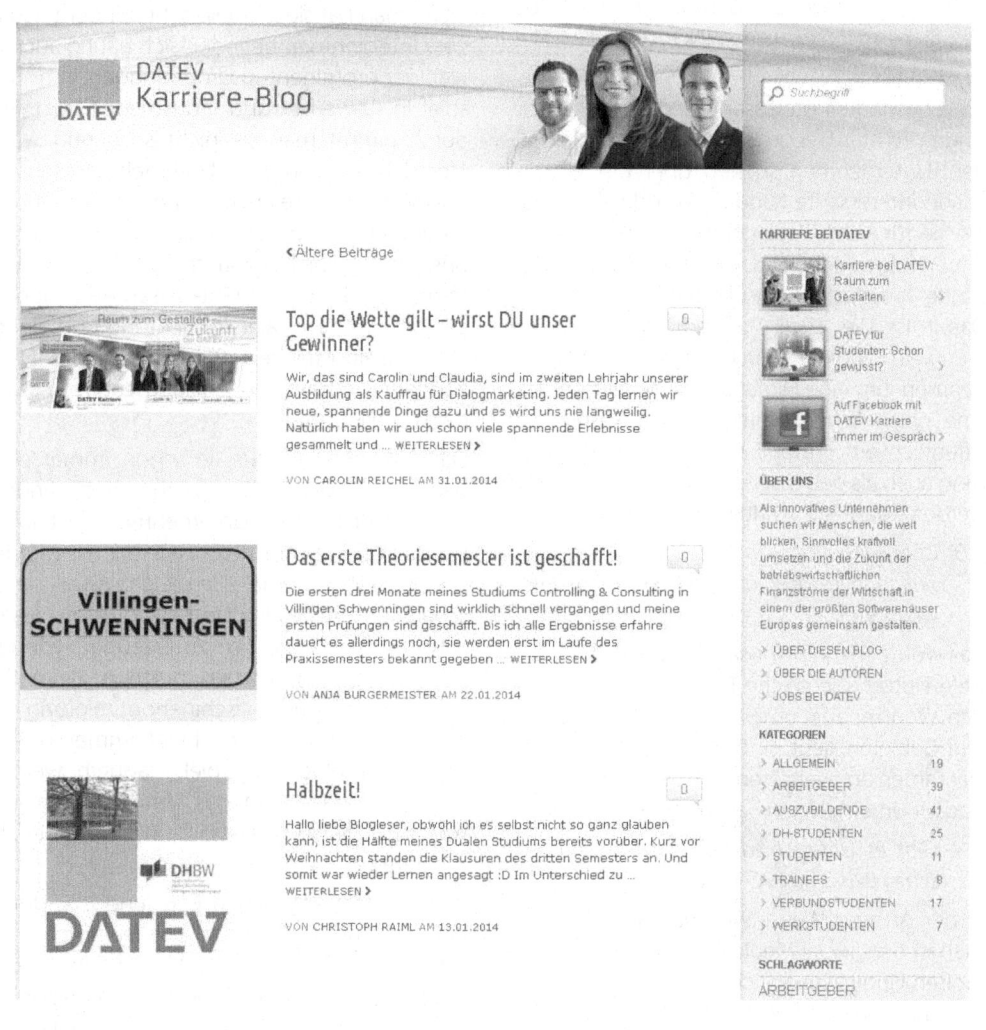

▲ **Abbildung 8-24**
Karriereblog von DATEV

Der aktive Weg im Sinne von Active Sourcing ist viel komplizierter, nicht nur durch diverse rechtliche Hürden. Informationen über Bewerber in sozialen Netzwerken zu sammeln, ist rechtlich nicht unbedenklich. Bei privaten Netzwerken wie Facebook oder Instagram sieht die Rechtsprechung jedoch ganz anders aus als bei beruflichen Netzwerken (XING, LinkedIn). Hier sollte ein Fachanwalt zurate gezogen werden.

Ganz besonders interessant für das Active Sourcing ist Twitter. Der große Vorteil hier ist das Folgen. Unternehmen suchen über die Twitter-Suche interessante Kandidaten oder Experten, die sie für sich interessieren wollen. Wenn sie diesen folgen, sehen das die Kandidaten in ihrer Spalte »Verbinden« und können zurückfolgen. Damit ist die erste Verbindung geschaffen. Wenn ein Kandidat zurückfolgt, kann das Unternehmen ihm eine Direct Message senden, was eine persönliche Kommunikation abseits der Öffentlichkeit ermöglicht. Das Zurückfolgen kann auch als gegenseitiges Interesse gewertet werden – der erste Schritt im Recruiting-Prozess.

3. Ist es bei Twitter kein Problem, dass viele Nutzer anonym bzw. mit Pseudonymen unterwegs sind?

Das würde ich so nicht sagen. Natürlich gibt es viele Nutzer, die solche Pseudonyme verwenden. Wenn es aber um Experten auf verschiedenen Gebieten geht, sind diese meist auch mit Klarnamen dort vertreten – und solche Experten sind für Unternehmen besonders interessant.

4. Gibt es Unterschiede beim Recruiting zwischen B2B- und B2C-Unternehmen?

In der Art und Weise, wie man als Unternehmen in den Social Media agiert, sehe ich keine großen Unterschiede. Ich sehe aber die größeren Chancen bei den B2B-Unternehmen. B2C-Unternehmen sind in der Regel die populäreren. Sie haben häufig bekannte Marken und ziehen ohnehin schon ausreichend Bewerber an. Die Listen der beliebtesten Arbeitgeber werden ja seit Jahren von Automobilherstellern und großen Konsumgüter-Herstellern angeführt. Diese Unternehmen haben den Charme, dass man sie ganz einfach kennt, was sie für Bewerber attraktiv macht.

B2B-Unternehmen kennt man in der Regel nicht, man hat sie nicht so sehr auf dem Radar. Die Unternehmen befinden sich häufig auch in weniger prominenten Umgebungen, zum Beispiel in Gewerbe- und Industriegebieten. Dadurch nimmt man sie nicht so richtig wahr. Trotzdem können diese Unternehmen sehr attraktiv sein. In vielen Branchen befinden sich darunter Weltmarktführer und Hidden Champions, zum Beispiel im Maschinenbau. Diese Unternehmen bieten sehr interessante Positionen, oft mit internationaler Ausrichtung und einem abwechslungsreichen Produktportfolio. Dazu kommen schnellere Aufstiegschancen und eine gute Bezahlung.

Das Problem liegt für sie schon immer eher darin, den Nachwuchs überhaupt zu finden. Und gerade für diese Unternehmen stellt Social Recruiting eine enorme Chance dar. Im Internet sind zunächst einmal alle gleich. Wenn sie es schaffen, dort bestimmte Keywords zu besetzen und so Fundstellen zu erzeugen, können sie auf sich aufmerksam machen. Beim Recruiting spielt Suchmaschinenoptimierung immer eine wichtige Rolle – hier kommen wieder die Karriereblogs ins Spiel. Dadurch werden auch Kandidaten auf das Unternehmen aufmerksam, die sonst vielleicht nie davon erfahren hätten.

Die Ansprache zwischen B2B- und B2C-Unternehmen im Social Recruiting ähneln sich – die Chancen sind für B2B-Unternehmen jedoch deutlich größer. Gerade wenn ein kleines Budget den Engpass darstellt, können B2B-Unternehmen, wenn sie es gut machen, viel erreichen. Das ist allerdings eine langfristige Aufgabe, »Instant-Erfolg« wird es dabei nicht geben.

Beispiele hierfür gibt es mittlerweile einige. Vielfach zitiert wird hier ja die Krones AG. Als Hersteller von Flaschenabfüllmaschinen, also einem eher langweiligen Produkt, betreiben Charles Schmidt und sein Team dort seit Jahren sehr gutes Social Recruiting mit einer ausgefeilten Strategie. Dadurch haben sie es längst geschafft, auf dem Radar von potenziellen Kandidaten zu erscheinen, und konnten so schon viele Erfolge erzielen. Das zeigt sich auch daran, dass sie das schon so lange durchhalten – wenn die Erfolge ausblieben, hätten sie das wohl schon lange aufgegeben und das Geld sinnvoller investiert.

Das Produkt mag langweilig sein und sich nicht für nächtliche Diskogespräche mit dem anderen Geschlecht eignen, aber das Unternehmen ist spannend – weltweit tätig, Marktführer etc. Das muss nur entsprechend kommuniziert werden. Unternehmen verschenken da viel Potenzial, wenn sie Social Recruiting nicht einsetzen

5. *Wie kann denn ein Unternehmen das eigene Recruiting interessant genug gestalten, um im Social Web erfolgreich zu sein? Kannst du hier ein paar Tipps aus der Praxis geben?*

Die wichtigsten Fragen für Kandidaten und Bewerber sind: »Wie sieht der Job überhaupt aus? Welche Chancen und Aufstiegsmöglichkeiten gibt es? Wie kann ich mich dort entwickeln? Wie sieht das Umfeld aus?«

▲ **Abbildung 8-25**
Videotagebuch der Azubis bei Krones

Gerade Unternehmen, die eher auf dem Land und nicht in Metropolen wie Berlin, Köln oder Hamburg sitzen, haben da Nachteile. Wenn das für potenzielle Bewerber ein Hindernis darstellt, ist es wichtig, darzustellen, was dieser Ort zu bieten hat und warum es sich trotzdem lohnen kann, für den Job dort hinzuziehen. Jede Gegend hat ja so ihre Reize, seien es Freizeitangebote oder tolle Landschaften. Solche Punkte sollten in den Social-Media-Kanälen dargestellt werden, um die Bewerbung attraktiver zu machen und Bedenken auszuräumen.

Menschen interessieren sich für andere Menschen. Warum also nicht Mitarbeiter in ihrem Job zeigen und diese mal zu Wort kommen lassen? Das heißt aber nicht, dass der Manager einen Werbespruch aufsagt oder die Marketingabteilung ihr Verkaufsvokabular abspulen soll. Lassen Sie Ihre Mitarbeiter zu Wort kommen, in verschiedener Form. Das kann zum Beispiel in Form von persönlichen Beiträgen der Mitarbeiter im Blog geschehen oder durch Videotagebücher. Hier lässt sich wieder Krones als Beispiel heranziehen. Die Azubis dort konnten einmal pro Woche ein Videotagebuch führen, in dem sie berichteten, wie es ihnen bei Krones so geht, was sie erlebt haben, welche

Stationen sie gerade absolviert haben etc. So etwas ist hochgradig glaubwürdig. Natürlich wurden die Videos professionell produziert und geschnitten, aber die Azubis konnten offen und frei von ihren Erfahrungen berichten. Der gesamte Eindruck war ehrlich und authentisch, das überzeugt. Unternehmen sollten also Einblicke hinter die Kulissen bieten, Fragen beantworten, Tipps geben usw. Was zum Beispiel kaum jemand tut, ist, den Bewerbungsprozess ausführlich zu beschreiben. Wie läuft der Prozess ab, worauf wird Wert gelegt, wie sieht eine überzeugende Bewerbung aus, wie sind die nächsten Schritte etc. Das sind Themen, die Bewerber wirklich interessieren. Dafür ist die Content-Strategie so entscheidend. Überlegen Sie sich, welche Fragen und Interessen die Zielgruppen haben, und erarbeiten Sie daraus eine praktikable und langfristige Strategie, welche Inhalte wie und wo gepostet werden, wie sie ineinander greifen und wie die Regelmäßigkeit gewährleistet ist.

Dabei sollten unterschiedliche Medien zum Einsatz kommen: Fotos, Videos, gute Texte. Das ist auch für kleinere B2B-Unternehmen machbar. All das ist lernbar, nichts davon ist Raketenwissenschaft.

KAPITEL 9

Social-Media-Marketing und das Recht: 15 Fragen an Rechtsanwalt Thomas Schwenke

Der Einsatz von Social Media in Unternehmen bringt auch einige rechtliche Risiken mit sich. Doch wer sich dessen bewusst ist, kann viele dieser Risiken minimieren. Deshalb habe ich einen der bekanntesten deutschsprachigen Social-Media-Experten, Rechtsanwalt Thomas Schwenke (dessen Blog zu Ihrer Pflichtlektüre gehören sollte), um Antworten auf 15 häufig gestellte Fragen gebeten. Damit vermeiden Sie schon einmal die größten Stolpersteine im Social Web:

Inwiefern dürfen Mitarbeiter im Social Web für den Arbeitgeber werben, und wann beginnt die Schleichwerbung?

Schleichwerbung beginnt, wenn die Beiträge des Mitarbeiters den Arbeitgeber wirtschaftlich unterstützen sollen, dies jedoch für andere Nutzer nicht erkennbar ist.

Der unternehmerische Hintergrund muss sich daher deutlich aus der Profilbeschreibung des Mitarbeiters ergeben oder sonst explizit genannt werden (»Ich kommentiere im Namen der X GmbH«).

Schleichwerbung kann auch bei scheinbar privaten Äußerungen vorliegen, z.B. innerhalb des persönlichen Facebook-Profils des Mitarbeiters. Die Grenze ist fließend. So ist es nicht verboten, ab und an einen Beitrag des Arbeitgebers innerhalb des persönlichen Profils zu teilen. Wenn der Mitarbeiter jedoch die Angebote seines Unternehmens ähnlich einem Werber anpreist oder die Beiträge des Arbeitgebers jeden zweiten Tag teilt, wird die Grenze überschritten. In diesem Fall sollte der Mitarbeiter entweder deutlich auf die Zugehörigkeit zum Unternehmen hinweisen, um Schleichwerbung zu vermeiden, oder diese „Privatwerbung" besser ganz unterlassen. Denn auch wenn keine Schleichwerbung vorliegt, haftet das Unternehmen für etwaige Wettbewerbsverstöße des Arbeitnehmers, wenn dieser als inoffizielle Marketingstelle fungiert.

Inwieweit ist das private Verhalten von Mitarbeitern im Social Web durch Policies oder Guidelines regelbar? Wie stark darf der Arbeitgeber eingreifen?

Grundsätzlich darf der Arbeitgeber den Mitarbeitern im privaten Bereich keine Vorschriften machen, außer wenn die Mitarbeiter dem Unternehmen damit erheblich schaden. Daher darf der Arbeitgeber die Preisgabe von Betriebsinterna verbieten (z.B. Informationen zur Finanzlage oder geplanten Projekten). Ferner darf er den Mitarbeitern untersagen, im Namen des Unternehmens zu sprechen. Ebenso kann er Mitarbeiter auffordern, bei unternehmensbezogenen Diskussionen auf die Zugehörigkeit zum Unternehmen hinzuweisen, damit kein Fall von Schleichwerbung vorliegt (z.B. »Ich bin Mitarbeiter von X, spreche hier jedoch privat in meinem Namen«). Schwierig wird es bei kritischen Äußerungen zum Unternehmen, da diese in gewissem Rahmen zulässig sind. Allerdings dürfen Mitarbeiter interne Konflikte nur in Ausnahmefällen an die Öffentlichkeit tragen (so genanntes Whistleblowing), und sie dürfen dem Arbeitgeber keine schweren Schäden zufügen, z.B. durch Boykottaufrufe.

Worauf müssen Unternehmen achten, wenn sie Bilder von Veranstaltungen posten möchten?

Unternehmen müssen auf das »Recht am eigenen Bild« der Teilnehmer nach § 22 Kunsturhebergesetz (KUG) Rücksicht nehmen. Dieses setzt eine Einwilligung der Teilnehmer vor der Veröffentlichung der Bilder voraus. Jedoch gibt es im § 23 KUG Ausnahmen, die vor allem bei öffentlichen Veranstaltungen anwendbar sind.

Eine Veranstaltung ist öffentlich, wenn jedermann sie besuchen kann. Das gilt auch, wenn zuvor ein kostenpflichtiges Ticket erworben werden muss. In diesem Fall ist es erlaubt, eine Aufnahmen des Publikums zu veröffentlichen, solange auf der Aufnahmen mehrere Personen zu sehen sind. Eine feste Grenze für deren Anzahl gibt es nicht, aber es sollten mindestens drei Personen sein. Dagegen müssen die Abgebildeten bei Individual- und Porträtaufnahmen vor der Veröffentlichung um Einwilligung gebeten werden. Aufnahmen der Personen auf der Bühne (z.B. Podiumsteilnehmer oder Redner) dürfen veröffentlicht werden, da die Redner im Rahmen der Veranstaltung bewusst in der Öffentlichkeit auftreten.

Handelt es sich dagegen um eine nicht-öffentliche Veranstaltung, z. B. ein Betriebsfest, müssen die Teilnehmer vor der Veröffentlichung der Aufnahmen um Einwilligung gebeten werden. Das kann individuell oder mit einem deutlichen Hinweis auf der Einladung zur Veranstaltung erfolgen. Der Hinweis muss die Teilnehmer informieren, wo ihre Bilder erscheinen werden, und sie über ihr Widerspruchsrecht belehren (z.B. so: „Während der Veranstaltung werden Aufnahmen durch einen Fotografen gemacht, die wir auf unserer Homepage [*www.unternehmen.de*] und unserer Facebook-Seite [*http://www.facebook.com/unternehmen.de*] veröffentlichen möchten. Bitte teilen Sie es uns oder dem Fotografen mit, falls Sie dies nicht wünschen. Ansonsten gehen wir davon aus, dass Sie mit der Veröffentlichung der Aufnahmen einverstanden sind").

Neben den Persönlichkeitsrechten muss auch das Hausrecht des Veranstalters beachtet werden. Das heißt, auf fremden Veranstaltungen muss der Veranstalter immer um Erlaubnis gefragt werden, bevor die Redner oder das Publikum fotografiert werden.

Welche rechtlichen Anforderungen bestehen bei der Einrichtung eines Social Media Newsrooms?

Wenn in einem Social-Media-Newsroom lediglich eigene Beiträge aufgenommen werden, müssen keine zusätzlichen gesetzlichen Vorgaben beachtet werden. Werden dagegen auch Beiträge anderer Nutzer angezeigt (z.B. wenn darin das eigene Unternehmen/Produkt oder ein bestimmtes #Hashtag erwähnt wird), muss deutlich sichtbar sein, dass die Beiträge von einer fremden Plattform bezogen werden. D.h. der Newsstream sollte vom übrigen Seitendesign mit einem Rahmen, farbiger Unterlegung oder einem Hinweis wie »Tweets über uns:« gekennzeichnet werden. Nur so haftet man nicht automatisch für die fremden Beiträge. Da die Plattformen dafür sorgen, dass ihre Inhalte deutlich erkennbar sind, wird dieser Punkt nur dann problematisch, wenn fremde »Beitrags-Streams« optisch nahtlos in das eigene Websitedesign eingebunden werden.

Welche rechtlichen Bedenken sind gegeben, wenn man seine Videos auf YouTube hochlädt?

Mit einem Videoupload auf YouTube gewährt man Google das Recht, das Video anderen Nutzern zur Verfügung zu stellen. Daher sollte man nur Videos hochladen, wenn man sich sicher ist, dieses Recht gewähren zu dürfen. Es ist daher zu empfehlen, in Lizenzverträge, z.B. mit Videoproduzenten und beteiligten Personen, eine

Klausel für die Nutzung von Werken innerhalb von Social-Media-Plattformen aufzunehmen.

Wie ist die rechtliche Einschätzung zum Einbau von Social Plugins auf der Website? Wie hoch ist ein mögliches Risiko?

Das Risiko steigt ständig, da immer mehr Gerichte Datenschutzverstöße als abmahnbare Wettbewerbsverstöße ansehen. Ob ein Social Plugin einen Datenschutzverstoß darstellt, ist derzeit zwar noch unklar und gerichtlich nicht entschieden. Um Risiken zu vermeiden, empfehle ich jedoch, die »2-Klick-Lösung« zu nutzen, bei der zuerst nur Vorschaugrafiken der Empfehlungsschaltflächen geladen werden und Nutzer die Social Plugins dann selbst per Klick aktivieren müssen. Zudem muss die Datenschutzerklärung Hinweise zu den eingesetzten Social Plugins enthalten, da sonst ein abmahnbarer Verstoß gegen datenschutzrechtliche Informationspflichten vorliegt.

Wie sieht die Rechtslage beim Social-Media-Recruiting aus? Was ist erlaubt, was nicht?

Rechtlich sicher sind nur Nachrichten an Nutzer, die eindeutig erklärt haben, dass sie an bestimmten Jobangeboten interessiert sind (z.B. in der Rubrik „Ich suche" bei Xing). Darüber hinaus kann Social-Media-Recruiting derzeit als eine rechtliche Grauzone bezeichnet werden. Allerdings ist das Risiko gering, wenn Nutzer mit Stellenangeboten kontaktiert werden, die auf ihr Profil zugeschnitten sind und sich an sie persönlich richten. Dagegen stellen breitgestreute Jobangebote ohne einen konkreten Bezug zu den beruflichen Qualifikationen und Interessen des Empfängers eindeutig abmahnbaren Spam dar.

Was ist aus rechtlicher Sicht bei der Erstellung von Social Media Guidelines zu beachten?

Am allerwichtigsten ist es, dass die Guidelines von den Mitarbeitern verstanden werden. Der Sinn und Zweck dieser Richtlinien besteht nicht darin, Mitarbeiter zur Verantwortung zu ziehen, sondern sie davon abzuhalten, dem Unternehmen zu schaden. Daher sollten Social Media Guidelines kurz und deutlich formuliert sein und am besten von anschaulichen Beispielen oder Schulungen begleitet werden.

Darf man fremde YouTube-Videos in das Blog einbetten?

Mit dem Upload von Videos bei Youtube erklären sich die Nutzer mit der Einbettung der Videos durch andere Nutzer einverstanden (zumal sie die Möglichkeit haben, die Einbettung zu verhindern). Jedoch dürfen fremde Videos nicht unmittelbar zu eigenen Werbezwecken eingesetzt, also quasi Teil einer Werbekampagne werden. Wird z.B. in einem Blogbeitrag ein neues Produkt beworben, sollte nicht ein Musikvideo zur Vermittlung einer positiven Stimmung eingesetzt werden. Es würde sich dabei um eine unzulässige wirtschaftliche »Ausbeutung« handeln. Je nachdem, wie bekannt der Urheber oder die Protagonisten im Video sind, können hohe Abmahnungskosten und Schadensersatzzahlungen die Folge sein.

Was kann man tun, wenn ein gewünschter Social Media-Account, der den eigenen Unternehmens-/Markennamen enthält, bereits von einem anderen Nutzer registriert wurde (z.B. twitter.com/haribo)?

In diesem Fall empfehle ich, sich zuerst an den Nutzer zu wenden, die Rechtslage zu erläutern und um Übertragung des Accounts zu bitten. Reagiert der Nutzer nicht, haben fast alle Plattformen ein Kontaktformular, in dem Nachweise beigefügt (z.B. Handelsregisterauszug, Markenurkunden, etc.) und die Marken-/Namensrechte geltend gemacht werden können. Im letzten Schritt bleibt nur der Rechtsweg. All die Punkte helfen jedoch nicht, wenn die eigenen Marken-/Namensrechte z.B. nur in Deutschland gelten, der Nutzer aber in den USA sitzt. Der beste Weg ist daher die vorbeugende Registrierung von Namen auf neuen Plattformen.

Inwiefern darf man „kalte Kontakte" über die Social-Media-Kanäle (inkl. XING, LinkedIn) überhaupt ansprechen? Wo ergeben sich da rechtliche Bedenken?

Auch innerhalb sozialer Netzwerke dürfen Ansprachen zu Werbezwecken nur mit einer vorhergehenden Einwilligung erfolgen. Allerdings sind die Grenzen zwischen einer werblichen Ansprache und eine netzwerkinternen Kontaktaufnahme schwer zu ziehen. Ein Verstoß liegt vor, wenn Nutzer mit unpersönlich werbenden Nachrichten angesprochen werden, ähnlich wie in einer Spam-Mail. Um das Risiko zu senken, empfehle ich daher, Nutzer nur mit persönlich formulierten Anfragen zu kontaktieren und zuerst einen unverbindlichen Kontakt zu knüpfen, bevor die geschäftlichen Interessen präsentiert werden.

Was ist bei der Leadgenerierung zu beachten, um rechtlich auf der sicheren Seite zu sein?

Die Generierung von Leads ist wettbewerbs- sowie datenschutzrechtlich risikoreich und kann bei Verstoß zu Abmahnungen, Bußgeldern der Datenschutzbehörden und sogar Strafverfahren führen. Es ist daher wichtig, dass die Leads rechtlich »sauber« sind, die Nutzer sich also mit der Weitergabe ihrer Daten und anschließender Kontaktaufnahme einverstanden erklärt haben. Das setzt wiederum die Information der Nutzer in den AGB bzw. in der Datenschutzbelehrung voraus. Trotzdem bleiben Risiken übrig, weshalb die Zulässigkeit der konkreten Maßnahmen vom Fachmann geprüft und die Risiken mit den wirtschaftlichen Vorteilen abgewogen werden sollten.

Inwieweit ist vergleichende Werbung im Social Web zulässig?

Vergleichende Werbung ist nur nach den strengen Vorgaben des § 6 UWG zulässig. Die wichtigste Voraussetzung ist, dass nur objektive Eigenschaften von Produkten mit vergleichbarer Beschaffenheit verglichen werden dürfen und diese zudem für die Kaufentscheidung der Verbraucher relevant sein müssen. So wären Aussagen wie »BMW ist schöner als Audi« nicht zulässig, der Vergleich des Kraftstoffverbrauchs zweier gleich motorisierter Fahrzeugmodelle dagegen schon. Vergleichende Werbung birgt viele rechtliche Gefahren, setzt die Kenntnis einschlägiger Urteile voraus und sollte nur nach einer rechtlichen Vorprüfung erfolgen. Daher sollte man im Social Web von Vergleichen mit Konkurrenten Abstand nehmen.

Inwiefern sind Blogartikel etc. urheberrechtlich geschützt?

Bei Texten sind nicht die inhaltlichen Ideen, Fakten und Informationen, sondern nur eine individuelle und persönliche Ausdrucksweise urheberrechtlich geschützt. Die Schwelle für diese so genannte »Schöpfungshöhe« ist jedoch sehr niedrig und wird von Blogbeiträgen fast immer erreicht. Nur wenn ein Blogbeitrag aus der reinen Aufzählung von Fakten oder wenigen banalen Sätzen besteht, ist er urheberrechtlich nicht geschützt (z.B. ein Beitrag mit »Links der Woche«).

Was kann man tun, wenn andere Seiten oder Blogs die eigenen Texte ungefragt übernommen haben?

Wenn die Texte urheberrechtlich geschützt sind (was bei Blogbeiträgen oder kreativen Produktbeschreibungen fast immer der Fall ist) handelt es sich um einen Urheberrechtsverstoß, der kostenpflichtig abgemahnt werden kann. Wenn der Delinquent eine Privatperson ist, die sich des Rechtsverstoßes nicht bewusst ist, empfehle ich zunächst einen formlosen Hinweis mit Bitte um Löschung. Problematisch wird es, wenn es sich um absichtlichen

»Content-Klau« auf ausländischen Plattformen handelt. Hier wird sich ein rechtliches Vorgehen gegen die oft anonymen Betreiber nicht immer lohnen oder zum Erfolg führen. Wenn die Textübernahmen jedoch auf einer Blogging-Plattform wie z.B. »wordpress.com« erfolgen, kann man deren Betreiber mit Vorlage entsprechender Nachweise zur Löschung des Blogs auffordern.

Thomas Schwenke, Dipl.FinWirt, LL.M., ist Rechtsanwalt und zertifizierter Datenschutzbeauftragter in Berlin. Er berät deutschlandweit Agenturen sowie Unternehmen in Rechtsfragen zum Marketingrecht, Vertragsrecht und Schutz geistiger Rechte. Ein weiterer Schwerpunkt ist die Vermittlung von Fachwissen in praxisnahen Vorträgen und Workshops. Er bloggt auf http://rechtsanwalt-schwenke.de, podcastet unter http://rechtsbelehrung.com und ist in fast allen sozialen Netzwerken zu Hause. Thomas Schwenke gehört zu den bekanntesten Marketinganwälten Deutschlands, ist ein beliebter Redner sowie Interviewpartner in Radio und TV. Im O'Reilly Verlag veröffentlichte er das umfangreiche Fachbuch *Social Media Marketing & Recht*.

Index

Will ItBlend 34
WordPress 24, 142, 148

X

XING 214
xing.to 230

Y

YouRail Designcontest 59
YouTube 26, 261, 329

YouTube Analytics 359
YouTube SEO 274
YouTube-Channel 233
YouTube-Editor 283

Z

Ziele 44, 73, 88
Ziele quantifizieren 103
Zielgruppen 44, 45, 104
Zuschauerbindung 359

Über den Autor

Felix Beilharz hat Wirtschaftsrecht und Marketing in Siegen, Mataró und Kaiserslautern studiert. Bereits vor dem Studium erwachte seine Leidenschaft für das Online-Marketing. Mit eigenen Web-Projekten, Kundenaufträgen sowie einem Stipendium der Begabtenförderung finanzierte er sich das Studium im In- und Ausland. In seiner Diplomarbeit untersuchte er, wie Rechtsanwälte die verschiedenen Online-Marketing-Instrumente nutzen können.

Nach dem Abschluss als Diplom-Wirtschaftsjurist arbeitete er einige Jahre als Projektleiter beim Deutschen Institut für Marketing. Dort baute er den Geschäftsbereich »Online-Marketing« mit auf und etablierte eine ganze Reihe von Seminaren zu allen relevanten Themen in diesem Bereich. Zu den Beratungs- und Schulungskunden zählten mittelständische Unternehmen aus der Industrie ebenso wie öffentliche Einrichtungen oder weltweit tätige Konzerne.

Seit 2011 ist Felix Beilharz als selbständiger Speaker, Trainer und Consultant tätig. Er ist Autor von zehn Büchern und Buchbeiträgen sowie zahlreicher Fachartikel. An der Hochschule Niederrhein, der Hochschule Fresenius sowie der FH Köln ist er Dozent für Online-Marketing und Social-Media-Marketing. Darüber hinaus doziert er an der Deutschen Presseakademie sowie am Deutschen Institut für Marketing und hat Vorträge und Gastvorlesungen an etwa einem Dutzend Hochschulen gehalten. Seine Tätigkeit als Speaker führt ihn in das gesamte Bundesgebiet sowie in das europäische Ausland.

Kolophon

Das Tier auf dem Cover von *Social Media Marketing im B2B* ist eine Giraffe (*Giraffa camelopardalis*), das höchste auf dem Land lebende Tier. Eine Giraffe wird bis zu fünfeinhalb Meter groß und bis zu 1400 Kilogramm schwer. Die Artbezeichnung *camelopardalis* geht auf einen früheren, römischen Namen zurück, der das Aussehen der Giraffe als eine Mischung aus Kamel und Leopard beschreibt. Die Flecken auf ihrem Körper dienen der Giraffe in der afrikanischen Savanne als Tarnung. Ihr langer Hals und die harte, zum

Greifen geeignete Zunge ermöglichen es ihr, sich aus den Baumkronen zu ernähren. Sie verzehrt bis zu 63 Kilogramm an Blättern und Zweigen pro Tag.

Das komplexe Herz-Kreislauf-System und das 10 Kilogramm schwere Herz der Giraffe verteilen das Blut in ihrem riesigen Körper. Ein Druckregulierungssystem im oberen Hals verhindert, dass zu viel Blut ins Gehirn strömt, wenn die Giraffe zum Trinken ihren Kopf senkt.

Giraffen ziehen in Herden aus etwa einem Duzend Weibchen, einem oder zwei Männchen und ihren Jungen durch die Savanne. Manchmal werden sie von weiteren Männchen begleitet, die alleine oder in Paaren leben. Die Tragezeit dauert bei Giraffen zwischen 14 und 15 Monaten, danach wird ein einzelnes Kalb geboren. Nur 25 bis 50 Prozent der Kälber werden erwachsen, da die Feinde der Giraffe – unter anderem Löwen, Leoparden, Hyänen und Wildhunde – bevorzugt Jungtiere jagen.

Giraffen schützen sich gegen Angriffe mithilfe ihrer langen Hälse und ihres guten Geruchs-, Hör- und Sehvermögens. Sie können bis zu 49 Kilometer pro Stunde laufen und wehren Angreifer mit ihren kräftigen Hinterbeinen ab. Der Tritt einer erwachsenen Giraffe kann den Schädel eines Löwen zerschmettern. Giraffen wurden früher wegen ihres Fells und ihres Schwanzes auch von Menschen gejagt, mittlerweile gehören sie jedoch zu den geschützten Arten.